AF441972

PROGRAMAS DE MONITOREO DEL MEDIO MARINO COSTERO:
Diseños experimentales, muestreos, métodos de análisis y estadística asociada

EDICIONES UNIVERSIDAD CATÓLICA DE CHILE
Vicerrectoría de Comunicaciones
Av. Libertador Bernardo O'Higgins 390, Santiago, Chile

editorialedicionesuc@uc.cl
www.ediciones.uc.cl

PROGRAMAS DE MONITOREO DEL MEDIO MARINO COSTERO:
Diseños experimentales, muestreos, métodos de análisis y estadística asociada

Juan Carlos Castilla, José Miguel Fariña, Andrés Camaño
(Editores)

© Inscripción N° 2021-A-2251
Derechos reservados
Marzo 2021
ISBN 978-956-14-2790-7
ISBN digital 978-956-14-2791-4

Fotografía de portada:
Patricio H. Manríquez

Diseño:
versión productora gráfica SpA

Impresor:
Salesianos Impresores S.A.

CIP – Pontificia Universidad Católica de Chile

Programas de monitoreo del medio marino costero: Diseños experimentales, muestreos, métodos de análisis
y estadística asociada / Juan Carlos Castilla, José Miguel Fariña y Andrés Camaño (editores).
Incluye bibliografías.

1. Ecología costera – Chile.
2. Monitoreo ambiental – Chile.
3. Análisis del impacto ambiental – Chile.
I. Castilla, Juan Carlos, editor.
II. Fariña Rivas, José Miguel, editor.
III. Camaño, Andrés, editor.

2021   577.510983 + DDC 23   RDA

PROGRAMAS DE MONITOREO DEL MEDIO MARINO COSTERO:

Diseños experimentales, muestreos, métodos de análisis y estadística asociada

Juan Carlos Castilla, José Miguel Fariña y Andrés Camaño
(Editores)

EDICIONES UC

PRESENTACIÓN

El seguimiento ambiental de proyectos, en el marco del Sistema de Evaluación Ambiental, se entiende como el conjunto de acciones destinadas a determinar los efectos reales de un proyecto o actividad y verificar si aquellas variables ambientales identificadas como relevantes, evolucionan de acuerdo a lo planeado.

Bajo esta premisa es preciso que su diseño permita cumplir con los objetivos trazados y cuente con un respaldo científico idóneo y robusto. Actualmente en el país se dispone de limitadas fuentes de información o guías técnicas que cumplan con esta premisa, existiendo brechas para su adecuado desarrollo.

La Dirección General del Territorio Marítimo y Marina Mercante tiene como misión cautelar el cumplimiento de las leyes y acuerdos internacionales vigentes para dar seguridad a la navegación, proteger la vida humana, preservar el medio ambiente acuático, los recursos naturales y fiscalizar las actividades que se desarrollan en el ámbito marítimo de su jurisdicción, con el propósito de contribuir al desarrollo de los intereses marítimos de la nación.

En materias de protección al medio ambiente acuático, le corresponde velar por la preservación de la ecología del mar, contribuyendo a la evaluación y fiscalización ambiental de las actividades que se desarrollan en su jurisdicción, llevar a cabo programas de monitoreo de los cuerpos de agua de interés y apoyar las actividades de investigación científica marina que allí se realizan.

La presente publicación, *Programas de monitoreo del medio marino costero: Diseños experimentales, muestreos, métodos de análisis y estadística asociada*, desarrollada en forma colaborativa entre destacados actores del ámbito académico, servicios públicos y privados, analiza en forma rigurosa diferentes fuentes de información internacional y nacional respecto de programas de monitoreo marinos, los compila y propone consideraciones técnicas y aspectos relevantes para su aplicación y ejecución, transformándose así en una potente herramienta de trabajo que podrá ser utilizada tanto por las instituciones académicas, públicas, como por los proponentes de proyectos a ser desarrollados en el medio marino.

Espero que el resultado de la ya larga relación de trabajo entre Directemar y el Comité Oceanográfico Nacional, en particular con el Grupo de Trabajo de Contaminación Marina, permita seguir generando publicaciones de esta calidad que ayuden al objetivo de preservación del medio ambiente acuático marino.

Contralmirante LT
Don Jorge Imhoff Leyton
Director de Intereses Marítimos y Medio Ambiente Acuático
Armada de Chile

INTRODUCCIÓN Y AGRADECIMIENTOS

El libro *Programas de monitoreo del medio marino costero: Diseños experimentales, muestreos, métodos de análisis y estadística asociada* es el resultado de una aspiración de los editores desde hace más de tres décadas. En ese lapso de tiempo hemos estado involucrados –junto a diversos investigadores, técnicos y autoridades– en numerosos seminarios, reuniones, discusiones, evaluación de informes y programas de monitoreo marino costeros en Chile. Sin embargo, nunca se había reunido la comunidad académica especializada, los profesionales relacionados con estos programas, autoridades de la Armada de Chile y el Ministerio del Medio Ambiente en un seminario en que se presentaran ponencias académicas, profesionales y técnicas sobre el tema, con la finalidad de publicar un libro como el presente, el primero en su género en el país. **Un logro.**

El seminario se realizó en diciembre del 2018 y fue organizado por los editores del libro con el apoyo del Grupo de Trabajo de Contaminación Marina del Comité Oceanográfico Nacional, bajo el alero de la Pontificia Universidad Católica de Chile, y contó con el auspicio del Ministerio de Medio Ambiente, el Comité Oceanográfico Nacional y la Facultad de Ciencias Biológicas de dicha universidad. Además, contamos con el patrocinio y aportes financieros de las compañías Antofagasta Minerals y Minera Collahuasi, a quienes agradecemos el apoyo.

En el seminario se presentaron quince trabajos que cubrieron diversos aspectos de programas de monitoreo marino costeros, en temas legales, fiscalización, biológicos, físicos, químicos, oceanográficos y de uso de tecnologías digitales. Sin embargo, no logramos integrar al seminario conocimientos y herramientas de las ciencias sociales, tan importantes de considerar en temas ambientales. **Un debe.**

Los capítulos del libro, donde participan treinta científicos nacionales y dos españoles, contienen información actualizada, puntos de vista académicos y técnicos de los diferentes autores y recomendaciones. Uno de los puntos resaltantes en cada capítulo es la amplia cobertura de la literatura nacional e internacional sobre los temas analizados. Esto último debería ayudar a las compañías consultoras, profesionales e instituciones responsables de la ejecución de estos programas en el país, para la planificación, evaluación y fiscalización de estudios de monitoreo marino costeros. Además, los capítulos del libro presentan y confrontan distintos tipos de metodologías, diseños, muestreos y análisis que se utilizan en estos programas en Chile y en otros países. Se analizan los niveles de robustez de los resultados estadísticos, lo cual permite detectar las brechas existentes en los tipos de monitoreos que se realizan en Chile versus aquellos de los países que nos llevan una franca delantera en estos temas.

Algunos aspectos relevantes –que en Chile debiesen ser revisados a futuro– que salieron a la luz en el seminario, son la consideración de la variabilidad espacial y temporal natural de los ambientes marino costeros objetos de estudios y la diversidad de métricas usadas para analizarlos, las cuales en el país tienden a ser "reglamentadas", sin considerar las particularidades y perturbaciones naturales de dichos ambientes.

En las pasadas décadas, nuestro sistema de evaluación ambiental ha crecido importantemente en la implementación de estándares y certificaciones. Sin embargo, en el seminario se planteó que la reciente introducción de excesivos trámites burocráticos tiende a desviar la atención preferente sobre el foco y objetivo final de este tipo de estudios: detectar oportunamente la posible ocurrencia de impactos antropogénicos de las actividades productivas sobre los ecosistemas marino costeros. Existe mucho espacio para mejorar. **Un desafío.**

A la reunión asistieron 120 personas provenientes de diferentes instituciones privadas y públicas. El objetivo fue no solo reunirnos, presentar los trabajos y discutirlos, sino que aportar a la actividad y al país con la publicación de este libro. Desde un inicio nos preocupamos de que las secciones del seminario cubriesen aspectos sobre historia legislativa, regulaciones y requerimientos actuales de la autoridad ambiental nacional, diseños y análisis de programas de monitoreo y una recopilación amplia de la literatura especializada.

En la realización del Seminario y posterior trabajo de edición de los diferentes capítulos, contamos con la valiosa colaboración de Paulina Moller, Programa de Doctorado en Ecología-UC, a quien agradecemos por su trabajo altamente profesional.

Finalmente, agradecemos a Minera Candelaria por su aporte que permitió financiar parcialmente la edición del libro y muy sinceramente la colaboración y apoyo del señor decano de la Facultad de Ciencias Biológicas, P. Universidad Católica de Chile, doctor Juan Correa Maldonado y de su equipo.

Juan Carlos Castilla, José Miguel Fariña y Andrés Camaño

LISTA DE AUTORES

Valeria Anabalón Molina

Bióloga marina, doctora en Oceanografía y Cambio Climático Global, Universidad de las Palmas, Gran Canaria, España. Investigadora asociada al Centro Interdisciplinario para la Investigación Acuícola en el área de algas nocivas.

Luis Bermedo

Licenciado en Biología Marina y biólogo marino, Universidad de Concepción, Chile. Actualmente cursa el programa de Magíster mención Oceanografía. Investigador Laboratorio de Oceanografía Química, Universidad de Concepción.

Juan Carlos Castilla

Ph.D. en Biología Marina y D.Sc., Bangor University, Wales, UK. Profesor titular y emérito, Pontificia Universidad Católica de Chile. En 2010 recibió el Premio Nacional de Ciencias Aplicadas y Tecnológicas.

Cristián Chandía

Biólogo marino, mención en Calidad Ambiental y Oceanografía, diplomado en Ingeniería Ambiental y doctor (c) en Ciencias Ambientales, Universidad de Concepción. Laboratorio de Oceanografía Química (LOQ), Universidad de Concepción.

Gabriela Franyola

Bióloga marina, mención en Calidad Ambiental y Oceanografía, Universidad de Concepción, Chile. Jefe técnico del Laboratorio de Oceanografía Química de la Universidad de Concepción.

Enzo García-Bartolomei

Doctor (c) en Ciencias Ambientales, Universidad de Concepción, Chile. Especialización en evaluación de impacto ambiental e innovación tecnológica aplicada a la industria desaladora.

Ricardo Guiñez

Doctor en Ciencias Biológicas, mención Ecología, Pontificia Universidad Católica de Chile. Profesor titular de la Universidad de Antofagasta.

Eduardo Hernández Miranda

Biólogo marino, doctor en Ciencias Biológicas, mención Ecología, Pontificia Universidad Católica de Chile. Laboratorio Investigación Ecosistemas Acuáticos. Subdirector PIMEX, Universidad de Concepción. Investigador Centro INCAR.

Aldo Hernández Rodríguez

Biólogo marino, magíster en Pesquerías, doctor (c) Manejo de Recursos Acuáticos Renovables, Universidad de Concepción. Análisis estadísticos e información geográfica. Gerente, Centro de Investigación en Recursos Naturales SpA.

Daniela Henríquez Durán

Bióloga marina, magíster mención Oceanografía, Universidad de Concepción. Análisis oceanográfico y satelital, monitoreos ambientales. Asesora en Oceanografía, Centro de Investigación en Recursos Naturales SpA.

MARIO HERRERA ARAYA

Biólogo marino y abogado LPP, especialista Derecho Ambiental y Marítimo. Gerente legal ambiental EcoTecnos S.A., grupo NeoTecnos. Profesor titular Escuela Ingeniería Civil Oceánica y Escuela Biología Marina, Universidad de Valparaíso.

NELSON HIDALGO VILLEGAS

Biólogo marino, Universidad de Concepción, Chile. Asistente de laboratorio y muestreador de ambientes acuáticos, especializado en identificación taxonómica de macrofauna bentónica.

EDUARDO JARAMILLO

Licenciado en Ciencias, mención Zoología, Universidad Austral de Chile y Ph.D. en Zoología, University of New Hampshire, USA. Profesor titular de la Universidad Austral de Chile.

MARÍA CRISTINA KRAUTZ BÓRQUEZ

Bióloga marina, magíster y doctora en Oceanografía, Universidad de Concepción. Laboratorio de Investigación en Ecosistemas Acuáticos. Profesora colaboradora en el Programa de Doctorado MaReA, Universidad de Concepción.

CARLOS LEAL GONZÁLEZ

Biólogo marino, magíster en Pesquerías, Universidad de Concepción. Experto en análisis ambiental, pesca artesanal y relación entre empresas y comunidades costeras. Subgerente Centro de Investigación en Recursos Naturales SpA.

RODRIGO LOYOLA

Químico marino, Universidad Católica de la Santísima Concepción, Chile. Especialista en espectrometría de masas aplicada al análisis de muestras ambientales. Experto en el análisis de dioxinas y furanos en muestras ambientales.

PATRICIO H. MANRÍQUEZ

Licenciado en Ciencias Biológicas, Pontificia Universidad Católica de Chile y Ph.D. en Ciencias Biológicas, Bangor University, Wales, UK. Investigador, Centro de Estudios Avanzados en Zonas Áridas (CEAZA).

NICOLÁS MUÑOZ AROCA

Biólogo marino y magíster mención Pesquerías, Universidad de Concepción, Chile. Experiencia en el análisis de bases de datos ambientales y territoriales. Asesor en pesquerías, Centro de Investigación en Recursos Naturales SpA.

GABRIEL NAVARRO

Ph.D en Ciencias del Mar por la Universidad de Cádiz y científico titular del CSIC, España.

ALVARO T. PALMA

Licenciado en Ciencias Biológicas, Pontificia Universidad Católica de Chile. Ph.D. en Ecología y Oceanografía, University of Maine, USA. Postdoctorado CONICYT, más de 25 años de experiencia en estudios ecológicos y medioambientales.

VERÓNICA PINTO

Ingeniería ambiental, química analista, Universidad de Concepción, Chile. Ha desarrollado aplicaciones metodológicas y validaciones para compuestos orgánicos en agua, sedimentos y organismos de las costas chilenas.

RENATO QUIÑONES BERGERET

Biólogo marino, Universidad de Concepción, Chile. Ph.D. en Ecología Marina, Dalhousie University, Canadá. Profesor titular del Departamento de Oceanografía de la Universidad de Concepción.

JAVIER RUIZ

Ph.D. en Biología por la Universidad de Málaga y profesor de Investigación del CSIC, España. En la actualidad es director del Instituto Español de Oceanografía, España.

MARCO SALAMANCA

Ph.D. en Oceanografía Costera y M.Sc. en Ciencias Ambientales Marinas, State University of New York, USA. Profesor asociado y director, Laboratorio de Oceanografía Química de la Universidad de Concepción, Chile.

BRUNO A. SAN MARTÍN MEZA

Biólogo marino, Pontificia Universidad Católica de Chile. Más de 9 años de experiencia en investigaciones en ecología y oceanografía de las costas de Chile.

FILÓROMO SAN MARTÍN

Biólogo, Universidad de Concepción, Chile. Asistente de laboratorio y muestreador de ambientes acuáticos, especialización en identificación taxonómica de macrofauna bentónica.

MARCUS SOBARZO BUSTAMANTE

Magíster y doctor en Oceanografía, Universidad de Concepción, Chile. Especialización en Oceanografía Física Costera. Profesor Titular del Departamento de Oceanografía de la Universidad de Concepción.

MARÍA L. TORREBLANCA

Bióloga marina, Universidad de Concepción y magíster en Oceanografía, Universidad de Las Palmas de Gran Canaria, España. Desde hace más de una década su área de investigación se relaciona con flujos de carbono y plancton marino.

JORGE VALDÉS SAAVEDRA

Doctor en Ciencias Ambientales, Universidad de Concepción, Chile. Profesor titular, Universidad de Antofagasta. Especialista en sedimentología y geoquímica acuática con aplicaciones en estudios de contaminación y paleoambientes.

RODRIGO VEAS FLORES

Biólogo marino, magíster y doctor en Oceanografía, Universidad de Concepción. Investigador en el Laboratorio de Investigación en Ecosistemas Acuáticos, Facultad de Ciencias Naturales y Oceanográficas, Universidad de Concepción.

FREDDY VARGAS PARRA

Biólogo marino, Universidad de Concepción, Chile. Experto en prevención de riesgo, Universidad de la Serena, Chile. Consultor AMVAR SpA en temas ambientales y estrategias socio-ambientales.

MÓNICA VERGARA GALLARDO

Química, Universidad Católica de Valparaíso. Diplôme d'Estudes Approfundies en Chimie et Microbiologie de l'Eau, Université de Pau et des Pays de l'Adour, Francia. Profesional, Departamento de Análisis Ambiental, Superintendencia del Medio Ambiente, Chile.

ÍNDICE

SECCIÓN 3
METODOLOGÍAS DE MUESTREO Y ANÁLISIS DE METALES Y COMPUESTOS ORGÁNICOS

SECCIÓN 4
METODOLOGÍAS DE MUESTREO Y ANÁLISIS DE COMPONENTES BIOLÓGICOS

SECCIÓN 1

REGULACIONES Y REQUERIMIENTOS DE LA AUTORIDAD AMBIENTAL

Castilla, J. C., Fariña, J. M., & Camaño, A. (Eds.). 2021. *Programas de monitoreo del medio marino costero: Diseños experimentales, muestreos, métodos de análisis y estadística asociada.* Ediciones Universidad Católica. Santiago, Chile. 320 pp.

---

1. ANÁLISIS Y EVOLUCIÓN DE LAS REGULACIONES, GUÍAS Y PROCEDIMIENTOS QUE HAN SIDO APLICADOS A LOS MONITOREOS AMBIENTALES DEL MEDIO MARINO EN CHILE

ANALYSIS AND EVOLUTION OF REGULATIONS, GUIDELINES AND PROCEDURES THAT HAVE BEEN APPLIED TO THE MARINE ENVIRONMENTAL MONITORING IN CHILE

MARIO HERRERA ARAYA[1]

Resumen. En general, los procedimientos aplicados a los monitoreos ambientales del medio marino y costero en Chile han evolucionado de manera inversa a lo que ha experimentado nuestra regulación ambiental. De esta forma, a comienzos de nuestra era institucional ambiental, la autoridad competente logró implementar sectorialmente instrumentos con términos de referencia que permitieran efectuar estudios y mediciones aplicados a aquellas actividades que efectuaban descargas de sus residuos líquidos a cuerpos de agua jurisdiccionales, como también a puertos y terminales marítimos. Sin embargo, con el avance del tiempo, en nuestra normativa ambiental la exigibilidad de los referidos términos de referencia fue desapareciendo, sin que se haya observado una consecuente renovación de instrumentos que tuvieran el mismo propósito, creándose con ello incertidumbre respecto a qué medir, cómo medir y en cuánto tiempo medir en el medio marino. En consecuencia, resulta altamente recomendable que la actual institucionalidad ambiental reelabore aquellos criterios, requisitos, condiciones o exigencias técnicas de carácter ambiental, que permitan unificar los procedimientos que deben considerarse en todo monitoreo ambiental del medio marino y costero, en conjunto con el conocimiento que ha obtenido la comunidad especializada.

Palabras claves. Programas de monitoreo del medio ambiente marino, autoridades competentes, regulación ambiental vigente, responsabilidad del Estado, recomendaciones, Chile.

---

[1] Abogado y biólogo marino, Académico de las Cátedras de Derecho Ambiental y Derecho Marítimo, Escuela de Biología Marina Facultad de Ciencias del Mar y de Recursos Naturales. Escuela de Ingeniería Civil Oceánica Facultad de Ingeniería. Universidad de Valparaíso. Valparaíso, Chile. mherrera@ecotecnos.cl

Summary: In general, the procedures applied to monitoring marine and coastal environment have evolved inversely to what has been experienced by our environmental regulation. In this way, at the beginning of our national environmental institution, the competent authority was able to implement sectorially instruments with terms of reference with studies and measurements applied to those activities that discharged their wastes to jurisdictional waters, to ports and maritime terminals; However, with the advancement of time and the maturity shown by our environmental regulations, the enforceability of the aforementioned terms of reference was disappearing, without there being a consequent renewal of instruments that had the same purpose, creating uncertainty regarding what to measure, how to measure and how long to measure in the marine environment. Consequently, it´s recommended that the environmental institutions elaborate those criteria, conditions or technical requirements that allow unifying the procedures that should be considered in all environmental monitoring of the marine and coastal environment, together with the knowledge obtained from the specialized community.

Keywords. Marine environment monitoring programme, competent authorities, current environmental regulation, State responsibility, recommendations, Chile.

DESARROLLO

Durante nuestra historia ambiental, Chile ha implementado distintos modelos de programas de monitoreo del ambiente para la conservación del medio marino y costero, los cuales han dependido más de decisiones técnico-científicas, que de la regulación vigente al momento de su dictación.

En este sentido, cobran validez las palabras del profesor Rafael Valenzuela Fuenzalida (1974)[2], quien afirmó que "las normas jurídicas no constituyen fines en sí mismas, sino medios puestos al servicio de fines y objetivos que las trascienden", y que "el Derecho puede ofrecer una contribución eficaz a la causa de la preservación del medio marino"; pero, "su idoneidad, a este respecto, debe necesariamente ser calificada por los ecólogos y demás científicos y técnicos conocedores de las causas que pueden producir la degradación del medio marino y que se encuentran por lo mismo en condiciones de ponderar objetivamente la validez y suficiencia de las soluciones que se propongan para prevenirlas o combatirlas".

En virtud de lo expuesto, nuestro país ha contado con diversas regulaciones que han tenido como objetivo la protección del medio acuático, tales como la Ley N° 3.133[3], sobre Neutralización de Residuos Provenientes de Establecimientos Industriales; la Ley N° 9.006[4], la cual entregaba facultades al Presidente de la República para paralizar total

---

[2] Véase Valenzuela, F. 1974. *Contaminación Marina y Derecho Nacional.* Ediciones Universitarias de Valparaíso. 71 Págs.

[3] Ley N° 3.133, publicada en el D.O. de fecha 7 de septiembre de 1916.

[4] Ley N° 9.006, publicada en el D.O. del 9 de octubre de 1948, modificada por D.F.L. N° 15, del 22 de enero de 1968, publicada en D.O. del 29 de enero del mismo año.

o parcialmente actividades o empresas que vacíen productos o residuos en las aguas; el Reglamento de Orden, Seguridad y Disciplina en las Naves y Litoral de la República[5], el cual, al igual que los anteriores, estableció la prohibición de arrojar todo tipo de sustancias, materias o energías a las aguas jurisdiccionales de la República[6], entre otras.

Sin embargo, fue a principios de la década de los setentas cuando, con ocasión del varamiento del buque tanque Metula (1974) en el estrecho de Magallanes, sumado a la nutrida participación de Chile en varios convenios internacionales de carácter ambiental (Conferencia sobre el Medio Humano y Ambiente de 1972; Convenio sobre Prevención de la Contaminación del Mar por Vertimiento de Desechos y Otras Materias de 1972; Convenio Internacional para Prevenir la Contaminación del Mar por Buques de 1973 o MARPOL/73, entre otras) y a las actividades de la etapa preparatoria y los fundamentos del Plan de Acción gestado en el seno de la Comisión Permanente del Pacífico Sur (CPPS), las autoridades nacionales decidieron adoptar normas legales destinadas a la protección del patrimonio marítimo y a la disminución de la contaminación marina. Fue así que, en 1978, año en el que la CPPS con la colaboración del Comité Oceanográfico Intergubernamental (COI), la Organización de las Naciones Unidas para la Alimentación (FAO) y el Programa de las Naciones Unidas para el Medio Ambiente (PNUMA), desarrollaron en Chile un taller relacionado con la contaminación marina y producto de ello se dictó el DL. N° 2.222, Ley de Navegación[7].

La antes citada norma legal, en cuyo Título IX, denominado precisamente como "De la Contaminación"[8], párrafo 1°, estableció un principio general en materia de contaminación acuática, cuya disposición ya era norma exigida desde el año 1941, conforme a lo dispuesto en el artículo 185° del anteriormente nombrado Reglamento de Orden, Seguridad y Disciplina de las Naves y Litoral de la República. Sin embargo, la Ley de Navegación replanteó de una manera más profunda el enfoque tradicional, agregándole el carácter absoluto a la citada prohibición. Además, permitió especificar las actividades que serían sometidas a ella y los cuerpos de agua sujetos a su tutela, señalando en su artículo 142°:

"Artículo 142°.- Se prohíbe absolutamente arrojar lastre, escombros, basuras, derramar petróleo o sus derivados o residuos, aguas de relaves de minerales u otras materias nocivas o peligrosas, de cualquier especie, que ocasionen daños o perjuicios en las aguas sometidas a la jurisdicción nacional, en puertos, ríos y lagos (...)".

No obstante lo expuesto, ese supuesto carácter absoluto del artículo 142° de la Ley de Navegación (inciso 1°), fue más bien relativo, puesto que en su inciso 6°, permite a

---

[5] D.S.N° 1.340 bis, del 14 de junio de 1941, del Ministerio de Defensa Nacional, publicado en el D.O. del 27 de agosto de 1941.

[6] Art.185 del D.S.N° 1.40 bis, del 14 de junio de 1941.

[7] D.L. N° 2.222, promulgada el 21 de mayo de 1978 y publicada en el D.O. de fecha 31 de mayo de 1978.

[8] Artículos 142 al 162 del D.L. N° 2.222, del 21 de mayo de 1978, publicado el 31 de mayo de 1978.

la Autoridad Marítima autorizar de manera excepcional alguna de la actividades inicialmente prohibidas, en conformidad a un determinado reglamento (el cual, posteriormente, correspondió al actual Reglamento para el Control de la Contaminación Acuática[9]), solo cuando ellas sean necesarias, debiendo la Autoridad Marítima, en todo caso, señalar el lugar y la forma de proceder a ello.

En materia de programas de monitoreo del medio marino, el ya enunciado artículo 142° de la Ley de Navegación, dispuso que la Dirección General del Territorio Marítimo y de Marina Mercante (DIRECTEMAR) y sus autoridades y organismos dependientes tuviera *"la misión de cautelar el cumplimiento de esta prohibición y, a este efecto, deberán: (…) 2) Cumplir las obligaciones y ejercer las atribuciones que en los Convenios citados en el artículo siguiente se asignan a las Autoridades del País Contratante, y promover en el país la adopción de las medidas técnicas que conduzcan a la mejor aplicación de tales Convenios y a la preservación del medio ambiente marino que los inspira. El reglamento determinará la forma cómo la Dirección, las Autoridades Marítimas y sus organismos dependientes ejercerán las funciones que les asignan este y el siguiente artículo"*[10]; y, en relación con ello, mandató a la misma autoridad para que *"Si debido a un siniestro marítimo o a otras causas, se produce la contaminación de las aguas por efecto de derrame de hidrocarburos o de otras sustancias nocivas o peligrosas, la Autoridad Marítima respectiva adoptará las medidas preventivas que estime procedentes para evitar la destrucción de la flora y fauna marítimas, o los daños al litoral de la República"*[11].

Considerando tales obligaciones y en el marco del Programa Coordinado de Investigación, Vigilancia y Control de la Contaminación Marina del Pacífico Sudeste (CONPACSE[12]) en el año 1987 la Autoridad Marítima Nacional crea el Programa de Observación al Ambiente Litoral (POAL), el cual es un sistema nacional de monitoreo de las fluctuaciones anuales de los niveles de concentración de los principales componentes de desechos domésticos, industriales, de hidrocarburos de petróleo y de compuestos orgánicos persistentes (COP) en las bahías, lagos y ríos sometidos a la jurisdicción de la referida autoridad, y del mismo modo los Programas Mínimos de Evaluación de Impacto Ambiental (PMEIA). Estos últimos, fueron creados por la DIRECTEMAR, mediante la Resolución DGTM Y MM Ordinaria N° 12.600/550.-VRS, de fecha 21 de agosto de

---

[9] D.S. N° 1, del 6 de enero de 1992, del Ministerio de Defensa Nacional, publicado en el D.O. de fecha 18 de noviembre de 1992.

[10] Ver inciso 2°, numeral 2), del artículo 142° de la Ley de Navegación.

[11] Ver inciso final, del artículo 142° de la Ley de Navegación.

[12] El CONPACSE es un programa de la CPPS, cuyo objetivo es proporcionar las bases científicas para el conocimiento del estado de la contaminación marino costero, que contribuyan al establecimiento de proyectos e instrumentos de gestión ambiental que permitan atenuar y controlar los efectos que causan la introducción de contaminantes, tales como aguas residuales domésticas e industriales, metales pesados, hidrocarburos de petróleo, sustancias radioactivas, contaminantes orgánicos persistentes, entre otros.

1987[13], con el objeto de establecer los requerimientos de estudios necesarios para evaluar un proyecto que fuera a impactar el medio marino y costero, desde el punto de vista de la prohibición establecida en el ya comentado artículo 142 de la Ley de Navegación.

Estos PMEIA constituyeron los antecesores de los actuales estudios de línea de base ambiental marina que se aplican hoy en día en el Sistema de Evaluación de Impacto Ambiental (SEIA)[14], y sirvieron para establecer los términos de referencia necesarios para lograr describir o caracterizar a un cuerpo de agua de mar o continental superficial, previo a la instalación de una fuente terrestre de contaminación.

En su contenido, los PMEIA exigían una descripción general del área que sería intervenida por el futuro proyecto o actividad, incluyendo la localización de playas, zonas de pesca comercial o deportiva, cultivos marinos, área de desove de especies de importancia económica y áreas naturales bajo su protección; pero, también, información detallada de las características físicas, químicas y biológicas de los residuos líquidos que serían evacuados hacia el cuerpo de agua en cuestión.

Considerando tales obligaciones y en el marco del Programa Coordinado de Investigación, Vigilancia y Control de la Contaminación Marina del Pacífico Sudeste (CONPACSE[15]) en el año 1987 la Autoridad Marítima Nacional crea el Programa de Observación al Ambiente Litoral (POAL), el cual es un sistema nacional de monitoreo de las fluctuaciones anuales de los niveles de concentración de los principales componentes de desechos domésticos, industriales, de hidrocarburos de petróleo y de compuestos orgánicos persistentes (COP's) en las bahías, lagos y ríos sometidos a la jurisdicción de la referida autoridad, y del mismo modo los Programas Mínimos de Evaluación de Impacto Ambiental (PMEIA). Estos últimos, fueron creados por la DIRECTEMAR, mediante la Resolución DGTM Y MM Ordinaria N° 12.600/550.-VRS, de fecha 21 de agosto de 1987[16], con el objeto de establecer los requerimientos de estudios necesarios para evaluar

---

[13] La Resolución DGTM Y MM ORD. N° 12.600/550.- VRS, del 21 de agosto de 1987, tuvo un predecesor más antiguo, el cual fue aprobado por Resolución DGTM Y MM ORD. N° 12.600/338, de fecha 10 de septiembre de 1986, el cual no tuvo mayor éxito, siendo derogado por la enunciada en primer lugar.

[14] El SEIA constituye uno de los principales instrumentos de gestión ambiental de carácter preventivo, creado en el marco de la Ley N° 19.300, Ley sobre Base Generales del Medio Ambiente, publicada en el D.O. de fecha 9 de marzo de 1994.

[15] El CONPACSE es un programa de la CPPS, cuyo objetivo es proporcionar las bases científicas para el conocimiento del estado de la contaminación marino costero, que contribuyan al establecimiento de proyectos e instrumentos de gestión ambiental que permitan atenuar y controlar los efectos que causan la introducción de contaminantes, tales como aguas residuales domésticas e industriales, metales pesados, hidrocarburos de petróleo, sustancias radioactivas, contaminantes orgánicos persistentes, entre otros.

[16] La Resolución DGTM Y MM ORD. N° 12.600/550.- VRS, del 21 de agosto de 1987, tuvo un predecesor más antiguo, el cual fue aprobado por Resolución DGTM Y MM ORD. N° 12.600/338, de fecha 10 de septiembre de 1986, el cual no tuvo mayor éxito, siendo derogado por la enunciada en primer lugar.

un proyecto que fuera a impactar el medio marino y costero, desde el punto de vista de la prohibición establecida en el ya comentado artículo 142 de la Ley de Navegación.

Estos PMEIA constituyeron los antecesores de los actuales estudios de línea de base ambiental marina que se aplican hoy en día en el Sistema de Evaluación de Impacto Ambiental (SEIA)[17], y sirvieron para establecer los términos de referencia necesarios para lograr describir o caracterizar a un cuerpo de agua de mar o continental superficial, previo a la instalación de una fuente terrestre de contaminación.

En su contenido, los PMEIA exigían una descripción general del área que sería intervenida por el futuro proyecto o actividad, incluyendo la localización de playas, zonas de pesca comercial o deportiva, cultivos marinos, área de desove de especies de importancia económica y área naturales bajo su protección; pero, también, información detallada de las características físicas, químicas y biológicas de los residuos líquidos que serían evacuados hacia el cuerpo de agua en cuestión.

Además, el contenido de estos programas exigía al requirente incorporar una recopilación de antecedentes científicos oceanográficos del área que sería intervenida con la descarga pretendida, incluyendo información meteorológica, oceanográfica y de las comunidades bentónicas del sector. Sin embargo, lo más importante fue que innovó en el requerimiento de estudios que debían efectuarse en el terreno, considerando para ello campañas de oceanografía física, con mediciones en períodos de invierno y verano durante 2 meses continuos, cada uno, además de estudios del estado físico, químico y biológicos de la columna de agua, y el desarrollo de investigaciones bentónicas, cuyo resultado debía ser una carta Batilitológica, con la distribución de los distintos tipos de sedimentos del área; una carta Bentónica Global, con la distribución espacial de las principales especies de importancia económica de la zona y su abundancia, más una propuesta de monitoreo ambiental, cuyo objetivo era vigilar las condiciones ecológicas del área que sería afectada por la descarga pretendida. Finalmente, este contenido exigía que se acompañara, a la antes indicada información, antecedentes respecto del diseño preliminar del proyecto de emisario submarino y de otras descargas submarinas que se efectuaban en el área. Todo lo anterior, debiendo utilizar los métodos analíticos y de muestreo recomendados por el Programa de las Naciones Unidas para el Medio Ambiente (PNUMA).

Esta Resolución DGTM Y MM Ordinario N° 12.600/550.- VRS, se mantuvo vigente hasta el 19 de diciembre de 1994, fecha en que se aprobó la Resolución DGTM. Y MM. Ordinario N° 12.600/323 VRS., que establecía los Términos de Referencia para la realización de Estudios de Evaluación de Impacto Ambiental Acuático para Descarga de Residuos Líquidos en el Medio Ambiente Acuático de Jurisdicción Nacional.

---

[17] El SEIA constituye uno de los principales instrumentos de gestión ambiental de carácter preventivo, creado en el marco de la Ley N° 19.300, Ley sobre Base Generales del Medio Ambiente, publicada en el D.O. de fecha 9 de marzo de 1994.

Esta nueva norma no solo consideró las bases jurídicas que, hasta ese entonces, establecía la norma sectorial de la Ley de Navegación, sino que incorporó como fundamento de su elaboración, el derecho fundamental establecido en el artículo 19°, N° 8, de la Constitución Política de la República; lo dispuesto en la entonces Ley sobre Bases Generales del Medio Ambiente (Ley N° 19.300), el Convenio Internacional para la Protección del Medio Marino y Zonas Costeras del Pacífico Sudeste de 1981 y su Protocolo para la Protección del Pacífico Sudeste contra la Contaminación Proveniente de Fuentes Terrestres y sus Anexos de 1983; pero, por sobre todo, lo dispuesto en el Título IV del Reglamento para el Control de la Contaminación Acuática[18], en cuyo Capítulo 2°, denominado "Del estudio de impacto ambiental acuático", exige a todo *"establecimiento, faena o actividad cuyas descargas de materias, energía o sustancias nocivas o peligrosas de cualquier especie, deban ser evacuadas directa o indirectamente en aguas sometidas a la jurisdicción nacional"*, presentar, *"sin perjuicio de otras exigencias legales o reglamentarias, una evaluación de impacto ambiental en el medio acuático, conforme a la ubicación del establecimiento o faena y al tipo, caudal y tratamiento del efluente que se evacuará"*[19]. Eso sí, esta evaluación *de impacto ambiental en el medio acuático* tiene, como objetivo primordial, *"pronosticar, sobre bases científicas y técnicas generalmente aceptadas, los riesgos ambientales a corto, mediano y largo plazo que puedan derivarse del funcionamiento del establecimiento, faena o actividad;* pero, además, la referida norma reglamentaria exige que *"Una vez iniciado el proceso de evacuación de sus desechos deberá determinarse la toxicidad de sus efluentes mediante bioensayos y, posteriormente, mantener un monitoreo periódico de autovigilancia y control"*[20], lo que constituye en los actuales Programas de Vigilancia Ambiental (PVA) del Medio Marino, que la gran mayoría de los establecimiento ubicados en los márgenes costeros, lacustres y ribereños desarrollan actualmente, con el propósito de dar cumplimiento a la normativa ambiental vigente.

Desde un punto de vista técnico ambiental, los Términos de Referencia (TDR) que fueron promulgados por la Resolución DGTM. Y MM. Ordinario N° 12.600/323 VRS., constituyeron en un verdadero "manual", "guía" o "directriz" para las organizaciones que han desarrollado estudios en el medio marino y acuático, tendiente a levantar una caracterización completa de esos ecosistemas; pues a los requerimientos que fueron exigidos los PMEIA de 1987, se agregaron exigencias en cuanto a la descripción del proyecto, del área de estudio, estudios de línea de base ambiental, identificación, análisis y valoración de impactos, identificación de disposición final del o de los vertidos, propuestas de medidas de mitigación y la propuesta de un Programa de Vigilancia Ambiental o Monitoreo. Todo lo anterior, con un amplio detalle de su ejecución y contenido, así como la especificación de otros componentes ambientales, como correntometría euleriana o fija y lagrangiana o

---

[18] Ver nota 8.

[19] Artículo 141 del D.S.N° 1, del 6 de enero de 1992, del Ministerio de Defensa Nacional, publicado en el D.O. de fecha 18 de noviembre de 1992.

[20] Ver Art. 142, nota 8.

con derivadores, mediciones de vientos, estudios con trazadores químicos, caracterización de la calidad de la columna de agua y de los sedimentos submareales e intermareales, la caracterización de los residuos a evacuar al medio, la caracterización de comunidades bentónicas submareales e intermareales de los distintos tipos de sustratos (arenoso o blando, rocoso o duro) y además el desarrollo de bioensayos de toxicidad aguda y crónica sobre determinadas especies que fueron expresamente establecidas por la autoridad[21].

La periodicidad de estos estudios constituyó otra de las novedades que impuso esta nueva norma, pues estableció que las mediciones lagrangianas se efectuaran en un ciclo completo de mareas (12 horas), debiendo registrarse a intervalos de aproximadamente 10 minutos, siendo seguida la posición de los derivadores por un sistema de GPS diferencia o en su defecto, mediante corte angular de estaciones de teodolitos en vértices de tercer orden geodésico. Además, con relación a la medición de vientos, dispuso que estos se efectuaran en períodos de 30 días y sus análisis debían enfocar la definición de los efectos de las corrientes y la dispersión esperada de contaminantes, con el objeto de pronosticar escenarios diversos cuando exista variabilidad estacional y se hubiese efectuado una sola campaña (verano o invierno).

De manera simultánea al surgimiento de la ya comentada Resolución DGTM. Y MM. Ordinario N° 12.600/323 VRS., de fecha 19 de diciembre de 1994, la DIRECTEMAR, también, promulgó otras dos Resoluciones similares, estas fueron: la Resolución DGTM Y MM. Ordinario N° 12.600/324 VRS. y la Resolución DGTM Y MM Ordinario N° 12.600/325, publicadas con la misma fecha que la antes individualizada 323, las cuales establecieron términos de referencia para los estudios de evaluación de impacto ambiental para Proyectos de Vertimiento de Desechos de Dragado en el medio ambiente acuático de jurisdicción nacional y para los estudios de evaluación de impacto ambiental acuático para Puertos y Terminales Marítimos de jurisdicción nacional, respectivamente.

Estas dos resoluciones, siguieron un mismo esquema asociado a requerimientos técnicos ambientales similares a la establecida en la ya detallada Resolución DGTM Y MM Ord. N° 12.600/323 VRS, pero con la excepción que la Resolución Ordinario N° 12.600/324 VRS, relativo a estudios de vertimiento de desechos de dragado, incluyó aspectos más específicos con respecto a la descripción de los sedimentos a dragar, incluyendo la identificación del volumen y tonelaje de esta faena, superficie de sedimentos que sería dragada, individualización de lugares, puertos y sitios portuarios, tasa de remoción de sedimentos en volumen y tonelaje, elementos y artefactos navales que serían utilizados para la actividad, tiempo de la faena y números de viajes diarios, entre otros datos. Además, dispuso la exigencia de caracterizar química y físicamente el sedimento que sería dragado, incluyendo en este aspecto, los metales pesados contenidos en él, más una línea de base

---

[21] Se expresó que los ensayos de toxicidad deberían efectuarse con organismos característicos de la costa de Chile, tales como *Perumytilus purpuratus*, *Chlamys* (*Argopecten*) *purpuratus*, *Rhynchocinetes typus*, *Girella laevifrons*, o estados larvarios de especies comúnmente aceptadas para este tipo de ensayos.

oceanográfica ambiental completa del sitio de vertimiento, siguiendo de esta forma las condicionantes que establece el Convenio sobre Prevención de la Contaminación del Mar por Vertimiento de Desechos y Otras Materias, con sus anexos, de 1972[22].

Atendiendo a la promulgación del Reglamento del Sistema de Evaluación de Impacto Ambiental (RSEIA), en abril del año 1997[23], la Autoridad Marítima Nacional decidió dejar sin efecto las Resoluciones DGTM. Y MM. Ordinario N° 12.600/323 VRS, N° N° 12.600/324 VRS, N° 12.600/325 VRS, lo cual fue dispuesto por medio de la Resolución DGTM. Y MM. Ordinario N° 12.600/03PM VRS., de fecha 12 de diciembre de 1997. Con ello, se eliminó la exigibilidad de los términos de referencia que eran aplicables a los proyectos de descargas de fuentes terrestres de contaminación acuática, a los vertimientos de dragados y a los proyecto portuarios y de terminales marítimos, pasando estos instrumentos a constituir documentos de trabajo internos de la Autoridad Marítima, para todos aquellos proyectos o actividades que quedaban fuera de la disposición contenida en el artículo 1° Transitorio del, entonces, Reglamento del Sistema de Evaluación de Impacto Ambiental (RSEIA), conforme fue declarado.

Sin perjuicio de lo anterior, la Resolución DGTM. Y MM. Ordinario N° 12.600/03PM VRS., de 1997, permitió dejar vigente en el ámbito de las descargas de residuos líquidos a un instrumento, previamente aprobado en el año 1995[24], por medio de la Resolución DGTM Y MM Ord. N° 12.600/422, la que adoptó la "Norma Técnica relativa a la Descarga de Residuos Industriales Líquidos RIL", predecesora de la actual Norma de Emisión para la Regulación de Contaminantes Asociados a las Descargas de Residuos Líquidos a Aguas Marinas y Continentales Superficiales[25].

Atendiendo a la decisión de mantener el contenido de los TDR de las resoluciones 12.600 como documentos de trabajo internos de la Autoridad Marítima, en 1998 la Dirección General del Territorio Marítimo y de Marina Mercante (DIRECTEMAR) publica la Directiva Ordinario N° 01/98, la cual aprobó la "Guía Metodológica de Revisión Técnica Sectorial de Estudios de Impacto Ambiental en el Medio Ambiente Acuático de Jurisdicción Nacional para Proyectos que contemplan "Descargas de Residuos Líquidos,

---

[22] El Convenio sobre Prevención de la Contaminación del Mar por Vertimiento de Desechos y Otras Materias, con sus anexos, de 1972, también conocido como Convenio de Londres de 1972 o LC/72, fue aprobado por Chile, mediante el D.L.N° 1.809 DE 1977, promulgado por D.S.N° 476 del Ministerio de Relaciones Exteriores, publicado en el D.O. de fecha 11 de octubre de 1977.

[23] El Reglamento del Sistema de Evaluación de Impacto Ambiental fue promulgado por D.S. N° 30, del Ministerio Secretaría General de la Presidencia, publicado en el D.O. de fecha 3 de abril de 1997.

[24] La Resolución DGTM Y MM Ord. N° 12.600/422, fue publicada el 1° de diciembre de 1995.

[25] La Norma de Emisión para la Regulación de Contaminantes Asociados a las Descargas de Residuos Líquidos a Aguas Marinas y Continentales Superficiales, fue promulgada por el D.S. N° 90, del Ministerio Secretaría General de la Presidencia, publicada en el D.O. de fecha 7 de marzo de 2001.

de Puertos y de Terminales Marítimos u Otros", cuya finalidad original fue de servir como instructivo para las Autoridad Marítimas dependientes[26], en su tarea de revisión de los proyectos o actividades sometidas al RSEIA; el cual, sin embargo, se transformó con el tiempo en un instrumento vinculante para todos los titulares y usuarios de estudios de línea de base ambiental marina.

En el año 2001, DIRECTEMAR decide separar la antes individualizada "Guía Metodológica de Revisión Técnica Sectorial de Estudios de Impacto Ambiental en el Medio Ambiente Acuático de Jurisdicción Nacional para Proyectos que contemplan "Descargas de Residuos Líquidos, de Puertos y de Terminales Marítimos u Otros" en dos instrumentos técnicos independientes, la "Guía Metodológica sobre procedimientos y consideraciones ambientales básicas para la descarga de aguas residuales mediante emisarios submarinos, 2001" y la "Guía Metodológica de Revisión Técnica Sectorial de Estudios de Impacto Ambiental en el Medio Ambiente Acuático de Jurisdicción Nacional para Proyectos que Contemplan "Descargas de Residuos Líquidos, de Puertos y Terminales Marítimos u Otros, 2001". En cada uno de estos, se mantuvo el contenido técnico particular a la materia normada, esto es, a la revisión de estudios de descargas residuales al medio marino, separada de la revisión de estudios de puertos y terminales marítimos, conforme a original del año 1987.

Con el arribo de la única modificación sustancial que ha sufrido la Ley sobre Bases Generales del Medio Ambiente, en el año 2010[27], se creó el Servicio de Evaluación Ambiental (SEA) y, entre sus obligaciones legales, se le encomendó *uniformar los criterios, requisitos, condiciones, antecedentes, certificados, trámites, exigencias técnicas y procedimientos de carácter ambiental que establezcan los ministerios y demás organismos del Estado competentes, mediante el establecimiento, entre otros, de guías trámite"*[28], entre los cuales se comprende todo proceso tendiente a evaluar un proyecto sometido al SEIA, incluyendo los aspectos técnicos y ambientales que se han propuesto para el levantamiento de los estudios de líneas de base ambiental, incluyendo la del ámbito marino y costero.

Del mismo modo como fue descrito precedentemente, la misma Ley N° 20.417, que modificó a la Ley sobre Bases Generales del Medio Ambiente, también, creó a la Superintendencia del Medio Ambiente (SMA) y, por cierto, conforma su ley orgánica (LOSMA). En este sentido, la LOSMA otorgó a la SMA la función de *"exigir, examinar y procesar los datos, muestreos, mediciones y análisis que los sujetos fiscalizados deban proporcionar de acuerdo a las normas, medidas y condiciones definidas en sus respectivas Resoluciones de Calificación Ambiental o en los Planes de Prevención y, o de Descontaminación que les sean aplicables"*, es decir, efectuar la supervisión de todos los procedimientos asociados a los programas de seguimiento o vigilancia ambiental que se enmarquen en lo comprometido

---

[26] Gobernaciones Marítimas y Capitanías de Puerto.

[27] La Ley N° 19.300, sobre Bases Generales del Medio Ambiente, fue modificada por la Ley N° 20.417, publicada en el D.O. de fecha 26 de enero de 2010.

[28] Artículo 81, letra d), de la Ley N° 20.417.

por los titulares de las Resoluciones de Calificación Ambiental, incluyendo los PVA y monitoreos del ámbito marino y costero.

En efecto, aun cuando ambas instituciones de carácter ambiental cuentan con las atribuciones para unificar criterios de aquellos monitoreos y mediciones necesarios para la definición de una línea de base ambiental del medio marino y costero o para el seguimiento de un programa de vigilancia ambiental del medio marino y costero, según su competencia específica, lo efectivo es que, a la presente fecha, aún no existen instrumentos jurídicamente vinculantes que regulen uno u otro.

Más recientemente, en el año 2015, la Dirección de Intereses Marítimos y Medio Ambiente Acuático (DIRINMAR), organismo técnico dependiente de la DIRECTEMAR, publicó en su sitio web institucional las "Directrices para la Evaluación Ambiental de Proyectos Industriales de Desalación en jurisdicción de la Autoridad Marítima", documento de carácter instructivo, cuyo objetivo es el definir los requerimientos básicos que debieran contener los estudios de impacto ambiental (EIA) o las declaraciones de impacto ambiental (DIA) asociados a proyecto de Plantas Desalinizadoras que se instalen en jurisdicción de la Autoridad Marítima.

Al respecto, aun cuando las referidas Directrices de la DIRINMAR no han sido revestidas mediante un documento resolutorio de parte de la DIRECTEMAR, que les otorgue una fuerza vinculante con las facultades ambientales sectoriales que posee la Autoridad Marítima, desde un punto de vista práctico han sido consideradas como "necesarias" para que un proyecto logre cumplir con los requerimientos técnicos que son exigidos por la Autoridad Marítima en su aprobación dentro del SEIA.

Lo mismo ha ocurrido con la exigibilidad de algunas publicaciones técnicas que ha emitido el Servicio Hidrográfico y Oceanográfico de la Armada de Chile (SHOA), en términos de su aplicabilidad más recurrente en estudios de línea de base ambiental del medio marino por parte de la Autoridad Marítima Nacional, aun cuando no existe instrumento jurídico que obligue a su aplicación.

CONCLUSIONES

En consecuencia, aun cuando nuestro país tuvo procesos innovadores, a principio de los noventa, en cuanto a criterios para el monitoreo del medio ambiente marino y costero, los cuales se ajustaron a los estándares internacionales de organizaciones muy reconocidas, tales como el Programa de las Naciones Unidas para el Medio Ambiente o el CONPACSE de la Comisión Permanente del Pacífico Sur, y considerando que, desde el punto de vista de la institucionalidad ambiental, hemos logrado avanzar en la creación de servicios públicos facultados de atribuciones destinadas a mantener procedimientos técnicos en el mismo sentido de lo expuesto anteriormente; lo cierto es que en la actualidad no existen estándares o términos de referencia que permitan a los usuarios o titulares de proyectos adoptar de manera unificada procedimientos que lleven a realizar mediciones, muestreos o estudios en el medio ambiente marino, creando con ello incertidumbre técnica y/o científica de los métodos que son aplicados por los usuarios versus lo exigido por los organismos de la Administración del Estado con competencia en esta materia, elevando consiguientemente la incerteza técnica y jurídica del resultado de estas evaluaciones.

Por lo tanto, resulta esencial que la actual institucionalidad ambiental elabore aquellos criterios, requisitos, condiciones o exigencias técnicas de carácter ambiental, que permitan unificar los procedimientos que deben considerarse en todo monitoreo ambiental del medio marino y costero, en conjunto con el conocimiento que ha obtenido la comunidad científica especializada.

Castilla, J. C., Fariña, J. M., & Camaño, A. (Eds.). 2021. *Programas de monitoreo del medio marino costero: Diseños experimentales, muestreos, métodos de análisis y estadística asociada.* Ediciones Universidad Católica. Santiago, Chile. 320 pp.

---

2. ENTIDADES TÉCNICAS DE FISCALIZACIÓN AMBIENTAL EN CHILE

TECHNICAL ENTITIES FOR ENVIRONMENTAL CONTROL IN CHILE

MÓNICA VERGARA[1]

Resumen. La Superintendencia del Medio Ambiente de Chile (SMA), dando respuesta al mandato establecido en su Ley orgánica (LOSMA) y en el Decreto Supremo N° 38/2013 del Ministerio del Medio Ambiente (Reglamento ETFA), implementó el sistema de Entidades Técnicas de Fiscalización Ambiental (ETFA). De esta manera, las actividades de medición, muestreo, análisis, inspección y/o verificación incluidas en los instrumentos de carácter ambiental en el país, deben ser ejecutadas por ETFA autorizadas por la SMA, las cuales deben contar con al menos un Inspector Ambiental (IA) autorizado para los alcances de la ETFA. Asimismo, la Superintendencia podrá contratar estas labores a entidades técnicas de fiscalización ambiental, en el marco de la realización de fiscalizaciones a titulares de proyectos. El objetivo de este sistema es estandarizar y elevar el nivel técnico en la ejecución de estas actividades, que ejecutan las empresas que prestan servicios en el ámbito ambiental a nivel nacional.

Palabras claves. Chile, Ministerio de Medio Ambiente, Superintendencia del Medio Ambiente, Entidades Técnicas de Fiscalización Ambiental, estandarizacionse y control.

Summary. The Chilean Superintendence of the Environment (in Spanish, SMA), responding to the mandate established in its Organic Law (LOSMA) and in Supreme Decree No. 38/2013 of the Ministry of the Environment (ETFA regulation), implemented the system of technical entities for environmental control. In this way, activities of sampling, measurement, analysis, inspection and /or verification included in instruments within the environmental framework, must be carried out by technical entities of environmental control (in Spanish, ETFA) authorized by SMA and having at least one authorized Environmental Inspector within the same ETFA's scopes. Likewise, the SMA may hire these activities to technical entities of environmental control, within the framework of environmental

---

[1] Superintendencia del Medio Ambiente, Departamento de Análisis Ambiental. Teatinos 280, Santiago, Chile. monica.vergara@sma.gob.cl

control programs to project owners. The aim of the system, is to standardize and improve the performance of these activities, carried out by companies/laboratories and private stakeholders in the field of environmental services at the national level.

Keywords. Chile, Minister of the Environment, Superintendence of the Environment, Technical and inspection entities, standardization and control.

INTRODUCCIÓN

Las Entidades Técnicas de Fiscalización Ambiental (ETFA), son organizaciones autorizadas por la Superintendencia de Medio Ambiente (SMA), para desarrollar actividades de muestreo, medición, análisis, inspección y verificación, según los compromisos y obligaciones definidos en los Instrumentos de Carácter Ambiental (ICA) vigentes en Chile: Normas de Calidad; Normas de Emisión; Resoluciones de Calificación Ambiental (RCA); Planes de Prevención y/o Descontaminación Ambiental; entre otros.

En términos estrictos, una Entidad Técnica de Fiscalización Ambiental se define como una *"Persona jurídica autorizada para realizar actividades de fiscalización ambiental, según el alcance de la autorización que le ha otorgado la Superintendencia, de acuerdo a lo establecido en el reglamento ETFA (D.S. 38/2013 MMA)"*. Una ETFA solo podrá ser autorizada si cuenta con al menos un Inspector Ambiental (persona natural que forma parte de una entidad técnica) autorizada para los mismos alcances.

El D.S. N° 38/2013 del Ministerio del Medio Ambiente que "Aprueba el Reglamento de Entidades Técnicas de Fiscalización Ambiental de la Superintendencia del Medio Ambiente" (en adelante Reglamento ETFA), en su artículo 21° establece que las actividades de fiscalización ambiental a que se refiere el Reglamento, se podrán llevar a cabo respecto de una parte o de la totalidad de los proyectos, actividades o fuentes. De la misma forma, el Reglamento ETFA establece que dichas actividades de fiscalización ambiental pueden ser ordenadas y contratadas por la SMA a una ETFA con autorización vigente y que cuenten con uno o más Inspectores Ambientales autorizados. De la misma forma, el Reglamento establece que un sujeto fiscalizado, para dar cumplimiento a una normativa ambiental, general o específica, deberá contratar a una ETFA con autorización vigente, para realizar las actividades que permitan cumplir con los compromisos ambientales.

DESARROLLO

1. Requisitos para la autorización de las Entidades Técnicas de Fiscalización Ambiental

Dentro de los requisitos administrativos, para ser autorizado como ETFA (Resolución exenta N° 126/2019), se encuentran los siguientes:

1. Estar constituido como persona jurídica.
2. Constituir a favor de la SMA una boleta de garantía bancaria de 500 UF.

3. Contar con al menos un Inspector Ambiental (IA) autorizado en el alcance al que postula.
4. No estar afecto a los conflictos de intereses que señala la letra a) del artículo 16° del D.S.38/2013 MMA.

Respecto de los requisitos técnicos, el sistema ETFA se sustenta sobre el modelo de acreditación de laboratorios de ensayo y de organismos de inspección, a través de las normas ISO 17025 e ISO 17020, respectivamente. Esta acreditación se puede obtener con el Instituto Nacional de Normalización (INN) a nivel nacional, o con un organismo acreditador internacional con reconocimiento de la Cooperación Internacional de Acreditación de Laboratorios (ILAC, por sus siglas en Ingles), para las actividades acreditadas. Lo anterior es relevante dado que la acreditación según estas normas ISO es una evidencia objetiva de la competencia técnica para ejecutar una actividad, y por lo tanto conlleva a la confiabilidad de los resultados que entregan estas entidades técnicas; que es el fin último que persigue la SMA con este sistema, además de estandarizar técnicamente la ejecución de estas actividades (Figura 1).

Figura 1

Modelo de Entidades Técnicas de Fiscalización Ambiental - ISO.

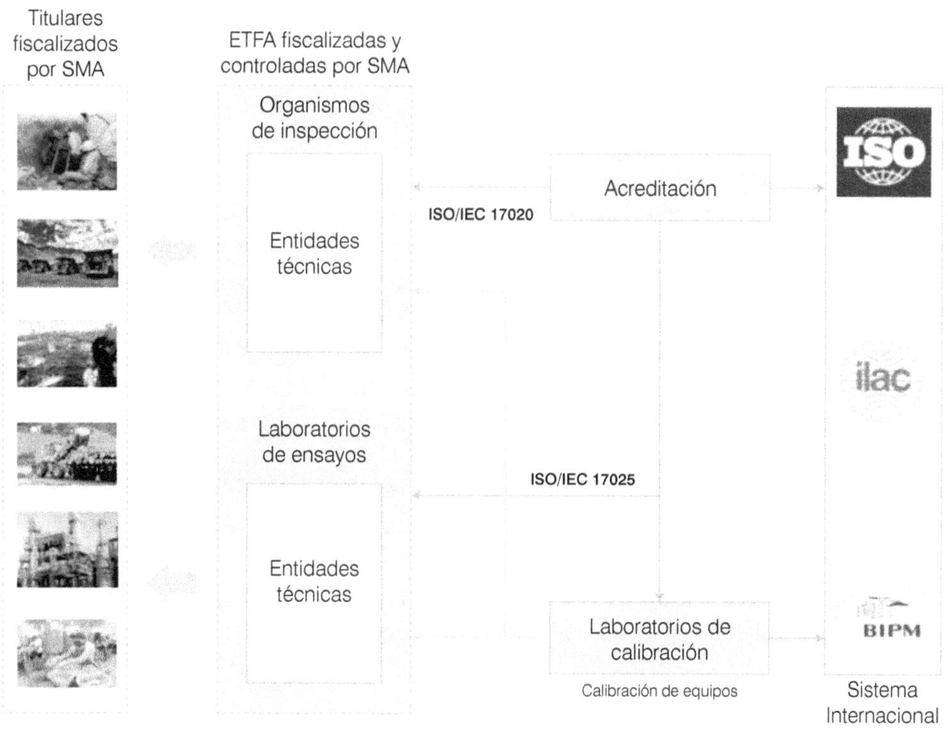

2. Requisitos para la autorización de Inspector Ambiental

Los requisitos para que personas naturales sean autorizadas como Inspector Ambiental, son los siguientes:

1. Poseer conocimientos y experiencia de a lo menos 3 años respecto al alcance postulado.
2. Poseer perfil idóneo para desempeñar las actividades solicitadas (título profesional o técnico).
3. No estar afecto a los conflictos de intereses que señala la letra a) del artículo 16° del Reglamento ETFA.

El IA es la persona responsable, según sus alcances de autorización, de las actividades que desarrolle la ETFA (en terreno o en sus instalaciones). Es importante mencionar que el IA no puede operar en forma independiente y solo puede desarrollar su actividad si se encuentra asociado a una ETFA en el registro público de la SMA.

3. Modelo de operación

El modelo de operación que incluye a las ETFA se presenta en la **Figura 2**. El titular de un proyecto, actividad o fuente, regulado por un instrumento de carácter ambiental, debe contratar a una ETFA para que ejecute las actividades de muestreo, medición, análisis, inspección o verificación, asociadas a los alcances específicos. Es importante mencionar que los alcances de autorizaciones son áreas técnicas para las que se concede la autorización, y cada alcance está constituido por 6 elementos principales: actividad, aplicación (asociado a la existencia de normas de calidad o de emisión), componente ambiental, subárea o matriz, método y parámetro.

Una vez desarrolladas las actividades, la ETFA debe remitir el informe de resultados al titular y este, a su vez, adjuntarlo al Informe de Seguimiento o Reporte de Cumplimiento que envíe a la SMA. Por su parte, la Superintendencia fiscaliza al titular por una línea, y se agrega otra línea en que la SMA autoriza, controla y además puede contratar a las ETFA dentro del marco de una fiscalización que esté ejecutando a un titular de proyecto, para ejecutar actividades de muestreo, medición, análisis, inspección y/o verificación que aplique a la mencionada fiscalización.

La oferta de servicios de muestreo, medición, análisis, inspección y verificación por parte de una ETFA puede resultar limitada ya sea porque muchas actividades no han sido reguladas por la SMA y por lo tanto no existe una ETFA autorizada, o bien, porque no existe la capacidad de las ETFA autorizadas para realizar dichas actividades. Haciéndose cargo de esa realidad, la SMA ha definido una jerarquía para el desarrollo de las actividades de fiscalización ambiental (muestreo, medición, análisis, inspección y verificación), estableciendo como criterio principal, el aseguramiento de la calidad de los procesos y los resultados. En ese sentido, al no existir una ETFA para desarrollar una actividad en particular, o existiendo una ETFA, pero no pudiendo, de manera justificada hacerse cargo de la demanda, el titular deberá contratar a una

Figura 2

Modelo de operación de Entidades Técnicas de Fiscalización Ambiental.

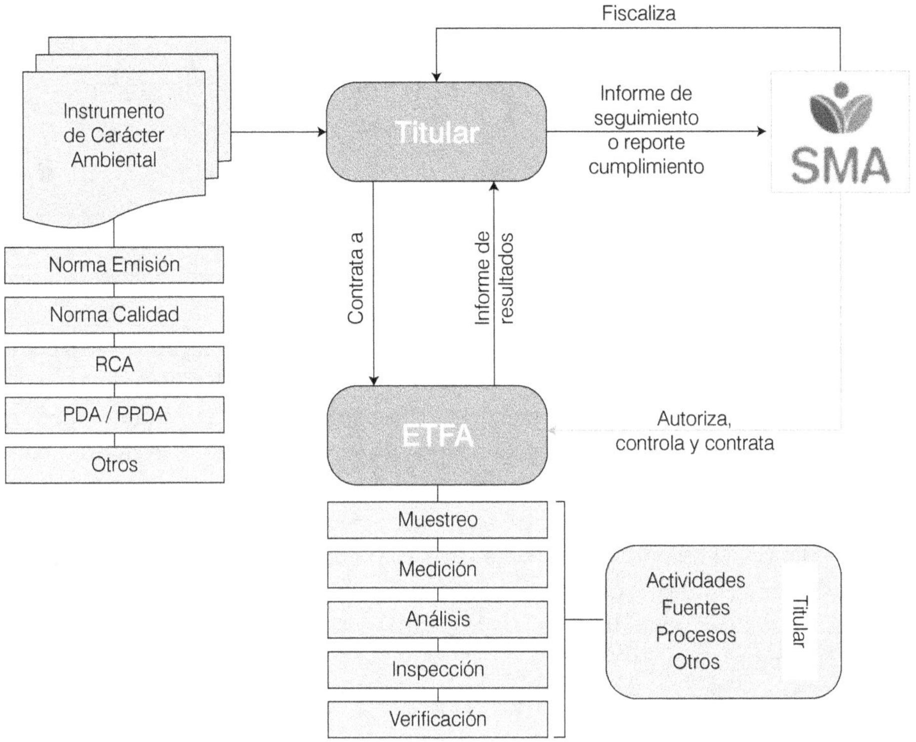

Figura 3

Jerarquía de contratación Entidades Técnicas de Fiscalización Ambiental.

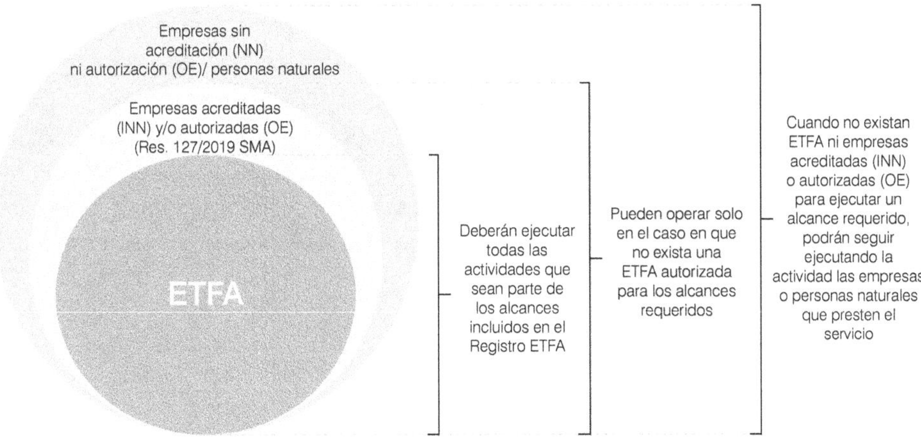

INN: Instituto Nacional de Normalización   OE: Organismo del Estado

organización acreditada por el INN o autorizada por algún organismo del Estado, para desarrollar la actividad requerida. Únicamente en el caso de que no existan empresas con esta condición, el titular puede acudir a empresas o personas naturales que presten el servicio (**Figura 3**).

4. Excepción al sistema de Entidades Técnicas de Fiscalización Ambiental

No se requerirá que las actividades de muestreo y/o medición sean realizadas por una ETFA, en el componente agua, cuando tales actividades deban ser realizadas en terreno, con una frecuencia horaria o diaria. Los parámetros exceptuados son los siguientes: caudal, cloro libre residual o cloro libre, cloro total o cloro residual, conductividad, nivel freático, oxígeno disuelto, pH, sólidos sedimentables y temperatura.

En el caso que estas actividades sean llevadas a cabo en forma automatizada, los titulares deberán mantener registros asociados al control metrológico (calibraciones, verificaciones, entre otros) y mantenciones de los equipos utilizados en tales mediciones; así como demostrar la competencia técnica de los operadores de los mencionados equipos. La competencia técnica del personal podrá ser demostrada a través de registros de capacitaciones y evaluaciones; entre otros.

En el caso que las actividades sean ejecutadas por el personal del titular del proyecto, se deberá demostrar su competencia técnica y mantener los registros del control metrológico de los equipos utilizados en tales mediciones, en los mismos términos descritos en el párrafo anterior.

5. Autorizaciones para las Entidades Técnicas de Fiscalización Ambiental e Inspectores Ambientales

El registro público de la SMA que contiene la información de las ETFA e IA autorizados, está disponible a los usuarios a través del sitio electrónico https://entidadestecnicas.sma. gob.cl/Home/RegistroPublico, el que se actualiza cada vez que existan cambios en estas autorizaciones. Con fecha 08-12-2020 existen 68 autorizaciones ETFA que abarcan 16.631 alcances, distribuidos en los componentes agua, suelo, aire. Respecto de las subáreas o matrices asociadas al medio marino, existen 2.166 alcances autorizados ETFA relacionados con agua de mar y sedimentos marinos. Respecto de las autorizaciones IA, al 27-12-2020 existe un total de 891 personas naturales autorizadas, con un total de 8.410 alcances, de los cuales 1.193 están asociados a agua de mar y sedimentos marinos. Es importante mencionar que tanto las ETFA como los IA pueden autorizarse en una o más áreas ambientales.

6. Programa de de seguimiento y control a las Entidades Técnicas de Fiscalización Ambiental

En el contexto de la nueva institucionalidad ambiental nacional, el modelo de ETFA permite identificar y controlar a las organizaciones que desarrollan esas actividades, así como al personal técnico que las ejecuta. Esto asegura que existan procesos de evaluación y control periódicos dirigidos y que permitan realizar un seguimiento en el tiempo de su calidad técnica; evaluar su desempeño y competencia técnica; así como sancionar sus incumplimientos.

Actualmente el seguimiento y control de las ETFA, consta de 2 elementos, originados por el mandato establecido en Título III del reglamento ETFA, "Del control permanente":

Ensayos de aptitud: Un Ensayo de Aptitud dentro del marco del sistema ETFA, es una prueba técnica orientada a evaluar el desempeño, en este caso analítico, de las ETFA autorizadas. Los ensayos de aptitud que organiza la SMA consisten en que la SMA adquiere muestras a laboratorios internacionales acreditados según las normas ISO correspondientes a su actividad, muestras que contienen contaminantes a concentraciones conocidas por la SMA, pero desconocidas por las ETFA. Estas muestras se distribuyen a los laboratorios participantes, ellos remiten a la SMA sus resultados, y nuestra institución realiza la evaluación estadística para determinar el desempeño de cada ETFA para cada parámetro evaluado.

La participación en los ensayos de aptitud es obligatoria para todas las ETFA autorizadas en los alcances correspondientes, y a las que la SMA notifique. Los resultados de los ensayos de aptitud son publicados en nuestro sitio web (https://portal.sma.gob.cl/index.php/portal-regulados/entidades-tecnicas/ensayos-de-aptitud/).

La SMA se encuentra acreditada por el Standard Council of Canadá, desde noviembre de 2014 según la norma ISO/IEC17043:2010 como Proveedor de Ensayos de Aptitud, demostrando con ello su competencia técnica para ejecutar esta actividad.

Fiscalizaciones: La SMA fiscaliza a las ETFA mediante 3 modalidades: (i) por programa de fiscalización; (ii) por oficio; (iii) por denuncias. Las fiscalizaciones pueden llevarse a cabo a través de actividades de inspección o verificación (revisión documental). Las actividades de inspección que realiza la SMA en este marco, son desarrolladas tanto en terreno donde se estén ejecutando las actividades la ETFA (muestreo, mediciones), como en sus instalaciones (análisis). Las actividades de verificación que realiza la SMA corresponden principalmente a una revisión documental de informes de resultados emitidos por las ETFA y que los titulares deben adjuntar a informes de seguimiento, o a reportes de cumplimiento.

Respecto de las actividades de oficio, la SMA realiza periódicamente una revisión de la vigencia de las acreditaciones ISO de las ETFA, verificando que se mantengan todos los alcances autorizados con su acreditación correspondiente. Para esto, se revisan las páginas web de los organismos acreditadores. Adicionalmente, se verifica la cobertura de IA en ETFA, dado que uno de los requisitos para mantener la autorización, es que la ETFA posea al menos 1 IA en el mismo alcance de autorización.

Finalmente, la SMA realiza actividades de fiscalización derivadas de denuncias que sean ingresadas por medio de los canales que se disponen para ello.

REFERENCIAS

Decreto Supremo N° 38/2013 del Ministerio del Medio Ambiente, que "Aprueba reglamento de entidades técnicas de técnicas de fiscalización ambiental de la Superintendencia del Medio Ambiente".

Ley Orgánica de la Superintendencia del Medio Ambiente, Chile.

Resolución exenta N° 126/2019, que "Dicta instrucción de carácter general que establece los requisitos para la autorización de entidades técnicas de fiscalización ambiental e inspectores ambientales y revoca resoluciones que indica".

Resolución exenta N° 127/2019, que "Dicta instrucción de carácter general que establece directrices generales para la operatividad de las entidades técnicas de fiscalización ambiental e inspectores ambientales y revoca resoluciones que indica".

SECCIÓN 2

DISEÑO DE PROGRAMAS DE MONITOREO

Castilla, J. C., Fariña, J. M., & Camaño, A. (Eds.). 2021. *Programas de monitoreo del medio marino costero: Diseños experimentales, muestreos, métodos de análisis y estadística asociada.* Ediciones Universidad Católica. Santiago, Chile. 320 pp.

3. CONSIDERACIONES Y RECOMENDACIONES GENERALES PARA EL DISEÑO DE PROGRAMAS DE MONITOREOS BIÓTICOS DE FONDOS DUROS DEL INTER Y SUBMAREAL

GENERAL CONSIDERATIONS AND RECOMMENDATIONS FOR THE DESIGN OF MARINE INTER AND SUBTIDAL HARD BOTTOM BIOTIC MONITORING

JUAN CARLOS CASTILLA[1]

Resumen. En Chile, los Programas de Vigilancia Ambiental (PVA) o monitoreos ambientales generan evidencias para evaluar normas específicas o las causas y dirección de los cambios ambientales debidos a factores antropogénicos. Los PVA deben ser diseñados para distinguir las modificaciones debidas a factores naturales (variabilidad ambiental) de aquellos debidos a causas antropogénicas. Para lo anterior es clave que los PVA estén correctamente diseñados, con hipótesis factibles de ponerse a prueba y que los análisis estadísticos sean robustos. En este capítulo se definen las características principales de los PVA bióticos de ambientes inter y submareales de fondos duros del borde costero; la situación en Chile y se entregan consideraciones generales sobre planificaciones y diseños. Se analiza una posible secuencia lógica de pasos necesarios para alcanzar el diseño de un programa de monitoreo robusto, incluyendo los objetivos, preguntas, métodos, hipótesis y uso de estadística descriptiva e inferencial. Se destacan las etapas de diseño, estudio piloto y línea(s) base y se presentan y discuten algunos de los principales modelos de diseños de muestreo y de análisis estadísticos. Adicionalmente se discute por qué, a nivel mundial, los programas de monitoreo presentan fallas, que en muchos casos impiden la publicación de los resultados. Finalmente se sugieren algunos puntos claves para mejorar lo anterior y entre ellos se destaca la necesidad de contar con equipos interdisciplinarios de profesionales, considerar la posibilidad de flexibilización de los PVA a medida que los monitoreos avanzan en el tiempo y de generar guías técnicas para su implementación.

Palabras claves. Chile, programas de vigilancia ambiental, monitoreos litorales de fondos duros, fallas de los monitoreos, planificación y diseño, árbol de decisiones, recomendaciones.

---

[1] Departamento de Ecología, Facultad de Ciencias Biológicas, Pontificia Universidad Católica de Chile. Alameda 340, Santiago, Chile. jcastilla@bio.puc.cl

Summary. In Chile, Environmental Monitoring Programs (EMP) should produce evidence against which to evaluate specific norms or the cause and direction of changes due to anthropogenic factors and, if well-designed, should capture natural changes and distinguish/ separate them from anthropogenic ones. For the above the monitoring programs should include contrastable hypotheses and contain robust statistic. In this paper the main characteristics of monitoring programs, focusing in intertidal and subtidal benthic hard bottom systems, are defined and the situation in Chile is analyzed. The sequence of necessary steps to plan and design a robust monitoring program, including objectives, questions, methods, hypotheses and the use of descriptive and inferential statistics are addressed. The stages of design, pilot study, base lines and the main sampling models and statistical analysis are discussed. Additionally, the reasons why, worldwide, most monitoring programs fail, impeding scientific publications, are discussed. Finally, some key points to improve monitoring programs are discussed, among them: the need to integrate multidiscipline in their designs, data analyses, statistic, interpretation, conclusions, considerations for the design-flexibility in the case of long-term monitoring programs, and the need for the publication of technical guides.

Keywords. Chile, littoral hard bottom monitoring programs, design and planification, recommendations.

INTRODUCCIÓN

Las investigaciones de largo plazo y los seguimientos ambientales, monitoreos o Programas de Vigilancia Ambiental (PVA), incluyendo los marinos del inter y submareal somero de fondos duros del borde costero (ver definición de borde costero en Decreto Supremo N° 475, 1994. "Establece Política Nacional del Uso del Borde Costero del Litoral de la República y Crea Comisión Nacional") realizados con muestreos sistemáticos de terreno, entregan información para determinar la estructura, dinámica, variabilidad natural, resiliencia y los impactos antropogénicos que afectan a las poblaciones y/o comunidades naturales. Estos estudios son el fundamento para numerosos tipos de investigaciones incluyendo las puramente básicas de larga duración y las aplicadas de gestión ambiental relacionadas con impactos ambientales de orígenes antropogénicos (*e.g.*, para Chile: Castilla, 1983, 1998; Castilla *et al.*, 1977; Santelices & Castilla, 1977; Correa *et al.*, 1996; Kong *et al.*, 1998; Lancellotti & Stotz, 2004; Navarrete *et al.*, 2010; González *et al.*, 2014).

Según la posibilidad o imposibilidad de planificar los monitoreos sobre impactos ambientales, se reconocen dos tipos: (i) los monitoreos para impactos no planificados (*e.g.*, un derrame de petróleo), en que no es posible planificar con precisión una estrategia de monitoreo previa al evento y se debe reaccionar con el diseño de un seguimiento ambiental posterior a la emergencia. En estos casos la existencia de estudios biológicos litorales regionales, amplios en cobertura espacial y de larga duración, que estén relacionados con el sitio afectado, son claves y de gran utilidad. A través de ello se contará con mediciones ambientales de un "antes" de la emergencia, incluyendo la variabilidad natural. De no contar con lo anterior es necesario diseñar un programa de monitoreo, de corta o larga duración, guiado por las circunstancias (*e.g.*, Castilla *et al.*, 1977; Santelices & Castilla, 1977; Peterson *et al.*, 2003). Este tipo de monitoreos incluye análisis tanto de las modificaciones ambientales de origen antropogénicos como de las variaciones ambientales naturales, y además se relacionan con el cumplimiento y verificación de normas específicas post-impacto; (ii) los monitoreos planificados en relación con perturbaciones o impactos antropogénicos (*e.g.*, construcción de un muelle, ducto, vertimiento de relaves, planta desaladora) que se planifican *a priori* con el objetivo de evaluar científica y técnicamente si ellos producirán o no modificaciones significativas en poblaciones, comunidades, recursos y/o ecosistemas intermareales o submareales. Esto se logra a través de la comparación del estado ambiental de estos sistemas, con mediciones biológicas y físico-químicas (*e.g.*, número de especies, crecimientos, densidades, biomasas, diversidad, acumulación de sedimentos, playas artificiales, iones en agua de mar o sedimentos) de uno o más sitios no impactados (controles) versus uno o más sitios impactados. Lo anterior en base a la formulación de objetivos, preguntas, hipótesis y diseños de muestreos y análisis estadísticos robustos. Este tipo de monitoreo incluye tanto el seguimiento y evaluación de las posibles modificaciones ambientales debidas a los impactos, como el cumplimiento y verificación, pre y post impacto de normas.

Existen numerosas publicaciones, guías técnicas, directrices, diseños de muestreos y métodos estadísticos a ser usados para la realización de ambos tipos de monitoreos **(Figura 1, Tabla 1)**. Las publicaciones mayormente relacionadas con los sistemas del inter y submareal de fondos duros son citadas y discutidas en este trabajo. Las publicaciones de Murray *et al.* (2002), Boon *et al.* (2011) y Noble-James *et al.* (2017), son ejemplos de ellas e incluyen métodos biológicos y geofísicos para planificar y realizar monitoreos y evaluar impactos para sistemas bióticos costeros (litorales) marinos de fondos duros.

OBJETIVOS

Los objetivos de este capítulo son: (i) analizar la planificación y realización de monitoreos y la evaluación de impactos en sistemas inter y submareales someros de fondos duros, con especial énfasis en Chile; (ii) analizar la secuencia de pasos necesaria para alcanzar diseños de programas de monitoreo robustos, incluyendo los objetivos, preguntas, hipótesis y uso de estadística descriptiva e inferencial; (iii) destacar cuán clave resulta para un programa de monitoreo robusto las etapas de diseño, estudio piloto y línea base; (iv) presentar los modelos de diseños de muestreos y de análisis estadísticos más comúnmente usados en monitoreos bióticos costeros de fondos duros; (v) discutir el porqué, a nivel mundial, los programas de monitoreo presentan fallas, que en muchos casos impiden la publicación de los resultados (aún en el caso que exista acuerdo de publicación de ellos entre el mandante y el ejecutor); (vi) sugerir algunos puntos para mejorar lo anterior.

Figura 1

Esquema de secuencias mayores y tomas de decisiones en la planificación y diseño de un programa de monitoreo o de vigilancia ambiental (ver texto para detalles).

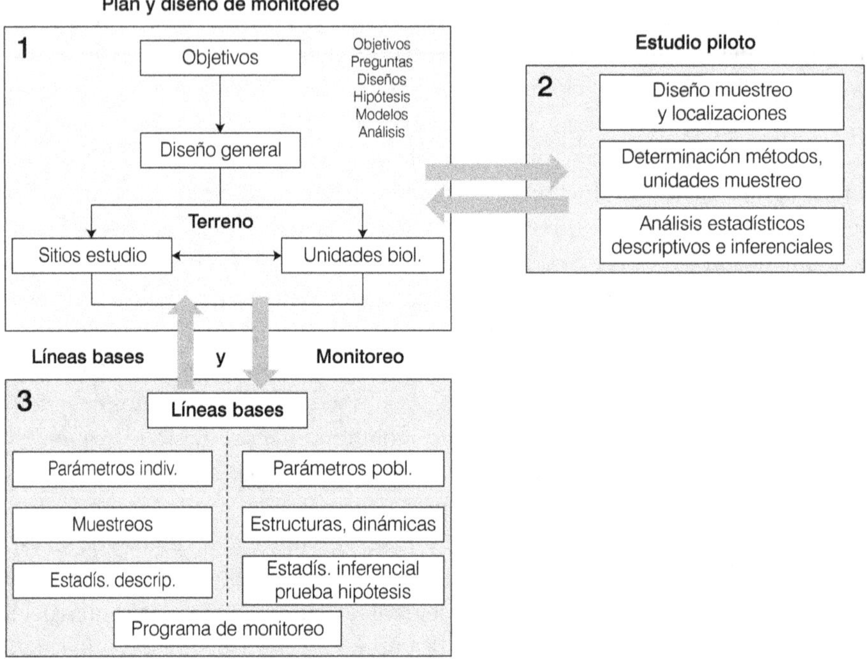

Tabla 1

Elementos básicos para métodos, tomas y análisis de datos en el diseño de un programa de monitoreo bajo el modelo general "Control-Impacto".

Diseño control-impacto: datos, modelos y análisis:
- Identificar objetivos.
- Identificar la(s) variable(s).
- Decidir por diseño(s) de muestreo(s).
- Decidir por modelos y estadística asociada.
- Objetivos, revisión bibliográfica, preguntas, hipótesis.
- Número de muestras, temporalidad, diseño, análisis estadístico.
- Muy útil: tomar datos en sitio a ser impacto antes del impacto.
- Muy útil: tomar datos en sitios aledaños o controles antes del impacto.
- Análisis de la información del monitoreo y de la serie temporal.
- El análisis de la información debe contener métodos estadísticos descriptivos y métodos estadísticos inferenciales, con prueba de hipótesis y uso de probabilidades.
- Las conclusiones y recomendaciones, sobre la existencia o no de un efecto estresor/impacto, deben basarse en inferencias estadísticas con uso de probabilidades (puesta a prueba de ho) y tipo de errores usados.

PREGUNTAS RELEVANTES

Las preguntas más relevantes para los programas de monitoreo en los sistemas marinos costeros de fondos duros son: ¿qué es y en qué consiste un programa biótico/biofísico de monitoreo del inter y submareal somero de fondos duros? ¿cuáles deberían ser los objetivos e hipótesis relacionadas con los posibles impactos ambientales y cómo ellas se ponen a prueba en seguimientos de largo plazo ¿debe el ejecutante de un programa de monitoreo atenerse exclusivamente a las guías y sugerencias técnicas de la autoridad? ¿cómo se pueden mejorar los diseños, los análisis, la robustez estadística, y los resultados de los programas de monitoreo? ¿se puede/debe contemplar flexibilidad en la planificación y diseño de programas de monitoreo? ¿quién necesita monitoreos ambientales? (Lovett *et al.*, 2007).

DESARROLLO

1. Programas de monitoreo

Una de las preguntas más simples, aunque clave, es cuál es la definición de un programa de monitoreo ambiental. En síntesis existen dos definiciones internacionales más aceptadas: (i) una serie de observaciones intermitentes o regulares de largo plazo, a fin de verificar el grado de cumplimiento de una norma o su grado de desviación (si las observaciones son regulares ello lleva a la conformación de series de tiempo); (ii) una serie de observaciones intermitentes o regulares de largo plazo en que se levanta información de terreno (biológica-física-química) a fin de alcanzar objetivos y poner a prueba hipótesis contenidas en un PVA (si las observaciones son regulares ello lleva a la conformación y análisis de series de tiempo).

Como ejemplo, en Chile la Dirección General del Territorio Marítimo y de Marina Mercante, Armada de Chile, DIRECTEMAR (2001a) establece guías metodológicas (no vinculantes) en relación con los PVA para descargas de residuos líquidos, de puertos y terminales marítimos u otros; a modo de guía y definiciones indica:

[1] "El usuario planificará un Programa de Vigilancia Ambiental o Monitoreo de las condiciones del medio, cuyo objetivo será vigilar las condiciones ambientales del área de influencia, de manera que no se sobrepasen los límites de aceptabilidad establecidos según los criterios de las normas vigentes de calidad del cuerpo de agua (columna de agua y sedimentos)"... [2] "Además, deberá entregar información sobre el comportamiento de aquellos parámetros ambientales, que se estima puedan sufrir alteraciones como resultado de la operación de las instalaciones involucradas en el proyecto, con el objeto de detectar otras alteraciones e impactos no previstos, teniendo en cuenta los antecedentes de línea base y así considerar oportunamente las medidas correctivas más adecuadas" ...[3] "Se deberá elaborar en cada campaña, un informe que recopile y compare la información obtenida de los monitoreos anteriores, así como también de los estudios de línea base, efectuando un análisis basado en una discusión acabada acerca de los cambios y tendencias ambientales que se verifiquen en y entre los elementos involucrados en el medio ambiente acuático, cuando corresponda". (Además ver DIRECTEMAR, 2001b, 2015).

En general, se observa que en estas guías y definiciones están contenidos algunos de los elementos de las dos definiciones de monitoreo más aceptadas. En la primera sección [1] se destaca el objetivo de vigilar normas vigentes; en la segunda [2] la necesidad de medir parámetros ambientales y más aún detectar alteraciones e impactos, considerando la línea base; en la tercera [3] se indica que no basta con informar sobre las campañas de monitoreos, sino que se deben analizar cambios y tendencias y relacionarlos con la línea base. Desafortunadamente estas indicaciones no explicitan la necesidad de poner a prueba hipótesis con métodos estadísticos inferenciales robustos (ver más adelante).

2. Tipos de monitoreos

Algo que ayuda a explicitar los objetivos de los seguimientos es analizarlos técnicamente de acuerdo con los tres tipos básicos de monitoreos: (i) Monitoreo Centinela de Larga Duración, cuyo objetivo es medir la tasa y la dirección de una norma o cambio de largo plazo y permite distinguir tendencias direccionales de largo-plazo (*e.g.*, concentración de un ion); (ii) Monitoreo Operacional de Relaciones de Presión-Estado, cuyo objetivo es medir los estados y cambios observados en relación con sus causas y permite complementar la información sobre tendencias y explorar cambios relacionados con normas, poblacionales, comunitarias; y otros, debidos a causas o presiones antropogénicas y/o de origen natural. Ello requiere la formulación de preguntas, hipótesis, diseños de muestreo, análisis estadístico inferencial y se aplica especialmente donde se espera un impacto o gradiente de "presión" (e.g. control-impacto); (iii) Monitoreo de Investigación, cuyo objetivo es conocer estructuras y dinámicas temporales y espaciales de sistemas, para así investigar, con el uso del método científico, cambios, sus causas y tendencias y permite evidenciar causalidad. Para la identificación de causa-efecto se ponen a prueba hipótesis a través de manipulaciones con diseño experimental y ello es una de las aproximaciones más potentes para determinar presiones y consecuencias (*e.g.*, áreas marinas protegidas y efectos en el ecosistema de la no extracción de recursos litorales (Castilla, 1999; Navarrete *et al.*, 2010).

"En general los programas de monitoreos ambientales planificados y no planificados tienen mala reputación y muchos han fallado" (Lowett *et al.*, 2007; Lindenmayer & Likens, 2009). Por ejemplo, según Norton (1996) en Nueva Zelandia cerca del 50% de estos programas han fallado y no se publican los resultados. Para Chile no existe una revisión sistemática sobre la robustez de los numerosos programas de monitoreo para los ambientes inter y submareales de fondos duros y ciertamente son pocos los resultados publicados sobre estos tipos de monitoreos, no solo del medio marino litoral y sublitoral, sino que en los relacionados a otros sistemas (una de las excepciones es el libro editado por Arcos, 1998). Además, muchos científicos estiman que estos programas están alejados de la ciencia más dura (Hellawell, 1991) principalmente por las fallas en los diseños, puesta a prueba de hipótesis, robustez estadística y porque existe muy escasa flexibilidad para adaptaciones o modificaciones (Lindenmayer & Likens, 2009).

3. Causas de las fallas en los programas de monitoreo

En la literatura internacional se destaca que las causas de las fallas de estos programas son varias: (i) falta de financiamiento a largo plazo; en especial para monitoreos regionales que permitan conocer la variabilidad natural de los sistemas; (ii) sus ejecuciones, por aspectos políticos contingentes (emergencias), no se basan en preguntas e hipótesis; (iii) existen fallas de formulación correcta de las hipótesis, los diseños de muestreos, los modelos y la estadística utilizada suele ser inadecuada en relación con la evaluación de los impactos y sus causas: "de modo que se distinga y separe la variabilidad ambiental del impacto antropogénico"; (iv) existe una falta de trabajo interdisciplinario, en particular con la participación de profesionales estadísticos; (v) existe muy escasa flexibilidad para adaptaciones o modificaciones; (vi) existe falta de control de calidad por las autoridades responsables; (vii) algunos o todos los anteriores (Lindenmayer & Likens, 2009). Algunos de estos puntos son discutidos a continuación.

4. Una posible ruta en la planificación y diseño de los programas de monitoreo

La **Figura 1** muestra 3 unidades (encuadradas) con algunos de los conceptos centrales, secuencias y posibles pasos a seguir para la adecuada planificación y diseño de un programa tipo de monitoreo. A pesar de que muchos de los programas de monitoreo son idiosincráticos para un lugar e impacto determinado, la primera unidad de la Figura muestra los elementos básicos a considerar en el primer paso. Esto es, señalar él o los objetivos, preguntas, diseños, modelos, hipótesis, análisis estadísticos, y en especial una revisión bibliográfica exhaustiva de la literatura nacional e internacional (biológica, ambiental, física, estadística, otra). Además, se deben considerar los posibles sitios de estudio, las posibles unidades biofísicas a medir y los problemas para la disposición de las réplicas y controles que presenta el sitio a ser estudiado. Por ejemplo, para el intermareal de fondo duro tomando en cuenta no solo variables bióticas, como las unidades de franjas de zonación intermareal (*e.g.*, Castilla, 1981), sino que algunas geofísicas; por ejemplo, variables como: exposición al oleaje (*e.g.*, Castilla *et al.*, 1998), orientación, pendientes de las plataformas, heterogeneidad del hábitat.

La segunda unidad de la Figura incluye un estudio piloto, que antecede a la realización de línea de base, donde se ensaye un diseño del tipo de muestreo (*e.g.*, sitios fijos o elegidos al azar); número de réplicas a usar y la distribución de los sitios controles en relación al sitio a ser impactado; determinación del tamaño del cuadrante mínimo a usar (a través del uso de diversos tamaños de cuadrantes y estimado del tamaño mínimo: donde se produce el aplanamiento respecto al número de especies). Además, muy importante, la determinación del número de réplicas o número mínimo de muestras a usar en la medición. Por ejemplo, para esto último, a través de un muestreo piloto: (i) usar la fórmula de Kingsford & Battershill (1998) y graficar en un gráfico cartesiano el número de réplicas (n) versus el error estándar (EE) de la Media; con ello se producirá una curva con decaimiento negativo y a partir de allí decidir (a ojo) el número de réplicas en el lugar en que se produce un aplanamiento/nivelación en EE / Media; ya que a partir de allí existe poca diferencia al agregar más réplicas; (ii) usar la fórmula de Andrew & Mapstone (1987): $n = [DS / p\ Media]^2$; donde p es la precisión deseada (*i.e.*, 0,20), como una proporción de la Media (*e.g.*, número de cuadrantes); la Media es el valor promedio de las muestras y SD es la Desviación Estándar de la Media; (iii) usar la fórmula de Snedecor & Cochran (1980), $n = 4s^2 / L^2$, donde, L es el error predeterminado (95% límite de confianza) de la Media y s es la Varianza (para un ejemplo cuantitativo ver Murray *et al.*, 2002).

Todo lo anterior guiado por los objetivos, preguntas, métodos e hipótesis del estudio. Este paso exploratorio es esencial y permite revisitar las estrategias y decisiones tomadas inicialmente en la primera unidad del programa. Cada situación de monitoreo es idiosincrática y no basta en la metodología de un monitoreo, por ejemplo, decir: "se usó un cuadrante de 25 x 25 cm^2 y citar una fuente bibliográfica". Estos ejercicios pilotos deben realizarse en cada sitio de monitoreo y deben ser parte de la metodología del PVA. La etapa del estudio piloto habitualmente no es considerada como un paso indispensable en los PVA; lógicamente esta unidad encarece los estudios. Sin embargo, ella es de alta trascendencia para la planificación y el diseño, no solo de la línea base, sino que para los seguimientos posteriores donde el ahorro inicial de fondos se puede transformar en problemas insolubles a lo largo de los seguimientos.

La tercera unidad en la secuencia en la **Figura 1** es la planificación y diseño de una línea base, que idealmente debería considerar al menos 2-4 estudios anuales, incluyendo estacionalidad; lo que también encarece el estudio. Sin embargo, es básico contar con más de una campaña anual de línea base. Una sola campaña de línea base no puede recoger la variabilidad biológica-físico-química temporal. Si se cuenta con más de una campaña de línea base (idealmente 4-6), se podrá tener una aproximación a la variabilidad natural del sistema antes del impacto. Esto es algo que se reforzaría si existiesen mediciones en el tiempo de carácter permanente o esporádico, en un ámbito geográfico más regional; por ejemplo, que incluyese mediciones a lo largo de decenas o centenas de kilómetros del litoral. En esta unidad es más difícil generalizar por lo idiosincráticos de los diferentes monitoreos; sin embargo, algunas mediciones y decisiones pueden ser generalizadas. Se sugiere que el árbol de toma de decisiones podría estar guiado por el uso de la estadística, en función de los objetivos, preguntas e hipótesis. Los métodos estadísticos a usar deben elegirse antes de la realización del estudio piloto o de la línea base, y ponerse a prueba allí (sobre todo en el caso que se cuente con más de una línea base), y pueden ser de carácter descriptivo e inferencial; ya sea que se utilice estadística paramétrica; no paramétrica, bayesiana, geoestadística u otra. La estadística descriptiva hace referencia al uso de diferentes métodos para describir, organizar y resumir la información (*e.g.*, promedios, dispersión, varianza, percentiles) y sirve para la construcción de gráficos y tablas. Mientras que la estadística inferencial hace referencia al uso de métodos para obtener y medir la confiabilidad de las conclusiones acerca de una población (parámetros) o característica/propiedad de una población o comunidad, basado en la información obtenida a través de muestras y con el uso de modelos de distribución y teoría de probabilidades (*e.g.*, análisis de varianza uni, bi o multivariado). El método básico de la estadística inferencial es la prueba de hipótesis.

5. Una posible secuencia de decisiones en los monitoreos

La **Tabla 3-1** muestra un esquema básico de secuencias de decisiones a ser implementado durante la línea base y durante un monitoreo del tipo Impacto-Control Planificado, con la tipología Presión-Estado o de Investigación (además ver Kroger & Johnston, 2016). La secuencia lógica es identificar con precisión los objetivos generales y específicos; identificar la(s) variable(s) a medir; decidir por una estrategia y diseño de muestreo, los modelos y la estadística descriptiva e inferencial a usar. Se deben generar las hipótesis a poner a prueba y él o los modelos estadísticos a ser usados. Aparece como esencial generar información (el máximo posible) para el sitio a ser impactado y aledaños "antes" de que ocurra el impacto (ver abajo los modelos y estadística más usada). Las conclusiones a extraer de los PVA deben ser inferenciales, con uso de probabilidades y discriminaciones entre los impactos naturales y los de origen antropogénicos. A medida que avanza el programa es necesario recurrir a análisis de las series de tiempo y en los análisis estadísticos siempre incorporar la información de línea(s) base.

Los tipos más comunes de modelos de diseño y de análisis estadísticos usados en monitoreos operacionales de relaciones de presión-estado y de investigación son: (i) diseño de gradiente, donde los muestreos son realizados a intervalos de distancias desde el punto de impacto (*e.g.*, ducto submarino). Se usan cuando existe evidencia, teórica o práctica, de que se producirá un gradiente del impacto. Los análisis estadísticos pueden ser por Regresión, Análisis de Varianza (ANDEVA), Análisis de Covarianza (ANCOVA), Multivariado, otros; (ii) diseño Antes-Después- Impacto-Operación (*Before-After*), donde los muestreos son tomados en el mismo sitio, "antes" y "después" de un impacto planificado. El sitio de muestreo es siempre el mismo y eso elimina los problemas de variaciones espaciales; sin embargo, el gran problema es que este diseño no permite separar variaciones naturales temporales (*e.g.*, variaciones en surgencias marinas, temperatura del agua de mar, otras) del efecto debido al impacto del agente; (iii) diseño Control-Impacto-Antes-Después (*Before-After-Control-Impact: BACI*), donde el diseño más simple es el de un sitio control y un sitio impactado. Ambos son muestreados para la variable de interés una vez "antes" y una vez "después". La discriminación sobre el impacto está entonces basada en la interacción entre Tiempo y Sitio y se usa la variabilidad entre las muestras (en un sitio) como el término de error. Sin embargo, se debe asumir que las variables medidas en ambos sitios siguen una misma trayectoria a través del tiempo y si ello no es así, es posible que las diferencias sean o no producto del impacto; (iv) diseño de Series Pareadas Antes-Después-Control-Impacto (*BACIPS: Paired Series*), donde se combinan dos diseños. La base estadística para la determinación de impacto son las diferencias "antes" versus las diferencias "después", de la variable seleccionada y se analiza con ANDEVA (Underwood, 1997). La base de comparación estadística es que cada diferencia en el tiempo "antes" es un estimado independiente de la variación espacial natural entre el Control y el Sitio Impactado. El análisis asume que cada diferencia en las mediciones "antes" es un estimado independiente de la variación espacial entre el sitio control y el que va a ser impactado. El diseño tiene limitaciones, ya que no hay réplicas espaciales (Underwood, 1994), pero existen aproximaciones analíticas para solucionarlo

(Stewart-Oaten *et al.*, 1986; Stewart-Oaten, 1996); (v) diseño Antes-Después-Control-Impacto Asimétrico, donde existen varios controles y un solo sitio impactado, que es analizado "antes" y "después" del impacto. El uso de varios sitios controles ayuda a mejorar problemas del diseño *BACI* tradicional, incluyendo el problema de interacciones espacio-temporales de *BACIPS*. El análisis estadístico (ANDEVA) permite observar diferencias estadísticas entre los cambios de múltiples controles (presumiblemente variables) versus el sitio impactado (Underwood, 1997; Guiñez & García-Bartolomei, 2020).

Aparte de las citas entregadas en esta sección de modelos y análisis estadísticos para monitoreos existe una cantidad importante de información científica y estadística relacionada, de la cual se destacan: Green (1979, 1989); Hulrbert (1984); Stewart-Oaten *et al.* (1986, 1992); Fairweather (1991); Warwick & Clarke (1991); Keough & Quinn (1991); Underwood (1991, 1992); Underwood & Peterson (1988); Clarke (1993,1997); Underwood & Petraitis (1993); Osenberg *et al.* (1994, 1996); Osenberg & Schmitt (1996); Ellis & Schneider (1997); Kingsford & Battershill (1998); Kingsford (1998a,b); Underwood & Chapman (1998); Clarke & Gorley (2001) Murray *et al.* (2002); Peterson *et al.* (2003); Lindenmayer & Likens (2009); Magurran *et al.* 2010; Boon *et al.* (2011); Schwartz (2015); Kroger & Johnston (2016); Guiñez & García-Bartolomei (2020).

Además, se sugiere que tres son referencias claves de ser analizadas en la planificación general, diseño, métodos y ejecución de programas de monitoreos litorales: (1) Murray *et al.* (2002), que resume y analiza críticamente los varios métodos biofísicos para la correcta realización de estudios de monitoreo, de impacto y ecológicos para costas litorales rocosas. (2) Noble-James *et al.* (2017), que presentan una guía actualizada para el análisis de ambientes marinos bentónicos; (3) Lindenmayer & Likens (2009), quienes resumen y analizan la problemática de flexibilización de los programas de monitoreo a lo largo del tiempo y lo presentan como un nuevo paradigma de futuro.

CONCLUSIONES Y RECOMENDACIONES

Como conclusiones y recomendaciones es posible precisar que en Chile es necesario hacer vinculantes, actualizar y precisar con mayor rigor las instrucciones, ordenanzas o guías oficiales para la planificación, métodos, diseño, análisis y ejecución de PVAs de monitoreos bióticos-biofísicos de fondos duros del borde costero. Esto especialmente en relación con: (i) estudios piloto de monitoreo, previos a la realización de las líneas de base; (ii) clarificar y enfatizar más la rigurosidad estadística y robustez requerida en los análisis de cada estudio de los monitoreos; (iii) se deben hacer esfuerzos para guiar la metodología que permita distinguir entre impactos naturales y antropogénicos, ya que en un estudio de impacto ambiental ello está en la base misma de las hipótesis a contrastar. En Chile esto aparece como un déficit en muchos de los informes de monitoreos litorales; (iv) se deben exigir muchos más análisis de series de tiempo, incluyendo las líneas base; (v) las autoridades deberían estar abiertas a recibir sugerencias, bien fundadas, sobre adaptaciones o modificaciones de los PVA litorales, lo que en inglés se conoce como *"adaptive monitoring"* (Lindenmayer & Linkens, 2009); (vi) se requiere trabajar en la elaboración y perfeccionamiento permanente de Manuales o Guías Operativas de procedimientos, diseños, métodos y análisis estadísticos para estos monitoreos. Por ejemplo, países como USA, UK, N. Zelandia que mantiene estos manuales actualizados en sus agencias ambientales y los consultores los usan como los mínimos necesarios y sobre ello agregan mediciones que hacen más robustos los resultados, conclusiones y recomendaciones. Sin embargo, la falta (o escases) de estos manuales en Chile, no justifica, en muchas ocasiones, la falta de acuciosidad y robustez de los diseños, métodos y análisis estadísticos y conclusiones de los PVA litorales, ya que existe numerosa literatura al respecto.

El mensaje final es que en Chile podemos/debemos hacer monitoreos bióticos de fondos duros en el borde costero del tipo Impacto-Control planificado, bajo la tipología Presión-Estado, con mucho mayor robustez que la que muestran la gran mayoría de los monitoreos actuales.

REFERENCIAS

Andrew, N. L. & Mapstone, B.C. (1987). Sampling and the description of spatial pattern in marine ecology. *Oceanography & Marine Biology Annual Review*, 25: 39-90.

Arcos, D. (1998). *Minería del Cobre, Ecología y Ambiente Costero*. Concepción, Chile: Editorial Aníbal Pinto, S.A.

Armada de Chile. (2001a). Dirección General del Territorio Marítimo y de Marina Mercante, Dirección de Intereses Marítimos y Medio Ambiente Acuático. Guía Metodológica de revisión técnica sectorial de estudios de impacto ambiental en el medio ambiente acuático de jurisdicción nacional para proyectos que contemplan "Descargas de residuos líquidos, de puertos y terminales marítimos u otros", 27 pp.

Dirección General del Territorio Marítimo y de Marina Mercante, Armada de Chile. (2001b). Dirección de Intereses Marítimos y Medio Ambiente Acuático. Guía Metodológica sobre procedimientos y consideraciones ambientales básicas para la descarga de aguas residuales mediante emisarios submarinos, 15 pp.

Dirección General del Territorio Marítimo y de Marina Mercante, Armada de Chile. (2015). Dirección de Intereses Marítimos y Medio Ambiente Acuático. Directrices para la evaluación ambiental de proyectos industriales de desalación en jurisdicción de la Autoridad Marítima, 18 pp.

Boon, A. R., Gittenberger, A., & Van Loon, W. M. G. M. (2011). *Review of marine benthic indicators and metrics for the WFD and design of an optimized Benthic Ecosystem Quality Index*. Deltares, The Netherlands.

Castilla, J. C. (1999). Coastal marine communities: trends and perspectives from human-exclusion experiments. *Trends in Ecology and Evolution*, 14(7), 280-283.

Castilla, J. C. (1998). Las comunidades intermareales de la Bahía San Jorge: estudios de línea base y el programa ambiental de Minera Escondida Ltda. en Punta Coloso. En: D. Arcos (Ed.), *Minería del cobre, ecología y medio ambiente costero* (Editorial Aníbal Pinto S.A. pp. 221-244). Concepción, Chile.

Castilla, J. C. (1983). Environmental impact in sandy beaches of copper mine tailings at Chañaral, Chile. *Marine Pollution Bulletin*, 14(12), 459-164.

Castilla, J. C. (1981). Perspectivas de investigación en estructura y dinámica de comunidades intermareales rocosas de Chile Central. II. Depredadores de alto nivel trófico. *Medio Ambiente*, 5(1-2), 190-215.

Castilla, J. C., Steinmiller, D.K., & Pacheco, C.J. (1998). Quantifying wave exposure daily and hourly on the intertidal rocky shore of central Chile. *Revista Chilena de Historia Natural*, 71, 19-25.

Castilla, J. C., Sánchez, M., & Mena, O. (1977). Estudios ecológicos en la zona costera afectada por contaminación del "Northern Breeze". I. Introducción general y comunidades de playas de arena. *Medio Ambiente*, 2(2), 53-64.

Correa, J. A., Ramírez, M., Fatigante, F., & Castilla, J. C. (1996). Copper algae interactions in northern Chile: The Chañaral case. En: M. Björk, A. Semesi, M. Pedersén & B. Bergman (Eds.), *Current Trends in Marine Botanical Research in the East African Region* (pp. 99-129). Uppsala: Sweden: Ord & Vetande.

Clarke, K. R. (1997). *Marine Pollution* (4ta ed.). Oxford, UK: Clarendon Press.

Clarke, K. R. (1993). Non-parametric multivariate analyses of changes in community structure. *Australian Journal of Ecology*, 18(1), 117-143.

Clarke, K. R., & Gorley, R. N. (2001). *PRIMER (Plymouth Routines in Multivariate Ecological Research). User Manual/Tutorial*. Plymouth, UK: PRIMER-E Ltd, Plymouth Marine Laboratory.

Decreto Supremo N° 475 (1994). Establece Política Nacional del Uso del Borde Costero del Litoral de la República y Crea Comisión Nacional. 83 pp. República de Chile.

Ellis, J. I., & Schneider, D. C. (1997). Evaluation of a gradient sampling design for environmental impact assessment. *Environmental Monitoring and Assessment*, 48(2), 157-172.

Fairweather, P. G. (1991). Statistical power and design requirements for environmental monitoring. *Marine and Freshwater Research*, 42(5), 555-567.

González, S. A., Stotz, W., & Lancellotti, D. (2014). Effects of the discharge of iron ore tailings on subtidal rocky-bottom communities in northern Chile. *Journal of Coastal Research*, 30(3): 500-514.

Green, R. H. (1989). Power analysis and practical strategies for environmental monitoring. *Environmental Research*, 50(1),195-205.

Green, R. H. (1979). *Sampling design and statistical methods for environmental biologists.* New York, USA: John Wiley and Sons.

Guiñez, R., & García-Bartolomei, E. (2021). Consideraciones estadísticas para el diseño de programas de monitoreo ambiental y aplicaciones para la industria desalinizadora. En: *Programas de monitoreo del medio marino costero: Diseños experimentales, muestreos, métodos de análisis y estadística asociada*. Castilla, J.C., Fariña J.M., & Camaño, A. (Eds). Ediciones Universidad Católica. Santiago, Chile. Pp. 55-85.

Hellawell, J. M. (1991) Development of a rationale for monitoring. En: F. B. Goldsmith (Ed.), *Monitoring for Conservation and Ecology* (pp. 1-14). London U.K: Chapman & Hall.

Hurlbert, S. J. (1984). Pseudoreplication and the design of ecological field experiments. *Ecological Monographs*, 54(2), 187-211.

Keough, M. J., & Quinn, G. P. (1991). Causality and the choice of measurements for detecting human impacts in marine environments. *Marine and Freshwater Research*, 42(5): 539-554.

Kingsford, M. J. (1998a). Procedures for establishing a study. En: M. Kingsford and C. Battershill (Eds.), *Studying temperate marine environments. A handbook for ecologists* (pp. 29-48). Christchurch, New Zealand: Canterbury University Press.

Kingsford, M. J. (1998b). Analytical aspects of sampling design. En: Kingsford, M. & Battershill, C. (Eds). *Studying temperate marine environments. A handbook for ecologists* (pp. 49-83). Christchurch, New Zealand: Canterbury University Press.

Kingsford, M. J., & Battershill, C. (1998). *Studying temperate marine environments: a handbook for ecologists*. Christchurch, New Zealand: Canterbury University Press.

Kong, I., Rho, E., & Castilla, J. C. (1998). La pesquería artesanal en la segunda región de Chile: un análisis a escala regional y local en caleta Coloso, Antofagasta. En: D. Arcos (Ed.), *Minería del cobre, ecología y ambiente costero* (pp. 105-134). Concepción, Chile: Editorial Aníbal Pinto S.A.

Kroger, K., & Johnston, C. (2016). *The UK Marine Biodiversity Monitoring Strategy Version 4.1* http://jncc.defra.gov.uk/pdf/Marine_Monitoring_Strategy_ver.4.1.pdf

Lancellotti, D. A., & Stotz, W. B. (2004). Effects of shoreline discharge of iron mine tailings on a marine soft-bottom community in northern Chile. *Marine Pollution Bulletin, 48*(3), 303-312.

Lindenmayer, D. B., & Likens, G. E. (2009). Adaptive monitoring: a new paradigm for long-term research and monitoring. *Trends in Ecology and Evolution, 24*(9), 482-486.

Lovett, G. M., Burns, D. A., Driscoll, C. T., Jenkins, J. C., Mitchell, M. J., Rustad, L., Shanley, J. B., Likens, G. E., & R. Haeuber (2007). Who needs environmental monitoring? *Frontiers in Ecology and the Environment, 5*(5), 253-260.

Magurran, A. E., Baillie, S. R., Buckland, S. T., Dick, J. M., Elston, D. A., Scott, E. M., Smith, R. I., Somerfield, P. J., & Watt, A. D. (2010). Long-term datasets in biodiversity research and monitoring: assessing change in ecological communities through time. *Trends in Ecology & Evolution,* 25(10), 574-582.

Murray, S. N., Ambrose, R. F., & Dethier, M. N. (2002). *Methods for Performing Monitoring, Impact, and Ecological Studies on Rocky Shores.* MMS OCS Study 2001-070. Coastal Research Center, Marine Science Institute, University of California, Santa Barbara, California. MMS Cooperative Agreement Number 14-35-0001-30761.

Navarrete, S. A., Gelcich, S., & Castilla, J. C. (2010). Long-term monitoring of coastal ecosystems at Las Cruces, Chile: Defining baselines to build ecological literacy in a world of change. *Revista Chilena de Historia Natural, 83*(1), 143-157.

Noble-James, T., Jesus, A., & McBreen, F. (2017). *Monitoring Guidance for Benthic Habitats. JNCC Report No. 598.* JNCC, Peterborough, UK, 110 pp

Norton, D. A. (1996). Monitoring biodiversity in New Zealand's terrestrial ecosystems. En: B. McFadgen *et al.* (Eds.), *Papers from a Seminar Series on Biodiversity* (pp. 19-41). Wellington, New Zealand: Department of Conservation.

Osenberg, C. W., & Schmitt, R. J. (1996). Detecting ecological impacts caused by human activities. En: R.J. Schmitt & C.W. Osenberg (Eds.), *Detecting ecological impacts: concepts and applications in coastal habitats* (pp. 3-16). New York, USA: Academic Press.

Osenberg, C. W., Schmitt, R. J., Holbrook, S. J., Abu-Saba, K. E., & Flegal, A. R. (1996). Detection of environmental impacts: natural variability, effect size, and power analysis. En: R. J. Schmitt & C. W. Osenberg (Eds.), *Detecting ecological impacts: concepts and applications in coastal habitats* (pp. 83-107). New York, USA: Academic Press.

Osenberg, C. W., Schmitt, R. J., Holbrook, S. J., Abu-Saba, K. E., &. Flegal, A. R. (1994). Detection of environmental impacts: natural variability, effect size, and power analysis. *Ecological Applications*, 4(1), 16-30.

Peterson, C. H., Rice, S. D., Short. J. W., Ester, D., Bodkin J. L., Ballachey, B. E., & Irons, D. B. (2003). Long-Term Ecosystem Response to the Exxon Valdez Oil Spill. *Science*, 302(5653), 2082-2086.

Santelices, B., & Castilla, J. C. (1977). Estudios ecológicos en la zona costera afectada por contaminación del "Northern Breeze". III. Informe de daños ecológicos y destrucción de recursos. *Medio Ambiente*, 2(2), 84-91.

Schwartz, C. J. (2015). Analysis of BACI experiments. En: *Course notes for beginning and intermediate statistics*. http://www.stat.sfu.ca/~cschwarz/CourseNotes

Snedecor, G.W. & Cochran, W.G. (1980). *Statistical Methods*. (7th ed.). Ames, Iowa: Iowa State University Press.

Stewart-Oaten, A. (1996). Problems in the analysis of environmental monitoring data. En: R. J. Schmitt & C.W. Osenberg (Eds.), *Detecting ecological impacts: concepts and applications in coastal habitats* (pp.109-131). New York, USA: Academic Press.

Stewart-Oaten, A., Bence, J. R., & Osenberg, C. W. (1992). Assessing effects of unreplicated perturbations: no simple solutions. *Ecology*, 73(4), 1396-1404.

Stewart-Oaten, A., Murdoch, W. M., & Parker, K. R. (1986). Environmental impact assessment: 'pseudoreplication' in time? *Ecology*, 67(4), 929-940.

Underwood, A. J. (1997). *Experiments in Ecology: Their Logical Desing and Interpretation Using Analysis of Variance*. Cambridge, U.K.

Underwood, A. J. (1994). On beyond BACI: sampling designs that might reliably detect environmental disturbances. *Ecological Applications*, 4(1), 3-15.

Underwood, A. J. (1992). Beyond BACI: the detection of environmental impacts on populations in the real, but variable, world. *Journal of Experimental Marine Biology & Ecology*, 161(2), 145-178.

Underwood, A. J. (1991). Beyond BACI: Experimental Designs for Detecting Human Environmental Impacts on Temporal Variations in Natural Populations. *Marine and Freshwater Research*, 42(5), 569-587.

Underwood, A. J., & Chapman, M. G. (1998). Spatial analysis of intertidal assemblages on sheltered rocky shores. *Australian Journal of Ecology*, 23(2), 138-157.

Underwood, A. J., & Petraitis, P.S. (1993). Structure of intertidal assemblages in different locations: how can local processes be compared? En: R. E. Ricklefs & A. Schluter (Eds.), *Species diversity in ecological communities* (pp. 31-59). Chicago, USA: University of Chicago Press.

Underwood, A. J., & Peterson, C. H. (1988). Towards an ecological framework for understanding pollution. *Marine Ecology Progress Series*, 46, 227-234.

Warwick, R. M., & Clarke, K. R. (1991). A comparison of some methods for analyzing changes in benthic community structure. *Journal of the Marine Biological Association of the United Kingdom*. 71(1), 225-244.

4. CONSIDERACIONES ESTADÍSTICAS PARA EL DISEÑO DE PROGRAMAS DE MONITOREO AMBIENTAL Y APLICACIONES PARA LA INDUSTRIA DESALINIZADORA

STATISTICAL CONSIDERATIONS FOR ENVIRONMENTAL MONITORING PROGRAMS DESIGN AND ITS APPLICATIONS FOR THE DESALINATION INDUSTRY

RICARDO GUIÑEZ[1] • ENZO GARCÍA-BARTOLOMEI[2]

Resumen. Detectar las posibles repercusiones o efectos de cualquier tipo de operación o acción antrópica sobre el ambiente requiere de un diseño de muestreo apropiado, con la sensibilidad suficiente para detectar variaciones sobre un determinado componente, lo que puede ser muy difícil, debido a las variaciones naturales que ocurren en distintas escalas espaciales y temporales. En el presente trabajo desarrollamos un enfoque didáctico de las consideraciones estadísticas básicas para la implementación de programas de monitoreo ambiental, analizando un caso de estudio de monitoreo marino costero para una planta desaladora en el norte de Chile. Nos centramos en diseños de programas de monitoreo del medio marino costero, relacionados con la implementación de diseños BACI (Before-After / Control-Impact), poniendo especial énfasis en el concepto de poder estadístico, una consideración fundamental para el desarrollo de programas de vigilancia ambiental robustos. Estas acciones permiten la implementación de planes de monitoreo ambiental más efectivos, desarrollando una mejor gestión ambiental de los potenciales efectos de una operación sobre el área de influencia de un proyecto, al mismo tiempo que mejora el rendimiento de tiempo y recursos invertidos en estos programas. Ello es un aporte para el desarrollo sostenible de actividades industriales, el desarrollo socioeconómico del país, los ecosistemas que las mantienen y la comunicación de resultados apropiada con una comunidad cada vez más empoderada de su territorio. En

---

[1] Universidad de Antofagasta, Facultad de Ciencias del Mar y de Recursos Biológicos, Instituto de Ciencias Naturales Alexander von Humboldt. Avenida Universidad de Antofagasta 02800, Antofagasta, Chile. Autor de correspondencia: ricardo.guinez@uantof.cl

[2] Programa de Doctorado en Ciencias Ambientales con mención en Sistemas Acuáticos Continentales, Facultad de Ciencias Ambientales EULA-Chile, Universidad de Concepción. Centro de Recursos Hídricos para la Agricultura y Minería, Universidad de Concepción. IGA Consult, Santiago, Chile.

particular, respecto a la implementación de monitoreos marinos, del presente trabajo se desprende que para plantas desaladoras que operan en Chile, la utilización de diseños BACI para el seguimiento ambiental del área de influencia de la descarga, es una herramienta útil para detectar potenciales efectos ambientales (o la ausencia de estos) sobre los sistemas costeros. Lo cual permite diferenciar los efectos que ocurren por efecto de la descarga de la planta, de aquellas variaciones de mayor escala (regional) que pudieran estar explicando cambios observados en una determinada variable respuesta, como la biodiversidad y riqueza específica, entre otras características comunitarias claves para evaluar la salud de los ecosistemas.

Palabras claves. BACI, poder estadístico, evaluación de impacto ambiental, monitoreo marino, descarga, salmuera, Chile.

Summary. Detecting the possible repercussions or effects of any type of anthropic action on the environment, requires an appropriate sampling design, with enough sensitivity to detect variations on a certain component. This can be extremely difficult, due to natural variations that occur at different spatial and temporal scales. In the present work, a didactic approach to statistical considerations for the implementation of environmental monitoring programs is developed, analyzing a case study of coastal marine monitoring for a desalination plant in northern Chile. We focus on coastal marine monitoring programs and the implementation of BACI (Before-After / Control-Impact) designs, with special emphasis on the concept of statistical power, a fundamental statistical consideration for the development of effective environmental monitoring programs. Both considerations allow for the implementation of more effective environmental monitoring plans, developing a better environmental management regarding the potential effects of an operation and its influence area and furthermore, improving time and resources performance. This aims at supporting the sustainable development of industrial activities (fundamental for the socio-economic development of the country), the ecosystems services and the communication with increasingly empowered communities. Regarding the implementation of desalination plants marine monitoring programs in Chile, this paper shows that BACI designs for environmental monitoring of the brine discharge influence area are a useful tool for detecting potential effects (or the absence of them), allowing to differentiate the effects due to the discharge of the plant, from those natural variations of greater scale (regional), that may explain changes observed in a certain variable, such as biodiversity and specific richness, among other key community indicators to assess ecosystem health.

Keywords. BACI, statistical power, environmental impact assessment, marine monitoring design, discharge, brine, Chile.

INTRODUCCIÓN

La evaluación ambiental de proyectos productivos e industriales es un área de investigación que en los últimos años ha cobrado relevancia en Chile debido a la creciente necesidad de asegurar el desarrollo sostenible de las actividades que mantienen el motor productivo del país, la sustentabilidad de los ecosistemas naturales que la contienen y la participación de la comunidad en estas. En este contexto, las actividades industriales que se desarrollan en el borde costero cobran especial importancia, debido a la amplia demanda que hay por este escaso territorio y los múltiples usos que se desarrollan en él. Es por lo tanto fundamental, asegurar una gestión e identificación apropiada de los potenciales efectos de una actividad productiva, para la implementación de programas de vigilancia ambiental con la capacidad de detectar a tiempo potenciales efectos debido a su operación. De este modo, existe una necesidad creciente de poder detectar perturbaciones ambientales debido a actividades antrópicas, aun cuando hay desafíos pendientes respecto al uso apropiado de diseños experimentales válidos y replicables, que permitan establecer relaciones causales entre la respuesta observada en el ambiente y la identificación de una operación o actividad potencialmente responsable.

En este trabajo denominamos *operaciones* a las intervenciones humanas, particularmente del ámbito productivo, asociadas con el entorno ecológico en un territorio. Cuando procedemos a evaluar los efectos de una operación evitamos usar el concepto "impacto ambiental" *a priori*. Esto debido a que tanto en el sentido común, como en el campo de la gestión ambiental, se ha instalado la idea de que las intervenciones humanas sobre el ambiente siempre tienen impactos negativos (Perevochtchikova, 2013). Por lo que resulta fundamental no seguir contextualizando negativamente los estudios e investigaciones sobre los efectos de las intervenciones humanas, que solo frenan el desarrollo de estas iniciativas y entorpecen la delicada relación academia/investigación/industria, y su trabajo conjunto para la búsqueda de soluciones en materia de sostenibilidad ambiental.

Una operación puede tener efectos de distinto sentido (positivos, negativos o nulos) e intensidad/grado. La evaluación de los potenciales efectos ambientales de una operación se obtiene a través del diseño de un programa de monitoreo, cuya planificación se estructura para identificar cambios en el ambiente al comparar una situación con y sin proyecto, en lo que ha sido denominado comúnmente como un diseño BACI (*Before-After / Control-Impact*) (por sus siglas en inglés *Antes-Después/Control-Impacto;* Downes *et al.,* 2008).

Un enfoque clave de la aproximación de este capítulo, es que consideramos que para mejorar la calidad de la gestión ambiental es imprescindible que la toma de decisiones tenga una base científica sustentada en evidencia, esto es en datos empíricos (*e.g.,* NORMA ISO 14.001:2004)[2]. Una parte fundamental de la obtención de datos ya sea observacionales, descriptivos o experimentales, para la toma de decisiones con base científica, es el diseño experimental o diseño de muestreo (Environmental Protection Agency, USA, 2002). Para ello, es fundamental considerar al menos, la idoneidad y precisión de

---

[2] https://www.iso.org/obp/ui#iso:std:iso:14001:ed-2:v1:es

los métodos de estimación y el manejo de las muestras, el efecto del error de medición y experimental, la representatividad de los datos, y consideraciones estadísticas en torno a los modelos utilizados, sobre los cuales se toma la decisión respecto a la existencia o no de un efecto significativo sobre el ambiente.

En el trabajo nos centramos en diseños de programas de monitoreo del medio marino costero, relacionados con la implementación de diseños BACI, que en nuestra opinión debieran ser renominados como BACO (*Before-After / Control-Operation*), o en castellano ADCO (Antes-Después / Control-Operación). Estos diseños, desarrollados inicialmente en la década de los 90 por la agencia de protección ambiental norteamericana (Environmental Protection Agency, en inglés), corresponden a un tipo de acercamiento común para evaluar los efectos de perturbaciones tanto naturales como de inducción antrópica, sobre variables ambientales como la presencia/ausencia de especies, estructura de comunidades o estado de salud del ecosistema en general, particularmente cuando la asignación de el/los sitio(s) de la **operación** (*i.e.*, tratamiento) y de **control** no fue o no puede ser realizado al azar (Eberhardt, 1976; Green, 1979). Se han propuesto una variedad de diseños BACI que han sido revisados por Downes *et al.* (2008). A la fecha, hay 533 publicaciones sobre diseños "BACI" indexadas en WoS[3], 18 de ellas relacionadas con medio marino costero o acuático en general, seis de las cuales fueron desarrolladas en Chile.

Para detectar las posibles repercusiones o efectos de cualquier tipo de operación en el ambiente se requiere de un diseño de muestreo apropiado, con la sensibilidad suficiente para detectar variaciones sobre un determinado componente (Benedetti-Cecchi, 2001; Guidetti, 2002). Identificar y cuantificar estos efectos en ocasiones puede ser muy difícil, debido a las variaciones naturales que ocurren en distintas escalas espaciales y temporales (Roberts *et al.*, 1998). De este modo, un diseño corresponde a la estipulación de *dónde*, *cuándo* y *cómo* se toman las observaciones o unidades de muestreo, para proveer datos que permitan hacer inferencias sobre ciertos objetivos específicos, tales como la conservación de un determinado ecosistema o la definición de áreas de influencia de un proyecto o el efecto de una operación, todos ellos aspectos fundamentales al momento de determinar la existencia/ausencia de efectos significativos sobre el ambiente debido a una actividad antrópica determinada (Downes *et al.*, 2008).

En lo que sigue desarrollamos un enfoque didáctico de las consideraciones estadísticas de modelos de análisis, para la implementación de programas de monitoreo ambiental, analizando un caso de estudio de monitoreo marino costero en el norte de Chile. Particularmente, interesa relevar la urgente necesidad de incorporar el concepto del **poder estadístico** como una de las consideraciones estadísticas fundamentales para el desarrollo de diseños de monitoreo con base científica (ver Ortiz, 2002, para revisión de textos fundamentales sobre *"statistical power analysis"*.

---

[3] https://apps.webofknowledge.com/ colección principal; fecha de consulta 03 junio 2019 01:25 AM.

DESARROLLO

1. Poder estadístico

Los programas de monitoreo generalmente no son experimentos científicos controlados, y su poder explicativo puede ser débil. Una forma de abordar la cuestión de la precisión adecuada de un programa de monitoreo es incorporando el "análisis de poder estadístico" (*e.g.*, Christensen & Ringvall, 2013; Green, 1989; Nielsen *et al.*, 2009).

El poder estadístico es la probabilidad de detectar un efecto, cuando este efecto existe (Cohen, 1988), esto significa que mientras mayor es el poder estadístico de un diseño de muestreo para detectar un efecto, mayor es la probabilidad de detectarlo cuando este efecto existe. En consecuencia, programas de monitoreo con diseños de muestreo con bajo poder estadístico tienen una alta probabilidad de fallar en detectar cambios ambientales y, por lo tanto, de inducir falsamente al error de que no hay efectos, cuando sí los hay o, por el contrario, que existen efectos cuando no los hay, o se deben a factores de mayor escala que escapan a los alcances (o área de influencia) de la operación misma (Dzul *et al.*, 2013). Es esencial incorporar estimaciones del poder estadístico cuando se debe seleccionar una estructura de diseño de muestreo apropiada, lo que repercute profundamente en los esquemas de monitoreo, con el propósito de asegurar resultados robustos que impacten positivamente la gestión ambiental de la operación y maximicen el tiempo y recursos invertidos en pro de la sostenibilidad de los procesos productivos (Legg & Nagy, 2006; Field *et al.*, 2007).

Hasta cierto punto, en los monitoreos existe un despilfarro de dinero si las herramientas utilizadas para evaluar los efectos ambientales no han definido *a priori* el poder estadístico del diseño de muestreo. Por muchos recursos que se inviertan, si las herramientas y diseño utilizados tienen un bajo poder estadístico, no será posible detectar un efecto, aun cuando esté ocurriendo. En consecuencia, podemos erradamente concluir que no hay efecto, en circunstancias que en la realidad sí lo hay. Es por esto que, cuando se desarrollan programas nacionales de monitoreo con fondos públicos, es requisito la incorporación de un análisis de poder estadístico para su diseño antes de su implementación (Christensen & Ringvall, 2013).

En términos científicos el **poder estadístico** es la capacidad de un diseño (modelo estadístico específico) para rechazar una hipótesis nula dado que es falsa (Christensen & Ringvall, 2013). Planteado en términos metafóricos de una investigación judicial de un crimen, es la capacidad de encontrar culpable a una persona que en efecto cometió un crimen. La Tabla 1 muestra en una tabla de doble entrada, los escenarios judiciales a los que se ve enfrentado el jurado al momento de tomar su decisión. En la realidad hay solo dos opciones: el acusado es inocente (hipótesis nula: no hay efecto) o culpable (hipótesis alternativa: hay efecto). Por otra parte, la decisión de los jueces también tiene solo dos opciones, declarar —sobre la base de las pruebas de la fiscalía (los análisis y datos obtenidos mediante un diseño de muestreo)— que el acusado es inocente o culpable. Por tanto, hay cuatro escenarios para la decisión de los jueces. En el primer y cuarto cuadrante las decisiones justas, declarar a un inocente (en la realidad) como inocente, y a un culpable (en la realidad) como culpable. Pero los otros cuadrantes son decisiones injustas que en términos estadísticos se denominan **error estadístico**.

Tabla 1

Tabla de doble entrada para los escenarios judiciales a los que se ve enfrentado un jurado durante un juicio y su interpretación para la definición de errores estadísticos α y β durante la prueba estadística de hipótesis.

		Decisión de los jueces	
		Inocente	Culpable
En la realidad el acusado es:	Inocente	Decisión correcta	Error α
	Culpable	**Error β**	Decisión correcta

Declarar a un inocente (en la realidad) como culpable es una gran injusticia. De hecho, cientos de condenados han sido declarados inocentes gracias a la incorporación –posterior a sus condenas– de pruebas de DNA en la justicia criminal (Berger, 2006), donde los más graves son aquellos casos en los que los condenados fueron ejecutados, y las evidencias de DNA demostraron que eran inocentes[4]. Es el caso que ejemplifica el error Tipo I o error α, esto es, concluir que hay efecto cuando no lo hay (en la realidad). Por otra parte, a un culpable (en la realidad) declararlo inocente, es un peligro, solo piense en las consecuencias para el caso de un asesino serial o ladrón de bancos que es declarado inocente y es liberado. Este caso ejemplifica el error Tipo II o error β, esto es, concluir que no hay efecto cuando en la realidad hay efecto. Si β es la probabilidad de un error tipo II, entonces $(1–\beta)$ es la probabilidad de que si el acusado –en la realidad– es culpable, los jueces lo declararán culpable: *este es el poder estadístico aplicado a un juicio*. Una investigación cuyo diseño ha sido bien construido y tiene un alto poder estadístico, entonces da garantía de ejercer una justicia justa, esto es, si existe realmente un efecto se le podrá detectar, o en su defecto se le podrá descartar con un grado de confianza estadística razonable.

En Chile, no se ha incluido en la normativa ambiental, la necesidad de incluir programas de monitoreo con diseños que incluyan la evaluación del poder estadístico en sus protocolos de seguimiento y evaluación, lo cual promueve un sistema *a priori* con muy bajo poder estadístico, y como consecuencia se genera un gran desperdicio de recursos, dinero y tiempo, puesto que los efectos no podrán ser detectados o descartados con certeza. A modo de ejemplo, en una publicación reciente Lacy *et al.* (2017) concluyen que en los últimos 20 años de implementación de Estudios de Impacto Ambiental (SEIA) en Chile para gestionar proyectos desarrollados en sistemas acuáticos continentales, estos no han sido muy útiles para fortalecer la conservación de los peces chilenos de agua dulce. Lo que refleja una carencia importante respecto a la exigencia en las consideraciones del diseño experimental de estudios que ingresen al SEIA, y ponen en tela de juicio el

---

[4] https://de10.com.mx/top-10/2015/10/09/10-casos-indignantes-de-inocentes-condenados-por-error

rol del sistema como principal herramienta para la protección y gestión de ecosistemas naturales en el país.

1.1. Diseños de monitoreo

Los impactos humanos sobre los ambientes marinos y su biodiversidad raramente son diagnosticados correctamente, y por lo mismo, es fácil sobreestimarlos o subestimarlos, si no se incorpora el poder estadístico de los diseños usados durante la implementación de estudios de línea base y planes de vigilancia ambiental. De igual modo, es necesario poder distinguir y separar los efectos causados por agentes naturales de aquellos causados por perturbaciones de origen antrópico, lo cual no es trivial (Downes *et al.*, 2008; Green, 1979; Osenberg & Schmitt, 1994; Underwood & Chapman, 2003). Para ello se ha desarrollado una variedad de diseños experimentales y modelos estadísticos lineales de varianza que permiten evaluar y detectar apropiadamente los efectos de las actividades antropogénicas (Downes *et al.*, 2008). En los siguientes apartados, se realizará una introducción a los modelos estadísticos lineales de varianza, las hipótesis nulas y alternativas, y lo relacionaremos con la estimación de poder estadístico y su aplicación al diseño de programas de monitoreo ambiental.

1.1.1. Consideraciones estadísticas iniciales

Consideraremos un ejemplo hipotético con cuatro localidades para las que queremos determinar si son distintas, esto es, si hay diferencias significativas en relación con una determinada variable respuesta (como pudiera ser, por ejemplo, la diversidad de especies). La **Figura 1b** muestra la distribución de la variable respuesta para cada una de las cuatro poblaciones hipotéticas (representando a cada una de las cuatro localidades). Para cada una se muestra su respectivo promedio μ_i (el subíndice representa cada localidad). Es posible por tanto evidenciar que la localidad 3 tuvo el mayor valor de la variable respuesta,

Figura 1

Distribución de la variable respuesta para cuatro poblaciones hipotéticas, para las cuales se representa (a) la distribución de promedio total y (b) su respectivo promedio μi.

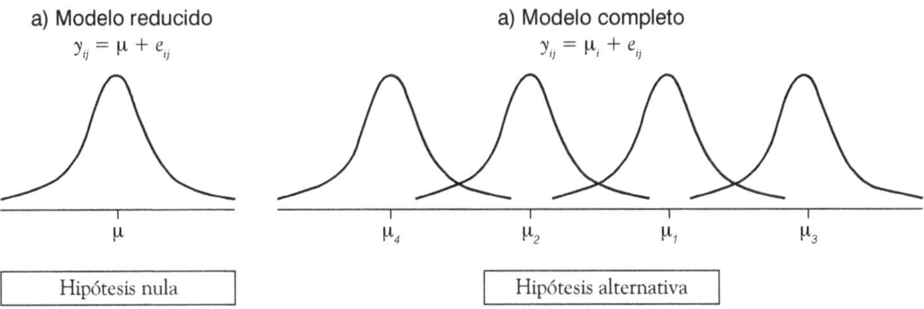

y la 4 el menor valor. Esta figura (**Figura 1b**) representa la hipótesis alternativa (H_1), esto es, que existen diferencias entre el promedio de las cuatro localidades ($\mu_1 \neq \mu_2 \neq \mu_3 \neq \mu_4$), debido, por ejemplo, al efecto de una operación determinada. La hipótesis nula (H_0) sería por tanto que no existen diferencias significativas entre las localidades, presumiendo entonces que todas las localidades tienen un mismo promedio, igual al promedio total ($\mu_1 = \mu_2 = \mu_3 = \mu_4 = \mu$), descartando la presencia de un efecto sobre el sistema debido a la operación en estudio. Esto queda representado en la **Figura 1a** (previa readecuación de la escala), como una sola distribución centrada en el promedio total (μ).

Si (hipótesis nula) es la verdadera, entonces la **Figura 1a**, representa esa situación, en cambio si es falsa y, por tanto, (hipótesis alternativa) es verdadera, entonces la **Figura 1b** es la correcta.

Para efectos de modelar el escenario de la hipótesis nula H_0 (**Figura 1a**), es útil y conveniente expresar los datos como desviaciones del valor promedio total o media total (μ), de tal modo que cada dato (y_j) queda expresado del siguiente modo:

$$y_j = \mu + e_j \qquad [1]$$

donde es el error residual, esto es la desviación del dato a la media, tal que

$$e_j = y_j + \mu \qquad [2]$$

e_j es la diferencia entre el dato j y la media total μ. La ecuación lineal [1], también denominado modelo estadístico lineal o simplemente modelo lineal, representa la hipótesis nula H_0, técnicamente denominado como modelo reducido.

Y el escenario de la hipótesis alternativa H_1 (**Figura 1b**), lo representamos por el modelo lineal siguiente:

$$y_{ij} = \mu_i + e_{ij} \qquad [3]$$

En este caso, el dato j dentro de la localidad i (y_{ij}) lo descomponemos en función de la media de su respectiva localidad (μ_i) y e_{ij} es el error residual, la diferencia entre el dato y la media de su respectiva localidad.

Para esta modelación de los datos, centrado en los respectivos promedios, su distribución en torno al promedio representa la distribución del error residual, que se asume en cada caso, sigue una distribución normal $N(\mu, \sigma)$, con promedio μ y desviación estándar σ, y por cierto varianza σ^2.

La **Figura 2** corresponde a la misma **Figura 1b**, pero ahora además de los promedios para cada localidad, se ha incluido el promedio total μ. Esta figura (**Figura 2**) es la representación gráfica del denominado *modelo de efectos de tratamientos*, para el cual, realizamos tres presunciones fundamentales:

i)   que los residuales tienen distribución normal $N(\mu, \sigma)$ (*normalidad de residuales*),

Figura 2

Descomposición estadística para la distribución de la variable respuesta para cuatro poblaciones hipotéticas, para las cuales se representa su respectivo promedio μ_i y promedio total μ.

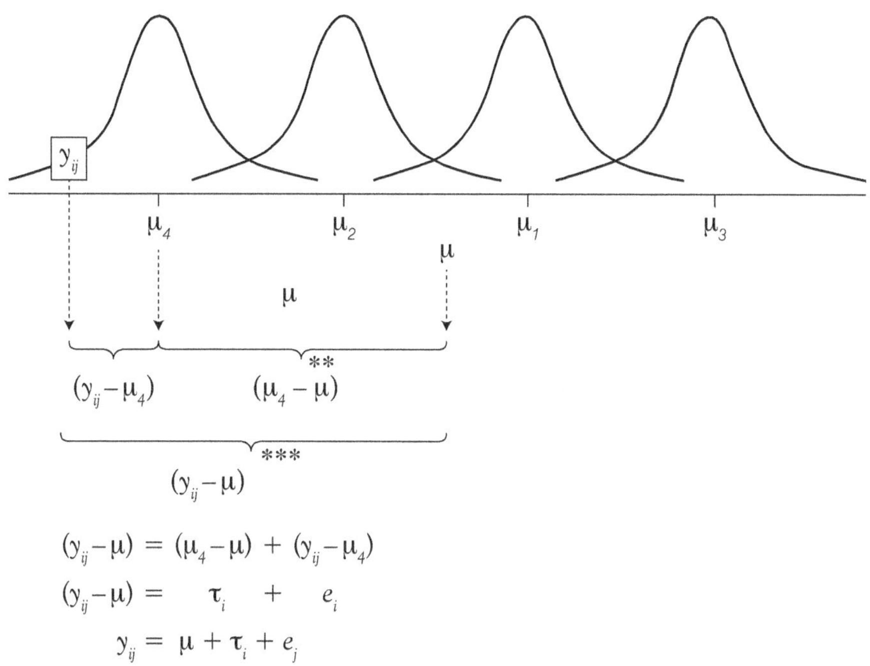

$$(y_{ij}-\mu) = (\mu_4-\mu) + (y_{ij}-\mu_4)$$
$$(y_{ij}-\mu) = \tau_i + e_i$$
$$y_{ij} = \mu + \tau_i + e_j$$

ii) que las varianzas de los residuales de las distintas localidades son homogéneas (*homocedasticidad*),

iii) e independientes de los tratamientos, en este caso localidades (*independencia*).

Mostramos ahora, respecto de la **Figura 2**, cómo procedemos a descomponer la diferencia entre cada dato (y_{ij}) y la media total (μ) (error residual total), esto es $y_{ij} - \mu$ (trazo señalado con 3 asteríscos, ***, en la **Figura 2**) en dos componentes aditivos. Por una parte, la diferencia entre cada dato y la media del grupo de pertenencia $(y_{ij} - \mu_i)$ (señalada con un asterisco, *) y la diferencia entre la media del grupo y la media total $(\mu_i - \mu)$ (señalada con dos asteriscos, **).

Como es fácilmente demostrable, tenemos que:

$$(y_{ij} - \mu) = (\mu_i - \mu) + (y_{ij} - \mu_i) \qquad [4]$$

Si esta ecuación se eleva al cuadrado, y se divide por los grados de libertad, y se suma recursivamente para todos los datos —dadas las tres presunciones enunciadas arriba— es posible derivar los componentes de varianza σ^2, asociados a la ecuación [4] como:

$$\sigma^2_{total} = \sigma^2_{tratamientos} + \sigma^2_{error\ residual} \qquad [5]$$

Esto permite destacar que el término $(\mu_i - \mu)$, en la ecuación [4] representa el efecto de tratamiento (como la diferencia entre el promedio de tratamiento y la media total), que denominamos como τ_i, y el término $(y_{ij} - \mu_i)$ es el efecto del error residual que denominamos como e_{ij}, reemplazando en [4] queda:

$$(y_{ij} - \mu) = \tau_i + e_{ij} \qquad [6]$$

al sumar a ambos lados de la ecuación queda:

$$y_{ij} = \mu + \tau_i + e_{ij} \qquad [7]$$

Lo que representa el *modelo de efectos de tratamientos;* esto es el modelo estadístico matemático de un Análisis de Varianza (ANDEVA) de una Vía, o modelo completo (*full model*). Cuando se corre este modelo con algún software, representamos su resultado en la típica y conocida Tabla de ANDEVA (Tabla 2).

Resumen del Análisis de Varianza (ANDEVA). El valor de F —de la Tabla 2— se obtiene calculando primero, los Cuadrados Medios de Tratamientos (CM_T, la sumatoria del cuadrado de las diferencias entre las medias de cada tratamiento y la media total dividida por los grados de libertad), y los Cuadrados Medios del error residual (CM_E). El F observado se estima como CM_T dividido por CM_E (ambos tienen una distribución de χ^2). El valor teórico de esta nueva distribución fue denominado F[5]. La distribución de F[6] permite modelar la distribución de la probabilidad de que solo el azar explique los resultados observados (modelo reducido), entonces esta distribución representa a la Hipótesis Nula, bajo la presunción de que es verdadera, y es la que nos permite aceptar o rechazar la hipótesis nula. La probabilidad del error Tipo I (α) se estima usando el valor de F observado, y estimando la Probabilidad (P) como el valor de la probabilidad para ese valor de acuerdo con la distribución esperada de F (usando los grados de libertad del denominador y del nominador). Si el valor de P es igual o menor que 0.05, entonces se rechaza la hipótesis nula (H_0), asumiendo que se puede estar equivocado con una probabilidad P de cometer un error (Error Tipo I).

Para modelar la distribución del error tipo II (β) esto es de la hipótesis alternativa, bajo la presunción de que H_1 es verdadera, se usa la distribución no-central de F[7] desarrollada por Ronald Fisher (Patnaik, 1949), que solo hace poco tiempo ha sido posible de calcular usando algoritmos ejecutables en computadores de alto rendimiento, y software como SAS, R, etc.

---

[5] En honor a Ronald Fisher(1890-1962), quien creó el Análisis de Varianza, y descubrió la distribución de F

[6] Ver en: http://mathworld.wolfram.com/F-Distribution.html

[7] Ver en: http://mathworld.wolfram.com/NoncentralF-Distribution.html

Tabla 2

Fuente de Variación	Sumatorias de Cuadrados SC	Grados de Libertad gl	Cuadrados Medios CM	Valor de F	P
Tratamientos, t	$SC_{Tratamientos}$	$t - 1$	$CM_T = \dfrac{SC_T}{gl(t)}$	$\dfrac{CM_T}{CM_E}$	*·***
Error Experimental, e	SC_{Error}	$N - t$	$CM_E = \dfrac{SC_E}{gl(e)}$		
Total	SC_{Total}	$N - 1$			

En términos de los Cuadrados Medios, el índice F se estima como:

$$F = \frac{CM_T}{CM_E} = \frac{\text{Variabilidad entre Grupos (efecto Tratamiento + error)}}{\text{Variabilidad dentro de Grupos (error)}}$$

Con esta breve introducción a los modelos lineales, ANDEVA, estimación de las distribuciones de F y F no-central para las H_0 y H_1, retomamos el tema del análisis de poder y la decisión estadística en modelos lineales. La **Figura 3** muestra los mismos escenarios de la **Figura 1**. La distribución probabilística de la izquierda muestra la distribución de dado que es verdadera. Esta distribución es la probabilidad de que el azar explique el valor de F

Figura 3

Distribución probabilística de α (error tipo I) y β (error tipo II) de que H_0 y H_1 son respectivamente verdaderas.

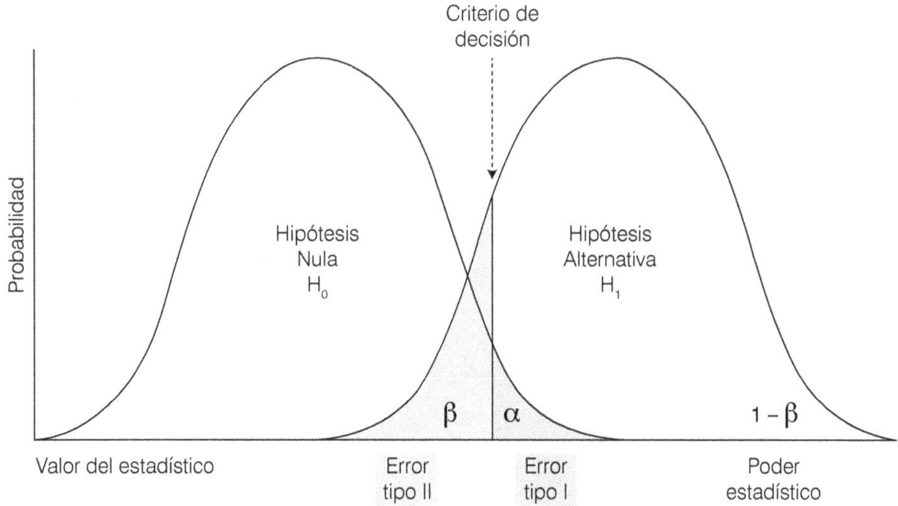

65

(bajo los mismos grados de libertad del modelo lineal). Mientras más pequeño es el valor de la Probabilidad, más hacia la derecha de la distribución y más improbable es que el error explique las diferencias observadas entre los tratamientos. El punto de decisión es $P = 0.05$, por lo que, si ese valor de P observado es menor al valor crítico, se rechaza la H_0, con una probabilidad P de cometer un error Tipo I, esto es, condenar a un Inocente.

Por otra parte, la distribución probabilística de la derecha muestra la distribución de β dado que H_1 es verdadera. Mientras menor es β (desplazamiento hacia la izquierda), menor es la probabilidad de cometer un error Tipo II (declarar inocente al culpable). Por tanto, $(1 - \beta)$ es la probabilidad de condenar como culpable al que lo es en la realidad, y es lo que se denomina **como poder estadístico**. Si para un diseño de monitoreo el valor mínimo de $(1 - \beta)$ se establece en un valor de 0.80, esto quiere decir que el diseño de monitoreo tendrá al menos una chance de un 80% de detectar correctamente un efecto, si es que en la realidad existe (Antcliffe, 1999). En este caso, la probabilidad del error tipo II (de liberar a un culpable), es bajo valores de $\beta = 0.20$.

En algunos programas de monitoreo de largo aliento, el mínimo valor aceptable, se ha establecido en un poder de 0.75 (Levine *et al.*, 2014). En general el poder estadístico es una función proporcional a: la probabilidad del error (usualmente $P(\alpha) = 0.05$), el número de muestras o tamaño muestral, y el tamaño del efecto, e inversamente proporcional a la desviación estándar de la variable respuesta (σ) (Cohen, 1988), de acuerdo a:

$$\text{Poder } (1\text{-}\beta) \approx \frac{\text{Tamaño del efecto} \cdot \alpha \cdot \sqrt{\text{Tamaño muestral}}}{\sigma} \qquad [8]$$

Mientras menor es el tamaño del efecto esperado de una operación y/o mayor la desviación estándar de la variable respuesta, menor es la probabilidad de detectarlo, situación que puede subsanarse incrementando el tamaño total de muestras (mayor número de localidades, y/o número de réplicas, etc.) para incrementar el poder.

El principal motivo para incrementar el poder estadístico en monitoreos y estudios ambientales es el de reducir las probabilidades de cometer un error Tipo II, esto es, ser capaces de detectar un efecto cuando lo hay con la mayor probabilidad posible. Al no establecer el poder estadístico *a priori* de un diseño de monitoreo, corremos el riesgo de cometer un desgaste inútil de recursos en monitoreos ineficientes, además de conducir potencialmente a una *injustificable degradación de nuestro ambiente* (cuando los efectos de la operación son negativos), con consecuencias que pueden ser graves para la salud humana, la pérdida de servicios ecosistémicos y el riesgo que supone para la sostenibilidad operacional de actividades económicas fundamentales para el desarrollo de la sociedad (Antcliffe, 1999; Peterman, 1990a).

Recomendamos explorar el Programa G*power[8] (Faul *et al.*, 2009; Faul *et al.*, 2007) de libre acceso que permite realizar análisis de poder estadístico para una serie de pruebas y análisis estadísticos, el que es de fácil uso y muy instructivo para lograr una

---

[8] Descargar el programa, junto a manual y tutorial, desde el link: http://www.gpower.hhu.de

mejor comprensión del poder estadístico. La **Figura 4a** muestra el menú inicial, en la cual hemos simulado un análisis de poder *a priori*, esto es en la fase de diseño del programa de muestreo (**Type of power análisis**: *A priori: Compute required sample size - given, power, and effects size*) para un ANDEVA de una vía como el descrito por el *modelo de efectos de tratamientos* (ecuación[7]) (**Test family** = *F tests* / **Statistical test** = *ANDEVA: Fixed effects, omnibus, one-way*), para cuatro localidades (*number of groups* = 4), para un error = 0.05, y **un poder estadístico** $(1 - \beta)$ = 0.80. Nos interesa en este caso estimar el número de total de muestras necesario para un poder del 80%. El programa requiere la estimación del tamaño del efecto η^2 que se estima como, la proporción de la varianza total que es explicada por varianza entre localidades (tratamientos), esto es η^2= SC, (ver Tabla 2). Estos valores se pueden obtener de muestreos pilotos, de información contenida en las líneas base, y/o de la realización del correspondiente ANDEVA con esos datos. También es útil revisar los resultados de análisis de la literatura en comparaciones similares, que permitan hacer una estimación aproximada de $\eta 2$, e incluso puede realizarse sobre la base de valores estándar sugeridos por el mismo programa G*power, *e.g.* η^2 = 0.40 (en el que se espera que la diferencia entre las localidades sea grande); $\eta 2$ = 0.25 (para diferencias o efectos medios); y η^2 = 0.10 cuando se espera que el efecto o la diferencia sea pequeña. Al ingresar las condiciones establecidas se selecciona el submenú en la parte inferior: *Calculate*, que para el caso del tamaño del efecto grande $(\eta^2 = 0.40)$, se observa en la **Figura 4a**, en la parte superior el mismo gráfico de la **Figura 3**, con las distribuciones teóricas de F y la distribución no-central de F (para las condiciones establecidas), y el valor crítico del estadístico para la decisión estadística. El tamaño muestral total óptimo

Figura 4

Capturas de pantalla del programa estadístico de libre acceso G*power, para la realización de análisis de poder estadístico (Buchner, A., n.d.).

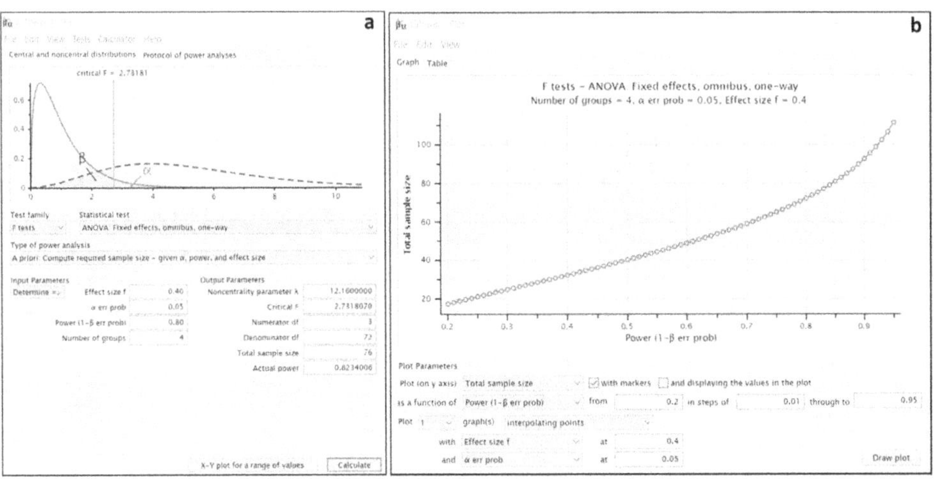

en este caso es de 76 muestras totales, estos es 19 réplicas por localidad. Con ello se tiene la seguridad de detectar las diferencias cuando en ellas existen tamaños del efecto grande. Para η^2 medianos (0.25), el tamaño muestral óptimo es de 45 réplicas por localidad, y para η^2 pequeños (0.1) se necesita 274 réplicas por localidad. Al seleccionar el submenú inferior: *x-y plot for a range of values*, se despliega el gráfico de la **Figura 4b**, con la relación entre el tamaño muestral total y el poder. En este caso, si se usan 5 réplicas por localidad, esto es un tamaño total de 20 muestras, entonces el poder es del orden del 20%, que significa que existe un 80% de probabilidades de no detectar diferencias aun cuando estas diferencias o efectos existan y sean grandes. Es el típico caso, de un trabajo que se traducirá en un desperdicio de recursos, dinero, tiempo y esfuerzo.

2. Diseños de monitoreo y modelos lineales

La estructura analítica de un diseño de monitoreo la representamos mediante un modelo estadístico como el de la ecuación [7], que representa las relaciones entre la variable respuesta y una o más variables explicativas en forma matemática, lo que al mismo tiempo permite poner a prueba hipótesis sobre los efectos –significativos o no– de potenciales intervenciones humanas.

Para el caso de la ecuación [7], buscamos establecer los efectos de los tratamientos (localidades) sobre la variable respuesta ((*e.g.* riqueza de especies). En la actualidad se usan programas estadísticos[9] para resolver estos modelos y construir estadígrafos que nos permiten tomar decisiones sobre la significancia o no de los efectos de los factores y tratamientos.

El primer diseño en la perspectiva de detectar efectos de intervenciones humanas sobre variables ambientales fue propuesto por Green (1979), cuyo modelo lineal lo podemos ver como *modelo 1* en la **Figura 5**. Su estructura es la misma que el de la ecuación [7], los tratamientos acá son el efecto de ambos períodos (Antes-Después) –que le da el nombre al diseño como *Before-After*– en una misma localidad, antes y después del inicio de la operación. Cuando se tienen datos antes y después de un impacto en una sola localidad este sería el único diseño posible de aplicar. Para este y otros diseños de ANDEVA, se pueden usar varios programas para estimar el **poder estadístico**, entre ellos se destaca el programa anteriormente descrito G*Power 3 (Faul *et al.*, 2007), además del programa SAS que tiene una buena introducción al análisis de poder estadístico y tamaño de muestra (SAS Institute, 2008), entre otros programas como MINITAB y R. Se sugiere al lector determinar cuál de estas opciones se ajusta de mejor manera a sus necesidades y profundizar en ellos.

Este modelo puede enriquecerse incluyendo varios muestreos en distintos tiempos dentro de cada período. Sin embargo, aun cuando se logre detectar una diferencia significativa del efecto Antes/Después (AD) de la operación, la inferencia estadística es débil puesto que cualquier diferencia detectada puede deberse a otros efectos y no necesariamente

---

[9] Nosotros usamos fundamentalmente el programa Statistical Analysis System (SAS).

corresponde a un efecto asignable a la operación. Debido a este problema es que Green (1979) propone incorporar una localidad control, dando origen a los diseños BACI (que sugerimos denominar BACO en inglés o ADCO en castellano), y está representado por el *modelo 2* (**Figura 5**). En este se incorpora una localidad control, de tal modo que además del efecto del factor AD (esto es la diferencia entre el promedio de A y D), tenemos un segundo factor: el efecto de Localidad CO (las diferencias entre los promedio de la localidad control vs la de operación), y un tercer factor que denominamos interacción entre AD y CO ($AD \times CO_{ij}$) con cuatro situaciones ortogonales, (AC, AO, DC, DO, ver figuras en **Figura 5**) que podemos comparar. Cuando hay efecto significativo de la operación, lo ponemos a prueba estadísticamente a través de la significancia de la interacción $AD \times CO_{ij}$, que surge de las diferencias entre los promedios de las cuatro situaciones ortogonales.

En este diseño, es necesario que el seguimiento para la evaluación del efecto de una operación considere la toma de muestras u observaciones desde ambos tipos de localidades: Operación y Control, durante ambos períodos Antes y Después del inicio de la operación. La localidad control debiera ser similar y cercana a la de operación, pero lo suficientemente lejana como para no estar expuesta a los efectos de la operación (área de influencia), de tal manera de representar de la mejor manera posible la situación base de la localidad de operación, de no haberla intervenido.

El *modelo 3* (**Figura 5**) es una extensión del *modelo 2*, denominado como BACIP (*Before-After Control-Impact Paired Series Design*), pues si bien se tiene una localidad control y una de operación, se ha tenido la posibilidad de tener muestreos en distintos tiempos pareados (simultáneos) antes y después del inicio de la operación (en el modelo se representan años). Mostraremos en la sección *Resultados en una planta desaladora,* un ejemplo concreto sobre este modelo. Estos diseños BACI y BACIP permiten distinguir entre los cambios naturales ocurridos en ambas localidades (operación/control), de aquellos producidos por las actividades asociadas a la localidad de operación, si es que ocurren. Sin embargo, la debilidad de este tipo de diseño es que no se puede distinguir entre los efectos locales del propio sitio control con relación a los efectos ambientales de escalas mayores, *e.g.*, regionales (Green, 1979; Keough & Mapstone, 1997; Smith, 2002; Stewart-Oate *et al.*, 1986; Underwood, 1991).

A partir de estas propuestas se han desarrollado otros diseños experimentales con sus correspondientes programas de muestreo que han sido revisados por Smith (2006) y Downes *et al.* (2008). Estos se clasifican en al menos cuatro tipos de diseños: BACI propiamente tal, BACIP, MBACI y beyond-BACI (Green, 1979; Stewart-Oaten *et al.*, 1986; Underwood, 1991; Underwood & Chapman, 2003). Es clave en estos nuevos diseños y modelos la inclusión de dos o más "localidades control", esto es, localidades que se eligen por ser tan similares, como fuere posible en todos los aspectos, a la localidad que recibirá el efecto de la operación, excepto por la ausencia del efecto putativo. El propósito de usar varias localidades control corresponde a poder capturar los efectos ambientales de mediana escala (*e.g.*, regionales) y separarlos de los efectos locales de cada sitio, y al mismo tiempo aislar el efecto de la actividad humana particular que se estudia, en relación con el rango de procesos naturales del área geográfica en que está inserta la

Figura 5
Distintos diseños de modelos BACI,
para su implementación en programas de monitoreo ambiental.

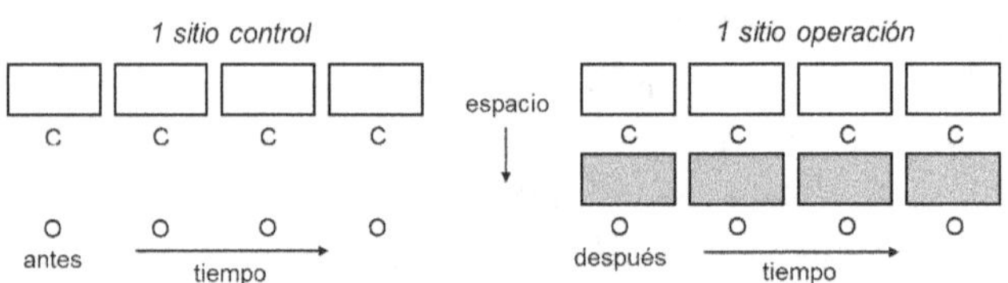

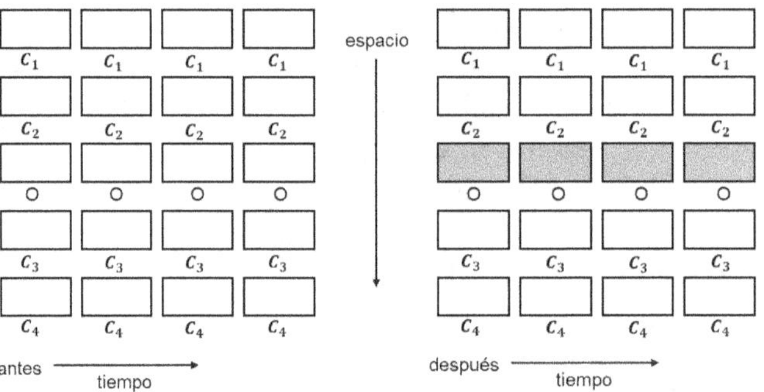

localidad de la operación. La presunción subyacente en estos diseños es que la localidad de operación, esto es, el área de influencia que recibirá los efectos de la actividad evaluada, debiera comportarse aproximadamente igual al promedio de las localidades control en la ausencia de los efectos de la operación (Keough & Mapstone, 1997; Underwood, 1991). Esto significa que los datos obtenidos de las localidades control, para el período "después" del inicio de la operación, son un modo de proveer un substituto o "*proxy*" en la ausencia de la actividad para la localidad de operación.

Otros dos diseños que solo discutiremos en esta sección de modo muy general dentro de la familia de modelos beyond-BACI, son el 4 y el 5 **(Figura 5)**. En este caso se tiene varias localidades control y una sola de operación. De modo general, los diseños experimentales beyond-BACI usan un modelo estadístico de tres o más factores principales: 1. PERIODO: AD, Antes/Después de efecto fijo; 2. TRATAMIENTO: CI, Control/Impacto de efecto fijo; 3. T(AD) Tiempos de Muestreo como factor anidado dentro de PERIODO, como efectos aleatorios, y que permiten capturar la variabilidad ambiental. Hay una variedad de esquemas de monitoreo que se pueden agregar como se puede apreciar en los *modelos 4 y 5* **(Figura 5)**.

En Chile, aun cuando la gran mayoría de programas de monitoreo industriales sometidos a supervisión del Sistema de Evaluación de Impacto Ambiental (SEIA) responden a una lógica BACI, son escasos los trabajos académicos en la materia. Hasta nuestro conocimiento son cinco los estudios publicados: (i) Jaramillo *et al.* (1996) y Jaramillo *et al.* (2002) implementaron diseños BACI para el estudio de comunidades submareales en playas de arena en el sur de Chile; (ii) Kong *et al.* (1998) usaron un diseño de análisis Antes-Después (Green, 1979) (*modelo 1*) para comparar los efectos de la instalación de un complejo industrial pesquero sobre la actividad pesquera local; (iii) Buschmann *et al.* (2006) implementaron un diseño "beyond BACI" (*modelo 5*) para evaluar los efectos de la actividad salmonera; (iv) Sepúlveda & Valdivia (2016) aplican un modelo beyond BACI del estilo del *modelo 4* **(Figura 5)** para evaluar los efectos del mega terremoto de 2010; (v) Halpern *et al.* (2004) revisan y discuten los resultados de análisis de estudios de reservas marinas que han usado diseños experimentales BACI en la práctica, como los de Castilla & Durán (1985) y Castilla & Bustamante (1989).

En general, todos los modelos pueden ser analizados tanto de modo univariado (para los cuales se aplican tantos análisis como variables respuestas que se incluyen en el diseño experimental implementado; *e.g.*, riqueza de especies, abundancia y cobertura de una especie, salinidad, etc.), como de modo multivariado (Downes *et al.*, 2008) (ver Sepúlveda & Valdivia, 2016).

Estos modelos se resuelven usando el modelo mixto matricial siguiente:

$$Y = X\beta + Zu + e$$

donde,

Y denota el vector de respuestas,

X corresponde a la matriz del diseño, que contiene las variables indicadoras (*dummy*) de los efectos fijos del modelo,

β es el vector de parámetros desconocidos de los efectos fijos,

Z es la matriz de variables indicadoras de los efectos *random* del modelo,

u es un vector de distribución normal, con media 0 y varianza de parámetros desconocidos,

e es la matriz de covarianzas del error residual, usualmente denotada como matriz.

En nuestro equipo de trabajo (ver siguiente sección), estos modelos mixtos matriciales (diseños de *modelo 1 al 5*, **(Figura 5)** en nuestro equipo han sido resueltos usando el procedimiento PROC MIXED del software SAS 9.4 (TS Level 1 M3 X64_8HOME platform for Windows) bajo las distintas condiciones y datos disponibles.

3. Implementación de monitoreos marinos para evaluar los efectos ambientales de la descarga de salmuera

La disponibilidad de agua dulce en Chile, tanto para las necesidades humanas como industriales, está muy amenazada por el cambio climático y la desertificación[10]. En respuesta a la urgente necesidad de nuevas fuentes de agua dulce, el país está cambiando rápidamente a la desalinización de agua de mar por ósmosis inversa (OR). Como subproducto, el proceso de desalinización de la OR genera un volumen importante de salmuera hipersalina, que se descarga directamente al mar, siendo esta una preocupación ambiental importante debido a la respuesta incierta de las comunidades biológicas marinas que habitan en o entorno al emisario de la zona de influencia al estrés osmótico.

No obstante lo vital que es la desalinización de agua de mar por OR para la sustentabilidad hídrica y económica del país, a la fecha no existen estudios científicos adaptados a la realidad nacional (ambiental e industrial) que establezcan con certeza, cuál es el alcance ambiental que podría generar la descarga de salmuera sobre los sistemas costeros de Chile, ni cómo monitorear estos potenciales efectos asociados al área de influencia de la descarga[11].

Actualmente, no existe un cuerpo de conocimiento científico relevante respecto de los efectos que producen las variaciones osmóticas sobre las comunidades y recursos hidrobiológicos del norte de Chile que habitan las zonas de descarga, ni un consenso metodológico acerca de cómo monitorearlas. Las técnicas de monitoreo que están siendo utilizadas por la industria para la evaluación de los efectos de la descarga de salmuera, son esencialmente extensos estudios de recopilación de datos fisicoquímicos y biológicos de largo aliento con un alto costo económico. Este tipo de estudios se transforma al cabo de un par de años en una enorme base de datos de difícil interpretación, de la cual es difícil obtener conclusiones objetivas que permitan generar proyecciones a largo plazo sobre la capacidad de carga de los ecosistemas. En consecuencia, la incerteza respecto a la respuesta ambiental (*e.g.*, oceanográfica, biológica, ecológica, etc.) en la macrozona norte de Chile frente a la descarga de la industria desalinizadora sumado a la ausencia de una metodología probada y aceptada por la comunidad científica para su evaluación, representa una barrera para la sostenibilidad hídrica de Chile y el crecimiento de una industria clave para el desarrollo socio económico en regiones desértico-costeras.

---

[10] Ver https://www.wri.org/blog/2015/08/ranking-world's-most-stressed-countries-2040

[11] García-Bartolomei, E, Guiñez R., Valenzuela, F., Maya, G.; Hengst, M.; Romero, P.; Medina, D. (Manuscrito en preparación) A critical review on the aplication of BACI designs in coastal environments.

En ese contexto, la experiencia internacional ha demostrado que el diseño de monitoreos de lógica BACI, son una aproximación válida para evaluar los efectos ambientales por descarga de salmuera en sistemas marinos costeros. En un trabajo reciente, Clark *et al.* (2018) utilizaron un diseño MBACI (*Multiple Before-After-Control-Impact*) para evaluar los efectos ecológicos, sobre el reclutamiento de especies de invertebrados sésiles, por la descarga de salmuera en ambientes submareales en Australia; lo que es considerado el primer estudio de largo aliento en esta materia. El diseño de monitoreo utilizado, en el cual se comparó la estructura comunitaria a 2 distancias de la descarga de salmuera (30 m y 100 m) les permitió concluir que los cambios ecológicos observados sobre el reclutamiento, y la respuesta de esta comunidad a la distancia del punto de emisión, no respondía a las variaciones de salinidad, sino a la hidrodinámica de campo cercano que generan los sistemas de difusión de alta presión, que utiliza la industria para, precisamente, facilitar la rápida dilución de la salmuera. En otro estudio desarrollado en la costa mediterránea española, Raventos *et al.* (2006), desarrolló un diseño beyond BACI con dos localidades control y una localidad de operación (área de descarga) usando información de censo visual de especies en 12 fechas antes y 12 fechas después del inicio de la operación de la planta desaladora. Raventos *et al.* (2006) no encuentran evidencias de impactos significativos de la salmuera sobre las abundancias y la riqueza de especies.

3.1. Caso de estudio: resultados en una planta desaladora

Nuestro equipo de investigación desarrolló un estudio en una planta desaladora industrial en el norte de Chile, en la que se realizó un análisis crítico de su programa de monitoreo marino, la calidad de la data generada, el diseño con el cual fue obtenida, **su poder estadístico** y la significancia de las conclusiones que se pueden desprender de ella, esto con el objetivo de realizar mejoras en la gestión ambiental de los potenciales efectos de la pluma de salmuera en ecosistemas submareales[10] **(Figura 6).**

El monitoreo de largo aliento desarrollado por la compañía consideró una localidad de operación y otra de control, realizando muestreos anuales en las cuatro estaciones a partir de dos años antes de la entrada en funcionamiento de la planta. Para este trabajo, analizamos una serie de datos de 12 años, aplicando el *modelo 3* **(Figura 5)** BACIP (Osenberg & Schmitt, 1994; Stewart-Oaten *et al.*, 1986).

Si se hubiera monitoreado solo la localidad de la operación se tendría lo que se muestra en la **Figura 7**, con los promedios por estación por año. A mediados del tercer año, y después del inicio de la operación, la riqueza de especies promedio permanece oscilando en torno a valores medios de riqueza, y mediados del cuarto año se inicia un incremento hasta valores por sobre 30, para después decrecer de modo continuo hasta valores que oscilan en torno a 5 especies hasta el fin del último monitoreo que se muestra.

En este contexto y atendiendo al comportamiento observado de la variable respuesta, surgen las siguientes preguntas:

Figura 6

(a) Fotografía de un difusor de salmuera en operación, de una planta desaladora en el norte de Chile. (b) Buzo científico levantando datos de abundancia y cobertura durante evaluación de efectos por descarga de salmuera en sistemas submareales de la costa chilena. Fuente: http://www.h2o-sub.cl/

Figura 7

Gráfico de riqueza de especies obtenido durante 12 años de monitoreo de comunidades submareales que habitan al área de influencia de una planta desaladora en el norte de Chile. En la figura solo se muestra la serie temporal para la zona de operación.

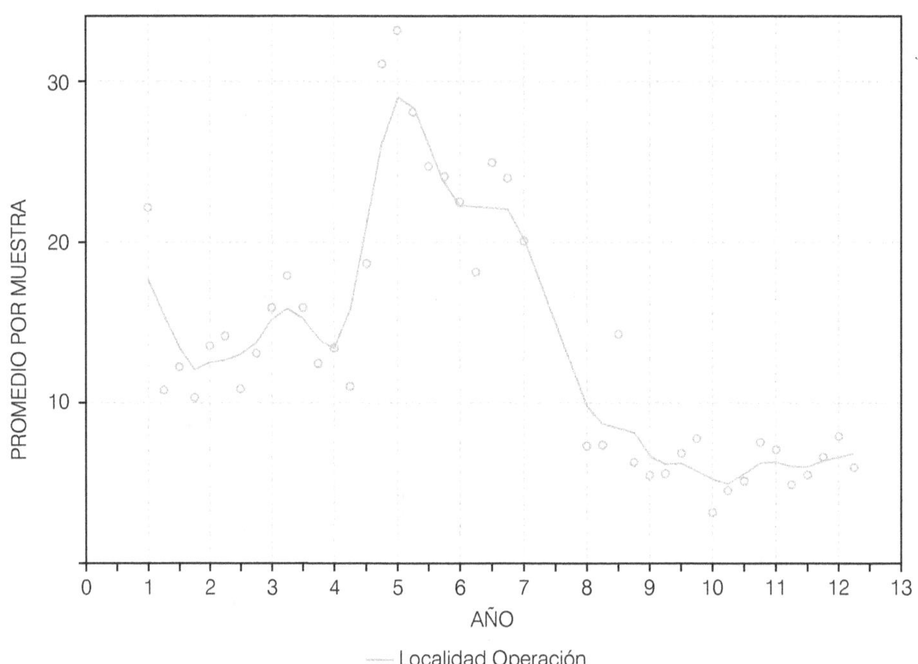

¿Es el incremento inicial y el posterior decrecimiento de la riqueza?: ·

i)   Un efecto de la salmuera emitida durante el proceso de desalación por osmosis reversa?
ii)   Una fluctuación natural de la localidad de la operación? o
iii) Un fenómeno regional de mesoescala que está modulando las comunidades marinas de la zona en que se encuentra la planta desaladora?

Lo cierto es que los resultados de este tipo de diseño (*modelo 1*, **Figura 5**) no nos permiten aceptar ni rechazar ninguna de las tres hipótesis. Sin embargo, al disponer de una localidad control además de la de operación, como se muestra ahora en la **Figura 8**, lo primero que se destaca es que la variación de la localidad control muestra un decrecimiento sistemático y, por tanto, distinta a la de la operación. Si la localidad control representa lo que le ocurriría a la de operación en ausencia del efecto de la operación, entonces las diferencias que se producen a partir del inicio de la operación, respecto del control, debieran ser asignables a un efecto de la operación, en este caso un incremento

Figura 8

Gráfico de riqueza de especies obtenido durante 12 años de monitoreo de comunidades submareales, asociadas al área de influencia de una planta desaladora en el norte de Chile. En la figura se incluyen las series temporales obtenidas a partir de las localidades de operación y control.

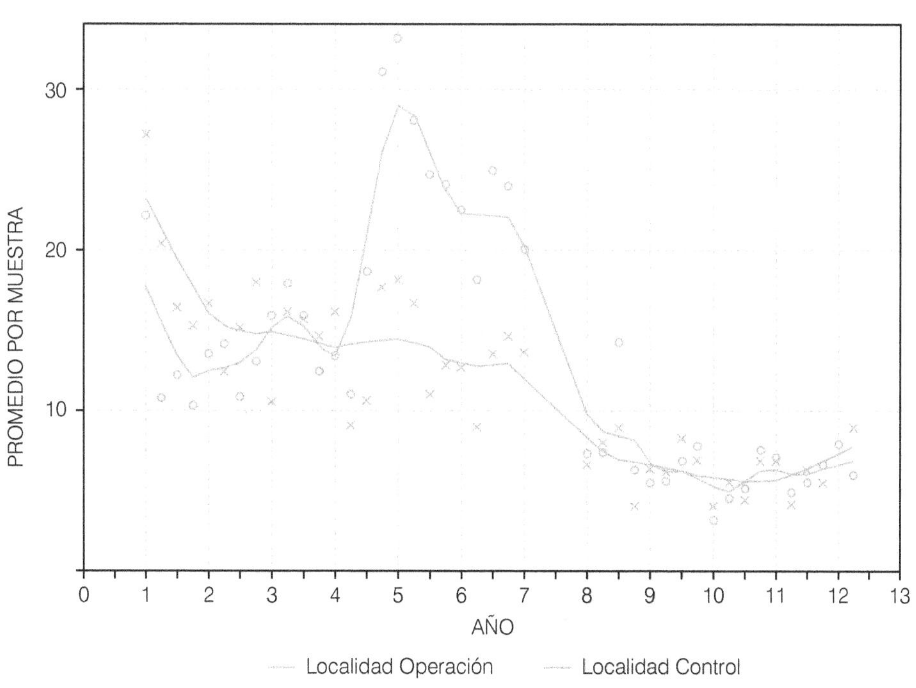

de la riqueza con relación al control. Sin embargo, en el año 8 ambas localidades, y hasta el último muestreo, muestran una convergencia hacia valores en torno a 5 especies.

Para resolver el *modelo 3* (**Figura 5**) aplicamos PROC MIXED (*SAS Institute Inc., Cary, NC, USA*) que usa el método de máxima verosimilitud restringida, en vez del método de mínimos cuadrados puesto que los datos son desbalanceados, y los grados de libertad se estimaron con el método de Satterthwaite (Littell *et al.*, 2007).

Los factores aleatorios (*random*) del modelo como son, $Year(BA)_{K(I)} + S(CO)_{l(j)} + e_{ijkl}$ representan la estructura de la variación ambiental. $Year(BA)_{K(I)}$ representa la variación del efecto de año dentro de período (Antes y Después), con una varianza significativa de 74.62 (EE = 37.93; P = 0.025). $S(CO)_{l(j)}$ es el efecto de sitio dentro de cada localidad (Control vs Operación), con una varianza no significativamente distinta de cero (P = 0.20). Y e_{ijk} es el error residual con una varianza significativa de 11.20 (EE = 1.88; P < 0.001).

Por otra parte, los factores fijos del modelo, $AD_i + CO_j + AD * CO_{ij}$, esto es para los que estamos interesados en sus valores promedios y sus diferencias, solo el de la interacción $AD * CO_{ij}$ es el que permite poner a prueba la Hipótesis Nula de que no hay efecto de la operación sobre la variable respuesta. Los resultados del análisis mostraron que solo la interacción $AD * CO_{ij}$ fue significativa ($F_{[1,71]} = 11,52$, P = 0,011). **Por tanto, esto permite rechazar la hipótesis nula, y concluir que hay un efecto significativo de la operación sobre la riqueza de especie.**

La magnitud y sentido del efecto ADCO se estima a través del tamaño del efecto como el cambio diferencial entre los promedios entre las dos localidades (Control vs Operación), Después menos la condición Antes, tal que:

$$\text{Efecto ADCO} = (\mu_{OD} - \mu_{OA}) - (\mu_{CD} - \mu_{CA}) \qquad [9]$$

Hemos invertido el uso tradicional de estimación del efecto, para que tome valores positivos si el efecto de la operación produce un incremento positivo de la variable respuesta en relación con el control. Y lo inverso si el efecto es negativo. El efecto ADCO se estima con la función ESTIMATE de PROC MIXED para contrastes ortogonales de la interacción $AD \times CO$. Los resultados muestran que el efecto fue positivo sobre la riqueza de especies y estadísticamente significativo, con un valor del Efecto ADCO = 9.52 (EE = 2.81; g.l = 71; t = 3.39; P = 0.0011). **Lo que permite concluir que después del inicio de la operación, la riqueza de especies incrementó significativamente respecto del control.**

Aun cuando tenemos información relevante (12 años de monitoreo) sobre la respuesta de las comunidades bentónicas al inicio de la operación de una planta desaladora (aumento inicial de su riqueza y posterior estabilización del sistema), las conclusiones que podemos desprender de los resultados de los análisis de estos datos, y como fue destacado antes, **es que no se puede distinguir entre los efectos locales del propio sitio control con relación a los efectos ambientales de escalas mayores. Para lo cual se requiere la incorporación de al menos dos nuevas localidades control.**

3.1.1. *Optimización de muestreos ambientales en el contexto de modelos ADCO*

Con el propósito de implementar mejoras al plan de vigilancia ambiental y monitoreo marino de la planta desaladora cuyos resultados hemos mostrado anteriormente, se propuso a la compañía un nuevo diseño de muestreo, incorporando dos nuevas localidades control, para llegar a tres localidades control y una de operación, con un modelo Asimétrico beyond-BACI representado en el *modelo 5* **(Figura 5)**. Por dos años realizamos muestreos adicionales que incorporaron las nuevas localidades, para poder capturar la variabilidad ambiental de esas localidades (tres de control y la de operación).

Sobre la base de estos dos años de datos reales y siguiendo a Benedetti-Cecchi (2001), hemos procedido a realizar simulaciones sobre la base de la metodología desarrollada en el contexto de los diseños beyond-Baci (Underwood, 1992, 1994). Para ello la data fue re-arreglada en las simulaciones, para lograr incorporar la variabilidad temporal observada, en cuatro períodos: dos periodos antes del inicio de la operación de una ampliación de la planta pronto a efectuarse y dos periodos modelados post-operación (Benedetti-Cecchi, 2001).

De este modo, para la optimización del diseño de muestreo se implementó un análisis de poder estadístico aplicado sobre el modelo beyond BACI ajustado, para el que un efecto significativo de la operación causa la emergencia de la interacción AD x L_{ij} (Underwood, 1994). A través de estos modelos usando PROC MIXED y siguiendo a Littell *et al.* (2007) y Benedetti-Cecchi (2001), se realizaron simulaciones para evaluar la capacidad que tiene el nuevo diseño experimental de muestreo, de evidenciar efectos tanto negativos (disminución de la riqueza de especies) como positivos (aumento en la riqueza de especies), por parte de la descarga de salmuera sobre las comunidades marinas bentónicas. En este caso, se simularon tamaños del efecto relacionadas con pérdidas o ganancias del 1%, 5%, 10%, 15% y 20% de especies presentes en la descarga, post inicio teórico de la ampliación de la planta. El poder estadístico de aquellos diseños que incluyen solo un (1) sitio control además del sitio de operación (Impacto) (18 réplicas por sitio), solo alcanzan en el mejor de los casos valores de Poder Estadístico cercanos al 50%, lo que quiere decir que basado en este tipo de diseño experimental, las conclusiones obtenidas no son representativas de la dinámica comunitaria ni de las respuestas ecológicas a la presencia de la descarga. Por el contrario, al diseñar un monitoreo con un sitio de operación y tres (3) sitios control y 18 réplicas por sitio por año, se alcanzan para todos los escenarios, valores cercanos o por sobre el 80% de poder estadístico. Por lo tanto, el diseño que optimiza la probabilidad de detectar un efecto ecológico, con el mayor poder estadístico es aquel que incorpora en las condiciones ambientales estudiadas, tres localidades control, además de la localidad de operación, y maximiza el número de réplicas.

4. Consideraciones finales y recomendaciones

4.1. Requerimentos claves que se condicionan y constituyen el diseño experemtal de un programa de monitoreo existoso

Cuando se busca determinar el potencial efecto de la operación de un proyecto industrial y/o actividad antropogénica sobre componentes de la biota y procesos ecológicos y otros, los requerimientos claves, que constituyen el Diseño Experimental, son: Condición i) la disponibilidad de controles, esto es disponer de tres o más localidades control además de la localidad donde ocurre la operación que se evalúa: (i) la obtención/disponibilidad de datos antes (Línea Base) de la operación, tanto para las localidades control como para la localidad de la operación, idealmente por dos o más años; (iii) la existencia de réplicas o repeticiones apropiadas (asignadas aleatoriamente), determinadas a través de análisis de poder estadístico y una estructura de diseño y muestro atingente; con una clara definición o identificación de los factores fijos y aleatorios; (iv) la información obtenida antes de la operación tiene que haber ocurrido por el suficiente tiempo y en una escala espacial apropiada, como para capturar la variabilidad ecológica y ecosistémica temporal y regional.

Disponer de varias (al menos tres) localidades control permite aislar los efectos de actividades humanas particulares con relación a la operación de intervención respecto de un rango de otros procesos naturales o antrópicos distintos al de la operación. Este es un aspecto crítico al momento de establecer el poder estadístico de un diseño de muestreo, y pocas veces se implementa en los programas de monitoreo ambiental en Chile.

En particular, respecto a la implementación de monitoreos marinos en plantas desaladoras que operan asociadas a sistemas marinos en Chile, la utilización de diseños BACI para el seguimiento ambiental del área de influencia de la descarga, es una herramienta útil para detectar potenciales efectos ambientales (o la ausencia de estos). Además, permite diferenciar los efectos que ocurren por la descarga de la planta, de aquellas variaciones de mayor escala (regional) que pudieran estar explicando cambios observados en una determinada variable respuesta.

Futuras investigaciones debieran enfocar esfuerzos en determinar cuáles son aquellas variables respuestas idóneas para definir el área de influencia marina de una planta desaladora (genes – individuos – poblaciones – comunidades), y realizar experimentos de campo *in situ* para evaluar la respuesta de los ecosistemas submareales al efecto por descarga de salmuera, que permitan dilucidar de mejor manera cuáles son las respuestas sitio-específicas al estrés osmótico y la determinación de medidas de gestión adecuada para su manejo. [ver Capítulo 5. *The Logical Bases of Monitoring Design*, Downes *et al.* (2008)]

4.2. Problemas más comunes observados en programas de monitoreo del medio marino y costero

4.2.1. Planes de seguimiento, RCA y muestreos

La autorización ambiental final para la construcción, operación y cierre de un determinado proyecto se logra por medio de un hito fundamental del Sistema de Evaluación de Impacto Ambiental (SEIA) chileno, como lo es la obtención de la Resolución de Calificación Ambiental, documento que, dentro de sus propósitos, establece medidas para el seguimiento de los impactos ambientales sobre los distintos componentes ambientales identificados durante el proceso de evaluación sectorial. Esto se logra por medio de la implementación de compromisos de resguardo ambiental, como por ejemplo, Planes de Vigilancia Ambiental, entre otras medidas de mitigación y compensación. Sin embargo, una vez presentados los informes de monitoreo ante la autoridad ambiental, parece olvidarse que el seguimiento tiene como propósito último determinar la presencia/ausencia de posibles efectos debido a la Operación que se evalúa. De este modo, un programa de monitoreo permite, por medio de un diseño apropiado y resultados estadísticamente robustos, evaluar cambios en el ambiente con respecto a una condición ambiental de referencia, aspecto fundamental que otorga coherencia al proceso de evaluación mismo. Un programa de monitoreo incapaz de identificar la existencia/inexistencia de un determinado impacto, solo colabora a transformar paulatinamente al sistema de evaluación ambiental en una máquina burocrática cuyo fin último pareciera ser el cumplimiento de hitos administrativos, más que la gestión apropiada de medidas de mitigación de impactos, dirigidos a preservar la capacidad de autoreproducción de los ecosistemas naturales y socioculturales de los que dependemos como sociedad.

Alcanzar el objetivo previamente descrito, depende en gran medida de contar con un estudio de línea base robusto, que establezca un punto de partida o referencia, sobre el cual poner a prueba las hipótesis de monitoreo de largo aliento. Es así como, disponer de la línea base, y el momento en que la operación se inició, permite implementar, por ejemplo, un análisis del estilo del *modelo 1*, que corresponde a un diseño Antes/Después **(Figura 5)** y, por tanto, es posible evaluar si existe evidencia de diferencias entre el periodo Antes, y el período Después.

Los contenidos mínimos que debe incluir un informe de seguimiento ambiental se encuentran descritos en la resolución exenta N° 223, del año 2015, del Ministerio de Medio Ambiente, que dicta instrucciones generales sobre la elaboración del plan de seguimiento de variables ambientales, los informes de seguimiento ambiental y la remisión de información al sistema electrónico de seguimiento ambiental. Aun cuando este documento logra establecer los contenidos mínimos de estos programas, a nuestro parecer, quedan vacíos metodológicos importantes, que podrían ser resueltos al exigir ciertos criterios estadísticos generales que permitan fortalecer las conclusiones obtenidas de los estudios en cuestión, como, por ejemplo, un poder estadístico mínimo (75% - 80%) en los diseños de muestreo. En este contexto, respecto a aspectos fundamentales del diseño de muestreo, usualmente no se declara si las muestras fueron asignadas aleatoriamente dentro de un sitio o localidad, una condición obligada para un abanico importante de pruebas estadísticas básicas. En otros estudios no se explica cómo se determinó el número mínimo de muestras. Y en ocasiones en que se usa cuadratas, es frecuente no entregar una justificación sobre el tamaño de la cuadrata o el número de puntos considerados dentro de la misma, condiciones indispensables al momento de evaluar la rigurosidad de las conclusiones de un trabajo de evaluación ambiental.

4.2.2. Estadística asociada

La estadística descriptiva es una herramienta ampliamente usada en la mayoría –sino en todos– de los informes y programas de monitoreo ambiental. No obstante, en muchas ocasiones, estos informes solo se remiten al uso de descriptores promedios, sin incorporar medidas de variabilidad, tales como la desviación estándar, o la varianza, parámetros necesarios para determinar los tamaños mínimos de muestra y exploraciones sobre poder estadístico usando inicialmente G*Power **(Figura 4)**.

Otra aplicación común de las herramientas estadísticas descriptivas, es la utilización de figuras para representar e interpretar series de tiempo y patrones de variación en las variables de interés; no obstante, no se aplican posteriormente pruebas estadísticas para determinar si los patrones descritos, son o no estadísticamente diferentes, dejando la interpretación de las conclusiones prácticamente como un ejercicio narrativo o de contraste a valores similares encontrados en la bibliografía disponible. ¿Son las fluctuaciones observadas una variación normal para la zona de operación? o ¿corresponden a un efecto de la actividad u operación en estudio?

Entender de los autores de este trabajo, la rigurosidad estadística a la hora de interpretar los resultados de planes de monitoreo, y la aplicación de modelos estadísticos coherentes con los diseños de muestreo implementados, sigue siendo la gran deuda que mantiene tanto el sector público como privado a la hora de evaluar ambientalmente los proyectos que ingresan al SEIA.

4.2.3. Análisis de poder y los errores α y β

Ha sido tradicional que los científicos nos hemos centrado en minimizar la probabilidad α de cometer un error tipo I sin considerar la probabilidad β de cometer un error tipo II. Sin embargo, particularmente cuando se toman decisiones de carácter ambiental y/o manejo de recursos naturales, deben tenerse en cuenta las probabilidades de ambos tipos de errores, y sus costes de corto y mediano plazo (Peterman, 1990a, 1990b). En ámbitos ambientales y de manejo de recursos, los errores de tipo II pueden tener consecuencias ambientalmente más costosas, que los errores de tipo I (Peterman 1990a, 1990b; Buhl-Mortensen, 1996). En un programa de monitoreo ambiental los errores de tipo I ocurren en desmedro del proyecto (Com. Pers., Ricardo Barra), en tanto se identifica la existencia de un efecto cuando en la realidad no lo hay (falso positivo), pudiendo afectar la sostenibilidad del proyecto. Pero también, incrementaría el esfuerzo de personal técnico, científicos y servicios asociados en identificar el problema propiamente tal y focalizar sus recursos en identificar las causas del impacto putativo, lo cual permitiría su pronta rectificación e implementación de medidas de gestión adecuadas (Fairweather, 1991). Sin embargo, en este caso no habría un efecto de la operación sobre el ambiente. Por otro lado, un error de tipo II probablemente conduciría a una sensación de falsa seguridad, pudiendo generar una degradación ambiental continua –si el efecto es negativo– hasta niveles extremos (Fairweather, 1991), en desmedro de los ecosistemas (Com. Pers., Ricardo Barra). Casos de este tipo han provocado giros en el peso de la prueba de responsabilidad de la industria en procesos judiciales en materia ambiental, deteniendo grandes proyectos de inversión, hasta lograr un incremento de Poder Estadístico de sus Programas de Monitoreo y demostrar (sin lugar a dudas) la ausencia de un determinado efecto ambiental (Peterman, 1990a, 1990b, 2019; Fairweather, 1991; Kriebel, 2001; Ferretti, 2009). Este cambio del peso de la prueba ambiental de carácter judicial se basa en el Principio Precautorio incorporado, por ejemplo, en la industria pesquera (FAO 1995; Gallagher *et al.* 2012; Audzijonyte *et al.* 2016) y en el Principio Precautorio Ambiental internacionalmente reconocido como el Principio 15 de la Declaración de Río en 1992 (*United Nations Conference On Environment And Development: Rio Declaration On Environment And Development 1992*).

4.2.4. *Evaluación ambiental de vertidos de salmuera en sistemas costeros de Chile*

Entender si los vertidos de salmuera por la operación de plantas desaladoras tienen o no efectos ambientales significativos seguirá siendo una interrogante, mientras no se tomen medidas serias para estandarizar el diseño de planes de vigilancia y monitoreo, asociados a los sistemas de descarga de esta industria. Como se pudo verificar en el caso de estudio del presente capítulo, incluso contando con una serie de tiempo importante –que sin duda requirió una inversión de recursos relevante para realizarse– no es posible inferir conclusiones sólidas que permitan a ambos, industria y fiscalizadores, mejorar la gestión ambiental de una industria que cada día toma más importancia para el desarrollo socioeconómico del país.

Uno de los principales desafíos pendientes en materia de gestión de descargas de la industria desaladora, es encontrar parámetros y diseños certeros que permitan determinar el área de influencia de la pluma de salmuera. En ese contexto, una recomendación inicial sería la implementación de un mayor número de puntos de referencia o control (2 a 4), con el objetivo de fortalecer los estudios de línea base y poder poner a prueba con un poder estadístico suficiente, las hipótesis de un amplio volumen de estudios internacionales, que apuntan a efectos no significativos y acotados al campo cercano de descarga (Clark *et al.*, 2018; Missimer & Maliva, 2018). El acercamiento de la industria a las capacidades analíticas instaladas en el sector académico sin duda favorecería el desarrollo de monitoreos de campo más eficaces a la hora de determinar carga ambiental. En nuestra experiencia, esto tiene el potencial no solo de mejorar el rendimiento económico de estos programas de vigilancia ambiental, sino también mejorar la comunicación de la industria con representantes de la sociedad civil, ambos factores fundamentales para la industria del agua, que se enfrenta día a día a escenarios extremadamente dinámicos, más competitivos y de mayor presión productiva.

AGRADECIMIENTOS

Este trabajo ha sido posible gracias al financiamiento del Proyecto CODEI-UA-31-2010 a RG de la Universidad de Antofagasta. EG-B agradece el apoyo económico del proyecto Conicyt/Fondap N° 15130015 y de la beca de la Asociación Internacional en Desalación (IDA) Channabasappa Memorial Scholarship. Los autores agradecen también a H_2O-SUB

Ltda. por facilitar el material fotográfico. Se agradece al Dr. Axel Buchner académico de la Universidad de Düsseldorf por facilitarnos el acceso a G*power y a la utilización de la captura de pantalla de la **Figura 4**, con fines académicos. Y se agradece por sobre todo a los integrantes de nuestro grupo de trabajo Rodrigo Orrego, Fernando Valenzuela, Martha Hengst y Giannina Maya.

REFERENCIAS

Antcliffe, B. L. (1999). Environmental impact assessment and monitoring: the role of statistical power analysis. *Impact Assessment and Project Appraisal, 17*(1), 33-43.

Audzijonyte, A., Fulton, E., Haddon, M., Helidoniotis, F., Hobday, A. J., Kuparinen, A., Morrongiello, J., Smith, A., Upston, J., & Waples, R. (2016). Trends and management implications of human influenced life history changes in marine ectotherms. *Fish and Fisheries, 17*(4), 1005-1028.

Benedetti-Cecchi, L. (2001). Beyond Baci: Optimization of environmental sampling designs through monitoring and simulation. *Ecological Applications, 11*(3), 783-799.

Berger, M. A. (2006). The impact of DNA exonerations on the criminal justice system. *Journal of Law Medicine & Ethics, 34*(2), 320-327.

Buchner, A. (n.d.). G*Power: Statistical Power Analyses for Windows and Mac. Visitado Diciembre 4, 2018 desde: http://www.psychologie.hhu.de/arbeitsgruppen/allgemeine-psychologie-und-arbeitspsychologie/gpower.html

Buhl-Mortensen, L. (1996). Type-II statistical errors in environmental science and the precautionary principle. *Marine Pollution Bulletin, 32*(7), 528-531.

Buschmann, A. H., Riquelme, V. A., Hernández-González, M. C., Varela, D., Jiménez, J. E., Henríquez, L. A., Vergara, P., Guiñez, R. & Filún, L. (2006). A review of the impacts of salmonid farming on marine coastal ecosystems in the southeast Pacific. *ICES Journal of Marine Science, 63*(7), 1338-1345.

Castilla, J. C., & Bustamante, R. H. (1989). Human exclusion from rocky intertidal of Las-Cruces, central Chile: effects on *Durvillaea antarctica* (Phaeophyta, Durvilleales). *Marine Ecology Progress Series, 50*(3), 203-214.

Castilla, J. C., & Durán, L. R. (1985). Human exclusion from the rocky intertidal zone of central Chile: the effects of *Concholepas concholepas* (Gastropoda). *Oikos, 45*, 391-399.

Christensen, P., & Ringvall, A. H. (2013). Using statistical power analysis as a tool when designing a monitoring program: experience from a large-scale Swedish landscape monitoring program. *Environmental Monitoring and Assessment, 185*(9), 7279-7293.

Clark, G. F., Knott, N. A., Miller, B. M., Kelaher, B. P., Coleman, M. A., Ushiama, S., & Johnston, E. L. (2018). First large-scale ecological impact study of desalination outfall reveals trade-offs in effects of hypersalinity and hydrodynamics. *Water Research, 145*, 757-768.

Cohen, J. (1988). *Statistical Power Analysis for the Behavioural Sciences* (2da ed.). Hillsdale, New Jersey: Lawrence Earlbaum Associates.

Downes, B. J., Barmuta, L. A., Fairweather, P. G., Faith, D. P., Keough, M. J., Lake, P. S., Mapstone, B., & Quinn, G. (2008). *Monitoring Ecological Impacts: Concepts and Practice in Flowing Waters*. Cambridge, United Kingdom Cambridge University Press.

Dzul, M. C., Dixon, P. M., Quist, M. C., Dinsmore, S. J., Bower, M. R., Wilson, K. P., & Gaines, D. B. (2013). Using variance components to estimate power in a hierarchically nested sampling design. *Environmental Monitoring and Assessment, 185*(1), 405-414.

Eberhardt, L. L. (1976). Quantitative ecology and impact assessment. *Journal of Environmental Management, 4*, 27-70.

Environmental Protection Agency, USA. (2002). Guidance on Choosing a Sampling Design for Environmental Data Collection for Use in Developing a Quality Assurance Project Plan, EPA QA/G-5S. En: United States Environmental Protection Agency. Washington, DC.

Fairweather, P. G. (1991). Statistical power and design requirements for environmental monitoring. *Australian Journal of Marine and Freshwater Research, 42*(5), 555-567.

FAO (Food and Agriculture Organization of the United Nations) (1995) *Precautionary approach to fisheries. Part 1. Guidelines on the precautionary approach to capture fisheries and species introductions. FAO Fisheries Technical Paper*, 350/1. 52 pp. [Also reprinted in 1996 with the same title, but in the series FAO Technical Guidelines for Responsible Fisheries, 2. 60 pp.]

Faul, F., Erdfelder, E., Buchner, A., & Lang, A.-G. (2009). Statistical power analyses using G*Power 3.1: Tests for correlation and regression analyses. *Behavior Research Methods, 41*(4), 1149-1160.

Faul, F., Erdfelder, E., Lang, A.-G., & Buchner, A. (2007). G*Power 3: A flexible statistical power analysis program for the social, behavioral, and biomedical sciences. *Behavior Research Methods, 39*(2), 175-191.

Ferretti, M. (2009). Quality Assurance in ecological monitoring-towards a unifying perspective. *Journal of Environmental Monitoring, 11*(4), 726-729.

Field, S. A., O'Connor, P. J., Tyre, A. J., & Possingham, H. P. (2007). Making monitoring meaningful. *Austral Ecology, 32*(5), 485-491.

Gallagher, A. J., Kyne, P. M., & Hammerschlag, N. (2012). Ecological risk assessment and its application to elasmobranch conservation and management. *Journal of Fish Biology, 80*(5), 1727-1748.

Green, R. H. (1989). Power analysis and practical strategies for environmental monitoring. *Environmental Research, 50*(1), 195-205.

Green, R. H. (1979). *Sampling Design and Statistical Methods for Environmental Biologists*. Chichester, England: John Wiley & Sons.

Guidetti, P. (2002). The importance of experimental design in detecting the effects of protection measures on fish in Mediterranean MPAs. *Aquatic Conservation-Marine and Freshwater Ecosystems, 12*(6), 619-634.

Halpern, B. S., Gaines, S. D., & Warner, R. R. (2004). Confounding effects of the export of production and the displacement of fishing effort from marine reserves. *Ecological Applications, 14*(4), 1248-1256.

Jaramillo, E., Contreras, H., & Bollinger, A. (2002). Beach and faunal response to the construction of a seawall in a sandy beach of south-central Chile. *Journal of Coastal Research, 18*(3), 523-529.

Jaramillo, E., Contreras, H., & Quijon, P. (1996). Macroinfauna and human disturbance in a sandy beach of south-central Chile. *Revista Chilena de Historia Natural, 69*(4), 655-663.

Keough, M. J., & Mapstone, B. D. (1997). Designing environmental monitoring for pulp mills in Australia. *Water Science and Technology, 35*(2-3), 397-404.

Kong, I., Rho, E., & Castilla, J. C. (1998). La pesquería artesanal en la Región de Antofagasta, Chile. En: D. Arcos (Ed.), *Minería del cobre, ecología y ambiente costero* (pp. 105-131). Concepción, Chile: Editorial Aníbal Pinto, S. A.

Kriebel, D., Tickner, J., Epstein, P., Lemons, J., Levins, R., Loechler, E. L., Quinn, M., Rudel, R., Schettler, T., & Stoto, M. (2001). The precautionary principle in environmental science. *Environmental Health Perspectives, 109*(9), 871-876.

Lacy, S. N., Meza, F. J., & Marquet, P. A. (2017). Can environmental impact assessments alone conserve freshwater fish biota? Review of the Chilean experience. *Environmental Impact Assessment Review, 63*, 87-94.

Legg, C. J., & Nagy, L. (2006). Why most conservation monitoring is, but need not be, a waste of time. *Journal of Environmental Management, 78*(2), 194-199.

Levine, C. R., Yanai, R. D., Lampman, G. G., Burns, D. A., Driscoll, C. T., Lawrence, G. B., Lynch, J., & Schoch, N. (2014). Evaluating the efficiency of environmental monitoring programs. *Ecological Indicators, 39*, 94-101.

Littell, R. C., Milliken, G. A., Stroup, W. W., Wolfinger, R. D., & Schabenberger, O. (2007). *SAS for Mixed Models* (2da ed.). Cary, NC, USA: SAS Institute.

Missimer, T. M., & Maliva, R. G. (2018). Environmental issues in seawater reverse osmosis desalination: Intakes and outfalls. *Desalination, 434*, 198-215.

Nielsen, S. E., Haughland, D. L., Bayne, E., & Schieck, J. (2009). Capacity of large-scale, long-term biodiversity monitoring programmes to detect trends in species prevalence. *Biodiversity and Conservation, 18*(11), 2961-2978.

Ortiz, M. (2002). Optimum sample size to detect perturbation effects: the importance of statistical power analysis - A critique. *Marine Ecology-Pubblicazioni Della Stazione Zoologica Di Napoli I, 23*(1), 1-9.

Osenberg, C. W., & Schmitt, R. J. (1994). Detecting human impacts in marine habitats. *Ecological Applications, 4*(1), 1-2.

Patnaik, P. B. (1949). The non-central 2- and F-Distributions and their applications. *Biometrika, 36*(1-2), 202-232.

Perevochtchikova, M. (2013). La evaluación del impacto ambiental y la importancia de los indicadores ambientales. *Gestión y Política Pública, 22*(2), 283-312.

Peterman, R. M. (2019). Continuous learning, teamwork, and lessons for young scientists. *Ices Journal of Marine Science, 76*(1), 28-40.

Peterman, R. M. (1990a). Statistical power analysis can improve fisheries research and management. *Canadian Journal of Fisheries and Aquatic Sciences, 47*(1), 2-15.

Peterman, R. M. (1990b). The importance of reporting statistical power: the forest decline and acidic deposition example. *Ecology, 71*(5), 2024-2027.

Raventos, N., Macpherson, E., & Garcia-Rubies, A. (2006). Effect of brine discharge from a desalination plant on macrobenthic communities in the NW Mediterranean. *Marine Environmental Research, 62*(1), 1-14.

Roberts, D. E., Smith, A., Ajani, P., & Davis, A. R. (1998). Rapid changes in encrusting marine assemblages exposed to anthropogenic point-source pollution: a 'Beyond BACI' approach. *Marine Ecology Progress Series, 163*, 213-224.

SAS Institute, I. (2008). *SAS/STAT® 9.2 User's Guide*. Cary, NC: SAS Institute Inc.

Sepúlveda, R. D., & Valdivia, N. (2016). Localised effects of a mega-disturbance: spatiotemporal responses of intertidal sandy shore communities to the 2010 chilean earthquake. *Plos One, 11*(7), 16.

Smith, E. P. (2002). BACI design. En A. H. El-Shaarawi & W. W. Piegorsch (eds.), *Encyclopedia of Environmetrics* (pp. 141-148). Chichester, England: John Wiley & Sons, Ltd.

Smith, E. P. (2006). BACI Design. En *Encyclopedia of Environmetrics*: John Wiley & Sons, Ltd

Stewart-Oaten, A., Murdoch, W. W., & Parker, K. R. (1986). Environmental impact assessment: "pseudoreplication" in time? *Ecology, 67*(4), 929-940.

Underwood, A. J. (1994). On beyond BACI: sampling designs that might reliably detect environmental disturbances. *Ecological Applications, 4*, 3-15.

Underwood, A. J. (1992). Beyond Baci - the Detection of environmental impacts on populations in the real, but variable, world. *Journal of Experimental Marine Biology and Ecology, 161*(2), 145-178.

Underwood, A. J. (1991). Beyond BACI: experimental designs for detecting human environmental impacts on temporal variations in natural populations. *Marine and Freshwater Research, 42*(5), 569-587.

Underwood, A. J., & Chapman, M. G. (2003). Power, precaution, Type II error and sampling design in assessment of environmental impacts. *Journal of Experimental Marine Biology and Ecology, 296*(1), 49-70.

United Nations Conference On Environment And Development: Rio Declaration On Environment And Development. (1992). *International Legal Materials, 31*(4), 874-880.

Castilla, J. C., Fariña, J. M., & Camaño, A. (Eds.). 2021. *Programas de monitoreo del medio marino costero: Diseños experimentales, muestreos, métodos de análisis y estadística asociada.* Ediciones Universidad Católica. Santiago, Chile. 320 pp.

5. ANÁLISIS DE SERIES TEMPORALES EN PROGRAMAS DE MONITOREO DEL MEDIO MARINO COSTERO: ANÁLISIS ESTADÍSTICO DE LARGO PLAZO E IMPORTANCIA DE LA INFORMACIÓN AUXILIAR

TIME SERIES ANALYSIS IN MONITORING PROGRAMS IN COASTAL MARINE ENVIRONMENT: LONG TERM STATISTICAL ANALYSIS AND IMPORTANCE OF AUXILIARY INFORMATION

ALDO HERNÁNDEZ[1] • CARLOS LEAL[1] • DANIELA HENRÍQUEZ[1] • NICOLÁS MUÑOZ[1] • FREDDY VARGAS[2]

Resumen. Este trabajo entrega una revisión sobre la importancia del uso de series temporales de larga data como una herramienta que permite mejorar nuestra comprensión de los efectos de las actividades industriales-antrópicas sobre el medio ambiente, incorporando una revisión actualizada de métodos y técnicas analíticas consideradas como apropiadas para el análisis de bases de datos ambientales, según su naturaleza. Adicionalmente, incorporamos una revisión de los conceptos Big Data y Data Science, con la finalidad de analizar cómo el uso de información auxiliar puede representar una mejora significativa en el diseño de la vigilancia ambiental y en la interpretación de la información generada a partir de monitoreos ambientales, fortaleciendo las conclusiones que emanan del análisis de datos y mejorando los procesos de toma de decisiones.

Palabras claves. Análisis estadístico, monitoreos ambientales, grandes volúmenes de datos.

Summary. This paper provides a review on the importance of the use of long-term time series as a tool to improve our understanding of the effects of industrial/anthropogenic activities on the environment, incorporating an updated review of methods and analytical techniques for the analysis of environmental databases, according to their nature. Additionally, we incorporated a review of the Big Data and Data Science concepts, in order to analyze how

[1] Centro de Investigación en Recursos Naturales SpA. O'Higgins 241 Oficina 1024. Concepción, Chile. Autor de correrspondencia: aldo.hernandez@holonchile.cl

[2] AMVAR SpA. Colo Colo 298, Chiguayante. Concepción, Chile.

auxiliary information can significatively improve the design of environmental monitoring and the interpretation of the information generated from environmental monitoring, strengthening the conclusions from data analysis and improving decision-making processes.

Keywords. Statistical analysis, environmental monitoring, big data.

INTRODUCCIÓN

Una serie de tiempo es una secuencia de datos, observaciones o valores, medidos en determinados momentos y ordenados de manera cronológica (Box & Jenkins, 1970). En el caso de los monitoreos de variables ambientales, el seguimiento regular de la concentración de parámetros a lo largo del tiempo puede conducir eventualmente a la generación de series de tiempo, dependiendo de la regularidad y de la frecuencia del monitoreo.

El empleo de análisis estadísticos adecuados en series de tiempo puede ayudar a responder cuestionamientos atingentes a la vigilancia ambiental, mediante el establecimiento de pruebas de hipótesis o mediante la formulación de preguntas relevantes (Levine *et al.*, 2014). Algunos ejemplos de preguntas atingentes al análisis de datos de un programa de vigilancia ambiental son, por ejemplo: (i) ¿cuáles son las concentraciones naturales o de referencia? (ii) ¿existe una tendencia en las concentraciones de los parámetros medidos? (iii) ¿existen diferencias entre las zonas de impacto y áreas de referencia o control? (iv) ¿existen diferencias entre niveles o estratos de muestreo? (v) ¿están las concentraciones sobre o bajo algún criterio? (vi) ¿existen otros factores (naturales o antrópicos) que puedan explicar parcialmente las tendencias observadas en los datos? Las respuestas a estas y a otras preguntas revelan tendencias o patrones espacio-temporales y el rol de un programa de vigilancia ambiental es detectarlas a tiempo.

Para el análisis de grandes volúmenes de datos obtenidos en el contexto de vigilancias ambientales, es necesario reconocer que la disponibilidad actual de métodos y técnicas analíticas de bases de datos es mucho más diversa y robusta que la que existía hace décadas, siendo cada vez más necesario que los investigadores y asesores ambientales estén preparados, o se capaciten, respecto de los desafíos que implica manejar adecuadamente tales volúmenes de datos, seleccionando los métodos estadísticos más apropiados para extraer de mejor forma la información, incluyendo la generación de representaciones que permitan comunicar adecuadamente los hallazgos del análisis de cualquier set de datos.

Paralelamente, en la actualidad la cantidad de datos disponible y de rápido acceso en diversos sitios web es abrumadora. La clave para examinar el gran volumen de datos disponible (Big Data[3]), es incorporar herramientas que permitan desarrollar/implementar

---

[3] El Big Data se define comúnmente como grandes cantidades de datos, creados demasiado rápido o estructurados de tal manera que son difíciles de recopilar y procesar utilizando los sistemas tradicionales de administración de datos (Environmental Law Institute, 2014).

técnicas de análisis de datos adecuadas (Data Science[4]). Actualmente, agencias gubernamentales de todo el mundo, ONG's y empresas privadas utilizan cada vez más el Big Data y el Data Science para promover la protección del medio ambiente[5] (Environmental Law Institute, 2014).

En el presente capítulo planteamos que el uso de series temporales de larga data permite mejorar nuestra comprensión de los efectos de las actividades industriales/antrópicas sobre el medio ambiente, y que el uso de información adicional, actualmente disponible de manera gratuita y de fácil acceso (*i.e.*, sin necesidad de solicitarla formalmente a las autoridades ambientales), puede ayudar a mejorar significativamente el diseño e interpretación de la información generada en los programas de vigilancia ambiental, fortaleciendo las conclusiones que emanan del análisis de datos y mejorando los procesos de toma de decisiones.

OBJETIVOS

Los objetivos de este trabajo fueron: (i) revisar diferentes técnicas estadísticas utilizadas en el trabajo con series de tiempo; (ii) proponer técnicas de análisis adecuadas para la detección de patrones en bases de datos ambientales; (iii) evaluar la conveniencia del empleo de información disponible en diversas fuentes para mejorar nuestro entendimiento sobre los factores que pueden influir en una vigilancia ambiental.

DESARROLLO

1. Ventajas del empleo de series de tiempo en la vigilancia ambiental

El monitoreo ambiental implica la recolección de una o más mediciones que se utilizan para evaluar el estado de un ambiente (Artiola & Warrick, 2004). Las observaciones objetivas producen datos sólidos, que a su vez producen información valiosa, y el conocimiento derivado del análisis de esta información generalmente conduce a una mejor comprensión del problema/situación, lo que mejora las posibilidades de tomar decisiones informadas (Artiola *et al.*, 2004).

En este sentido, contar con series temporales de larga data, no solo mejora nuestro entendimiento sobre los impactos ambientales que deseamos monitorear, sino que también aporta al conocimiento general del sistema bajo estudio (von Brömssen *et al.*,

---

[4] El Data Science se refiere a la extracción, procesamiento y comprensión de la información contenida en grandes volúmenes de datos no procesados (https://www.environmentalscience.org)

[5] Entiéndase "Protección del Medio Ambiente", lo definido en la Ley sobre bases generales del medio ambiente, a saber: el conjunto de políticas, planes, programas, normas y acciones destinadas a mejorar el medio ambiente y a prevenir y controlar su deterioro.

2018), permitiendo tomar decisiones acertadas sobre la idoneidad de la propia vigilancia ambiental, realizando mejoras adaptativas al Programa de Vigilancia Ambiental (PVA). Dado que el análisis de las series de tiempo es dinámico, es importante tener en consideración los cambios que podrían afectar los fenómenos estudiados, lo que releva la necesidad de realizar constantes actualizaciones de los datos y, eventualmente, de los propios modelos utilizados en el estudio de las variables analizadas (Guajardo *et al.*, 2010). En este sentido, series de datos más largas, tomadas a intervalos regulares y con un diseño muestreal apropiado entregan información que puede permitir pronosticar adecuadamente el comportamiento temporal de las ciertas variables.

2. Análisis estadístico de series temporales

La estadística es la rama de las matemáticas que estudia la variabilidad, así como el proceso aleatorio que la genera siguiendo leyes de probabilidad (Dodge, 2006). Los métodos estadísticos permiten estudiar fenómenos globales y realizar inferencias acerca de la población bajo estudio a partir de datos muestreales que, si están tomados en base a un diseño muestreal apropiado, permiten reducir costos, incrementar la velocidad en la toma de datos y el alcance del levantamiento de información, en conjunto con una alta precisión (Cochran, 1977).

El primer paso en cualquier análisis estadístico es el análisis exploratorio de datos (E.D.A. Exploratory Data Analysis; Tukey, 1977) que consiste en someter la evidencia muestreal a un proceso de descripción que incluye el cálculo de medidas de tendencia central (promedio, mediana, moda), de dispersión (varianza, desviación estándar, rango, etc) y de simetría (asimetría y curtosis). A partir del análisis de estos estadígrafos es posible realizar una buena descripción de la variabilidad contenida en la información previa al análisis, recomendándose en este punto la identificación de observaciones atípicas o *outliers* que pueden alterar las conclusiones que emerjan del análisis.

Los modelos estadísticos proporcionan una base matemática para la interpretación y el análisis de parámetros de interés y permiten determinar la importancia relativa de diferentes variables en un proceso particular (Shenk & Franklin, 2001). Los científicos del área estadística han trabajado con ecólogos durante muchos años para mejorar los métodos utilizados en el análisis comunitario, con la finalidad de mejorar la comprensión de los diversos procesos ecológicos que influyen en la sustentabilidad de los ecosistemas.

El método estadístico de pronóstico de series de tiempo (Box & Jenkins, 1970) es una herramienta de análisis de datos que estudia el comportamiento de datos históricos para predecir condiciones y eventos futuros. Así, el enfoque del dominio del tiempo generalmente está motivado por la presunción de que la correlación entre puntos adyacentes en el tiempo se explica mejor en términos de una dependencia del valor actual respecto de los valores pasados, modelando valores futuros de una serie temporal como una función paramétrica de los valores actuales y pasados. En este escenario, la técnica tradicional implica llevar a cabo regresiones lineales del valor presente de una serie de tiempo con sus propios registros pasados (autocorrelación) y con registros de otras series de datos (correlación cruzada). Este modelo lleva a usar los resultados del enfoque del dominio del tiempo como una herramienta de pronóstico (Shumway & Stoffer, 2011).

De esta manera, la característica fundamental del análisis estadístico de series temporales es que, en las series de tiempo sujetas a análisis, las observaciones sucesivas no son independientes entre sí, y que el análisis debe llevarse a cabo teniendo en cuenta el orden temporal de las observaciones. Por esta razón, los métodos estadísticos de series temporales se enfocan en el análisis de las observaciones en un instante de tiempo y en su dependencia de los valores de la serie en el pasado o *dependencia serial*, la que es especificada a la forma de autocorrelaciones, tendencias, variaciones estacionales o cíclicas.

En términos generales, el propósito del análisis clásico de series de tiempo es identificar las tendencias y forzantes, mediante la descomposición de la misma en componentes tales como: tendencia secular, variación estacional, variación cíclica, hasta llegar a un componente de variación aleatoria o *ruido blanco*[6]. Desde el punto de vista estadístico, la cuantificación de la existencia de estos componentes es fundamental para justificar la existencia de patrones y/o cambios en las concentraciones en contraste con líneas bases o con etapas pre-operacionales. A modo de ejemplo, en la **Figura 1** se entrega un análisis de descomposición para la serie temporal del caudal del Río Itata, obtenida a partir de datos de la Dirección General de Aguas (DGA). En este ejemplo vemos que la serie original (en este caso logaritmizada, para cumplir con los requisitos de normalidad que exige el análisis) muestra una tendencia neta descendente entre 2008 y 2018, para luego mostrar un incremento a comienzos del 2019. La serie posee una marcada estacionalidad, con un patrón regular, generando un componente de ruido blanco que muestra dos *peaks* asociados a incrementos notables en 2010 y 2014.

Técnicas de análisis alternativas para el tratamiento de datos no lineales o con periodicidad irregular, tales como análisis armónicos generalizados, análisis espectral, análisis de ondículas (wavelets), Funciones Ortogonales Empíricas (EOF, por sus siglas en Inglés), han sido ampliamente discutidas como alternativas al análisis clásico de series de tiempo en diversas áreas (Percival & Walden, 2000; Lovejoy & Schertzer, 2012; Percival & Mondal, 2012), pero su tratamiento específico va más allá de los objetivos asociados con este capítulo[7].

Finalmente, cabe preguntarnos si los programas de vigilancia ambiental (PVA) entregan información con atributos de dependencia serial cuantificables mediante análisis de series de tiempo. Variables monitoreadas con baja frecuencia (anual o semestralmente) o con baja regularidad, pudieran ser tratadas como series de eventos aislados, no necesariamente dependientes de los registros previos, lo que requiere el empleo de metodologías de análisis alternativas.

---

[6] Para una revisión más detallada de conceptos asociados al análisis de series temporales, se recomienda revisar Box & Jenkins (1970)

[7] Para una revisión actualizada de análisis de series de tiempo utilizando diferentes metodologías, se sugiere revisar Rao *et al.* (2012)

Figura 1

Ejemplo de descomposición de una serie temporal para el caudal del Río Itata.

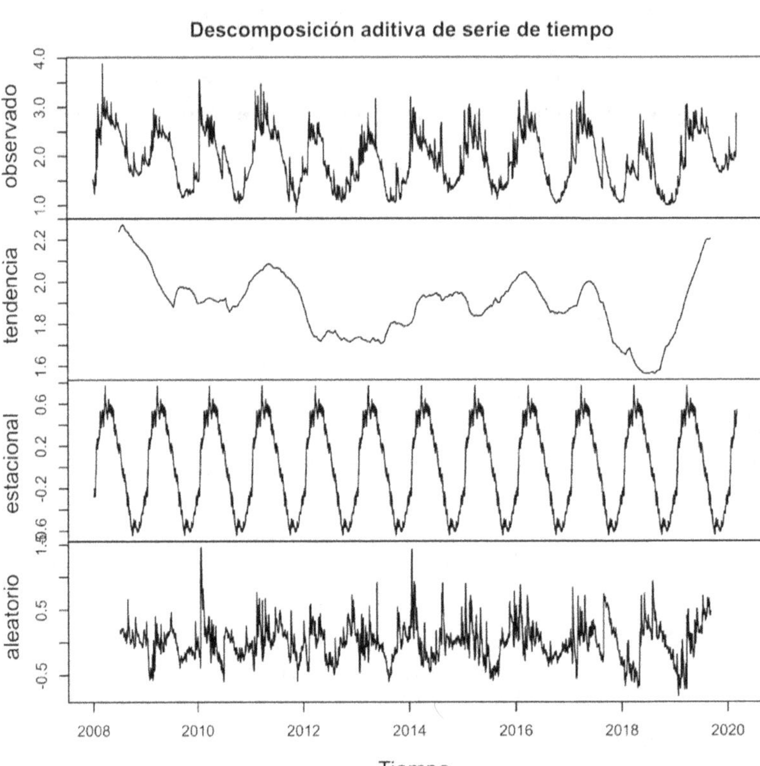

3. Métodos que no consideran dependencia serial

Dentro de los métodos de análisis estadístico que no consideran la estructura de auto-correlación o memoria presente en las observaciones, destacan principalmente 3 tipos de modelos que permiten describir y eventualmente realizar predicciones respecto del comportamiento de series temporales: modelos lineales (ML), modelos lineales generalizados (MLG) y modelos aditivos generalizados (MAG). Dentro de los primeros, encontramos las técnicas de regresión lineal y análisis de varianza (ANDEVA) cuya principal ventaja es que permiten determinar patrones de variabilidad espacio-temporal en un set de datos, a través de pruebas de hipótesis incluyendo múltiples efectos en un único modelo (Stahle & Wold, 1989). La principal desventaja de este tipo de técnicas es que presuponen que la distribución de los datos es normal o gaussiana y que además existe homogeneidad de varianza y linealidad (Smalheiser, 2017), lo que en el caso de series temporales asociadas a monitoreos ambientales, altamente asimétricas y heterocedásticas, no es habitual, obligando a realizar transformaciones en los datos para cumplir con los supuestos base del análisis, las que no siempre consiguen corregir la falta de normalidad, ni menos la heterocedasticidad de los datos. En nuestra experiencia de la revisión de PVAs, la mayoría de los análisis estadísticos que incluyen ANDEVA se ejecutan sin la comprobación de normalidad y de homogeneidad de varianzas. Ambas pruebas son imprescindibles para que los resultados del ANDEVA sean confiables.

Por esta razón, y dada la capacidad actual de los procesadores y softwares estadísticos, los modelos generalizados del tipo MLG y MAG, cuyos ajustes se realizan mediante máxima verosimilitud, han ganado amplia popularidad en investigaciones donde se requiere detectar de patrones espacio-temporales utilizando bases de datos complejas.

Los MLG son una extensión de los modelos lineales (LM) que permiten utilizar distribuciones no normales de los errores y varianzas no constantes (Myers *et al.*, 2010), lo que se logra a través de la especificación de la familia de errores (binomial, Poisson, gamma, exponencial, etc.). Además, permiten linealizar relaciones no lineales entre la variable respuesta y las variables predictoras mediante la denominada función de vínculo (identidad, raíz cuadrada, logarítmica, exponencial, logit, recíproca) (Cayuela, 2014). Estos dos parámetros (familia y función de vínculo) le otorgan una mayor flexibilidad a los MLG, los cuales conservan la propiedad de evaluar múltiples efectos y sus interacciones dentro de un solo modelo (al igual que el ANDEVA) pero sin la necesidad de recurrir a transformaciones para asegurar normalidad y linealidad[8].

A modo de ejemplo, en la **Tabla 1** se analiza la concentración en sedimentos de 3 metales diferentes utilizando ANDEVA, mientras que en la **Tabla 2** se analizan los mismos datos mediante MLG. Nótese que en el caso de la tabla ANDEVA los efectos Mes en Cd y Estación en Hg no alcanzan significancia estadística, pero en el caso del GLM sí se observan diferencias significativas para ambas fuentes de variación. Los porcentajes de varianza explicada por el total de fuentes de variación analizadas (suma de%VE) en los modelos ANDEVA oscilan entre 16% y 59%, siendo menores en el caso de Hg, mientras que en el caso de los MLG estos porcentajes fluctúan entre 57% y 63%.

En la **Figura 2** se entrega el análisis de residuos para Hg, a través del cual es posible observar cómo la utilización de MLG reduce la heterocedasticidad, produciendo residuales más centrados y con menor proporción de observaciones atípicas. Los residuos del ANDEVA muestran una alta proporción de observaciones atípicas **(Figura 2a)**, lo que puede explicar la baja proporción de la varianza que explican los efectos considerados en el modelo lineal **(Tabla 1)**. En el caso del modelo MLG para Hg **(Figura 2b)** se aprecian residuales mucho más centrados y con una adecuada dispersión, lo que genera que el modelo MLG explique un 59% de la varianza y que la variable Estación pase a ser estadísticamente significativa y logre explicar por sí sola un 35% de la variabilidad **(Tabla 2)**.

---

[8] Para una revisión detallada de los MLG se recomienda revisar a Myers *et al.* (2010).

Tabla 1

Resultados de ANDEVA para la concentración de Cd, Hg y Pb en sedimentos entre 2006 y 2018 utilizando los efectos año de muestreo (Año), mes de muestreo (Mes) y Estación de muestreo (Estación).

Metal	Fuente	gl	Cuadr.Med	Suma Cuad.	F	valor p	%VE
Cd	Año	13	0,088	1,149	27,76	0,0000	30%
	Mes	3	0,006	0,019	2,01	0,1121	1%
	Estación	9	0,117	1,052	36,73	0,0000	28%
	Residuales	494	0,003	1,573			
Hg	Año	13	0,073	0,955	5,04	0,0000	11%
	Mes	3	0,101	0,304	6,96	0,0001	4%
	Estación	9	0,013	0,119	0,91	0,5158	1%
	Residuales	494	0,015	7,199			
Pb	Año	13	119,807	1557,490	32,66	0,0000	41%
	Mes	3	4,191	12,573	1,14	0,3314	0%
	Estación	9	43,910	395,190	11,97	0,0000	10%
	Residuales	494	3,668	1812,029			

Fuente: fuente de variación, gl: grados de libertad, Cuadr. Med: cuadrados medios, Suma Cuad: suma de cuadrados, F: estadígrafo de Fisher, valor p: probabilidad asociada,%VE: porcentaje de varianza explicada por efecto.

Tabla 2

Resultados de MLG para la concentración de Cd, Hg y Pb en sedimentos entre 2006 y 2018 utilizando los efectos año de muestreo (Año) mes de muestreo (Mes) y Estación de muestreo (Estación).

Metal	Fuente	gl	Devianza	p (> Chi)	%DE
Cd	Año	13	9,727	0,000	33%
	Mes	3	0,294	0,006	1%
	Estación	9	8,447	0,000	29%
	Residual	494	10,900		
Hg	Año	13	1,458	0,000	21%
	Mes	3	0,239	0,000	3%
	Estación	9	2,422	0,000	35%
	Residual	494	2,813		
Pb	Año	13	439,482	0,000	48%
	Mes	3	3,898	0,201	0%
	Estación	9	74,413	0,000	8%
	Residual	494	395,773		

Fuente: fuente de variación, gl: grados de libertad, Devianza: generalización de la suma de cuadrados en ajustes de máxima verosimilitud, p (> Chi): probabilidad asociada al estadístico Chi-cuadrado,%DE: porcentaje de devianza explicada por efecto.

Figura 2

Contraste de resultados de análisis de residuos utilizando ANDEVA (a) y MLG (b) para Hg en sedimentos. Se han editado los textos de títulos de gráficos y ejes para traspasarlos a español.

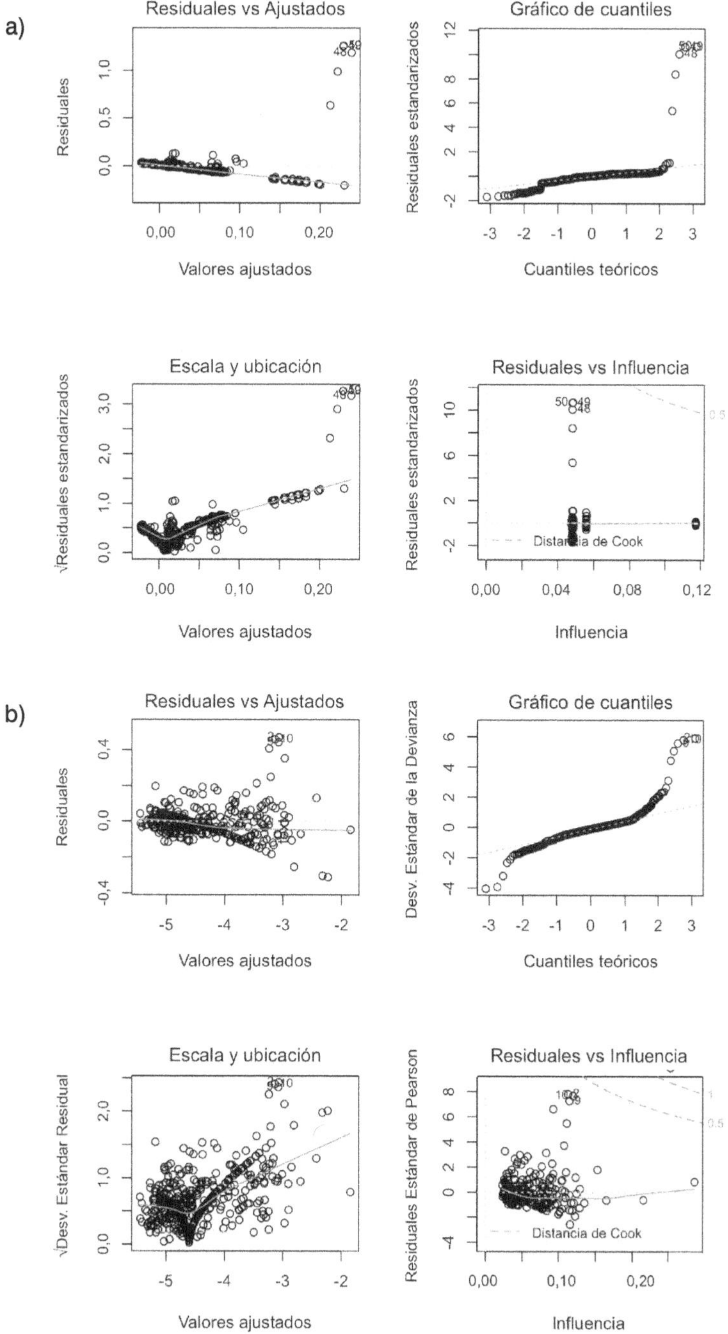

Por otra parte, los MAG corresponden a una técnica de modelación aditiva en la cual el impacto de las variables predictoras sobre la variable respuesta es capturado a través de funciones de suavización no lineales (Larsen, 2015), conservando las ventajas de interpretabilidad de los MLG, donde la contribución de cada variable independiente a la predicción está claramente codificada, pero entregando una flexibilidad sustancialmente mayor, ya que no se asume que las relaciones entre las variables independientes y dependiente sean lineales, ni tampoco se requiere conocer *a priori* qué tipo de funciones predictivas son necesarias para la modelación. Adicionalmente, y al igual que MLG, permite la introducción de cualquier distribución de probabilidades que permita al investigador identificar y seleccionar la mejor representación de los datos (Wood, 2016).

Adicionalmente a este tipo de modelos aditivos, existe una serie de técnicas que permiten analizar bases de datos ambientales, de acuerdo a la naturaleza de las variables objetivo, entre las que destacamos Modelos mixtos, Métodos de regresión robusta, Modelos logísticos, Inferencia bayesiana, Aprendizaje de máquinas, entre muchos otros, cuyo detalle está bien abordado en el trabajo de Molnar (2019).

Los parámetros medidos en el contexto de monitoreos ambientales habitualmente pueden requerir contrastes con normas de calidad ambiental o, cuando estas no existen, con referencias internacionales. En este sentido, existe toda un área del análisis estadístico que está asociada a la verificación del cumplimiento de especificaciones o control estadístico de procesos, cuya principal herramienta es el denominado análisis de capacidad de proceso, el cual se realiza a partir de un análisis probabilístico que entrega un conjunto de estimaciones orientadas a evaluar si un sistema es estadísticamente capaz de cumplir con especificaciones o requisitos (Cano *et al.*, 2012). A modo de ejemplo, en la **Figura 3** se entrega el resultado de un análisis de capacidad de proceso para pH en un efluente, considerando como especificaciones los límites establecidos en el DS90[9] para cuerpos fluviales (6,0-8,5). En este caso, el análisis de capacidad de proceso indica que el pH sigue una distribución de probabilidad de tipo logística y que, con base en esta distribución de probabilidades, la probabilidad de excedencia (Fracción esperada de rechazos) a las especificaciones límite (6,0-8,5) es de un 1,2% (pt), lo que puede ser considerado bajo. Nótese que la probabilidad de excedencia al límite inferior (pL) es del 1,1% y la probabilidad de excedencia al límite superior es de 0,093%. El valor de ppm indica el número de no-conformidades del proceso, expresado en partes por millón. En el ejemplo, el valor obtenido supera las 100.000 no conformidades, implicando una baja capacidad de proceso. Este índice es complementario y está relacionado con los índices C_{pk} y C_p, los que indican si el proceso cumple o no con las especificaciones establecidas en la norma de contraste. En nuestro caso, un valor de $C_p < 1$ indica que el proceso no es capaz o que, aunque solo se detectan algunos valores bajo el límite inferior de 6, estadísticamente el pH no posee la capacidad de cumplir con la especificaciones establecidas

---

[9] Decreto Supremo 90/2000: Establece Norma de Emisión para la regulación de contaminantes asociados a las descargas de residuos líquidos a aguas marinas y continentales superficiales.

Figura 3

Ejemplo de análisis de capacidad de proceso para la concentración de pH en una descarga sometida al DS90. LIE=Límite Inferior de la Especificación, LSE: Límite Superior de la Especificación. Se han editado los textos de títulos de gráficos y ejes para traspasarlos a español

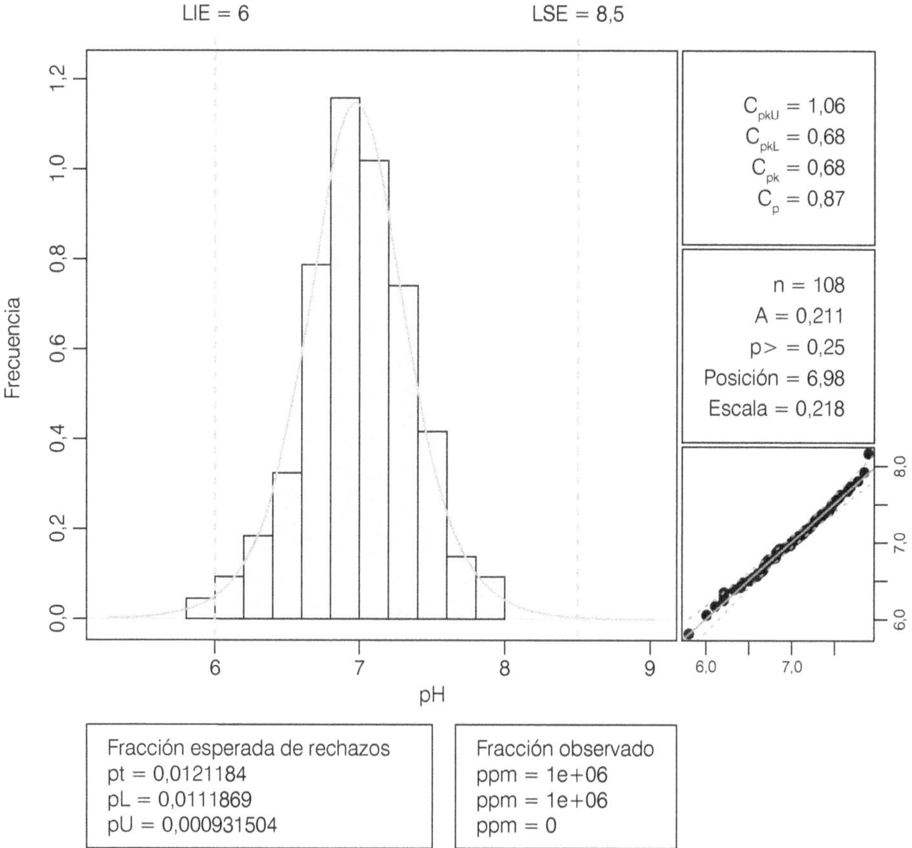

en el DS90, por lo cual se requieren acciones orientadas a disminuir la variabilidad de este parámetro en la descarga. El recuadro que posee los índices n, A, p, *location* y *scale*, entrega los estadígrafos básicos del proceso observado, donde n es el número de observaciones, A es el estadístico de Anderson Darling para el ajuste entre los datos observados y la distribución logística, p es la probabilidad asociada al estadístico A y, en este caso indica que no existen diferencias significativas entre la distribución logística y los datos observados (p=0,25), *location* es el promedio observado y *scale* es una medida de dispersión, normalmente asociada a la desviación estándar.

4. Análisis multivariado

En un sentido amplio, el análisis multivariado hace referencia a cualquier método estadístico que analice simultáneamente múltiples características en individuos o muestras objeto de la investigación (Cayuela, 2011). Dentro de las principales técnicas de análisis estadístico multivariado, destacan:

    i)   Análisis de conglomerados.

    ii)   Análisis de componentes principales.

    iii) Análisis de correspondencias.

    iv) Escalamiento multidimensional.

    v)   Análisis discriminante.

    vi) Análisis de correspondencias canónico.

    vii) Modelo de ecuaciones estructurales (análisis causal).

    viii) Análisis de la varianza multivariado (incluyendo regresión multivariada).

Las 4 primeras destacan por su uso en el contexto de evaluaciones ambientales, por lo cual, las describiremos de manera breve[10]:

Análisis de conglomerados: El método de conglomerados (o *cluster* en inglés) permite reconocer objetos lo suficientemente similares para ser clasificados dentro de un mismo grupo, permitiendo identificar distinciones o separaciones entre grupos (Legendre & Legendre, 2012), a partir del análisis de múltiples variables de entrada. En términos generales, el análisis de conglomerados es una operación de análisis multivariado o multidimensional que particiona una colección de objetos (o descriptores) en el estudio, en subconjuntos, de manera que cada objeto o descriptor pertenece a un y solo a un subconjunto para esa partición (Cuadras, 2010). Dentro del análisis de conglomerados existen diferentes métodos de agrupación de las particiones, los que pueden ser jerárquicos o no jerárquicos (Borcard *et al.*, 2011). Los métodos jerárquicos se subdividen en aglomerativos (que buscan maximizar las similaridades) y disociativos (que buscan generar grupos lo más diferentes entre sí) y en ambos casos el producto resultante es un dendrograma o árbol de clasificación, que es producto de la estimación de matriz de similaridad o distancia. Por otro lado, los métodos no jerárquicos permiten generar una cantidad de K agrupaciones predefinidas (K-medias) mediante reasignación u optimización, minimizando la varianza residual y maximizando la diferenciación entre agrupaciones, o que se realiza directamente con la base de datos crudos y sin emplear matrices de similaridad o distancia.

Análisis de componentes principales: El análisis de componentes principales (ACP) es una técnica estadística de síntesis de la información, o reducción de la dimensión (número de variables). Es decir, ante un set de datos con muchas variables, el objetivo será reducirlas a un menor número perdiendo la menor cantidad de información posible

---

[10] Para una descripción más detallada de análisis estadísticos multivariados se recomienda revisar Legendre & Legendre (2012) y Cuadras (2010).

(Cayuela, 2011). Los nuevos componentes principales o factores serán una combinación lineal de las variables originales, y además serán ortogonales o independientes entre sí, basados en distancias euclidianas. Una de las principales ventajas del ACP es que entrega una medida de la varianza que explica cada una de las componentes multivariadas (valores propios o *eigenvalues*) y del grado de correlación o covarianza que existe entre cada una de las variables de entrada y la componente multivariada resultante. Dadas estas propiedades, el ACP se ha convertido en una de las herramientas de análisis multivariado de más amplia aplicación, aunque muchas veces sin atender a las restricciones propias del mismo, como es el caso de la linealidad y normalidad de los datos de entrada.

Análisis de correspondencias: El análisis de correspondencias o factorial de correspondencias (AFC) es una técnica de clasificación multivariada que se basa en maximizar la correspondencia entre las variables de entrada (*e.g.*, composición de especies) y las unidades de análisis (*e.g.*, sitios de muestreo) (Legendre & Legendre, 2012). Como resultado del proceso de clasificación, el AFC produce componentes multivariados basados en distancias Chi-cuadrado. El punto de partida en AFC es una tabla de contingencia, que entrega recuentos para las combinaciones de variable y unidades de análisis (Zuur *et al.*, 2007), como es el caso de tablas de presencia-ausencia o abundancia de especies, por lo cual ha sido aplicado ampliamente en ecología, aunque puede ser utilizado para analizar diferentes tipos de descriptores. No obstante, uno de los principales inconvenientes del método (que muchas veces es compartido por el ACP) es que la ordenación resultante genera una forma típica de herradura que puede dificultar la interpretación de los resultados. La solución a este problema viene de la mano de la implementación del Análisis de Correspondencia Segmentado (o *Detrended*), cuya principal ventaja es que el primer gradiente composicional multivariado proporciona una medida de la diversidad beta (Hill & Gauch, 1980).

Escalamiento multidimensional: El escalamiento multidimensional (MDS) es un medio para visualizar el nivel de similitud de casos individuales de un conjunto de datos, traduciendo información sobre las distancias o similaridades pareadas entre un conjunto de n objetos, a una configuración de n puntos asignados en un espacio cartesiano (Mead, 1992). La primera fase dentro del análisis consiste en la generación de una matriz de distancias, la cual luego es traspasada a una representación de N dimensiones (multidimensional). Una de las variantes de mayor uso corresponde al Escalamiento No-Métrico Multidimensional (NMDS, por sus siglas en inglés), cuya principal ventaja es que encuentra tanto una relación monotónica de tipo no-paramétrica entre las distancias en la matriz de elementos, las distancias euclidianas entre elementos y la ubicación de cada elemento en el espacio multidimensional. Esta relación se busca típicamente mediante regresión isotónica, minimizando el índice llamado *stress*, métrica que representa el grado en que las distancias del espacio dimensional se corresponden con las distancias multivariadas reales entre las muestras. Los valores de *stress* más bajos indican una mayor conformidad y, por lo tanto, son deseables. Clarke & Ainsworth (1993) sugiere que el *stress* mayor a 0,2 es básicamente aleatorio; entre 0,15 y 0,2 es aceptable y menor a 0,1 es ideal, es decir, implica que la configuración de la representación se acerca a las diferencias reales.

A modo de ejemplo, en la **Figura 4** se representa el resultado del análisis multivariado de una campaña de muestreo de sedimentos, analizada mediante las diferentes técnicas multivariadas descritas. Como es posible observar, pese a que los resultados generales muestran diferencias según el tipo de análisis, en todos los casos la principal diferenciación se asocia a la estación 3, destacando además la agrupación de estaciones 9, 10 y 11 y la agrupación 1, 2, 6, 8. La mayor similitud en las salidas se observa entre el resultado del análisis de conglomerados **(Figura 4a)** y el NMDS **(Figura 4d)**, lo que se explica porque en ambos casos la base del análisis corresponde a una matriz de distancias euclidiana.

Figura 4

Ejemplos de resultados de diferentes análisis multivariados, utilizando la misma base de datos ambiental. a) análisis de conglomerados; b) análisis de componentes principales; c) análisis factorial de correspondencias; d) escalamiento no métrico multidimensional.

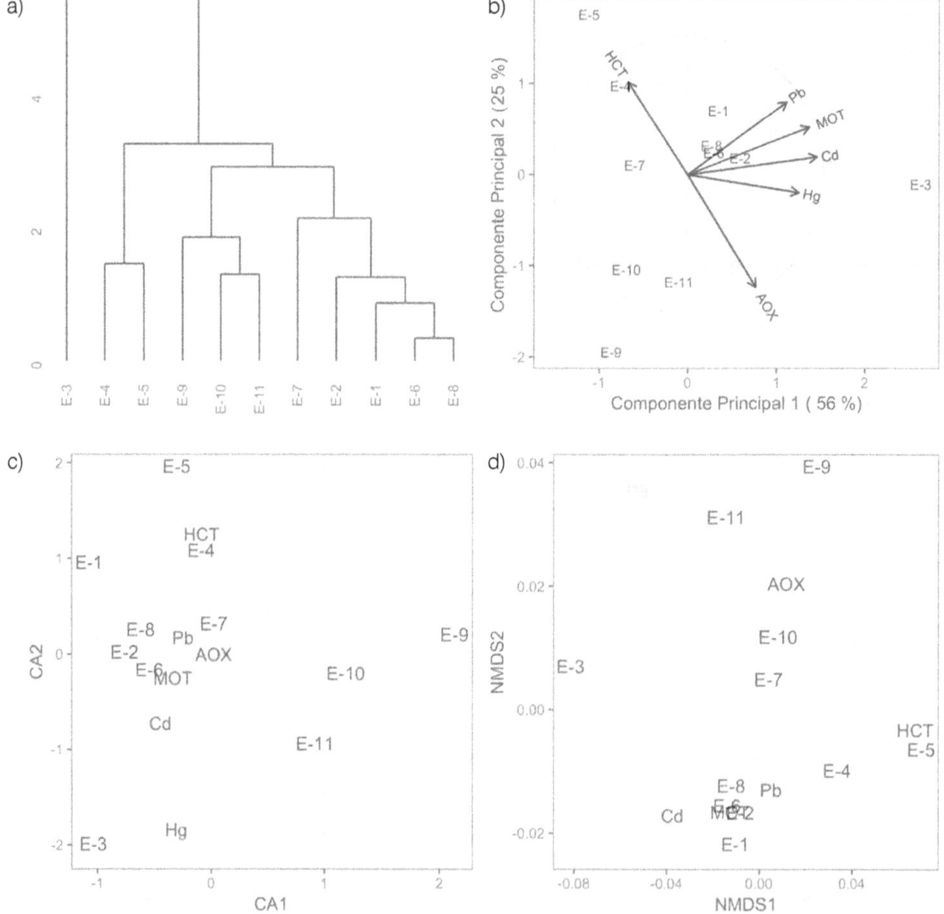

Por otra parte, la ventaja de los métodos de ordenación (**Figura 4b, 4c y 4d**) radica en la opción *Biplot*, que permite observar simultáneamente la diferenciación entre estaciones y la relación con las variables que explican tales diferencias. En el ejemplo, la estación 3 se caracteriza por la mayor concentración de Hg y Cd, mientras que las estaciones 5 y 4 se caracterizan por la mayor concentración de HCT.

Los ejemplos presentados hasta aquí son puramente ilustrativos y persiguen simplemente mostrar las potencialidades de diferentes metodologías de análisis para bases de datos provenientes de monitoreos ambientales. En cada uno de los casos existen variantes que requieren de estudios detallados y de experiencia en las diferentes áreas de investigación para lograr interpretar adecuadamente los resultados que emergen de cada análisis estadístico, así como del conocimiento del área de estudio y de los diferentes fenómenos que pueden alterar localmente los niveles de las variables analizadas.

5. Big Data y Data Science en un contexto ambiental

La constante evolución y transformación digital ha supuesto un cambio sustancial en la capacidad de almacenamiento y análisis de datos (Ohlhorst, 2013). Cada vez es más habitual escuchar hablar de la importancia y el valor que aportan los datos, haciendo que términos como Big Data (o Macrodatos) y Data Science (o ciencia de datos) sean frecuentes.

En simple, el concepto de Big Data hace referencia al almacenamiento, procesamiento y gestión de un conjunto o combinaciones de conjuntos de datos, que pueden ser estructurados (con formato y disposición definida, tales como bases de datos SQL) o no estructurados (sin ninguna ordenación, tales como textos o imágenes), sobrepasando las capacidades de softwares convencionales (Buyya *et al.*, 2016). Actualmente, el Big Data es determinado utilizando 5 métricas principales: (i) volumen (asociado a la gran cantidad de datos disponibles); (ii) variedad (relacionado con los diferentes tipos de datos e información disponible); (iii) velocidad (tal vez lo más relevante del Big Data y que se relaciona con la disponibilidad inmediata de datos); (iv) Veracidad (necesidad de datos y fuentes fidedignas y verificable); (v) valor (principalmente asociado a los resultados que se pueden extraer mediante el proceso de la información).

El análisis de Big Data comprende datos estructurados y no estructurados con consultas en tiempo real, lo que abre nuevos caminos hacia la innovación y el conocimiento (EMC Education Services, 2015). En este sentido, el Data Science representa una alternativa para el trabajo con estos grandes volúmenes de información, involucrando métodos científicos, procesos y modelos para llevar a cabo esta extracción de valor (Provost & Fawcett, 2013), incluyendo campos de análisis como la analítica, la estadística, la extracción de datos (*data mining*) o el aprendizaje automático (*machine learning*). En este sentido, la ciencia de datos permite a las organizaciones obtener información de valor, mediante el análisis procedente de dichos datos, detectando patrones, interpretando y comunicando adecuadamente esta información, con fines de optimizar procesos y mejorar la toma de decisiones.

En cuanto a la disponibilidad de datos con fines de protección ambiental, diversas agencias internacionales proveen de plataformas desde las cuales es posible obtener información relevante para el monitoreo ambiental. Por ejemplo, en 2014 el Environmental Law Institute de Estados Unidos publicó un volumen donde se entregan las principales fuentes de información disponibles para la protección ambiental, incluyendo Agencias gubernamentales tales como: Environmental Protection Agency, NOAA, NASA, Departamento del Interior y Departamento de Energía, además de Gobiernos locales, Organizaciones ambientales, Ciencia Ciudadana y Empresas privadas (Environmental Law Institute, 2014).

A nivel europeo, en 2013 el gobierno del Reino Unido anunció una inversión a gran escala en infraestructura de Big Data para la ciencia ambiental. Específicamente, se trataba de mantener un programa llamado CEMS (Monitoreo del Clima y el Medio Ambiente desde el Espacio), el cual posibilitó la creación de bases de datos más grandes para hacer frente a la próxima revolución de Big Data y permitir que las organizaciones asociadas de investigación trabajen con más datos y produzcan más resultados. Con un enfoque específico en el cambio climático y el monitoreo planetario, el almacenamiento de CEMS eliminó la necesidad de descargar enormes sets de datos al tiempo que reduce el costo de acceso, proporcionando herramientas y datos, lo que mejora la eficiencia, permitiendo compartir en la comunidad académica y proporcionar recursos que están fuera del alcance de instituciones debido a restricciones presupuestarias (https://www. environmentalscience.org/).

A nivel nacional, la plataforma Data Chile (https://es.datachile.io/) corresponde al primer repositorio integrado de información pública a nivel nacional, incluyendo la integración de información proveniente de más de 15 fuentes diferentes del Estado en una plataforma orientada al diseño e implementación de políticas públicas, programas de la sociedad civil, oportunidades de negocios y estrategias de marketing del sector privado. En un ámbito más cercano a la protección ambiental, la página de infraestructura de datos geoespaciales o IDE (http://www.ide.cl) del Ministerio de Bienes Nacionales, ofrece un catálogo de información geoespacial actualizada en 19 categorías que incluyen medio ambiente, geociencias, clima y atmósfera, flora y fauna, aguas continentales, océanos y costa, entre muchos otros.

Un ejemplo del uso de esta información, de rápida descarga y que no requiere solicitar autorizaciones especiales a los organismos del Estado (lo que representa una de las ventajas principales del Big Data) se genera al observar los usos del territorio costero en cualquier zona del país. En este ejemplo se ha seleccionado el Golfo de Arauco (**Figura 5**) zona reconocida como un espacio costero multiusuario. En la **Figura 5a** se representa una imagen satelital del golfo de Arauco georreferenciada y con escala en km. Esta misma zona se muestra en la **Figura 5b**, pero ahora incluyendo solo algunos de los usos del borde costero disponibles en IDE (caletas pesqueras, establecimientos RETC, AMERB decretadas, zonas AAA, Concesiones de Acuicultura y Sitios Prioritarios para la conservación de la biodiversidad). Claramente la diferencia entre ambas representaciones es notoria y en el contexto de la planificación ambiental, la consideración de los usos del territorio costero puede conducirnos a una mejor toma de decisiones respecto de dónde monitorear una determinada descarga, identificar zonas de control o referencia, o incluso de donde realizar alguna actividad productiva, otorgando una mejor perspectiva de las zonas más industrializadas y de las zonas donde el desarrollo de la pesca artesanal y la acuicultura es más probable.

6. Programas (softwares)

Pocas herramientas han demostrado ser tan útiles para tantas ciencias ambientales como los sistemas de información geográficos (SIG, Li *et al.*, 2015). Los SIG se perfeccionan en el entorno del Big Data: desde cartografías simples, topografías, hasta análisis complejos SIG que incluyen grandes bases de datos, a partir de las cuales podemos crear representaciones visualmente impactantes para públicos específicos (https://www.environmentalscience.org/). Gran parte de la fortaleza de los SIG reside en su capacidad para consolidar, utilizar y presentar datos (ESRI, 2008). Cuantos más datos se tenga de un área geográfica, mejor será la calidad del producto y más informado será el proceso de toma de decisiones. En el ejemplo de la **Figura 5** se ilustra cómo el empleo de información territorial adicional puede mejorar la apreciación de los usos del territorio costero y, a partir de esta información, mejorar dramáticamente el establecimiento de áreas de vigilancia ambiental.

Uno de los softwares de mayor uso y divulgación en el contexto del Data Science es la plataforma R (https://www.r-project.org). R es un lenguaje de programación creado en la década de los 90's utilizado principalmente en estadística, análisis de bases de datos y representación gráfica, que posee una muy amplia variedad de paquetes (*librerías*) para el análisis de datos (todas las tablas y figuras presentadas en este capítulo fueron creadas en R) y ha sido capaz de ofrecer todo un ecosistema de librerías. Algunas de las principales ventajas de R son las siguientes:

i)   R es un proyecto de código abierto: R es gratuito y, gracias a los años de escrutinio y retoques por parte de usuarios y desarrolladores, tiene un alto estándar de calidad y precisión numérica. Adicionalmente es multiplataforma, pudiendo instalarse en diferentes sistemas operativos (GNU/Linux, Macintosh y Microsoft Windows).

ii)   R es una comunidad: el liderazgo del proyecto R ha crecido para incluir a destacados estadísticos e informáticos de todo el mundo, y miles de contribuyentes han creado paquetes adicionales.

iii)   R es un software creado para el análisis de datos: científicos, estadísticos y analistas, cualquier persona que necesite entender los datos, puede usar R para el análisis estadístico.

iv)   R es un lenguaje de programación: orientado a objetos y creado por estadísticos, proporciona operadores y funciones que permiten a los usuarios explorar, modelar, visualizar datos e integrarse con otros softwares.

v)   R es un entorno para el análisis estadístico: métodos estadísticos son fáciles de implementar en R y, dado que la investigación de vanguardia se realiza en R, las nuevas técnicas de análisis estadístico están siempre disponibles en R.

Figura 5

Usos territoriales en el Golfo de Arauco. a) cartografía sin considerar usos territoriales b) cartografía incluyendo 6 tipos de usos del territorio costero obtenidos desde http://www.ide.cl.

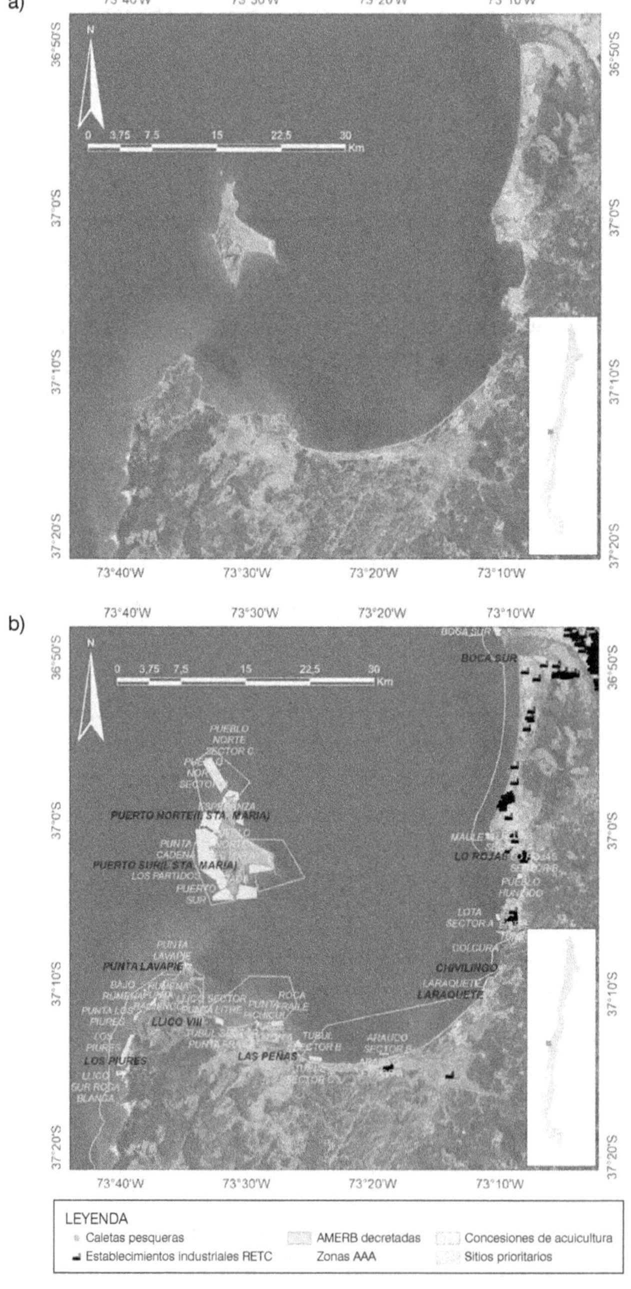

Otras opciones como Phyton y Matlab permiten igualmente el trabajo con grandes volúmenes de bases de datos, y más que ser alternativas a R, representan complementos. Por ejemplo, Phyton puede ser más adecuado en la creación de algoritmos asociados con productividad, ya que posee un gran número de paquetes para desarrolladores, por lo cual puede ser más eficiente en el trabajo con grandes volúmenes de datos (https://www.python.org). Al igual que R, Phyton es completamente gratuito y puede ser instalado en diferentes sistemas operativos. Por su parte Matlab, al ser un software comercial, ofrece garantías de calidad y se precia de mejor rendimiento y de poseer un lenguaje de programación más fácil e intuitivo (https://www.mathworks.com/).

La selección final de la plataforma de trabajo dependerá del campo específico de trabajo, de la disponibilidad de recursos y de la experiencia de los usuarios, pero es común que en equipos de Data Science existan programadores expertos en diferentes softwares.

7. Una propuesta de análisis para series de tiempo en monitoreos ambientales

La calidad y tipo de información base será definitiva a la hora de establecer el tipo de análisis que se requiere implementar. Como hemos revisado en las secciones previas, existen técnicas analíticas específicas según el tipo y naturaleza de los datos de entrada. En este sentido, en el esquema de la **Figura 6** hemos tratado de sintetizar, de manera muy general, las principales tareas asociadas con el análisis de series de tiempo en monitoreos ambientales. Esta propuesta de análisis ha sido realizada sobre la base del criterio experto y debe ser tomada como un primer apronte para el análisis de series de larga data, reconociendo que el desarrollo metodológico es cada vez más dinámico y que, hoy más que nunca, pueden emerger nuevas metodologías más robustas para el análisis de bases de datos complejas.

Una de las primeras tareas a realizar en cualquier análisis de bases de datos, debería ser la identificación de los usos del territorio, para lo cual se puede utilizar información que está gratuitamente disponible en plataformas del tipo IDE (http://www.ide.cl) (ver **Figura 5**). Esta apreciación espacial permitirá mejorar nuestro entendimiento acerca de los procesos que pueden influir en la variabilidad de nuestra base de datos. Luego, dependiendo del tipo de información de base (con dependencia serial o sin dependencia serial) la recomendación es seguir rutas de análisis independientes. Para el caso de las variables que muestran dependencia serial, se recomienda partir por un análisis exploratorio que normalmente incluye la determinación de estadígrafos de tendencia central (media, mediana, moda) y de dispersión (rango, varianza, desviación estándar, coeficiente de variación), además de pruebas de normalidad. Dependiendo de los resultados de esta prueba, la ruta debiera contemplar análisis del tipo series de tiempo (si los datos resultan normales) o, eventualmente, incorporar técnicas estadísticas más robustas como Funciones Ortogonales Empíricas (OEF) o Análisis de Ondículas (wavelets). En este punto, y dependiendo del análisis de información territorial, resultará especialmente importante contar con información adicional o auxiliar que pueda apoyar en la explicación de tendencias y de estacionalidad o ciclicidad en las bases de datos, tales como información satelital que permita, por ejemplo, detectar el efecto de fenómenos locales de surgencias, o datos de caudales de ríos, en el caso que la zona de estudio sea receptora de caudales importantes.

Por otro lado, si los datos a analizar no corresponden a datos tomados con una frecuencia regular, sino que son tomados una o dos veces al año, como es el caso de la mayoría de los Planes de Vigilancia Ambiental (PVA) ejecutados en zonas costeras, la ruta de análisis debiera considerar un análisis exploratorio general, que incluya pruebas de normalidad, identificación de puntos atípicos y determinación de parámetros que posean una alta proporción de datos bajo el límite de detección (ejemplo >95%). Este último punto está directamente ligado a las técnicas de laboratorio que se emplean para la detección de cada parámetro, relevando la importancia de considerar técnicas analíticas adecuadas, que permitan detectar las concentraciones naturales de los parámetros objetivo, minimizando la proporción de información bajo los límites de detección, la que no puede ser analizada estadísticamente y menos contrastada con ciertas especificaciones o límites de calidad ambiental. Complementariamente, es recomendable incorporar en este punto gráficas de correlaciones múltiples (matriz de correlación) para identificar aquellas variables que muestran tendencias estadísticamente similares. De manera adicional, es especialmente útil el empleo de técnicas multivariadas que permitan obtener una visión general de la relación que existe entre campañas de muestreo, puntos de muestreo y concentraciones de los parámetros monitoreados. Este tipo de análisis ofrece una perspectiva amplia que puede ayudar a direccionar la modelación posterior que descompone las series de datos para la detección de patrones espacio-temporales. Si los resultados del análisis exploratorio indican que los datos se distribuyen normalmente y que además existe homogeneidad de varianzas, entonces es posible proseguir con el empleo de modelos lineales del tipo Análisis de Varianza (ANDEVA). No obstante, nuestra experiencia en el análisis de variables ambientales nos indica que la mayoría de las veces los datos no se distribuyen normalmente y, con menos frecuencia aún, muestran homogeneidad de varianzas. En este caso, una solución es el empleo de Modelos Lineales Generalizados (MLG) o Modelos Aditivos Generalizados (MAG). Los MLG pueden ser más recomendables cuando se trata de determinar efectos entre variables categóricas (*e.g.*, puntos de muestreo, campañas de muestreo, fases de operación de la industria vigilada), mientras que los MAG se recomiendan en el caso de explorar en la existencia de relaciones no-lineales entre las variables dependientes y las fuentes de variación consideradas (ej: temperatura versus concentraciones de ciertos parámetros, granulometría en sedimentos versus metales). En ambos casos, y al igual que en el análisis de variables con dependencia serial, la consideración de información auxiliar disponible en diversas fuentes de rápido acceso puede ser de alta importancia en la explicación de cambios en tendencias o estacionalidad. Finalmente, y dado que los datos de monitoreos ambientales pueden estar sujetos a especificaciones o normativas de calidad que regulan tanto la calidad de las emisiones como la de los cuerpos receptores, se recomienda determinar el porcentaje de excedencias a dichas especificaciones en el tiempo e, idealmente, realizar análisis de capacidad de proceso, los cuales permiten determinar la probabilidad de que, bajo las condiciones históricas observadas, un determinado parámetro exceda los límites especificados.

Figura 6

Esquema general propuesto para el análisis de datos en series de tiempo ambientales.

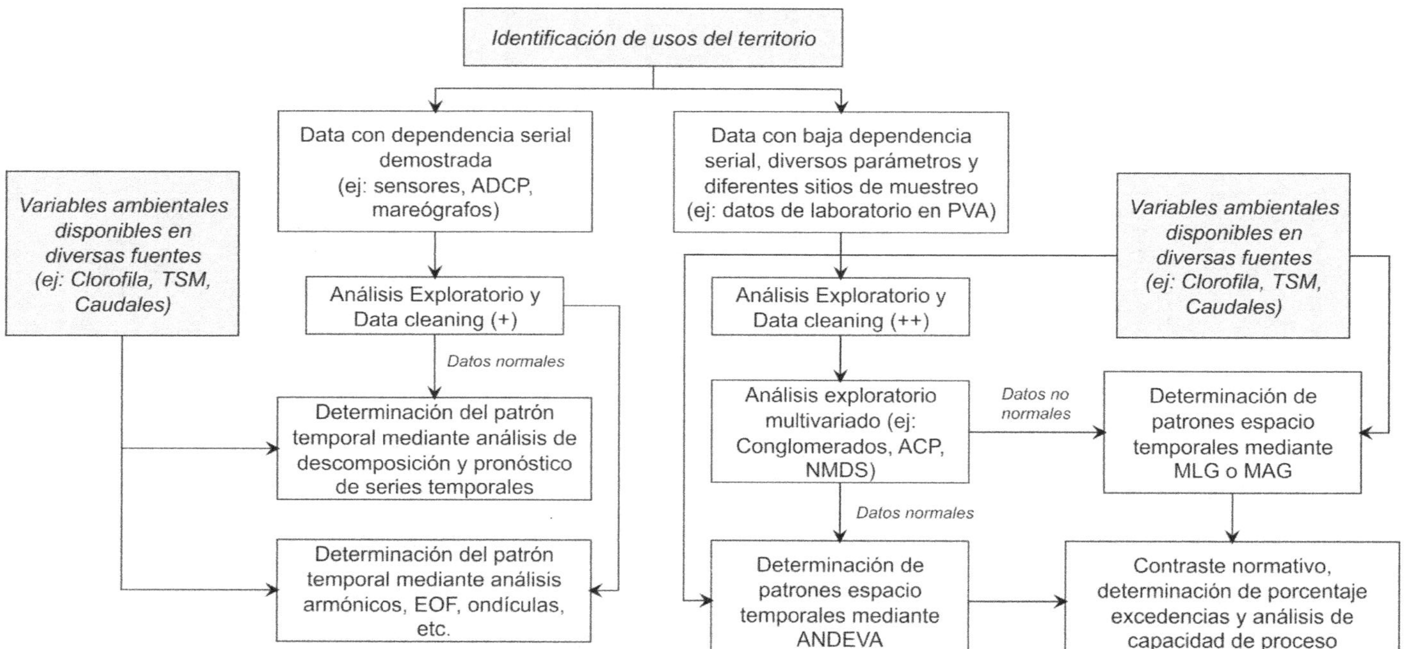

107

DISCUSIÓN Y CONCLUSIONES

El monitoreo ambiental entrega datos que analizados adecuadamente pueden producir información valiosa. El conocimiento derivado de esta información debiera conducir a una mejor comprensión del sistema bajo estudio, mejorando las posibilidades de tomar decisiones informadas. En este contexto, es especialmente importante reconocer que el monitoreo del medio ambiente requiere un enfoque científico multidisciplinario, incorporando ciencias básicas como biología, química, física, matemáticas, estadística y, más recientemente, las ciencias de la computación (Artiola *et al.*, 2004).

En este trabajo hemos analizado de manera general conceptos asociados con el tratamiento y análisis estadístico de series temporales en el contexto de monitoreos ambientales, destacando la relevancia de contar con series de tiempo de larga data, a través de cuyo adecuado análisis podemos mejorar nuestro entendimiento de los impactos de las actividades antropogénicas sobre los sistemas costeros. En la misma línea, el análisis riguroso de estas bases de datos, a través de técnicas estadísticas adecuadas a la naturaleza de la información colectada, adquiere especial importancia dadas las potencialidades que ofrece el entorno de información ambiental a nivel global.

Con la idea de establecer recomendaciones sobre el tratamiento de la información ambiental, y reconociendo que en los informes asociados a planes de vigilancia ambiental en el contexto nacional no es habitual encontrar análisis rigurosos que permitan aportar al conocimiento de los sistemas monitoreados, hemos planteado una ruta de análisis que, si bien puede ser general, entrega lineamientos asociados con al menos 3 aspectos principales que merecen ser destacados: (i) la necesidad de considerar la información disponible y accesible (Big Data) en el diseño de las vigilancias y en el análisis de las bases de datos generadas a partir de los monitoreos ambientales; (ii) la diferenciación del tipo de información base para el direccionamiento de los análisis estadísticos adecuados a la naturaleza de la información (no toda la información colectada en tiempo puede ser analizada mediante análisis de series temporales); (iii) el reconocimiento de grandes avances en las plataformas de análisis de bases de datos (las principales de código abierto, por lo cual su uso ya no es una limitante), lo que permite mejorar el tratamiento estadístico de la data, utilizando técnicas avanzadas que ya no requieren de los supuestos básicos de la estadística tradicional.

Aunque no toda la información disponible y accesible constituye un aporte real al entendimiento de los sistemas costeros, es responsabilidad de quienes trabajamos en el análisis de las bases de datos generadas a partir de estos estudios, revisar y seleccionar fuentes confiables de información que pueden mejorar nuestras interpretaciones sobre la dinámica de las zonas bajo estudio y sobre cómo puede verse afectada la sustentabilidad de las zonas que son impactadas por las actividades antropogénicas.

Reconociendo que la disponibilidad de información ambiental y de métodos de análisis de bases de datos es cada vez más diversa, es entonces imprescindible que los equipos de trabajo que se dedican al monitoreo y evaluación ambiental estén cada vez más preparados para afrontar los desafíos que implica tratar de entender el efecto de los impactos locales sobre los ecosistemas y, sobre todo, cómo estos impactos interactúan con los fenómenos de mayor escala, que pueden actuar como moduladores o forzantes de respuestas a escala local.

REFERENCIAS

Artiola, J. F., & Warrick A. W. (2004). Sampling and data quality objectives for environmental monitoring. En: J. F. Artiola, I. L. Pepper, M. L. Brusseau (Eds.), *Environmental Monitoring and Characterization* (pp. 11-27). Burtington, USA: Elsevier Academic Press.

Artiola, J. F., Pepper, I. L., & Brusseau, M. L. (2004). Monitoring and characterization of the environment. En: J. F. Artiola, I. L. Pepper, M. L. Brusseau (Eds.), *Environmental Monitoring and Characterization* (pp 1-9), Burtington, USA: Elsevier Academic Press.

Borcard, D., Gillet, F., & Legendre, P. (2018). *Numerical Ecology with R*. New York, USA: Springer.

Box, G., & Jenkins, G. (1970). *Time Series Analysis-Forecasting and Control*. San Francisco, USA: Holden Day.

Buyya R., Calheiros, R. N., & Dastjerdi A. V. (2016). *Big Data. Principles and Paradigms*. Cambridge, UK: Elsevier.

Cano E.L., J.M. Morguerza & Redchuk A. (2012). *Six Sigma with R: Statistical Engineering for Process Improvement*. New York, USA: Springer.

Cayuela, L. (2011). Análisis Multivariante. *Área de Biodiversidad y Conservación, Universidad Rey Juan Carlos*. Madrid, España.

Cayuela, L. (2014). Modelos Lineales Generalizados (GLM). *Área de Biodiversidad y Conservación, Universidad Rey Juan Carlos*. Madrid, España.

Clarke, K. R., & Ainsworth, M. (1993). A method of linking multivariate community structure to environmental variables. *Marine Ecology-Progress Series, 92*, 205-205.

Cochran, W. G. (1977). *Sampling Techniques*. New York, USA: Wiley.

Cuadras, C. M. (2010). *Nuevos Métodos de Análisis Multivariante*. Barcelona, España: CMC Editions. 277 pp.

Dodge, Y., & Commenges, D. (2006). *The Oxford Dictionary of Statistical Terms*. New York, USA: Oxford University Press on Demand.

EMC Education Services (2015). *Data Science and Big Data Analytics: Discovering, Analyzing, Visualizing and Presenting Data*. Indianapolis, USA: John Wiley & Sons. 410 pp.

Environmental Law Institute, (2014). *Big Data and Environmental Protection: An Initial Survey of Public and Private Initiatives*. Washington, USA.

ESRI (2008). *Gis and Science*. Gis Best Practices. USA: ESRI.

Guajardo, J. A., Weber, R., & Miranda, J. (2010). A model updating strategy for predicting time series with seasonal patterns. *Applied Soft Computing, 10*(1), 276-283.

Hill, M. O., & Gauch, H. G. (1980). Detrended correspondence analysis: an improved ordination technique. En: *Classification and ordination* (pp. 47-58). Springer, Dordrecht.

Hill, M.O. & Gauch Jr, H.G. (1980). Detrended Correspondence analysis: an improved ordination technique. *Vegetation, 42*:47-58.

Larsen, K. (2015). *GAM: the Predictive Modeling Silver Bullet*. Multithreaded. San Francisco, USA: Stitch Fix.

Legendre, P., & Legendre, L. (2012). *Numerical Ecology* (Vol 24, 3ra ed). Amsterdam, The Netherlands: Elsevier

Levine, C. R., Yanai, R. D., Lampman, G. G., Burns, D. A., Driscoll, C. T., Lawrence, G. B., Lynch, J., & Schoch, N. (2014). Evaluating the efficiency of environmental monitoring programs. *Ecological Indicators, 39*, 94-101.

Li, S., Dragicevic, S., Castro, F. A., Sester, M., Winter, S., Coltekin, A., Pettit, C., Jiang, B., Haworth, J., Stein, A., & Cheng, T. (2015). Geospatial big data handling theory and methods: A review and research challenges. *ISPRS Journal of Photogrammetry and Remote Sensing, 115*, 119-133.

Lovejoy, S., & Schertzer, D. (2012). Haar wavelets, fluctuations and structure functions: convenient choices for geophysics. *Nonlinear Processes in Geophysics, 19*(5), 513-527.

Mead, A. (1992). Review of the development of multidimensional scaling methods. *Journal of the Royal Statistical Society: Series D (The Statistician), 41*(1), 27-39.

Molnar, C. (2019). Interpretable machine learning: a guide for making black box models explainable. *E-book en < https://christophm. github. io/interpretable-ml-book/>*.

Myers, R. H., Montgomery, D. C., Vining, G. G., & Robinson, T. J. (2010). *Generalized Linear Models: with Applications in Engineering and the Sciences* (2da Ed.) New Jersey, USA: Wiley.

Ohlhorst, F. (2013). *Big Data Analytics, Turning Big Data into Big Money*. Canada: John Wiley & Sons, Inc.

Percival, D. B., & Walden, A. T. (2000). *Wavelet Methods for Time Series Analysis. Cambridge Series in Statistical and Probabilistic Mathematics*. Cambridge, UK: Cambridge University Press.

Percival, D. B., & Mondal, D. (2012). A Wavelet Variance Primer. En: Rao, T. S., Rao, S. S., & Rao, C. R. (Ed.). *Time Series Analysis: methods and Applications* (Vol. 30, pp 623-657). North Holland, The Netherlands: Elsevier.

Provost, F., & Fawcett, T. (2013). Data science and its relationship to big data and data-driven decision making. *Big Data, 1*(1), 51-59.

Rao, T. S., Rao, S. S., & Rao, C. R. (2012). *Time Series Analysis: Methods and Applications*. North Holland, The Netherlands: Elsevier.

Shenk, T. M., & Franklin, A. B. (2001). *Modeling in Natural Resource Management: Development, Interpretation, and Application*. Washington, USA: Island Press.

Shumway, R. H., & Stoffer D. S. (2011). *Time Series Analysis and Its Applications. With R Examples* (3ra ed.). New York, USA: Springer.

Smalheiser, N.R. (2017). Chapter 11 - ANOVA. En: Neil R. Smalheiser (Ed), *Data Literacy: How to Make your Experiments Robust and Reproducible*. Cambridge, UK: Academic Press.

Stahle, L., & Wold, S. (1989). Analysis of variance (ANOVA). *Chemometrics and Intelligent Laboratory Systems, 6*(4), 259-272.

Tukey, J. W. (1977). *Exploratory Data Analysis*. USA: Addison-Wesely Wood

Wood, S. N. (2016). Just another Gibbs additive modeller: interfacing JAGS and mgcv. *Journal of Statistical Software, 75*(7), 1-15.

von Brömssen, C., Fölster, J., Futter, M., & McEwan, K. (2018). Statistical models for evaluating suspected artefacts in long-term environmental monitoring data. *Environmental Monitoring and Assessment, 190*(9), 558.

Zuur, A., Leno, E. N. & Smith, M.G. (2007). *Analysing Ecological Data*. New York, USA: Springer.

Castilla, J. C., Fariña, J. M., & Camaño, A. (Eds.). 2021. *Programas de monitoreo del medio marino costero: Diseños experimentales, muestreos, métodos de análisis y estadística asociada.* Ediciones Universidad Católica. Santiago, Chile. 320 pp.

6. OBSERVACIONES FÍSICAS Y MONITOREOS EN EL AMBIENTE MARINO COSTERO

PHYSICAL OBSERVATIONS AND MONITORING IN THE COASTAL MARINE ENVIRONMENT

Marcus Sobarzo[1] [2]

Resumen. En el océano costero convergen procesos terrestres, oceánicos y atmosféricos en un área que es desproporcionadamente somera en relación con el océano abierto. En términos globales, abarca cerca del 7% del área oceánica completa, albergando aguas someras y productivas con una diversidad de ecosistemas bénticos y pelágicos de intensa interacción. En Chile, el efecto acumulado de más de cien años de actividades antropogénicas ha resultado en cambios sustanciales de algunos ambientes marino-costeros. En este contexto, el monitoreo de variables físicas tales como temperatura, salinidad, nivel del mar, vientos costeros, entradas de boyantes (radiación solar y aguas continentales) y patrones de circulación de cuerpos de aguas, entre otros, resulta fundamental para evaluar cambios, tendencias y los tiempos de residencia de las aguas costeras. Esta última propiedad corresponde a la cantidad de tiempo que estas aguas permanecen en un ambiente determinado, resultando ser fundamental para la salud ambiental del medio marino costero. En este trabajo, después de describir algunos procesos físicos costeros, se presentan criterios básicos a considerar para organizar y llevar a cabo monitoreos de variables físicas. Se finaliza con una propuesta de tres acciones primarias para aportar calidad científica a los monitoreos, estos son: i) Otorgar relevancia científica a los monitoreos físicos, ii) Organizar centros de datos nacionales, y iii) Evaluar los programas de monitoreo de variables físicas realizados en Chile.

Palabras claves. Océano costero, escalas espacio-temporales de variabilidad física, monitoreo de variables físicas, tiempo de residencia de aguas costeras.

[1] Departamento de Oceanografía, Facultad de Ciencias Naturales y Oceanográficas, Universidad de Concepción. Barrio Universitario s/n, Concepción,Chile.

[2] Centro Interdisciplinario de Investigación en Acuicultura Sustentable (INCAR), Universidad de Concepción, Concepción, Chile. msobarz@udec.cl

Summary. In the coastal ocean, terrestrial, oceanic and atmospheric processes converge in an area that is disproportionately shallow when compared to the open ocean. In global terms, it covers about 7% of the entire ocean area, hosting shallow and productive waters with a diversity of benthic and pelagic ecosystems of intense interaction. In Chile, the cumulative effect of more than one hundred years of anthropogenic activities has resulted in substantial changes in some coastal marine environments. In this context, the monitoring of physical variables such as temperature, salinity, sea level, coastal winds, buoyant inputs (solar radiation and inland waters) and circulation patterns of water bodies, among others, is essential to evaluate changes, trends and coastal residence times. This property corresponds to the amount of time that coastal waters remain in a given environment, becoming a fundamental property for the environmental health of the coastal marine environment. After describing some coastal physical processes, basic criteria to consider when organizing and carrying out physical variable monitoring are presented. Finally, this work proposes three primary actions to contribute scientific quality to the monitoring; these are: (i) Give scientific relevance to physical monitoring; (ii). Organize national data centers; and (iii). Evaluate the programs of monitoring of physical variables carried out in Chile.

Keywords. Coastal ocean, spatial-temporal variability scales, monitoring of physical variables, coastal residence times.

INTRODUCCIÓN

El océano costero desempeña un rol clave en múltiples áreas del desarrollo de un país. En términos globales, abarca cerca del 7% del área oceánica completa (Haas *et al.*, 2002), contribuyendo a una producción primaria global de un 20-30% (Wollast, 1991; Longhurst, 1995). En estas aguas someras y productivas convergen procesos terrestres, oceánicos y atmosféricos en un área que es desproporcionadamente somera en relación con el océano profundo. Desde aspectos relacionados con aportes fluviales y evacuación al mar de una amplia diversidad de desechos antropogénicos, hasta procesos geoquímicos y biológicos que sostienen la biodiversidad marina y las cadenas alimentarias asociadas, todos ellos están involucrados en un delicado equilibrio del cual depende la salud ambiental de estos lugares. No es posible pensar en la sostenibilidad ambiental de la biodiversidad marina, pesquerías, ni de las poblaciones humanas costeras en lugares donde la calidad del agua marina costera está seriamente dañada. La intensa presión industrial en algunas áreas llamadas "zonas de sacrificio", junto con el incremento de la población costera, se ha traducido en un marcado deterioro ambiental de éstas, donde el daño a la salud humana de los centros poblacionales costeros ha sido propuesto (Zimmermann & Manzur, 2019).

Estos ambientes costeros, más sensibles desde el punto de vista ambiental, son menos resistentes a los cambios globales que también afectan a nuestro país (Farías *et al.*, 2019a). Tendencias de largo plazo en variables tales como nivel del mar, concentración de oxígeno disuelto, temperatura de la columna de agua, disminución en el aporte de aguas continentales, marejadas o regímenes de vientos, por ejemplo, podrían, eventualmente, complicar más todavía el estado de salud de algunos ecosistemas costeros ya deprimidos por el ingreso permanente de material terrígeno y antropogénico.

En este escenario, es completamente necesario que Chile implemente uno o varios sistemas de observación del océano costero (SOOC) y que los sistemas de vigilancia ambiental actuales (o monitoreos ambientales), que contempla la legislación chilena, cumplan con estándares técnicos y científicos elevados, de modo que sean reales contribuciones al conocimiento científico del ambiente costero.

Para los fines de este artículo se realiza una distinción entre un SOOC y un programa de vigilancia (o monitoreo) de variables físicas costeras. Los SOOC han sido implementados en diversos lugares del mundo teniendo por objeto la observación y modelación del océano costero para aportar con una mejor comprensión de los procesos que dan cuentan de la dinámica de estos ambientes (Liu *et al.*, 2015). De este modo, estos programas observacionales tienden a explicar el rol que desempeña el océano costero en la regulación del tiempo meteorológico, en la recepción de las aguas provenientes de ríos, en el aporte de nutrientes o ingreso de mínimas de oxígeno disuelto desde aguas profundas vía surgencias costeras, en la retención o transporte de sustancias presentes en la columna de agua debido a factores meteorológicos (viento) o topográficos (tales como golfos o bahías), en el transporte de sedimentos, etc. Desde este punto de vista, el SOOC es un concepto amplio cuyos resultados son combinados con teorías físicas y de modelamiento numérico para explicar el funcionamiento del océano costero. En una cantidad importante de casos estos programas cuentan con financiamiento estatal, involucran preguntas e hipótesis de trabajo y sus resultados se publican en revistas científicas nacionales o internacionales. Como ejemplo de este tipo de iniciativa se puede citar el Sistema de Observación Marino Integrado de Australia (IMOS, www.imos.org.au) iniciado el año 2006 por el gobierno de ese país. La meta principal del IMOS es proveer una aproximación multi-disciplinaria y multi-institucional para incrementar la observación y el entendimiento del océano alrededor de Australia. Diez organizaciones coordinadas conducen el financiamiento para el despliegue de equipamiento oceanográfico que cubre aspectos físicos, químicos y biológicos del océano australiano. Por su parte, la comunidad científica se organizó en nodos diferentes para abarcar distintas localidades geográficas con sus propios planes de investigación y asesorados por un panel de expertos internacionales (ver Roughan *et al.*, 2015). De particular interés, también, puede ser el Sistema de Observación del Océano Costero del Golfo de México, Asociación Regional (GCOOS-RA), el cual abarca las aguas del golfo de México, incluyendo la zona económica exclusiva de USA, en total unas 17.000 millas de bahías, estuarios y línea de costa desde Texas hasta Florida. Esta es una de las 11 asociaciones regionales que constituyen el Sistema Integrado de Observación del Océano de los Estados Unidos (U.S. IOOS) (Simoniello *et al.*, 2015). El énfasis de este programa es construir un sistema de observación eficiente con claros beneficios para la sociedad. Los problemas que han detectado se resumen en incremento de la población costera, pobre calidad del agua, riesgos asociados con la exploración, extracción y transporte de petróleo y gas, condiciones climáticas extremas y pérdida de masa terrestre, entre otros.

En nuestro país, el Comité Científico COP 25, en sus diversos compromisos nacionales e internacionales, propuso la creación de un Sistema Integrado de Observación del Océano Chileno (SIOOC) (Farías *et al.*, 2019b). En un documento de 34 páginas, este Comité describe la situación general de los sistemas de observación del océano que actualmente existen en nuestro país proponiendo, en un horizonte 6-8 años, la implementación del SIOOC con las siguientes tres fases: (i) integración de los sistemas de observación ya existentes; (ii) incorporación de nuevos equipamientos e infraestructura; (iii) incorporación a redes internacionales.

Por otra parte, un programa de vigilancia, o de monitoreo ambiental de variables físicas del océano costero, corresponde a un estudio más acotado y orientado a monitorear el comportamiento de una o más variables en el tiempo. No siempre un programa de monitoreo aporta a un SOOC debido a que los primeros son acotados en el tiempo, responden a contingencias particulares, pueden depender de un problema ambiental derivado de impactos antropogénicos y, en una cantidad importante de casos, son financiados por la industria. Por supuesto, existen monitoreos realizados por industrias que también han sido publicados en revistas de corriente principal y que han contribuido de una manera notable con el conocimiento científico de algunas zonas costeras (Arcos, 1998, Sobarzo *et al.*, 2010).

En Chile, la normativa legal que regula el impacto ambiental antropogénico se denomina Sistema de Evaluación de Impacto Ambiental (SEIA), dependiente del Servicio de Evaluación Ambiental (SEA) (www.sea.gob.cl). Además, el Servicio Hidrográfico y Oceanográfico de la Armada de Chile (SHOA), a través de su publicación No. 3201, titulada "Especificaciones técnicas y admistrativas para mediciones y análisis oceanográficos" (SHOA, 2019), establece las técnicas y procedimientos a los cuales deben someterse las actividades oceanográficas realizadas por entidades consultoras en nuestro país.

OBJETIVOS

Los objetivos de este trabajo son: (i) definir el océano costero desde un punto de vista físico, indicando las principales escalas de variabilidad espacio-temporal de los cuerpos de agua allí presentes; (ii) señalar criterios básicos para la implementación de monitoreos de variables físicas; (iii) contribuir con sugerencias que agreguen valor científico a estos monitoreos para que, eventualmente, puedan ser utilizados en SOOC o en la toma de decisiones del país.

PREGUNTAS RELEVANTES

¿Cuáles son las principales escalas físicas de variabilidad del ambiente costero? ¿Cuál es la importancia que tiene el largo de las series de tiempo y el intervalo de muestreo para los programas de monitoreo? ¿Cómo agregar relevancia científica a programas de monitoreo físico ambiental?

DESARROLLO

1. Océano costero y sus principales escalas físicas de variabilidad

Para los fines de este artículo, el océano costero se define como la porción de agua marina o estuarina existente entre la línea de costa y el quiebre de la plataforma continental. Esto incluye, en general, mares interiores, canales, estuarios, bahías y lugares costeros semi-cerrados. Las profundidades típicas varían entre 0 y 100 - 200 m, aproximadamente, aunque algunos fiordos y/o canales interiores en la zona sur de Chile pueden superar los 300 m de profundidad. En esta zona, el forzamiento del viento y el calentamiento de la atmósfera abarcan una fracción importante y a veces toda la columna de agua (Csanady, 1982). La interacción más intensa del océano costero con el continente ocurre dentro de la plataforma interior definida, desde un punto de vista dinámico, como la región ubicada entre la zona de rompiente del oleaje (unos pocos metros de profundidad) hasta la plataforma media donde la circulación a lo largo de la costa está usualmente en balance geostrófico (varias decenas de metros de profundidad). En este ambiente próximo a la costa, adquieren mucha relevancia procesos físicos que en la plataforma más profunda son menos importantes, tales como: mareas, plumas boyantes, ondas de gravedad y circulación transversal a la costa inducida por viento (Lentz & Fewings, 2012).

Por otra parte, el borde costero propiamente tal, a menudo es dominado por la dinámica del oleaje (amplitud, período y dirección del tren de olas). Dependiendo del ángulo de arribo de las olas a la línea de costa (frecuentemente en forma oblicua), se establece una corriente a lo largo de la costa con velocidades alrededor de 0.3 a 1 m/s (Bearman, 2002). Esta velocidad es proporcional tanto a las velocidades orbitales máximas de las olas en la zona de rompiente, como al ángulo que el frente de ondas hace con la línea de costa cuando estas arriban a la playa. Estas corrientes se desarrollan mejor a lo largo de líneas de costa rectas y son un importante medio de transporte de sedimentos en playas con pendiente (deriva litoral). Ha sido demostrada la relación entre este tipo de corrientes y la contaminación costera, incluidos bacterias coliformes fecales (Ufnar *et al.*, 2006; Winckler *et al.*, 2013; Delpey *et al.*, 2014). Aunque este ambiente puede resultar muy importante para problemas ambientales de playas costeras, no es objeto principal de este trabajo.

1.1 Influencia del viento

La entrega de *momentum* por parte del viento a la capa superficial del océano costero ocurre en distintas escalas temporales y es altamente aperiódica, aunque con algunos períodos típicos asociados a determinadas épocas del año (*e.g.*, brisa marina). La alta frecuencia del viento genera rugosidad en la superficie del mar y olas en períodos que van desde segundos hasta minutos. Parte de esta energía turbulenta también contribuye a la mezcla vertical de la columna de agua. El ciclo diario del viento, provocado por el fenómeno de brisa marina durante el verano, regula la mezcla vertical diaria, provocando un ciclo diario en las corrientes costeras (Sobarzo *et al.*, 2010). La detención del viento en cada ciclo diario o posterior a tormentas de vientos intensos pueden inducir oscilaciones inerciales cuyos períodos típicos dependerán de la latitud (típicamente entre 38 a 14 h, entre Arica y Tierra del Fuego, respectivamente). En estos casos, la columna de agua continúa su deriva una vez que la fricción del viento ha cesado. El agua, entonces, se mueve solo bajo la influencia de la fuerza de Coriolis, aumentando la retención de cuerpos de agua sobre plataformas continentales. El balance dinámico establecido se conoce como movimiento inercial (Stewart, 2008). Hacia afuera de la plataforma interior estas corrientes rotan en sentido anti-horario (hemisferio Sur), provocando rotación superficial y de fondo desfasada en 180°, lo cual contribuye a la mezcla vertical (Sobarzo *et al.*, 2007). En la escala sinóptica, los cambios del viento entre 2 a 16 días, aproximadamente, sumados a la influencia de la rotación de la Tierra, son los mayores responsables de los eventos de surgencias y de hundimientos costeros responsables del ascenso o descenso de aguas costeras, respectivamente. Adicionalmente, la variabilidad del rotor del viento también puede contribuir con surgencias o con hundimientos costero (Bravo *et al.*, 2016).

En el Pacífico sur oriental, en frecuencias estacionales los cambios espaciales de gran escala entre el anticiclón del Pacífico Sur y los sistemas de baja presión provocan cambios estacionales en el régimen de viento, fundamentalmente en latitudes medias (Schneider, 2017). Por otra parte, la variabilidad intra-estacional e inter-anual que afecta las costas de Chile es ampliamente variada. Por ejemplo, la Oscilación Antártica es el patrón dominante de variabilidad atmosférica de gran escala en el hemisferio sur extra-tropical con fluctuaciones intra-estacionales hasta inter-anuales. El Niño Oscilación del Sur (ENOS) es una oscilación atmosférica inter-anual con fluctuaciones más prevalentes entre 2 a 7 años con condiciones oceánicas cálidas y frías (Godoi *et al.*, 2020). Por último, en frecuencias todavía más bajas del orden de decenas y centenas de años, el cambio climático global se ha instalado como otro tema de mayor influencia sobre las costas de nuestro país (Williams, 2017).

1.2 Influencia de las mareas

A diferencia del viento, las corrientes de marea tienen períodos definidos, son rotatorias y afectan toda la columna de agua. Los constituyentes mareales semi-diurnos y diurnos típicos y sus períodos correspondientes incluyen: M2 (Principal Lunar, 12.42 h); S2 (Principal Solar, 12.00 h); K1 (Luni-Solar, 23.93 h) y O1 (Principal Lunar, 25.82 h). Normalmente se utiliza el coeficiente de Courtier (F) para indicar el tipo de marea predominante en una localidad dada (ecuación [1]).

$$F = \frac{K1+O1}{M2+S2} \qquad [1]$$

En esta ecuación, cada término corresponde a la amplitud del constituyente mareal respectivo (SHOA, 1992). Un valor alto de F (sobre 3) implica un ciclo mareal dominado por mareas diurnas que responden mayormente a cambios en la declinación lunar. Valores bajos de F (menores que 0.25) implican un régimen semi-diurno cuyas fluctuaciones en el rango mareal se deben, principalmente, a la posición relativa del sol y la luna, que resultan en variaciones del ciclo sicigia-cuadratura (quincenales) y donde las variaciones en la declinación lunar tienen un efecto relativamente menor. Entre estos dos extremos se encuentran mareas mixtas, donde las desigualdades diurnas son importantes y donde puede haber considerable variación en la amplitud de (y el intervalo de tiempo entre), mareas altas sucesivas (Bearman, 2002). En aguas someras, los efectos locales pueden modificar los constituyentes mareales típicos (*e.g.*, M2), produciendo armónicos cuyas frecuencias son múltiplos del constituyente en cuestión. Estos armónicos resultan de la interacción friccional entre el fondo marino y el flujo y reflujo de la marea. Por ejemplo, M4 y M6 son constituyentes mareales de aguas someras que corresponden al doble (M4) y al triple (M6) de la frecuencia de M2. En la mayoría de las localidades el efecto de estos constituyentes es despreciable, pero en algunos lugares su importancia es relevante (*e.g.*, canal Inglés) (Bearman, 2002).

El movimiento oscilatorio de las mareas (traducido en elipses de marea o en corrientes de flujo y reflujo, dependiendo de la geometría del lugar) es la principal razón por la cual las mareas no son efectivas en la renovación de las aguas de un sector costero. Lo que va con la llenante, vuelve con la vaciante en un sistema simétrico. La batimetría y/o geometría de un lugar puede generar un flujo residual propio que puede interactuar con otros flujos residuales causados por viento, gradientes de presión, etc. Las escalas de excursión mareal (L_{exc}) pueden ser calculadas (ver, *e.g.*, Valle-Levinson, 2013) y son útiles para determinar el alcance (en m) que tienen las corrientes de marea en determinados sectores.

1.3. Influencia de las corrientes boyantes

Corrientes de gravedad (o de boyantes o de densidad) ocurren cuando existen variaciones horizontales en el campo de densidad en un fluido bajo la acción de un campo gravitacional. Regiones costeras de influencia de agua dulce (ROFI, por su sigla en inglés) varían en sus tamaños a lo largo de las costas chilenas dependiendo de la variabilidad del caudal de los ríos a lo largo del año y de otros parámetros geométricos (Saldías *et al.*, 2012, Saldías *et al.*, 2016). En estas zonas, el ingreso lateral superficial localizado de aguas de baja densidad altera el campo de densidad horizontal induciendo corrientes de densidad. Especialmente en las cercanías a desembocaduras de ríos y en los ROFI del sur de Chile (fiordos, canales y bahías), estas corrientes son importantes en el transporte de sedimentos finos y material disuelto o en suspensión asociados a las plumas boyantes de agua dulce. Estas plumas pueden estar sujetas a oscilaciones diarias (Piñones *et al.*, 2005), oscilaciones estacionales (Saldías *et al.*, 2012) y oscilaciones interanuales (Saldías *et al.*, 2016).

Los procesos indicados, más otros de relevancia para la zona costera, habitualmente se ordenan en gráficos tiempo-espacio como el indicado en la Fig. 1. Esta figura muestra que la energía cinética del océano no se distribuye homogéneamente en el tiempo ni en el espacio. Por el contrario, se distribuye con mayor intensidad en ciertas escalas espaciales y en determinadas bandas de frecuencias. Por tanto, si se desean obtener observaciones que entreguen información sobre los fenómenos costeros que se desean estudiar, el programa de monitoreo debe "capturar" las frecuencias más energéticas de interés. Este gráfico indica, además, que mientras más pequeña es la escala espacial, se debe aumentar la frecuencia de muestreo con el fin de poder distinguir los procesos más energéticos. En otras palabras, no se trata solo de instalar instrumentos en el agua. La clave es que estos instrumentos entreguen información sobre las principales escalas de variabilidad del océano costero.

Figura 1

Esquema típico de variabilidad espacio-temporal en el océano costero. (Modificado de Sobarzo, 2016). FAN: Floraciones algales nocivas. MS: marea de gravedad superficial. MI: Marea de gravedad interna. MQ: Marea quincenal. Di: Diurno. ENSO: El Niño Oscilación del Sur

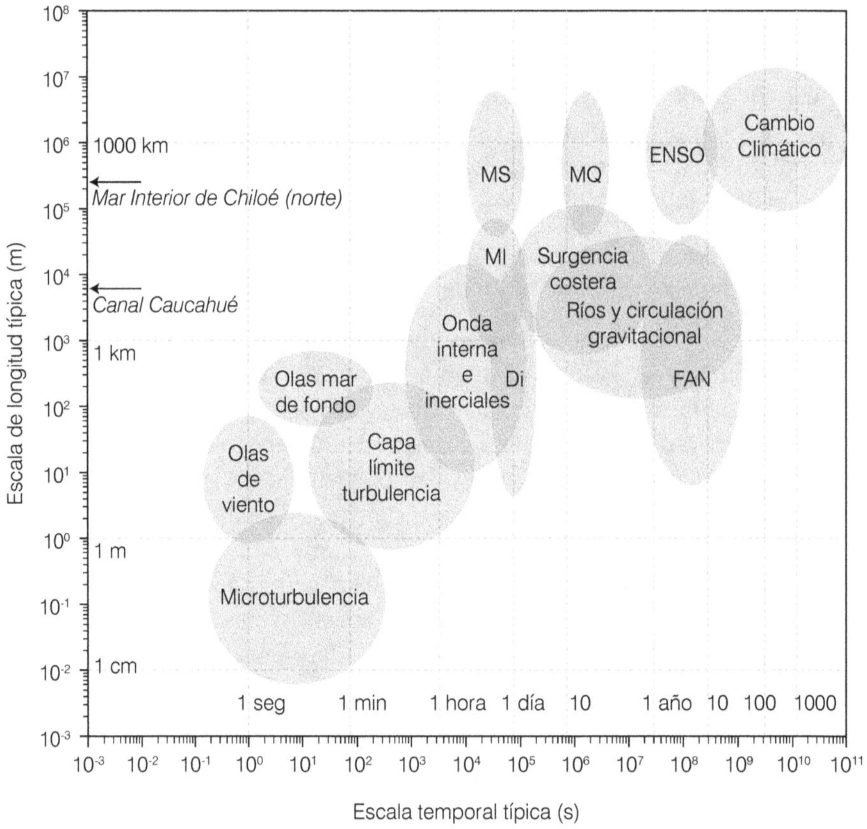

1.4 Estratificación y mezcla en aguas costeras

Una columna de agua estratificada o bien mezclada responderá de forma diferente a la acción del viento y de las mareas. La estratificación influye sobre un amplio rango de procesos costeros, tales como ondas internas, respuesta de las capas límites superficial y de fondo, y circulación inducida por viento en escalas temporales que van de horas hasta estaciones del año (Lentz *et al.*, 2003). Opuesto a esto, la turbulencia y la subsecuente mezcla inducen transporte de *momentum,* masa y calor. En general, la turbulencia en ambientes costeros es producida por la producción de cizalle en las corrientes, por estratificación inestable (convección) y por el quiebre de ondas. El cizalle es producido por fricción de fondo sobre corrientes de marea y por forzamiento del viento, aunque flujos baroclínicos, tales como ondas internas no lineales y corrientes inerciales, pueden hacer aportes significativos. Por otra parte, hay dos formas principales de generar convección: convección libre debido a pérdida de boyantes superficial ya sea debido a enfriamiento, evaporación o congelamiento, y convección forzada, cuando aguas más densas son advectadas sobre aguas más livianas, como en el caso de surgencias costeras y en estuarios mareales durante llenante de marea (Souza *et al.*, 2012). Los procesos que inducen estratificación en la columna de agua (tales como: entrada vertical o lateral de boyantes), compiten con aquellos que inducen mezcla (*e.g.*, viento, mareas, ondas internas). Esto se debe a que cuando el fluido está estratificado el gradiente de densidad resiste el intercambio de *momentum* por la turbulencia, requiriendo de un cizalle de velocidad extra para provocar mezcla. El número de gradiente de Richardson (R_i), permite comparar las fuerzas estabilizadoras de la estratificación de densidad y la influencia desestabilizante del cizalle de velocidad. R_i se define como:

$$Ri = \frac{-\frac{g\partial\rho}{\rho\partial z}}{\left(\frac{\partial u}{\partial z}\right)} \qquad [2]$$

Donde, g es la fuerza de la gravedad, ρ es la densidad, u es la velocidad horizontal y z corresponde a la componente vertical (Dyer, 1997). Se puede demostrar que $R_i < \frac{1}{4}$ es una condición necesaria para que el cizalle de velocidad sobrepase la tendencia del fluido a permanecer estratificado (predomina la mezcla turbulenta).

Especialmente en estudios de emisarios submarinos donde el comportamiento dinámico de la pluma de dispersión depende de las condiciones de estratificación de la columna de agua, el número de gradiente de Richardson debería ser evaluado. Hoy en día existe el instrumental oceanográfico para medir los gradientes de densidad y de velocidad en el océano costero. Un detalle de la mezcla interna en términos de *entrainment* (o mezcla por arrastre), difusión turbulenta o de ondas internas va más allá del propósito de este capítulo. Un resumen puede ser encontrado en Dyer (1997).

2. Consideraciones experimentales y teóricas para los programas de monitoreo físico del océano costero

2.1 Sensores, mantención y conceptos útiles

Un primer aspecto para tener en consideración cuando se prepara un monitoreo físico del océano costero son las capacidades y limitaciones del instrumental a utilizar. Esto requiere de un entendimiento básico de los sensores, forma de registro y herramientas de procesamiento de los datos (Emery & Thomson, 2004). Sensores en mal estado o no calibrados corromperán las mediciones y su interpretación. Todavía son pocas las instituciones y universidades chilenas que han creado laboratorios de calibración de instrumental oceanográfico electrónico, por lo cual, parte importante de los equipos utilizados en investigación se envían a calibración a las empresas fabricantes en el extranjero. Los estudios de monitoreo deberían indicar cuáles fueron las fechas de compra y de última calibración del instrumental electrónico utilizado. La preocupación por el buen estado y calibración periódica de los sensores permitirá cautelar dos propiedades básicas de éstos. Por una parte, asegurar una exactitud aceptable del sensor que corrija cualquier cambio o "deriva" en los registros que efectúa. Por otra parte, también se requiere que el sensor sea preciso, es decir, que sea capaz de repetir las mediciones con una tolerancia máxima admisible. La exactitud absoluta requiere que la observación sea consistente en magnitud con algún estándar de referencia. En la mayoría de los casos se acepta que el sensor tenga una buena precisión y repetibilidad de la medición más que una exactitud absoluta en la medición. Cualquier instrumento que falla en su precisión, fallará en proveer datos que puedan ser manipulados en alguna forma significativa desde el punto de vista estadístico. Los buenos sensores serán aquellos que pueden proveer tanto alta precisión como una exactitud defendible (Emery & Thomson, 2004). Por otra parte, la resolución de un instrumento digital se mide en bits, donde una resolución de N bits significa que el rango completo de medición del sensor (R) se divide en 2^N segmentos iguales (N= 1, 2, ...). Por ejemplo, si el rango completo de medición de un sensor de temperatura es de 110°C (incluyendo temperaturas bajo cero) y posee una resolución de N=12 bits, quiere decir que discriminará diferencias superiores a 0.03°C.

2.2. Programación de instrumentos para muestreos relevantes

De acuerdo con la Fig.1, la energía del océano costero se distribuye con mayor intensidad en ciertas bandas de frecuencias. ¿Cómo asegurarnos que el registro de datos obtenidos nos permita analizar con confianza estadística los procesos que nos interesan? Un primer criterio es definir el *intervalo de muestreo*, es decir, la frecuencia temporal (o distancia espacial) entre las mediciones. Entonces, para datos digitales discretos $x(t_i)$ medidos a tiempos t_i, la elección del incremento de muestreo t (o Δx, para medidas espaciales) es de primera importancia. En general, los mismos argumentos que se presentan para el muestreo en el tiempo, se pueden aplicar también para el muestreo en el espacio. Lo que interesa es muestrear tan frecuentemente como para capturar la frecuencia de interés más alta, pero a la vez, evitar realizar un sobre muestreo que llene rápidamente la memoria del instrumento con datos innecesarios y/o que utilice toda la batería en poco tiempo. Por tanto, se debe considerar que para un intervalo de muestreo Δt, la frecuencia más alta que podemos resolver es la frecuencia de Nyquist (f_N), definida como:

$$f_N = \frac{1}{(2\Delta t)} \qquad [3]$$

En la práctica se sugiere $f_N = 1/3\Delta t$, con el objeto de resolver de mejor modo el ruido de las series. Una consecuencia de esto es el problema del *aliasing* o enmascaramiento de la energía. Si existe considerable energía en frecuencias $f > f_N$, la cual no puede ser resuelta por el intervalo de muestreo utilizado, ésta no desaparecerá, sino que se redistribuirá dentro del rango de frecuencias de interés pudiendo afectar el análisis espectral. Mayores detalles se pueden encontrar en Emery & Thomson (2004).

Un segundo criterio tiene que ver con obtener registros lo suficientemente largos como para establecer una descripción estadísticamente significativa de él o los procesos que se quieren estudiar. Consideremos la duración del muestreo con una frecuencia de muestreo Δt. Mientras más larga sea la serie de tiempo, habrá mejor posibilidad de resolver componentes de frecuencias diferentes en ella. Entonces, la longitud total de la serie de tiempo, $T = N \Delta t$, donde N es el número de datos, tiene tres propiedades:

i) Determina la frecuencia más baja (o frecuencia fundamental) que puede ser extraída del registro de datos (*fo*). Esta frecuencia se define como:

$$fo = \frac{1}{N\Delta t} = \frac{1}{T} \quad [4]$$

ii) Determina la resolución de frecuencias o diferencia mínima en frecuencias $\Delta f = |f_2 - f_1|$ que puede ser resuelta entre componentes de frecuencias adyacentes, f_1 y f_2, y,

iii) Determina el promedio de bandas de frecuencias adyacentes que se puede aplicar para incrementar la significancia estadística de estimaciones espectrales individuales.

En teoría se podrían resolver todas las frecuencias (f) en el rango $fo \leq f \leq f_N$, donde f_N y *fo* quedan definidas por las ecuaciones [3] y [4]. En otras palabras, el intervalo de muestreo y el largo del registro determinan qué tipo de procesos costeros será posible estudiar. No es posible, por tanto, pensar que con una serie de cinco años de duración se podrá decir algo razonable en relación con el cambio climático global, o que un instrumento que registra 3 veces al día podrá decir algo del fenómeno de las mareas. Esto que puede parecer obvio, no está indicado en la Guía Metodológica denominada "Descargas de residuos líquidos de puertos y terminales marítimos u otros" de la Dirección General del Territorio Marítimo y de Marina Mercante. En esta guía no se menciona el intervalo de muestreo y se determina que los estudios de corrientes y de vientos deben tener una duración no menor a 30 días. Como se indicó en la sección anterior, con esta longitud de registro la señal estacional no se puede resolver. Además, para algunas zonas costeras de nuestro país donde la señal sinóptica (2 a 16 días) es muy intensa, probablemente = 30 días es todavía poco tiempo para confeccionar espectros confiables de esta banda de variabilidad. Esta banda es tan importante que en algunos lugares de la costa de Chile (*e.g.*, Región del Biobío) puede generar cambios en la columna de agua (*e.g.*, temperatura, salinidad, oxígeno) de mayor amplitud que la propia señal estacional.

Por otra parte, la Resolución 404 del Ministerio de Economía, Fomento y Reconstrucción que establece la normativa ambiental para centros de acuicultura, establece mediciones de corrientes marinas a 1 m del fondo marino con un $\Delta t = 5$ minutos y un $T = 4$ días. Además, debe incluir mediciones con perfiladores acústicos "doppler" de corrientes con un $\Delta t = 5$ minutos y un $T = 12$ horas. En la Resolución no aparece justificado el uso de tasas de muestreo tan altas (¿qué proceso es el que se desea resolver?). Por otra parte, la duración de los registros claramente aparece muy corta para realizar espectros de corrientes de marea que permitan discriminar entre los cuatros constituyentes mareales principales semi-diurnos (M2 y S2) y diurnos (K1 y O1).

Por tanto, el diseño de un programa de monitoreo ambiental debe considerar el largo de las series (T), lo cual define la frecuencia más baja que se puede estudiar, el intervalo de muestreo Δt, el cual define la frecuencia más alta que el muestreo puede capturar y las frecuencias que el registro permitirá discriminar. Desafortunadamente, mientras más larga sea la duración del muestreo y más rápidamente se muestree (Δt pequeño), más datos serán colectados y almacenados, lo cual aumentará el costo económico del estudio. La definición de estas dos frecuencias requiere, por tanto, que antes de instalar instrumentos en el océano costero se deba responder con claridad cuáles son las frecuencias (o periodicidad) de los procesos que interesa conocer del área de estudio. Muestrear en un canal mareal del sur Chile requerirá que los valores elegidos para T y Δt sean diferentes que para una bahía de la zona central de Chile, ampliamente dominada por la variabilidad sinóptica y estacional del régimen del viento y donde la intensidad de las frecuencias mareales es más débil.

3. Influencia de un ambiente oceanográfico diverso sobre los tiempos de residencia de aguas costeras

Dada las condiciones geográficas de nuestro país, los monitoreos ambientales físicos se desarrollan en ambientes oceanográficos altamente variables. Por ejemplo, en extensión meridional, Chile incorpora ambientes costeros ampliamente diferentes en cuanto a sus características climáticas, oceanográficas y geomorfológicas. Nuestras costas son bañadas por masas de agua superficiales y subsuperficiales diferentes dependiendo de la latitud y de la época del año. Los centros de presión atmosférica también cambian a lo largo del país, provocando patrones de vientos característicos para cada región costera. Las entradas de aguas continentales a la zona costera varían no solo a lo largo del año sino también de norte a sur, aportando una fracción de agua dulce en el mar costero de diversa magnitud. Las características geomorfológicas y batimétricas son altamente variables, incluyendo costas rectas, sistemas de bahías, plataformas continentales de diverso ancho, cañones submarinos de diversas geometrías, puntas o cabos, desembocaduras de ríos, canales, estrechos, fiordos y estuarios, etc. No parece muy apropiado, por tanto, pensar que un solo modelo de monitoreo físico del ambiente pueda ser apropiado en cualquier parte del país. Para una descripción de distintos ambientes costeros en Chile se puede revisar Castilla & Largier (2002).

Toda esta variabilidad de ambientes espaciales influye sobre el concepto de tiempo de residencia de las aguas en un espacio determinado. Probablemente esta es una de las propiedades más importantes del océano costero en relación con la problemática ambiental. Sheldon & Alber (2002), definen el tiempo de residencia costero (TRC) como el tiempo que transcurre desde que una parcela de agua fuente entra a un dominio costero hasta que sale al océano abierto, permitiéndosele excursiones a través del límite costa-océano. El tiempo de residencia de las aguas dentro de la plataforma interior y los procesos de intercambio de aguas entre la costa y la plataforma exterior serán vitales para la salud ambiental del borde costero (Nittrouer & Wright, 1994; Sheldon & Alber, 2002). En el caso de un estuario, el TRC se define como el tiempo promedio que le toma a una partícula salir de este ambiente. Esta propiedad puede ser calculada para cualquier tipo de sustancia y variará dependiendo del punto de partida de ésta. En un estuario, el TRC se refiere al tiempo de tránsito del agua dulce. De esta propiedad dependerá gran parte de los procesos biológicos, químicos y físicos que ocurren en el ecosistema costero. Ha sido demostrado que la retención costera puede incrementar la productividad (Edman *et al.*, 2018), favorecer el reclutamiento larval (Mullaney & Suthers, 2013) y facilitar el desarrollo de blooms de algas nocivas (Pitcher *et al.*, 2010) e hipoxias costeras (Carstensen *et al.*, 2014; Rabalais *et al.*, 2014). Lamentablemente, en nuestra realidad nacional actual, esta propiedad no se menciona en los programas de monitoreo ambiental. Un programa que no aporta al conocimiento de esta propiedad para una zona en particular probablemente describirá muy poco del área de estudio que le toca monitorear.

4. Hacia programas de monitoreo ambiental relevantes para los sistemas de observación del océano costero

¿De qué forma los programas de monitoreo de variables físicas podrían contribuir con sistemas de observación del océano costero? ¿De qué manera las inversiones hechas por las empresas y por el Estado, en materia de estudios oceanográficos costeros, podrían ganar en valor agregado con bases de datos que pudieran aportar a modelos hidrodinámicos y de calidad de aguas?

En esta sección se proponen tres acciones primarias que podrían contribuir con un mejoramiento de la condición actual de los monitoreos oceanográficos costeros.

4.1. Monitoreos físicos relevantes para el conocimiento de la oceanografía costera

Se sugiere agregar a los actuales programas de monitoreo de variables físicas una metodología clara y repetible que permita que estos programas aporten conocimiento oceanográfico localmente relevante. A partir de los mismos datos que estos monitoreos obtienen en la actualidad se podría entregar información relevante en los siguientes ámbitos:

4.1.1. Grado de estratificación de la columna de agua

Los programas de monitoreo deberían entregar información sobre el grado de estratificación de la columna de agua en el área de estudio en distintas épocas del año. Esta propiedad, cuantificada a través de la frecuencia Brunt-Väisälä (N^2), influye sobre el TRC local y determina el comportamiento de las plumas de dispersión de emisarios submarinos. Los cambios a lo largo del día y del año de N^2 deberían ser considerados en las metodologías. Debido al aporte variable de aguas continentales en la costa chilena, N^2, debería ser complementado con el cálculo de la altura equivalente de agua dulce (K_f) o fracción de agua dulce (Blanton & Atkinson, 1983). Esto permitiría discriminar entre los aportes de temperatura y de salinidad a la estratificación. Incorporando el número de Richardson, se podría complementar el estudio con la tendencia que tiene la columna de agua para generar mezcla.

4.1.2. Cuantificación de las escalas advectivas y mareales

Utilizando los datos de correntometría obtenidos de los monitoreos se sugiere evaluar las escalas de la excursión mareal (L_{exc}) y de advección residual (L_{adv}) en la localidad en estudio. La escala de excursión mareal se define como:

$$L_{exc} = \frac{U_0 T_{M2}}{\pi} \qquad [5]$$

Donde, T_{M2} corresponde al período de la marea semi-diurna y U_0, corresponde a la corriente mareal máxima registrada. Por su parte, la escala de advección residual se puede definir como:

$$L_{adv} = U_0 T_{adv} \qquad [6]$$

Donde, T_{adv} corresponde al lapso en el cual se requiere calcular la corriente residual. Si se desea calcular el L_{adv} para el mismo período de tiempo que L_{exc} se debería utilizar el período de la marea semidiurna (M2 = 12.42 h). Esto indicaría el residuo que queda después de 1 ciclo mareal completo. En el caso que $L_{adv}/L_{exc} << 1$, las escalas del flujo oscilatorio (mareal) serán más largas y el material disuelto y en suspensión en la columna de agua tenderá a permanecer por más tiempo en el área de estudio. En el caso que $L_{adv}/L_{exc} >> 1$, las escalas oscilatorias de las mareas serán débiles y la advección residual dominará la exportación (el lugar se conducirá más parecido a un río).

4.1.3. Brisa marina y contaminación marina costera

El impacto del proceso de brisa marina (brisa tierra-mar) sobre la contaminación del aire superficial ha sido documentado en varios lugares costeros del mundo (Grossi *et al.*, 2000: Bouchlaghem *et al.*, 2007). Este proceso meteorológico, inducido por el calentamiento solar diferenciado sobre el océano y el continente, también ha mostrado tener influencias sobre corrientes costeras diurnas que causan acumulación de cuerpos de agua particulares (Kaplan *et al.*, 2003; Piñones *et al.*, 2005; Sobarzo *et al.*, 2010). Esto implica que durante primavera-verano la brisa marina puede provocar un arrastre hacia la costa de la capa oceánica superficial, generando una acumulación de material disuelto o en suspensión en áreas costeras. Debido a la periodicidad de este fenómeno, todos los días después de las 14:00 h, aproximadamente, se provocará una retención de cuerpos de agua en sectores costeros con una geometría semi-cerrada particular. Esta situación podría llegar a tener una influencia mayor en los procesos ambientales costeros. En este contexto, es altamente recomendable que los monitoreos de variables físicas, que incorporan mediciones de vientos costeros, incluyan un análisis de las características dinámicas que tiene el ciclo diario del viento sobre el área de estudio. Para esto bastaría cuantificar el ciclo diario del viento por medio de herramientas estadísticas confiables, tales como espectros de energía o ajuste de un armónico de 24 horas por medio del método de mínimos cuadrados.

Agregando información física relevante como la indicada se podría avanzar hacia algún tipo de índice o categorización del ambiente costero en Chile.

5. Constitución de uno o varios centros nacionales de organización de datos físicos

Toda la información física proveniente de monitoreos ambientales debería quedar albergada en un centro de datos y de modelación hidrodinámica costera. En nuestro país ya existe este tipo de centros, dependientes de universidades. Se podrían seleccionar tres de ellos (norte, centro y sur del país). El rol de estos centros sería hacer un control de calidad de los datos, darles un formato estándar y dejarlos a disposición para la validación de modelos hidrodinámicos, realización de tesis e investigaciones. En primera instancia, para una empresa particular podría aparecer complejo desde el punto de vista estratégico compartir datos de sus estudios. Sin embargo, cuando se construyan modelos hidrodinámicos apropiados para sectores costeros particulares, ellas también podrían utilizar estos modelos para estudiar sus propias problemáticas ambientales. El éxito que puedan tener estos centros en construir modelos útiles para los problemas ambientales dependerá de varios factores, entre ellos: observaciones apropiadas, escalamiento apropiado de la ecuación de movimiento de los fluidos costeros para los fenómenos en estudio, calibración, validación y computadores apropiados (Dyke, 2001).

Estos centros permitirían integrar datos históricos, realizar estudios comparativos, detectar zonas de mayor o menor conocimiento oceanográfico, etc. Todo lo relacionado con la forma como se utilicen los datos, derechos de autor, participación de investigadores, alumnos y empresas, agradecimientos, etc., debería quedar normado en un protocolo de uso de datos provenientes de monitoreos de variables físicas costeras. Un buen uso e integración de la información oceanográfica podría ser una excelente contribución que ayude a superar las actuales problemáticas relacionadas con la participación y financiamiento de científicos en investigación aplicada a la zona costera de nuestro país. Ejemplos de este tipo de integración son abundantes en la gestión de ambientes costeros. Un excelente punto de partida para la discusión sobre este tipo de iniciativas se puede encontrar en Liu *et al.*, 2015. Estos autores describen distintos sistemas de observación del océano costero en diferentes lugares del mundo y con variados propósitos.

5.1. Evaluación de los monitoreos de variables físicas realizados en Chile

Los centros a los que se ha hecho referencia en el punto 5 podrían, además, tener a cargo revisiones históricas exhaustivas de los monitoreos de variables físicas ambientales realizados en cada zona costera de nuestro país. Esta revisión histórica permitiría evaluar la calidad científica de la información recopilada, observar las mayores brechas en el conocimiento de áreas costeras del país, integrar la información oceanográfica más abundante de bahías con mayor intervención antrópica, etc. Una evaluación histórica de esta naturaleza podría aportar antecedentes sobre cambios inter-anuales importantes que estén experimentando algunas zonas costeras, especialmente aquellas ligadas a la disminución en los caudales de aguas continentales que reciben. Esta evaluación permitiría, además, proponer algunos lugares estratégicos o sensibles desde el punto de vista del cambio climático global, para la instalación de boyas oceanográficas que permitan monitorear con un horizonte de 10 años, a lo menos, las condiciones oceanográficas de esos lugares.

CONCLUSIONES

En este trabajo se definen procesos físicos costeros relevantes para la comprensión de problemas ambientales propios de nuestras costas, destacando sus escalas espacio temporales de acción. Luego se profundiza en algunos criterios básicos para ejecutar monitoreos de variables físicas relevantes para el medio ambiente marino costero. El estudio concluye con tres acciones concretas para agregar valor científico a los estudios de monitoreo físico costero.

A través de estas acciones, los monitoreos de variables físicas costeras podrían aportar información relevante para la comprensión del ambiente físico costero y también para detectar los principales factores físicos que influirán sobre las problemáticas ambientales particulares de algunas localidades costeras. No es lo mismo para una empresa desarrollar sus actividades dentro de un ambiente costero semi-cerrado que en una costa recta, o en lugares próximos a focos de surgencias costeras, ríos, estuarios, canales o en medio de ambientes dominados por sombras de surgencia (Castilla *et al.*, 2002). Una empresa debería, por ejemplo, estar informada de lo que significa para su funcionamiento, estar en un ambiente dominado por la brisa marina, por aguas sub-óxicas o anóxicas debido a la surgencia costera, o en un ambiente con un flujo oscilatorio mareal permanente.

El tema es relevante en un país donde las llamadas "zonas de sacrificio" en el océano costero han ido en aumento, tanto en número como en la intensidad del daño ambiental causado. El problema no es solo el efecto acumulativo que representan los flujos de masa naturales y antropogénicos que ingresan a un lugar costero con altos tiempos de residencia. En efecto, menos conocido es el efecto sinérgico que estos flujos ejercen, donde la influencia de ellos es más que la suma de sus aportes. Se podría preguntar ¿Qué ha pasado con todos los estudios de monitoreo de variables físicas dentro de estos ambientes? ¿Qué es lo que estos estudios han destacado para estos lugares? ¿Cuáles son las causas que explican que estos monitoreos no tengan la relevancia científica apropiada para influir en las decisiones sobre políticas ambientales marinas costeras?

Claramente los programas de vigilancia ambiental aparecen en deuda en relación con las actuales problemáticas ambientales costeras. Desde este punto de vista, se hace urgente en Chile revisar la actual normativa ambiental costera, la calidad científica de los monitoreos realizados y las formas de entregar valor científico a monitoreos, que muchas veces aparecen incapaces de otorgar información oceanográfica relevante para los problemas ambientales costeros que afectan a nuestro país.

AGRADECIMIENTOS

Agradezco al Centro INCAR (FONDAP-CONICYT N° 15110027) por el financiamiento parcial que me otorgó para realizar esta investigación.

REFERENCIAS

Arcos, D. (1998). *Minería del Cobre, Ecología y Ambiente Costero*. Concepción, Chile: Editorial Aníbal Pinto, S.A.

Bearman, G. (2002). *Waves, Tides and Shallow-Water Processes*. England: Open University Course Team.

Blanton, J. O., & Atkinson, L. P. (1983). Transport and fate of river discharge on the continental shelf of the southeastern United States. *Journal of Geophysical Research: Oceans, 88*(C8), 4730-4738.

Bouchlaghem, K., Mansour, F. B., & Elouragini, S. (2007). Impact of a sea breeze event on air pollution at the Eastern Tunisian Coast. *Atmospheric Research, 86*(2), 162-172.

Bravo, L., Ramos, M., Astudillo, O., Dewitte, B., & Goubanova, K. (2016). Seasonal variability of the Ekman transport and pumping in the upwelling system off central-northern Chile (~ 30° S) based on a high-resolution atmospheric regional model (WRF). *Ocean Science, 12*(5).

Castilla, J. C., Lagos, N. A., Guiñez, R., & Largier, J. L. (2002). Embayments and nearshore retention of plankton: the Antofagasta Bay and other examples. En: J. C. Castilla & J. L. Largier (Eds.), *The Oceanography and Ecology of the Nearshore and Bays in Chile*, (pp. 179-203). Santiago, Chile: Ediciones Universidad Católica de Chile.

Castilla, J. C., & Largier, J. L. (2002). *The Oceanography and Ecology of the Nearshore and Bays in Chile: International Symposium on Linkages and Dynamics of Coastal Systems: Open Coasts and Embayments*. Santiago, Chile: Ediciones Universidad Católica de Chile.

Carstensen, J., Andersen, J. H., Gustafsson, B. G., & Conley, D. J. (2014). Deoxygenation of the Baltic sea during the last century. *Proceedings of the National Academy of Sciences, 111*(15), 5628-5633.

Csanady, G. T. (1982). *Circulation in the Coastal Ocean.* Dordrecht, Holanda: D. Reidel Publishing Company

de Haas, H., van Weering, T. C., & de Stigter, H. (2002). Organic carbon in shelf seas: sinks or sources, processes and products. *Continental Shelf Research, 22*(5), 691-717.

Delpey, M. T., Ardhuin, F., Otheguy, P., & Jouon, A. (2014). Effects of waves on coastal water dispersion in a small estuarine bay. *Journal of Geophysical Research: Oceans, 119*(1), 70-86.

Dyer, K. R. (1997). *Estuaries: a Physical Introduction.* Wisconsin, USA: J. Wiley & Sons.

Dyke, P. P. (2001). *Coastal and Shelf Sea Modelling.* Topics in Environmental Fluid Mechanics. Kluwer Academic Publishers.

Edman, M., Eilola, K., Almroth Rosell, E., Meier, H. M., Wåhlström, I., & Arneborg, L. (2018). Nutrient retention along the Swedish coastline. *The Baltic Sea in Transition, 37.*

Emery, W. J., & Thomson, R. E. (2004). *Data Analysis Methods in Physical Oceanography.* Elsevier B.V. Amsterdam, The Netherlands.

Farías, L., Acuña, E., Aguirre, C., Álvarez, S., Barbieri, M. A., Delgado, V., Dewitte, B., Espinoza, O. Pinilla, E., Fernández, C., Garrido, P., Jacob, B. Lagos, N., Masotti, I., Narváez, D., Navarrete, S., Pérez - Santos, I., Ramajo, L., Troncoso, L., Silva, C., Saavedra, L., Soto, D., Vargas, C. A., Winckler, P., Veas, C., Yáñez, E., & Yévenes, A. (2019a). Propuestas para la actualización del Plan de Adaptación en Pesca y Acuicultura. *Mesa Océanos - Comité Científico COP25; Ministerio de Ciencia, Tecnología, Conocimiento e Innovación.* 88 págs.

Farías, L., Fernández, C., Garreaud, R., Guzmán, L., Hormazábal, S., Morales, C. Narváez, D., Pantoja, S., Pérez-Santos, I., Soto, D. & Winckler, P. (2019b). Propuesta de un Sistema Integrado de Observación del Océano Chileno (SIOOC). *Comité Científico COP25; Ministerio de Ciencia, Tecnología, Conocimiento e Innovación.* 34 págs.

Godoi, V. A., & Júnior, A. R. T. (2020). A global analysis of austral summer ocean wave variability during SAM-ENSO phase combinations. *Climate Dynamics,* 1-14.

Grossi, P., Thunis, P., Martilli, A., & Clappier, A. (2000). Effect of sea breeze on air pollution in the greater Athens area. Part II: Analysis of different emission scenarios. *Journal of Applied Meteorology, 39*(4), 563-575.

Kaplan, D. M., Largier, J. L., Navarrete, S., Guiñez, R., & Castilla, J. C. (2003). Large diurnal temperature fluctuations in the nearshore water column. *Estuarine, Coastal and Shelf Science, 57*(3), 385-398.

Lentz, S., Shearman, K., Anderson, S., Plueddemann, A., & Edson, J. (2003). Evolution of stratification over the New England shelf during the Coastal Mixing and Optics study, August 1996 - June 1997. *Journal of Geophysical Research: Oceans, 108*(C1), 8-1.

Lentz, S. J., & Fewings, M. R. (2012). The wind-and wave-driven inner-shelf circulation. *Annual Review of Marine Science, 4,* 317-343.

Liu, Y., Kerkering, H., & Weisberg, R. H. (Eds.). (2015). *Coastal Ocean Observing Systems.* Academic Press.

Longhurst, A., Sathyendranath, S., Platt, T., & Caverhill, C. (1995). An estimate of global primary production in the ocean from satellite radiometer data. *Journal of Plankton Research*, *17*(6), 1245-1271.

Mullaney, T. J., & Suthers, I. M. (2013). Entrainment and retention of the coastal larval fish assemblage by a short lived, submesoscale, frontal eddy of the East Australian Current. *Limnology and Oceanography, 58*(5), 1546-1556.

Nittrouer, C. A., & Wright, L. D. (1994). Transport of particles across continental shelves. *Reviews of Geophysics, 32*(1), 85-113.

Piñones, A., Valle-Levinson, A., Narváez, D. A., Vargas, C. A., Navarrete, S. A., Yuras, G., & Castilla, J. C. (2005). Wind-induced diurnal variability in river plume motion. *Estuarine, Coastal and Shelf Science, 65*(3), 513-525.

Pitcher, G. C., Figueiras, F. G., Hickey, B. M., & Moita, M. T. (2010). The physical oceanography of upwelling systems and the development of harmful algal blooms. *Progress in Oceanography*, *85*(1 2), 5-32. https://doi.org/10.1016/j.pocean.2010.02.002.

Rabalais, N. N., Cai, W. J., Carstensen, J., Conley, D. J., Fry, B., Hu, X., Quiñones-Rivera, Z., Rosenberg, R., Slomp, C.P., Turner, E., Voss, M., Björn, W. & Zhang, J. (2014). Eutrophication-driven deoxygenation in the coastal ocean. *Oceanography, 27*(1), 172-183.

Roughan, M., Schaeffer, A., & Suthers, I. M. (2015). Sustained ocean observing along the coast of southeastern Australia: NSW-IMOS 2007-2014. En: Y. Liu, H. Kerkering & R. H Weisberg (Eds), *Coastal Ocean Observing Systems* (pp. 76-98). Massachusetts, Estados Unidos: Academic Press.

Saldías, G. S., Sobarzo, M., Largier, J., Moffat, C., & Letelier, R. (2012). Seasonal variability of turbid river plumes off central Chile based on high-resolution MODIS imagery. *Remote Sensing of Environment, 123*, 220-233.

Saldías, G. S., Largier, J. L., Mendes, R., Pérez-Santos, I., Vargas, C. A., & Sobarzo, M. (2016). Satellite-measured interannual variability of turbid river plumes off central-southern Chile: spatial patterns and the influence of climate variability. *Progress in Oceanography, 146*, 212-222.

Schneider, W., Donoso, D., Garcés-Vargas, J., & Escribano, R. (2017). Water-column cooling and sea surface salinity increase in the upwelling region off central-south Chile driven by a poleward displacement of the South Pacific High. *Progress in Oceanography, 151*, 38-48.

Sheldon, J. E., & Alber, M. (2002). A comparison of residence time calculations using simple compartment models of the Altamaha river estuary, Georgia. *Estuaries, 25*(6), 1304-1317.

SHOA. (1992). *Glosario de Marea y Corrientes*. (2da Edición). Publicación SHOA-3013. Servicio Hidrográfico y Oceanográfico de la Armada de Chile. 59 págs.

SHOA. (2019). Publicación 3201. Instrucciones Oceanográficas No. 1: Especificaciones técnicas y administrativas para mediciones y análisis oceanográficos. (4ta Edición). Servicio Hidrográfico y Oceanográfico de la Armada de Chile. Errázuriz 254, Playa Ancha, Valparaíso. 51 págs. (solo formato PDF).

Simoniello, C., Watson, S., Kirkpatrick, B., Spranger, M., Jochens, A. E., Kobara, S., & Howard, M. K. (2015). One system, many societal benefits: building an efficient, cost-effective ocean observing system for the Gulf of Mexico. En: Y. Liu, H. Kerkering & R. H Weisberg (Eds), *Coastal Ocean Observing Systems* (pp. 430-451). Massachusetts, USA: Academic Press.

Sobarzo, M., Shearman, R. K., & Lentz, S. (2007). Near-inertial motions over the continental shelf off Concepción, central Chile. *Progress in Oceanography, 75*(3), 348-362.

Sobarzo, M., Bravo, L., & Moffat, C. (2010). Diurnal-period, wind-forced ocean variability on the inner shelf off Concepción, Chile. *Continental Shelf Research, 30*(20), 2043-2056.

Sobarzo, M. 2016. ¿Para dónde va la corriente? Una contribución al diálogo entre la oceanografía, la acuicultura y las comunidades costeras. *Revista Salmonexpert 43*(6): 62-68.

Souza, A. J., Burchard, H., Carsten, E., Pattiaratchi, C. & Haren, H. (2012). Coastal Ocean Turbulence and Mixing. En: C. Mooers, P.Craig & N. Huang (Eds.), *Coupled Coastal Wind, Wave and Current Dynamics*. Cambridge, UK: Cambridge University Press

Stewart, R. H. (2008). *Introduction to Physical Oceanography*. Texas, USA: Texas A & M University.

Ufnar, D., Ufnar, J. A., Ellender, R. D., Rebarchik, D., & Stone, G. (2006). Influence of coastal processes on high fecal coliform counts in the Mississippi sound. *Journal of Coastal Research, 22*(226): 1515-1526.

Valle-Levinson, A. (2013). Some basic hydrodynamic concepts to be considered for coastal aquaculture. En: L.nG Ross, T.C Telfer, L. Falconer, D. Soto & J. Aguilar-Manjarrez (Eds.), *Site Selection and Carrying Capacities for Inland and Coastal Aquaculture*. Rome, Italy: FAO Fisheries and Aquaculture Proceedings.

Williams, C. J. (2017). Climate change in Chile: an analysis of state-of-the-art observations, satellite-derived estimates and climate model simulations. *Journal Earth Science Climate Change, 8*(400), 2.

Winckler, P., Liu, P. L. F., & Mei, C. C. (2013). Advective diffusion of contaminants in the surf zone. *Journal of Waterway, Port, Coastal, and Ocean Engineering, 139*(6), 437-454.

Wollast, R. (1991). The coastal organic carbon cycle; fluxes, sources, and sinks. *Ocean Margin Processes in Global Change*, 365-381.

Zimmermann, M. & Manzur, N. (2019). Zonas de sacrificio ambiental y efectos sobre rendimiento escolar infantil. Facultad de Economía y Negocios. Universidad de Chile. https://www.researchgate.net/publication/334545351

7. AVANCES DIGITALES Y BIOTECNOLÓGICOS: UNA ALTERNATIVA EFICIENTE Y EFECTIVA PARA LA MONITORIZACIÓN DE LA ZONA COSTERA

DIGITAL AND BIO- TECHNOLOGIES: EFFICIENT AND EFFECTIVE ALTERNATIVES FOR THE MONITORING OF THE COASTAL ZONE

JAVIER RUIZ[1] • GABRIEL NAVARRO[1]

Resumen. En la Unión Europea, la limitación de recursos económicos junto con la implementación de una importante normativa ambiental ha propiciado el uso de avances tecnológicos para el monitoreo del medio marino. En este capítulo se presenta una revisión no exhaustiva de algunas de esas metodologías, así como de las ventajas que las mismas pueden ofrecer frente a aproximaciones más tradicionales. Teledetección de elevada resolución espacial o espectral, robotización, nuevos sensores o sensores antiguos con nuevas potencialidades y revoluciones como la nano o la biotecnología son alternativas más efectivas y eficientes que el uso de técnicas convencionales. Mediante estas tecnologías es posible incrementar la resolución espacial y temporal con la que se caracterizan los ecosistemas sin incrementar los costes, haciendo más fácil mantener su buen estado ambiental y más nítido el diagnóstico de relaciones causa-efecto cuando se produce un deterioro de los mismos, facilitando, por consiguiente, la asignación de posibles responsabilidades.

Palabras claves. Monitorización costera, tecnología marina, biosensores, sensores MEM.

Summary. The European Union has faced the implementation of the Marine Strategy Frame Work Directive at a time when the economic resources for its application were limited for most of the countries. This frame has favoured the use of modern technologies to carry out the monitoring mandate of this environmental legislation. In this chapter, we make a non-exhaustive review of some of these technologies as well as of the advantages they bring when compared with traditional approaches. Remote sensing with high spatial or spectral resolution, robotics, new sensors or old sensors with new uses and revolutionary

[1] Departamento de Ecología y Gestión Costera, Instituto de Ciencias Marinas de Andalucía (ICMAN-CSIC). 11519 Puerto Real Cádiz, España. Autor de correspondencia: javier.ruiz@csic.es

advances such as nano- and biotechnologies are alternatives more effective and efficient than conventional methodologies. They increase the spatial and temporal resolution when mapping the ecosystem of interest while keeping operational costs under control. This allows providing a neater diagnose of cause and effect connections when a degradation in the condition of these systems occur thus making easier keeping them in a good environmental status as well as the assignment of potential responsibilities in the damage.

Keywords. Coastal monitoring, sea technology, biosensor, MEM sensors.

INTRODUCCIÓN

Durante las últimas décadas, la Unión Europea ha promovido la implementación de legislaciones crecientemente exigentes con la protección de los sistemas naturales. Una de estas directivas ambientales, la Directiva Marco sobre la Estrategia Marina (conocida en Europa por sus siglas en inglés MSFD), obliga a los estados miembros a garantizar el buen estado ambiental de sus ecosistemas marinos. Para ello, estos estados deben evaluar la condición inicial de sus ecosistemas marinos mediante una serie de descriptores e implementar medidas correctoras cuando se diagnostica que este estado no es adecuado. Es un proceso cíclico que obliga a los estados a monitorizar la evolución de descriptores tan diversos como la biodiversidad, el ruido o la integridad de los fondos marinos. Es de obligado cumplimiento y ningún país miembro puede evitar su aplicación pues sería sancionado. La Comisión Europea es la encargada de evaluar en cada ciclo el grado de cumplimiento de esta legislación europea por cada uno de los estados miembros.

La MSFD fue aprobada el 17 de junio de 2008, al inicio de la crisis económica, en una casualidad endiablada pues obligaba a los estados miembros a realizar un importante esfuerzo de monitorización del medio marino, cuya vigilancia demanda importantes recursos económicos, justo cuando estos recursos eran más escasos a las administraciones públicas. Ante esta situación, muchos avances tecnológicos manifestaron su efectividad para proporcionar la elevada resolución espacial, temporal y de variables que demandan los programas de seguimiento de la MSFD mediante un uso eficiente de los recursos económicos disponibles.

Algunos de estos avances como la teledetección llevaban décadas mostrando su efectividad, aunque ahora, con la nueva generación de sensores del programa Copernicus de la Unión Europea y la Agencia Espacial Europea en órbita, con una capacidad desconocida para proporcionar una gran resolución espacial. Otras tecnologías convencionales han adquirido nuevas capacidades gracias a procesos de miniaturización mientras que una nueva generación de tecnologías ofrece potencialidades insospechadas hasta hace poco. En este capítulo se realiza una presentación no exhaustiva de algunas de estas tecnologías y sus potencialidades.

PREGUNTAS RELEVANTES

La resolución como desafío

Sea por las demandas de la MSFD o por otro tipo de legislación ambiental, la monitorización de la zona costera suele estar asociada a la determinación de relaciones causa-efecto, en el que la causa es una presión humana y el efecto es un deterioro en el estado de los ecosistemas. Estas relaciones son esenciales tanto para determinar responsabilidades legales como para proponer mecanismos de corrección. Es difícil establecer estas relaciones si no se dispone de una imagen nítida. Dado que en la zona costera suelen confluir muchos actores con intereses que a menudos son contrapuestos, frente a una foto de baja resolución, cada actor interpreta la imagen de acuerdo a sus intereses. En el ejemplo que se presenta en la **Figura 1**, la imagen de baja resolución (A) permite muchos relatos interpretativos (interesados o no) de esta escena costera que no son posibles cuando se observa la misma con más resolución (B).

Figura 1

Imagen original obtenida de repositorio de imágenes libres de Pixelbay.

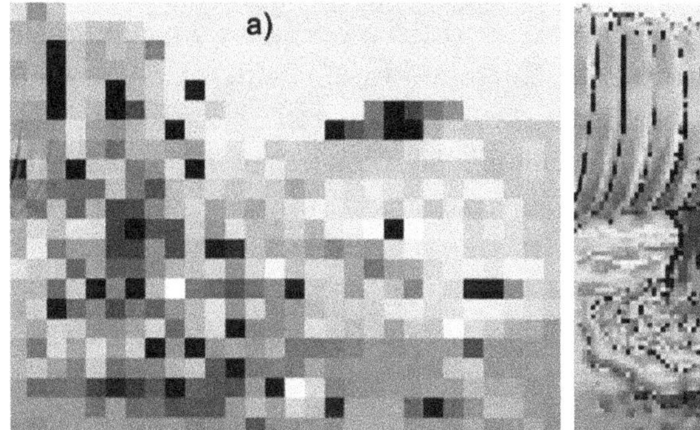

Esta necesidad de incrementar la resolución ha sido siempre evidente a la oceanografía física. Sin embargo, en la química y en la biología los esfuerzos a menudo se centran en incrementar la exactitud o precisión de las variables medidas, a costa del número de medidas que se realiza, y, por consiguiente, de la resolución espacial y/o temporal con la que se caracteriza un sistema costero. Este déficit en el número de medidas deriva posteriormente en deficiencias para poder interpretar sin ambigüedad el escenario ecosistémico.

DESARROLLO

1. Técnicas convencionales

Proporcionar elevada resolución para variables físicas como la temperatura o la conductividad del agua es mucho más inmediato que en el caso de las variables químicas o biológicas. Es ahí donde las nuevas tecnologías se convierten en una aliada.

1.1. Teledetección

Entre estos avances está la elevada resolución y la facilidad de acceso a los datos para la comunidad científica que han alcanzado los últimos desarrollos en teledetección. Durante los años de la Guerra Fría, leíamos con asombro que los satélites espía de Estados Unidos podían leer desde el espacio la matrícula de los vehículos que circulaban por Moscú. Gracias a iniciativas europeas tanto públicas (Sentinel-2 del Programa Copernicus) como privadas (Deimos-1), ahora esa tecnología permite a la comunidad científica, desde casi mil kilómetros de altura, obtener mapas con una resolución espacial de escasos metros y en los que se puede cuantificar, por ejemplo, la cantidad de sólidos en suspensión que produce una activada humana como el dragado de un estuario (**Figura 2**).

Esta resolución espacial puede incrementarse aún más mediante el uso de drones que permiten vigilar con precisión operaciones portuarias concretas y cuantificar el impacto de las mismas en zonas concretas de la costa (https://vito.be). El incremento reciente de resolución en la teledetección no se limita a la espacial o temporal, también incluye la espectral, con la incorporación de bandas de luz con las que se puede realizar taxonomía del fitoplancton desde el espacio (Navarro *et al.*, 2014).

Figura 2

Imagen de una draga (A) y de su operación en el estuario del río Guadalquivir vista por Sentinel-2 desde unos mil kilómetros de altura (B) así como de la cuantificación de los sólidos en suspensión en la pluma de turbidez que genera el dragado (C)
Modificado de Caballero *et al.*, 2018.

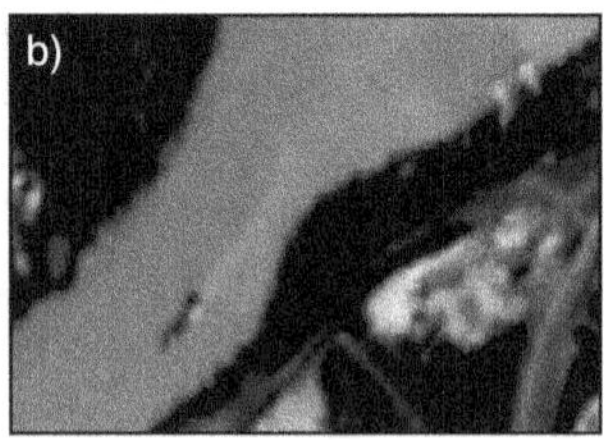

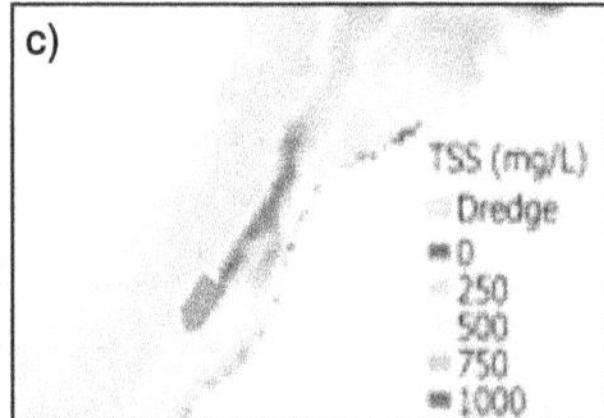

1.2. Automatismos y tecnologías de la información

Las tecnologías digitales permiten ahora un grado muy elevado de automatismo y robotización en el funcionamiento de sistemas de muestreo y procesado de información. Este automatismo permite que no sea necesaria la intervención humana, y los elevados costes laborales que esta implica, para la obtención masiva de datos ambientales. Un ejemplo de ello es el exhaustivo estudio que el Consejo Superior de Investigaciones Científicas (CSIC) realizó para determinar las consecuencias de las actividades humanas en el estuario del Guadalquivir (Ruiz *et al.*, 2015). Se trataba de una zona ambientalmente muy valiosa por formar parte del espacio natural de Doñana, el humedal más grande y protegido de Europa. Además, numerosas actividades económicas como la navegación, el turismo, la agricultura y acuicultura o la pesca tienen en el estuario intereses que a menudo resultan contrapuestos y generan alarma social. Es una zona expuesta a actividades delictivas como el narcotráfico o la pesca ilegal. A pesar de este compendio de dificultades, mediante automatismos y control telemétrico, fue posible operar de forma continua a sensores marinos de gran sensibilidad y sin apenas intervención humana. La **Figura 3** muestra el esquema general del diseño, con las boyas de navegación actuando como plataforma donde se instalaron estos sensores que eran gestionados *in situ* por

Figura 3

Esquema del sistema de medida de la calidad del agua implementado por el CSIC en el estuario del Guadalquivir. El sistema convirtió trece boyas de navegación en plataformas ambientales con sensores capaces de medir cualidades del agua como la temperatura, salinidad, turbidez, oxígeno disuelto, fluorescencia de la clorofila o la dirección e intensidad de las corrientes a diferentes profundidades.

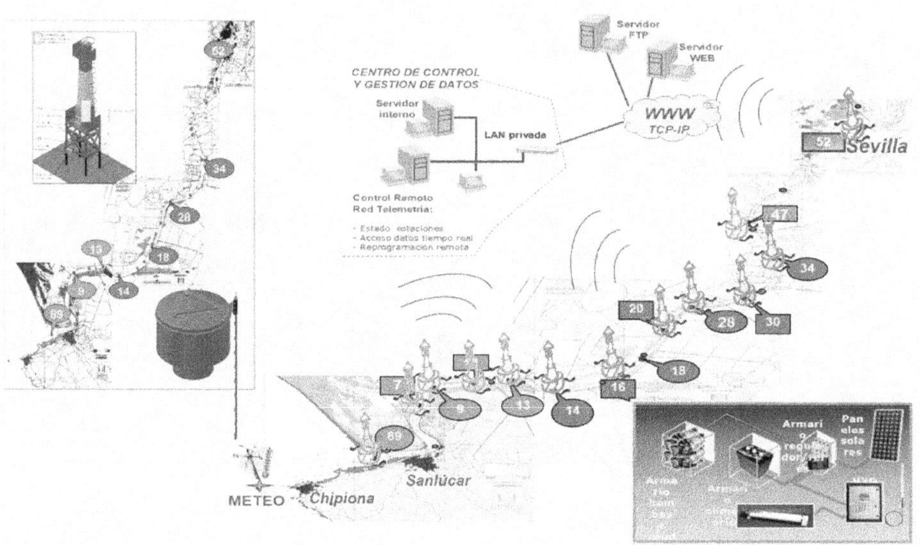

micro-controladores que recibían los datos de los sensores para transmitirlos por telefonía móvil a un servidor centralizado en el que se almacenaban y mostraban al público en tiempo real. El micro-controlador también podía recibir órdenes de los científicos vía telefonía móvil; por ejemplo, para cambiar la frecuencia de medida o realizar diagnósticos de la calidad de las medidas de los sensores. Mediante este sistema se mantuvieron monitorizados trece puntos del estuario a lo largo de 110 km durante tres años, con una necesidad de intervención humana que se resume a una visita a la zona de un día de duración de un operario cada cuatro meses para el mantenimiento de los sensores.

La **Figura 4** muestra como ejemplo a una de las boyas de navegación con los sensores ambientales ya integrados y siendo manipulada para llevarla al estuario. A pesar de la alta carga tecnológica que integra esa boya, su aspecto no es distinguible del de una boya de navegación usual. Esta característica permitió evitar el vandalismo que a menudo sufren los equipos científicos desatendidos en la zona costera. A pesar de su apariencia como una boya de navegación más, cada una de estas plataformas fue capaz de producir información oceanográfica de la máxima precisión.

Figura 4

Boya de navegación dispuesta para ser fondeada en el estuario del río Guadalquivir. Esta boya contiene numerosos sensores para medida de la calidad del agua, así como todos los sistemas de automatismo y telemetría necesarios para ser operada remotamente (Fotografía del autor).

En la **Figura 5** se muestra un ejemplo de los resultados que producía cada una de esas trece plataformas. El grosor aparente que presenta la línea de evolución temporal de las diferentes variables no es fruto de la falta de precisión en las medidas sino de la muy elevada resolución temporal con la que estas se realizaban (Navarro *et al.*, 2012). Si se realizara un zoom sobre una zona concreta de esta serie temporal, aparecerían los ciclos semi-diurnos de la marea, los cambios diarios, las mareas vivas y muertas, el paso de borrascas con su pluviosidad, el ciclo estacional y, en definitiva, todas las escalas que fuerzan el ecosistema del estuario resueltas con nitidez. Los resultados científicos obtenidos con esta imagen nítida del comportamiento del estuario fueron de tanta solidez y la transparencia con la que todo el proceso estuvo abierto al público (incluyendo la información en tiempo real de los datos que obtenían los sensores) que, a pesar del complejo entorno de actores con intereses en el estuario, las conclusiones del estudio que realizó el CSIC fueron el fundamento para la toma de decisiones de instituciones tan esenciales para España como el Tribunal Supremo, el Senado y la Comisión Europea.

Figura 5

Serie temporal de los valores de salinidad, oxígeno disuelto y turbidez obtenidos en una de las trece plataformas instaladas en el estuario del Guadalquivir.

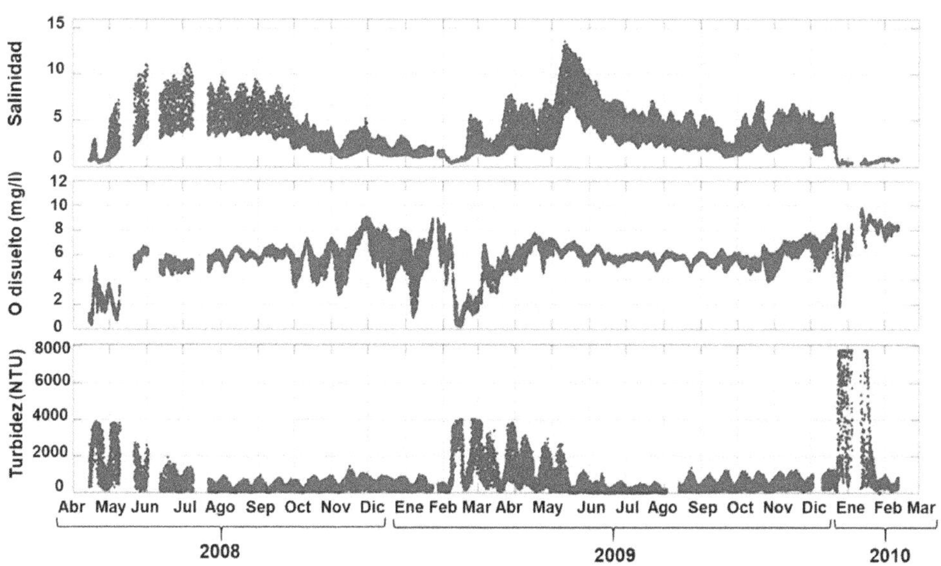

El ejemplo anterior muestra la enorme potencia observacional que el automatismo y la telemetría permiten obtener sobre plataformas que están fijas al fondo del mar. Esta potencia se está utilizando en la actualidad más allá del concepto de sistemas fijos mediante la inclusión de sensores en plataformas que navegan autónomamente en el océano. A este conjunto pertenecen los derivadores del programa Argos (http://www.argo.net/) que incorporan sensores oceanográficos a boyas con la capacidad de sumergirse autónomamente a grandes profundidades oceánicas mediante una modificación automática de su flotabilidad. Estos derivadores registran información durante un periodo largo de tiempo para luego volver a superficie y transmitir los datos recogidos mediante comunicaciones satélites. Los Gliders (http://followtheglider.socib.es/) son una modificación de este concepto al incorporar unas alas móviles que permiten generar (al igual que un planeador) desplazamientos en horizontal durante los movimientos verticales que realiza la boya en sus excursiones a profundidad. De esta forma, los Gliders, frente a las boyas Argo, pueden ser operados para que visiten zonas concretas del océano o para que realicen repetidamente determinados transectos de interés al equipo científico que los gestiona. Existe en la actualidad una gran diversidad de modelos de estas plataformas autónomas con sensores incorporados, algunas se desplazan en horizontal con la energía de las olas y otras navegan con la fuerza del viento mientras son operadas telemétricamente a gran distancia. La facilidad de acceso a la tecnología digital permite en la actualidad la fabricación de estos sistemas autónomos a muchas instituciones académicas o a pequeñas compañías. Se basan para ello en diseños y sistemas de fabricación propios, siendo una tecnología que no es privativa de grandes corporaciones e institutos de investigación.

1.3. Nuevos sensores

Además del automatismo y la telemetría, estos avances digitales están permitiendo la generación de nuevos sensores para variables que difícilmente se podían concebir hace escasos años. Es el caso de la inteligencia artificial aplicada al reconocimiento de imágenes. Los avances en este campo son tan impresionantes que el control aeroportuario para acceder al espacio Schengen en Europa se ejecuta actualmente mediante cámaras que reconocen los rasgos faciales del que atraviesa ese espacio y, literalmente, le abren o cierran la puerta de entrada sin intervención de un agente policial. La enorme capacidad computacional que tenemos actualmente y el desarrollo de potentes algoritmos permiten esa "taxonomía humana" en un tiempo lo suficientemente breve como para ser efectivos ante el ingente tránsito de personas que ocurre en los aeropuertos. Para la taxonomía animal no disponemos de tantos recursos, pero ya hay sistemas de clasificación semiautomática de organismos zooplanctónicos con los que procesar muestras biológicas a una velocidad varios órdenes de magnitud mayor que la del ojo humano (www.zooscan.com). La miniaturización de estos equipos permite ya incorporarlos a instrumentos CTD (*Conducitvity, Temperature and Depth*, en inglés) y obtener perfiles de zooplancton en la columna de agua con la misma resolución con la que se obtienen los de temperatura o salinidad (Picheral *et al.*, 2010). Es, no obstante, importante entender que los algoritmos e instrumentos de clasificación automática de zooplancton de los que disponemos hoy en día no permiten prescindir del taxónomo que tiene que supervisar la calidad en el funcionamiento del sistema. En lugar de sustituirlo, estos sistemas dan más poder al taxónomo al permitirle incrementar la resolución temporal y espacial de sus resultados con el mismo esfuerzo personal.

Existen también nuevos transductores como el SUNA de Sea-Bird (**Figura 6**) para la caracterización química del océano. Estos transductores obtienen información masiva de concentración de nitrato que en el pasado requerían de laboriosos procedimientos de análisis en laboratorio. La miniaturización de estos sensores es tal que existen ya programas para incorporarlos a los Gliders como un sensor más, en iniciativas que permitirán generar mapas de la distribución de nutrientes inorgánicos en el océano con un detalle impensable hasta ahora.

Figura 6

Transductor de nitrato de la empresa Sea-Bird.

En otras ocasiones, la nueva potencia observacional surge de usos nuevos que se pueden dar a sensores viejos. Es el caso del propio sector pesquero gracias a las iniciativas tomadas por la administración regional de Andalucía. En esta administración regional es obligatorio que toda embarcación con licencia profesional esté permanentemente geo-localizada, no importa el tamaño de la misma (**Figura 7A**). Este registro permanente más los datos, también informatizados, de descargas por embarcación en lonja, permiten tener un registro de la captura por unidad de esfuerzo (CPUE). Con todas las cautelas necesarias al equiparar una CPUE con un índice de abundancia, este sistema permite tener un registro diario con una cobertura espacial que incluye a toda la región y para todas las especies de interés comercial; una resolución temporal y cobertura espacial que implicaría costes inasumibles con técnicas de muestreo tradicionales.

Figura 7

Imagen de un dispositivo geo-localizador del sistema SLSEPA implementado por la Junta de
Andalucía a la flota artesanal faenando en la región autónoma (a). Mapas de abundancia de
especies que se pueden obtener al cruzar la geolocalización con las descargas en lonja (b).
Modificado de documentos públicos de la Consejería de Agricultura y Pesca de la Junta de
Andalucía (Junta de Andalucía, n.d).

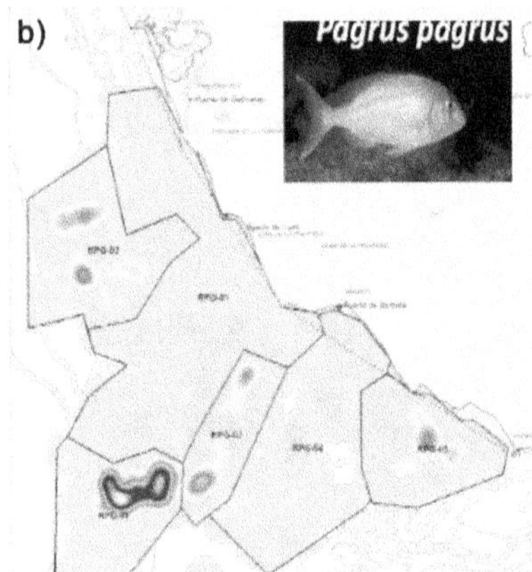

2. Tecnologías disruptivas

Se trata de avances que no son fruto de una mejora progresiva de tecnologías existentes
sino que implican una ruptura brusca con el pasado, abriendo posibilidades que inicialmente son difíciles de percibir en toda su extensión.

2.1. Nanotecnología

La capacidad de miniaturización de la que disponemos en la actualidad resulta difícil
de concebir. A modo de ejemplo, la **Figura 8A** muestra la guitarra más pequeña que se
ha fabricado hasta el momento en el interior de un glóbulo rojo humano (ambos están
a igual escala). Esta capacidad para nano-construir tiene su versión más potente en la
tecnología MEMS (*Micro Electro Mechanical Systems*, en inglés). La tecnología MEMS
está presente alrededor nuestro en numerosos dispositivos, quizás los más conocidos
sean los de telefonía móvil. Estos dispositivos contienen unidades de medición inercial
(Figura 8B) de enorme precisión y en las que se incorporan acelerómetros, giroscopios
y magnetoscopios tridimensionales que los navegantes de finales del siglo XX hubieran
deseado para sus embarcaciones más valiosas. Todos las llevamos ahora en nuestros bolsillos
sin mayor consideración hacia el increíble avance tecnológico que representan, pero la
mayoría tiene suficiente calidad para hacer de instrumento científico muy exacto y preciso.

Desde el punto de vista de la monitorización marina, la gran ventaja que ofrece la
tecnología MEMS es que su producción masiva hace que los costes de estos transductores,

Figura 8

Una nano-guitarra Fenders Stratocaster a igual escala que un glóbulo rojo humano (a).
Sistema MEMS de medida inercial que contiene acelerómetro, giroscopio y magnetoscopio
tridimensionales de gran precisión (b).

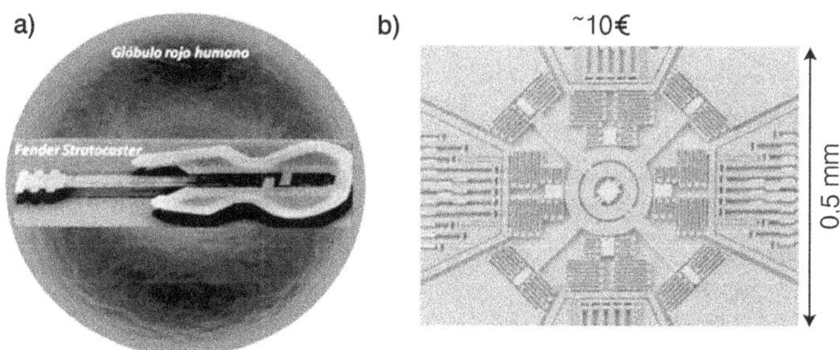

a pesar de su calidad como sensores, sean irrisorios para la inversión habitual de un
equipo de investigación. Esto ha llevado a algunas compañías (www.southteksl.com) a
incorporar de forma rutinaria estas unidades de medida inercial a equipos de bajo coste
y ofrecer instrumentos capaces de caracterizar el oleaje con la misma precisión que un
sensor convencional pero a costes que son dos órdenes de magnitud inferiores (**Figura 9**).

A pesar de las enormes ventajas de la tecnología MEMS, son aún pocos los transductores disponibles que pueden ser aplicados al ámbito marino. Existen diversos transductores
MEMS enfocados a la domótica (presión barométrica, presencia de gases combustibles o
compuestos orgánicos volátiles), pero el ambiente doméstico es mucho menos agresivo
que el mar y sustanciales adaptaciones de estos transductores son necesarios para que

Figura 9

Derivador lagrangiano de bajo coste con capacidad de medir oleaje
mediante tecnología MEMS.

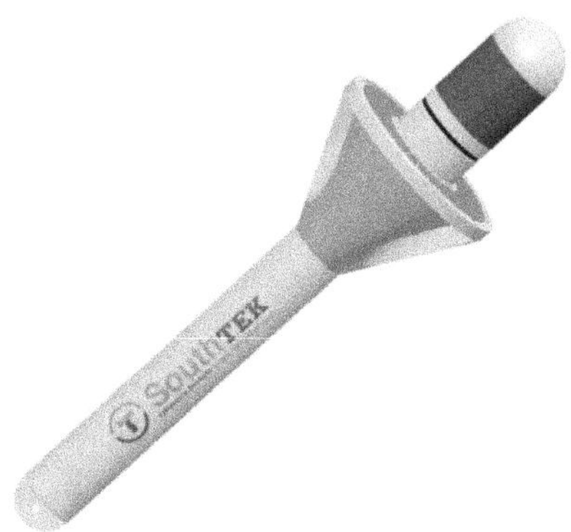

puedan ser aplicados a la monitorización de la costa o del mar abierto. Otra dificultad a la que se enfrenta la aplicación de la tecnología MEMS a la monitorización marina es la necesidad de ingentes inversiones para ser capaz de producir un nano-transductor con el que caracterizar una variable concreta. Estas inversiones tienen sentido si el mercado esperado es muy amplio, lo que habitualmente significa consumo de masas o aplicaciones relacionadas con la seguridad o la salud humana.

Es en estas aplicaciones donde cabe esperar importantes avances de la extensión de la tecnología MEMS que se conoce como "*Lab on a Chip*" (LOC); es decir, ser capaz de construir un nano-laboratorio que realice las mismas tareas de análisis químico de una tecnología convencional pero que tenga el tamaño de un chip. La monitorización del medio marino no tiene por qué verse beneficiada con este impulso, no porque no sea técnicamente factible sino porque su mercado es demasiado pequeño para compensar las inversiones necesarias en desarrollo. Puede, no obstante, verse beneficiada de desarrollos realizados con fines médicos como ya ocurrió con la citometría de flujo o los contadores de partículas. Sin embargo, para las aplicaciones específicas al medio marino pueden ser necesarias otras tecnologías como los biosensores que cumplan su función sin las ingentes inversiones que conlleva el desarrollo de sensores MEMS.

2.2. Biotecnología

En lugar de intentar replicar un laboratorio con nano-tecnología como hacen los LOC, los biosensores confían en la propia maquinaria de los seres vivos para que actúen como nano-laboratorio. Un biosensor es un dispositivo analítico que transforma procesos biológicos en señales eléctricas u ópticas, permitiendo así la medición de parámetros biológicos o químicos. Está constituido por un receptor biológico, que detecta específicamente una sustancia mediante interacciones biomoleculares, y un transductor, que interpreta la reacción de reconocimiento biológico que produce el receptor para traducirla en una señal cuantificable (**Figura 10**). Los elementos biológicos receptores pueden ser enzimas, anticuerpos, proteínas, secuencias de oligonucleótidos, fragmentos subcelulares, secciones de tejidos animales y vegetales o células completas entre las que se encuentran bacterias o algas. Por su parte, como transductores se emplean dispositivos ópticos, electroquímicos, mecano-acústicos, etc. Este contacto íntimo entre material biológico y electrónica permite utilizar la respuesta de naturaleza biológica ante un compuesto determinado para generar un sensor que funciona como un transductor convencional, capaz de operar en continuo para genera datos exactos y reproducibles pero sin intervención humana (Brayner *et al.*, 2011).

A pesar de las numerosas ventajas de los biosensores, estos se han enfrentado a importantes problemas de especificidad que comprometen su uso, ya que determinados transductores obtienen una señal global para un conjunto de sustancias que pueden estar presentes en la muestra. Es decir, el dispositivo reacciona ante un amplio espectro de compuestos y registra la correspondiente respuesta, pero no discrimina de qué compuesto se trata, ni su concentración.

Figura 10

Esquema de un biosensor genérico.

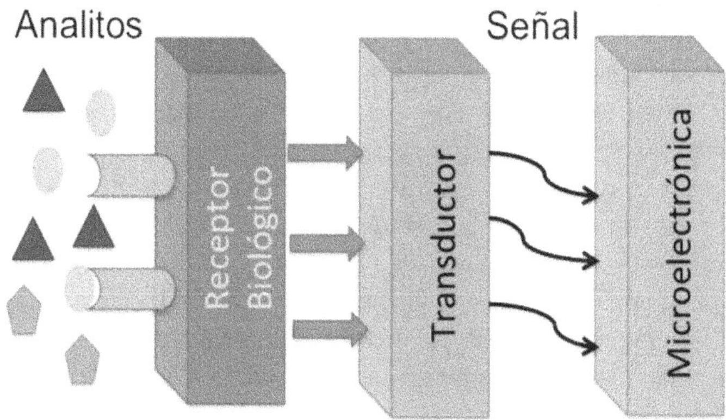

Los sensores basados en microalgas son especialmente adecuados para superar estos inconvenientes cuando se trata de monitorizar el medio marino. La Universidad Complutense de Madrid en colaboración con el sector privado ha desarrollado un biosensor compacto de laboratorio (**Figura 11**) con la especifidad, inmediatez y autonomía que demandan los programas de seguimiento ambiental. Esta tecnología ha sido testeada con éxito en aplicaciones militares como la detección de explosivos (Altamirano *et al.*, 2004) así como para la detección de metales pesados (López-Rodas *et al.*, 2008), sulfuros

Figura 11

Biosensor de laboratorio basado en microalgas.

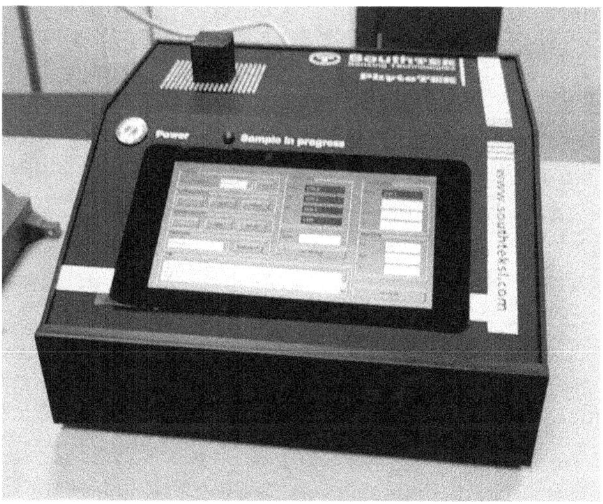

(Flores-Moya *et al.*, 2005), antibióticos como cloranfenicol (Sánchez-Fortun *et al.*, 2009) o hidrocarburos y petróleo (López-Rodas *et al.*, 2008). Mediante mejora genética de las microalgas que actúan como biosensor, esta misma tecnología es capaz de detectar bajas concentraciones de elementos como los antibióticos que a menudo afectan a los entornos marinos donde hay explotaciones acuícolas.

La detección de sustancias no deseadas con estos equipos se realiza con una rapidez inusitada, pudiendo ser manejados por operarios no especializados para proporcionar un resultado de ausencia o presencia (y cantidades con las que está presente) de un compuesto químico determinado cada pocos minutos.

Este tiempo contrasta con la necesidad de esperar varios días, los costes involucrados y la necesidad de personal altamente cualificado que conllevan las técnicas convencionales como el HPLC. Su rapidez de uso las hace especialmente operativas en la descontaminación de vertidos. Por ejemplo, se usan en casos de contaminación de suelos por vertidos accidentales. En estas circunstancias, el marco de legislación ambiental europea obliga a la retirada y posterior tratamiento del suelo que ha sido contaminado. El tratamiento de estos residuos contaminados es costoso por lo que resulta esencial delimitar qué porción de suelo es la que realmente está contaminada por el vertido. Las técnicas convencionales se muestran inoperativas en esta situación pues, durante las labores de retirada del suelo, no se puede esperar repetidamente durante periodos de días o semanas para que una analítica tradicional determine si el suelo que está siendo retirado en ese momento está dentro o fuera del perímetro de la zona que ha sido contaminada por el vertido. En estas circunstancias, la estrategia de descontaminación suele consistir en la retirada de un exceso de suelo para asegurarse de dejar la zona descontaminada, pero con un importante incremento en los costes operativos. Por el contrario, los biosensores han sido especialmente eficaces en esta situación. Con ellos la estrategia es diferente y consiste en retirar suelo mientras se hacen constantemente, *in situ* y durante el proceso de retirada, el análisis de presencia/ausencia de la especie química que ha sido vertida. La detección del perímetro contaminado es inmediata y los ahorros en los costes de retirada y tratamiento de residuos muy importantes.

A pesar de las enormes ventajas operacionales que representa el uso de estos biosensores, no son aún una tecnología con validez frente a la administración de justicia. Por ello, su uso suele ser combinado con técnicas convencionales de forma que se realiza el seguimiento continuo de la especie química mediante el biosensor y, cuando esta se detecta, se toma una muestra para análisis convencional que tenga validez legal. De esta forma es posible detectar vertidos esporádicos que podrían pasar desapercibidos por su carácter puntual. Con esta finalidad, especialmente en el medio marino donde puede resultar difícil detectar la existencia o el origen de un vertido por el movimiento continuo de las masas de agua, resultan especialmente útiles los avances que se están realizando para implementar estos sensores de tecnología microalgal en sistemas de seguimiento en continuo. A modo de ejemplo, la **Figura 12** muestra una serie temporal obtenida mediante la modificación del equipo presentado en la **Figura 10** de forma que le permita trabajar en continuo sin la intervención de un operario. La figura muestra la respuesta obtenida con un biosensor diseñado para ser sensible a la simazina (fitosanitario de uso

Figura 12

Serie temporal de la respuesta de un sensor a la presencia de simazina. En el eje de abscisas se representa el tiempo en horas y en el de coordenadas la respuesta del biosensor (círculos azules) y la concentración deducida de simazina (línea continua).

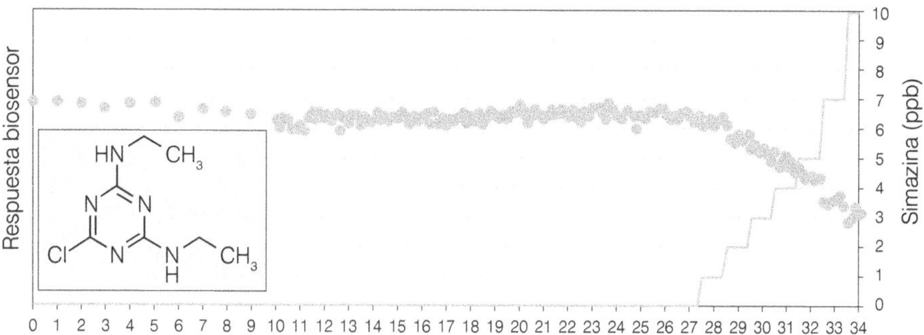

muy restringido en la legislación comunitaria) en una zona costera expuesta a vertidos de agricultura. Este prototipo de biosensor funcionó autónomamente durante semanas sin ninguna intervención humana. Podía realizar un análisis cada pocos minutos de forma totalmente autónoma y, como se puede comprobar en la **Figura 12**, fue capaz de detectar automáticamente la presencia de simazina en el agua. Esta detección la realizó a concentraciones de ppb tan bajas que eran inferiores a los umbrales marcados no solo para la salud ambiental sino también para el agua de consumo humano.

CONCLUSIÓN Y RECOMENDACIONES

Resulta evidente, a la vista de los diversos ejemplos que se han presentado en este capítulo, que la tecnología actual permite o está empezando a permitir la detección de variables químicas y biológicas en el medio marino con una eficacia y eficiencia insospechada hasta hace poco. El uso de estos avances que los diversos estados miembros de la Unión Europea han realizado para poder implementar la MSFD, con exigentes componentes de monitorización, en un momento de crisis económica aguda es evidencia clara de sus capacidades. Esta nueva potencia tecnológica permite la construcción de mapas espaciales y series temporales a una resolución tan elevada que es previsible esperar una mejora sustancial en la detección de relaciones causa-efecto, y sus consecuencias legales, para el medio marino. Permiten también el establecimiento de programas de vigilancia autónoma y continua que requieren de muy poca intervención humana para la detección automatizada y en tiempo real de eventos ambientales indeseables. Aunque el ritmo al que avanza esta tecnología es mayor que el marco legal que debe aceptarlas como prueba válida, la combinación de tecnologías convencionales y disruptivas representa una articulación potente para diagnosticar violaciones de la legislación ambiental vigente y para que este diagnóstico tenga validez en un tribunal.

Efectividad, eficiencia, ahorro de costes, elevada resolución, información en continuo, tiempo real, transparencia frente al público, robustez, operarios no especializados, rapidez, autonomía... son las características que conllevan las nuevas tecnologías para la caracterización química y biológica de la franja costera. No hay razones para la tecnofobia en las administraciones públicas e instituciones académicas con responsabilidades en la monitorización del medio marino, y no debiera haberlas tampoco en las corporaciones privadas.

REFERENCIAS

Altamirano, M., García-Villada, L., Agrelo, M., Sánchez-Martin, L., Martin-Otero, L., Flores-Moya, A., Rico, M., López-Rodas, V., & Costas, E. (2004). A novel approach to improve specificity of algal biosensors using wild-type and resistant mutants: an application to detect TNT. *Biosensors and Bioelectronics, 19*(10), 1319-1323.

Brayner, R., Couté, A., Livage, J., Perrette, C., & Sicard, C. (2011). Micro-algal biosensors. *Analytical and Bioanalytical Chemistry, 401*(2), 581-597.

Caballero, I., Navarro, G., & Ruiz, J. (2018). Multi-platform assessment of turbidity plumes during dredging operations in a major estuarine system. *International Journal of Applied Earth Observation and Geoinformation, 68*, 31-41.

Flores Moya, A., Costas, E., Bañares España, E., García Villada, L., Altamirano, M., & López Rodas, V. (2005). Adaptation of *Spirogyra insignis* (Chlorophyta) to an extreme natural environment (sulphureous waters) through preselective mutations. *New Phytologist, 166*(2), 655-661.

Junta de Andalucía. (n.d). Consejería de Agricultura, Pesca y Desarrollo Sostenible - Centro de Control. Visitado octubre, 2018 desde: https://www.juntadeandalucia.es/organismos/agriculturaganaderiapescaydesarrollosostenible/areas/pesca-acuicultura/slsepa/paginas/centro-control.html

López-Rodas, V., Marvá, F., Rouco, M., Costas, E., & Flores-Moya, A. (2008). Adaptation of the chlorophycean *Dictyosphaerium chlorelloides* to stressful acidic, mine metal-rich waters as result of pre-selective mutations. *Chemosphere, 72*(5), 703-707.

Navarro, G., Alvain, S., Vantrepotte, V., & Huertas, I. E. (2014). Identification of dominant phytoplankton functional types in the Mediterranean sea based on a regionalized remote sensing approach. *Remote Sensing of Environment, 152*, 557-575.

Navarro, G., Huertas, I. E., Costas, E., Flecha, S., Díez-Minguito, M., Caballero, I., López-Rodas, V., Prieto, L., & Ruiz, J. (2012). Use of a real-time remote monitoring network (RTRM) to characterize the Guadalquivir estuary (Spain). *Sensors, 12*(2), 1398-1421.

Picheral, M., Guidi, L., Stemmann, L., Karl, D. M., Iddaoud, G., & Gorsky, G. (2010). The Underwater vision profiler 5: an advanced instrument for high spatial resolution studies of particle size spectra and zooplankton. *Limnology and Oceanography: Methods, 8*(9), 462-473.

Ruiz, J., Polo, M. J., Díez-Minguito, M., Navarro, G., Morris, E. P., Huertas, E., Caballero, I., Contreras, E., & Losada, M. (2015). The Guadalquivir estuary: a hot spot for environmental and human conflicts. En: Finkl C., Makowski C. (eds), *Environmental Management and Governance* (pp. 199-232). Londres: Springer.

Sánchez Fortün, S., López Rodas, V., Navarro, M., Marvá, F., D'ors, A., Rouco, M., Haigh-Florez, D., Costas, E. (2009). Toxicity and adaptation of *Dictyosphaerium chlorelloides* to extreme chromium contamination. *Environmental Toxicology and Chemistry: An International Journal, 28*(9), 1901-1905.

METODOLOGÍAS DE MUESTREO Y ANÁLISIS DE METALES Y COMPUESTOS ORGÁNICOS

Castilla, J. C., Fariña, J. M., & Camaño, A. (Eds.). 2021. *Programas de monitoreo del medio marino costero: Diseños experimentales, muestreos, métodos de análisis y estadística asociada.* Ediciones Universidad Católica. Santiago, Chile. 320 pp.

8. MUESTREO Y ANÁLISIS DE METALES PESADOS EN SEDIMENTOS SUBMAREALES MARINOS

SAMPLING AND ANALYSIS OF HEAVY METALS IN SUBTIDAL MARINE SEDIMENTS

JORGE VALDÉS[1]

Resumen. Todos los metales están presentes en el océano. Tanto aquellos que tienen su origen en procesos naturales como aquellos generados por actividad antrópica tienen como destino final los sedimentos de fondo en donde pueden acumularse y preservarse por largos periodos de tiempo, mientras las condiciones físico-químicas de dicho ambiente de depositación no cambien. Por ello, el muestreo de sedimentos marinos constituye una práctica primordial al momento de evaluar el impacto ambiental asociado a la incorporación de metales al océano. El diseño y ejecución del muestreo, el análisis químico y la interpretación de los resultados de las mediciones de metales en sedimentos marinos son etapas que deben realizarse apegadas a aspectos metodológicos que aseguren la validez, la repetibilidad y la comparación espacial y temporal de los mismos. Dado que hasta la fecha no existen en Chile normas de calidad de sedimentos marinos, se requiere con urgencia establecer lineamientos precisos que orienten a los especialistas cuando trabajan con la matriz sedimentaria. El presente capítulo apunta a describir los aspectos más relevantes que deben considerarse al momento de diseñar un programa de monitoreo de sedimentos marinos, desde la planificación, hasta el análisis de los resultados.

Palabras claves. Metales pesados, sedimentos marinos, muestreo, análisis.

Summary. All metals are present in the ocean. Both, metals originated in natural processes, and those generated by anthropogenic activities finally are accumulated in bottom sediments. There, the metals coud be preserved during long time if the phisic-chemicla conditions remain stables. For this reason, the marine sedimen sampling is a crucial step

[1] Laboratorio de Sedimentología y Paleoambientes, Instituto de Ciencias Naturales A. von Humboldt, Facultad de Ciencias del Mar y de Recursos Biológicos, Universidad de Antofagasta,Chile. jorge.valdes@uantof.cl

to evaluate the environmental impact associated to the imput of metals into the ocean. The design and implementation of sampling, the chemical analisys and the interpretation of sediment metal results, are stages that must be carefully performed to ensure validity, repeatability and spatial and temporal comparison of those results. Since there are no marine sediment quality standards in Chile to date, there is an urgent need to establish precise liners to guide specialists when working with the sedimentary matrix. This chapter aims to describe the most relevant aspects to be considered when designing a program for monitoring marine sediments, from planning to analysis of the results.

Keywords. Heavy metals, marine sediments, sampling, analyses.

INTRODUCCIÓN

Los sedimentos de fondo constituyen el depósito final de las sustancias orgánicas e inorgánicas, alóctonas y autóctonas que ingresan al ambiente marino (Libes, 2009). Por tal motivo conforman un registro natural de los factores que originaron dichas sustancias y de las condiciones ambientales imperantes al momento de su transporte y depositación. Por ello han sido ampliamente estudiados en busca de evidencias de contaminación (Chandía & Salamanca, 2012; Trifouggi *et al.*, 2017; Liu *et al.*, 2017; Valdés & Tapia, 2019; entre otros), e incluso como un registro cronológico de la historia de intervención antrópica de diversas zonas costeras (Ponce *et al.*, 2000; Mil-Holmens *et al.*, 2009; Song *et al.*, 2014; Zhang *et al.*, 2016). Los sedimentos de las zonas costeras son normalmente dominados por partículas terrígenas transportadas desde el continente, pero en áreas de surgencia predominan los restos orgánicos fitoplanctónicos. Esta situación, combinada con las condiciones hidrodinámicas del ambiente sedimentario controlan el comportamiento de las sustancias químicas.

El material particulado que desciende por la columna de agua forma depósitos no consolidados que al ubicarse sobre la plataforma continental se denominan depósitos neríticos, los que están formados por partículas de diferente origen, composición y tamaño (Libes, 2009). Los sedimentos marinos son muy heterogéneos en su composición y distribución geográfica, debido a que son afectados por diferentes factores ambientales que actúan durante todo el proceso de tránsito hacia el piso marino. En términos generales, todo el material particulado que se encuentra en el ambiente marino es denominado sedimento, siendo resultado del proceso de erosión, transporte y depositación en los diferentes ambientes sedimentarios. Durante el transporte y dependiendo de la resistencia de las sustancias a los factores ambientales, puede sufrir diversos procesos de transformación y modificar su estructura y composición original para finalmente generar depósitos característicos en el fondo del océano (**Figura 1**). Así, las características de los sedimentos marinos son altamente dependientes de las condiciones ambientales imperantes en los lugares en donde este material se origina, por donde pasa y donde se deposita.

En el último tiempo se ha colocado especial atención en la composición química de los sedimentos de regiones con un alto grado de desarrollo industrial, debido a los graves procesos de deterioro de la calidad de estos ecosistemas. Las sustancias contaminantes en las zonas costeras incluyen compuestos orgánicos persistentes, nutrientes, combustible, radionúclidos, patógenos y metales pesados, entre otros. Estos últimos han sido los más estudiados pues se asocian a diversas actividades industriales, aun cuando todos ellos se encuentran presentes en forma natural en los ambientes marinos (Stevenson, 2001; El-Taher & Madkour, 2011). Las fuentes de contaminación por metales en las zonas costeras incluyen fuentes terrestres fijas y móviles, descargas de ríos y arroyos y emisiones atmosféricas (Ruilian *et al.*, 2008). Todas ellas, individual o colectivamente generan una carga de contaminantes que finalmente pueden incorporarse a los ambientes de fondo, convirtiéndose en un registro sedimentario del desarrollo de la actividad industrial en la zona costera.

Desde el punto de vista químico, prácticamente todos los elementos están presentes en el agua de mar. Aquellos elementos que tienen concentraciones menores a 0,05 μmol kg^{-1} son llamados elementos traza, siendo la mayoría de ellos metales (Libes, 2009).

Figura 1

Procesos sedimentarios en la zona costera. Origen, transporte y depositación del material natural y antrópico en el ambiente marino.

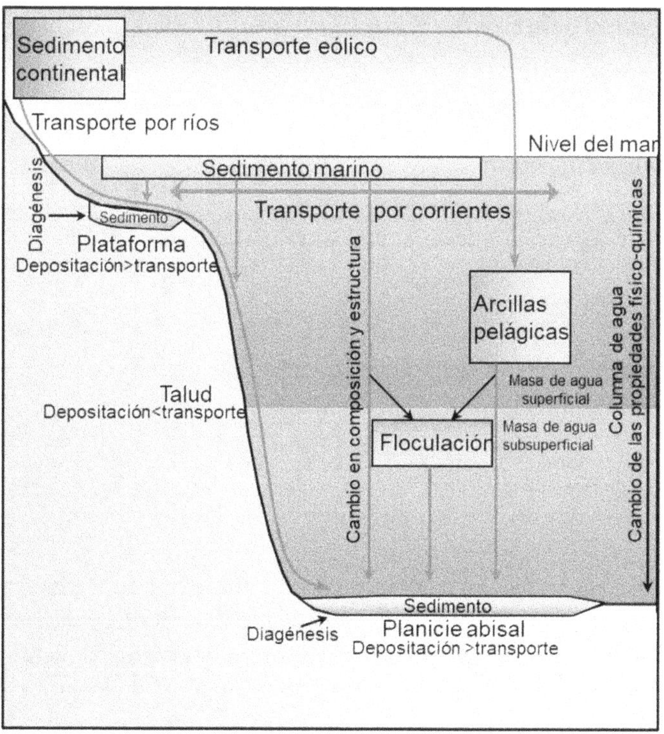

Los metales pesados son elementos químicos caracterizados por ser buenos conductores del calor y la electricidad, por ser sólidos a temperatura ambiente y por poseer una alta densidad (mayor que 4,5 g cm^{-3}, en general se define el valor de base en el rango de 4 g cm^{-3} hasta 7 g cm^{-3} (Chand & Prasad, 2013)). Muchos de estos metales no son tóxicos y algunos son elementos esenciales para los organismos, incluido el ser humano, independientemente de que a determinadas concentraciones puedan representar un riesgo para la vida. Sin embargo, varios de estos elementos pueden representar un serio problema para el ambiente. Entre los metales tóxicos más conocidos están el mercurio, plomo, cadmio y talio. También se suele incluir un metaloide como es el arsénico y, en algún caso, algún no metal como el selenio.

Estos elementos están presentes en todo el ecosistema terrestre pudiendo encontrarse como parte de compuestos minerales de la corteza, cumpliendo funciones fisiológicas en seres vivos, como parte de los gases de la atmósfera y en las aguas continentales y marinas (Pan & Wang, 2012). Al ambiente marino pueden llegar como parte del material que es transportado desde el continente por los ríos y el viento, o ser parte de la composición química natural de las aguas de mar, pudiendo ser de naturaleza inorgánica (*e.g.*, minerales) u orgánica (restos y/o desechos de organismos) (**Figura 2**).

Figura 2

Modelo conceptual de la interfase océano-continente-atmósfera, mostrando los factores y vías de tránsito de los metales. M es metal.

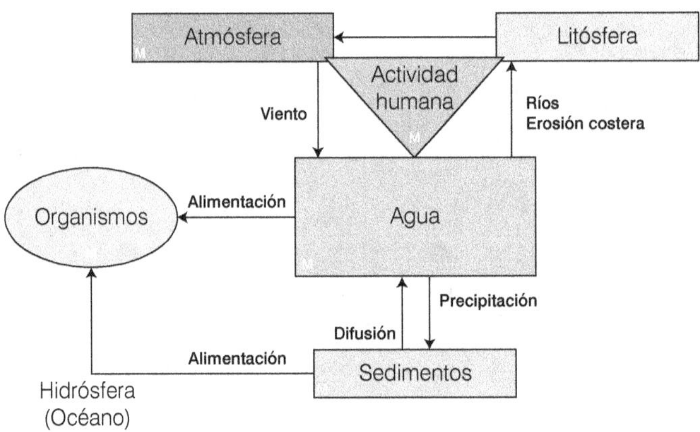

La actividad antrópica, particularmente la industrial puede generar sustancias que se incorporan a los procesos sedimentarios y finalmente llegar al mar alterando su balance natural. Dentro de ellas, los principales residuos corresponden a diversos metales derivados de procesos de fabricación, almacenamiento y embarque de productos, así como de otros servicios asociados. Así la actividad industrial incrementa el aporte de metales al medio marino por sobre los niveles naturales, pudiendo en algunos casos significar un riesgo para las comunidades de organismos marinos y, eventualmente, para el ser humano (Avigliano *et al.*, 2015). Una vez en el mar, los metales siguen diferentes vías gobernadas por procesos biológicos, físicos y químicos. Una parte ingresa a las cadenas tróficas (matriz biológica), otra se mantiene en suspensión (matriz agua) y otra es incorporada al piso marino (matriz sedimento). Debido a su dinámica, los metales tienen tiempos de residencia cortos en las dos primeras matrices, pudiendo ser mucho más prolongada en la matriz sedimentaria, incluso de decenas y miles de años. Así, bajo ciertas condiciones, los sedimentos constituyen un registro que permite reconstruir la historia de los procesos naturales y antrópicos que han caracterizado a la zona costera. Sin embargo, se debe considerar que dependiendo de las condiciones del ambiente de depositación, los sedimentos pueden actuar como sumideros o fuentes de metales (y otras sustancias) al medio acuático (Buccolieri *et al.*, 2006).

Dado que los sedimentos marinos son el último depósito de los metales que por distintos motivos descienden por la columna de agua, constituyen un archivo de evidencias asociadas a las fuentes de aporte de metales al medio marino, incluidas las actividades humanas. Por tal motivo, la legislación de los países más desarrollados incorpora normas de calidad para evaluar y controlar la presencia de estas sustancias en los sedimentos y su impacto sobre las comunidades de organismos bentónicos, muchos de ellos de consumo humano (Long *et al.*, 1995). Sin embargo, en Chile si bien se ha avanzado en la formulación de normas de calidad ambiental, por ejemplo, para la matriz agua (Decreto Supremo N° 144, 2009), no se ha establecido aún una normativa de calidad de sedimentos marinos. Esta situación es explicada, en parte, por la falta de conocimientos científico sobre la composición y estructura del material que se acumula en el piso marino, especialmente en zonas costeras como las bahías. Aun así, los procedimientos para la evaluación y monitoreo del medio marino incluyen el análisis de sedimentos de fondo, y es en este contexto que los métodos de estudio que se utilicen deben considerar aspectos técnico-científicos que validen la información desprendida de los análisis del material colectado y que permitan su correcta interpretación, la comparación espacial y temporal dentro de los mismos programas de monitoreo y, en lo posible, entre diferentes programas.

OBJETIVOS

Este capítulo tiene por objetivos, explicar los mecanismos y factores que intervienen en la sedimentación marina, y proponer criterios técnicos basados en el conocimiento científico, sobre los mejores métodos de muestreo y análisis de metales pesados en sedimentos marinos, así como del tratamiento de los datos obtenidos de dichos estudios.

DESARROLLO

1. Diseño de muestreo

El correcto análisis de las sustancias contenidas en los sedimentos y la búsqueda de evidencias de impacto ambiental requieren de un diseño de muestreo que permita capturar la variabilidad espacial y temporal del material que se acumula en el piso marino. En el primer punto es necesario considerar los factores que influyen en la existencia de gradientes de depositación de sustancias, dentro de los cuales están la profundidad de la columna de agua, la distancia desde la costa, las propiedades físico-químicas de las aguas, el origen del material, el uso del borde costero, la climatología y geología local, y la hidrodinámica. Este último aspecto es uno de los más importantes puesto que la dirección y velocidad de las corrientes permite identificar el patrón de dispersión de partículas y las eventuales zonas de depositación final. Un segundo factor de importancia cuando se desarrollan estudios de impacto ambiental es la localización de las actividades antrópicas que se pretende evaluar. Por ejemplo, esta información en combinación con el patrón de circulación de las aguas permite establecer con certeza la localización de la estación control, la que debe cumplir con una característica fundamental que es estar fuera del área de influencia de la actividad antrópica desarrollada en la zona costera. En muchos casos este punto es subvalorado por los diseños de muestreo, lo que redunda en interpretaciones incorrectas de la información generada por el estudio de sedimentos y en decisiones erróneas respecto de la validez y aplicación de medidas correctivas de dichos programas de monitoreo. Otro aspecto relevante en el diseño de muestreo es la validez estadística de los datos, lo que debe ser definido en esta etapa y no una vez que se han obtenido los resultados de los análisis de metales (Bernardo, 1981; Quinn & Keough, 2002). Para ello, y particularmente cuando se trabaja con pocos puntos de muestreo, es necesario colectar a lo menos 3 muestras por punto (triplicado). Esto permite disminuir el error del resultado final y, más importante, aplicar procedimientos estadísticos que aumenten la significancia y validez de las interpretaciones alcanzadas con estos estudios.

Tanto la localización equivocada del punto control como la falta de réplicas de las muestras son errores frecuentes en los monitoreos ambientales realizados en el medio marino.

La forma básica de estudiar la variabilidad espacial del sedimento es mediante el establecimiento de grillas de muestreo que cubran una superficie lo suficientemente amplia como para capturar aquellos factores responsables del gradiente espacial del material depositado. Por ejemplo, dentro de una bahía el patrón de circulación de las aguas es un factor preponderante para definir la zona de depositación de material particulado. Sin embargo, no siempre está disponible al momento de establecer la zona de muestreo, por lo que como sugerencia se debiese optar por muestrear a lo menos una primera vez toda la bahía con el propósito de disponer de un mapa sedimentológico general que permita evaluar eventuales impactos y modificaciones en la distribución y magnitud de las sustancias que llegan al piso marino. Estas grillas generan mapas de distribución de sustancias y destacan, por ejemplo, zonas de máxima depositación, algunas de las cuales pueden ser de origen antrópico (Valdés *et al.*, 2005). Las grillas pueden ser establecidas en función de las características naturales del ambiente que se pretende estudiar o en función de alguna actividad antrópica particular. En este último caso la distribución de los puntos de muestreo debe ser alrededor de dicha actividad y considerando el patrón de dispersión de sustancias producido por la hidrodinámica local. En general, se pueden establecer tres tipos de grillas de muestreo: azarosa, ordenada y de puntos equidistantes **(Figura 3)**. La elección de alguna de ellas depende de la utilización final de los datos obtenidos y de la factibilidad logística de aplicar métodos de muestreo muy precisos dependientes de la capacidad de mantener las coordenadas geográficas durante el proceso de colecta de muestras. Por ejemplo, cuando se busca establecer patrones de distribución espacial de metales en los sedimentos lo más apropiado es generar mapas de distribución, lo que se realiza extrapolando valores entre los puntos efectivamente muestreados **(Figura 3)**. Dado que esto se realiza en programas computacionales que utilizan algoritmos matemáticos, la eficiencia de estos depende de factores tales como distancias uniformes entre puntos de muestreo (Renka, 1998).

Figura 3

Tipos de grillas de muestreo de sedimentos marinos. **A** corresponde a una grilla de distribución ordenada, **B** corresponde a una grilla de distribución azaroza, **C** corresponde a una grilla de distribución equidistante. **D** representa un mapa de distribución de Cobre en sedimentos superficiales de la bahía Mejillones del Sur (23° S) construido con una grilla tipo **C**.

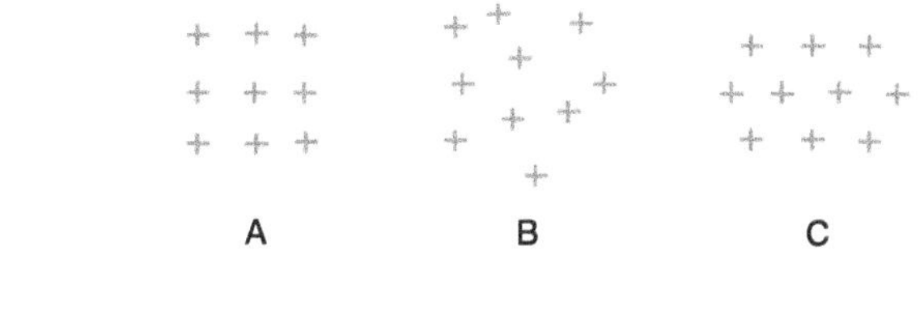

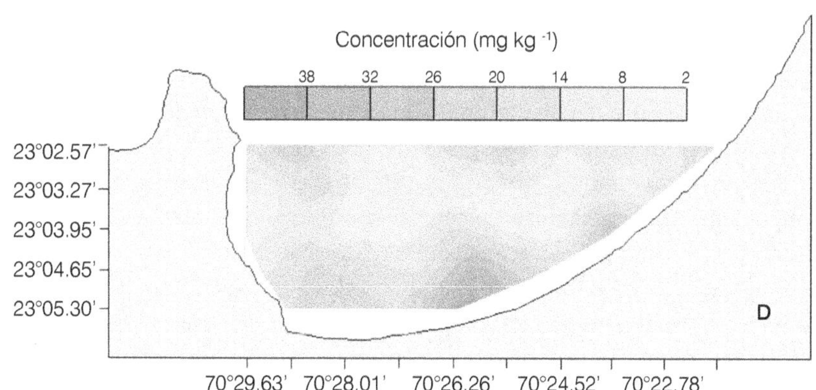

Desde el punto de vista temporal, los ambientes marinos y particularmente las zonas costeras se ven influenciados por procesos que actúan a diferentes escalas temporales, desde unos pocos segundos hasta mil o más años (Buchard, 2002). Esto hace que la elección de la frecuencia de muestreo sea un tema complejo. En el caso de los sedimentos, el diseño de muestreo debe considerar el hecho de que estos son una matriz mucho más estable que el agua, de manera que la frecuencia de muestreo no necesariamente debe ser la misma. Una vez depositado, el material puede permanecer inalterable por mucho tiempo si las condiciones de su entorno no cambian. Así, la frecuencia de muestreo puede ser establecida en función de los factores responsables del gradiente espacial del sedimento. Una premisa básica es que, a mayor profundidad mayor estabilidad del material depositado. Por ejemplo, la zona intermareal y submareal cercana a la costa están bajo la influencia de las mareas, oleaje y las corrientes costeras que provocan una alta remoción del material depositado, de manera tal que la caracterización temporal de esta franja del sedimento marino requiere de una aproximación diferente de aquella en donde la hidrodinámica tiene un menor efecto sobre el material acumulado en el piso marino.

Si el objetivo de los estudios temporales es capturar el efecto de la variabilidad de los procesos naturales sobre el comportamiento de las sustancias presentes en el piso marino, entonces se debe considerar la estabilidad del ambiente de sedimentación frente a la variabilidad de los factores físicos y químicos que pueden alterarlo. Por ejemplo, la circulación de fondo y las propiedades químicas de las aguas son los factores más importantes que afectan a los metales presentes en el sedimento marino. El primer factor puede resuspender el material ya depositado cambiando la distribución espacial de las sustancias, mientras que el segundo (por ejemplo, oxignación) puede cambiar la condición química de metales como vanadio, molibdeno, cadmio, níquel, etc. (Pailler *et al.*, 2002), algunos de ellos tóxicos, reincorporándolos a la columna de agua y, eventualmente, haciéndolos disponibles para los organismos marinos. Frente a esto, si se conoce la variabilidad temporal de la oxigenación de fondo de una zona, la frecuencia de muestreo debiese acoplarse a estos cambios de oxigenación que pueden afectar a los metales ya depositados. En ausencia de información sobre los factores que pueden alterar el ambiente de depositación, se puede considerar la variabilidad de las condiciones climáticas y oceanográficas generales de la zona de estudio, dado que dicha variabilidad influye en las masas de agua presentes en un determinado sector y en su comportamiento dinámico. Así, la frecuencia de muestreo debiese ser a lo menos de dos veces por año, una durante la época de primavera-verano y otra durante el otoño-invierno. Sin embargo, esto debe estar siempre supeditado al análisis de otras fuentes de variabilidad temporal natural y aquellas propias de la actividad antrópica que se desea evaluar.

En cualquier caso, los monitoreos ambientales bien ejecutados constituyen una excelente oportunidad para generar series de tiempo de parámetros físicos, químicos y biológicos que permitan entender el funcionamiento de los sistemas naturales e identificar fuentes de variabilidad a diferentes escalas temporales en largos períodos de tiempo.

2. Métodos de muestreo

La contaminación de las muestras suele ser un problema frecuente y pocas veces identificado en el proceso de muestreo. Por ello, la técnica de muestreo seleccionada debe ser la adecuada para la matriz objetivo y para el tipo de análisis que se realizará. En el caso de los sedimentos, dado que se trata de un sistema estable en comparación, por ejemplo, con la matriz agua, el muestreo resulta un poco más simple, sin embargo, si el objetivo de la muestra es realizar análisis de metales, se debe evitar utilizar cualquier dispositivo que esté fabricado con este material. Aun así, el acero inoxidable constituye un material aceptable y la mayoría de los instrumentos muestreadores de sedimento están fabricados con acero. Una alternativa es utilizar instrumentos de muestreo cubiertos con pinturas epóxicas libres de metales. En todos estos casos y, como precaución, se debe tener cuidado de tomar la muestra evitando tocar los bordes del instrumento. Como regla general y siempre que sea posible es conveniente colectar la muestra con la ayuda de un buzo que pueda recuperar el material directo desde el fondo marino y colocarla inmediatamente dentro de un recipiente sellado. La selección del instrumento depende del objetivo de la colecta de sedimento, del tipo de material que se espera recuperar y de la profundidad de muestreo. Dado que, desde un punto de vista temporal los procesos de contaminación son eventos recientes, se espera que las evidencias se encuentren preservadas muy cerca de la interfase agua-sedimento, sin embargo, esto último también depende de las características del ambiente de depositación; un ambiente de fondo con una hidrodinámica intensa no permite la preservación de la estructura primaria del sedimento, de manera que en estos ambientes la componente temporal no es factible de recuperar con facilidad.

Se pueden identificar tres tipos de instrumentos de muestreo de sedimentos, los que cumplen funciones diferentes (**Figura 4**). Las dragas se utilizan en todo tipo de ambientes de depositación, pero tienen la dificultad, debido a la mecánica de funcionamiento, de que tienden a mezclar el material colectado particularmente en sedimentos de granulometría mayor a limo grueso (> 0,05 mm). El boxcore es un instrumento que funciona por gravedad, muy útil cuando se busca colectar muestras de sedimento sin alterar la estructura primaria de los mismos, pero su uso está limitado a sedimentos de granulometría muy fina tipo limo y arcilla. El Haps bottomcore es equivalente al anterior, pero mucho más efectivo para colectar la interfase agua-sedimentos, ya que presenta un mecanismo muy lento de penetración en la columna de sedimento al posarse primero sobre el piso marino y luego perforar la columna de sedimento. Finalmente, los saca testigos de gravedad son instrumentos que funcionan en base a un tubo de longitud variable y a un sistema de pesos que se colocan en la parte superior, lo que generan un empuje suficiente para penetrar la columna de sedimento. Este tipo de instrumentos se utiliza en depósitos sedimentarios que conservan su estructura primaria y permiten realizar reconstrucciones paleoambientales en escalas de decenas a miles de años, ya que las columnas recuperadas son un registro cronológico de las sustancias que han llegado al piso marino. Tanto los boxcore como los gravitycore utilizan depósitos internos de plástico para contener la muestra colectada, con esto se evita el contacto directo de las paredes del instrumento con el sedimento contenido en él.

Figura 4

Instrumentos de muestreo de sedimentos marinos. a) corresponde a una draga Van ven. b)
corresponde a una draga con acceso desde la parte superior, útil para inspeccionar
el material antes de abrir la draga. c) corresponde a un box core. d) corresponde a un Haps
bottom core. e y f) corresponden a saca testigos de gravedad de diferente longitud.
Los tamaños de los instrumentos no están a escala proporcional.
Fuente: Laboratorio de Sedimentología y Paleoambientes, Universidad de Antofagasta.

El almacenaje y transporte de las muestras resulta también un proceso simple, el depósito en donde se coloca la muestra debe ser de material inerte, especialmente para el caso del análisis de metales y, en lo posible el transporte debe hacerse en contenedores refrigerados.

La preservación tampoco es un proceso complejo, el sedimento puede preservarse refrigerado en depósitos sellados por largos períodos de tiempo. Otra opción es secar el material y guardarlo sellado a temperatura ambiente. Sin embargo, siempre que sea posible, los análisis deben hacerse inmediatamente después de realizado el muestreo.

Aun cuando el propósito sea únicamente evaluar la matriz sedimento, siempre es conveniente colectar datos de parámetros físico-químicos de la columna de agua, especialmente de la zona inmediatamente adyacente al piso marino, ya que, muchas veces esta información permite entender mejor el significado de los resultados obtenidos, toda vez que el material depositado puede verse alterado por las características de la interfaz agua-sedimento. Adicionalmente, si es posible, siempre es conveniente tomar mediciones de pH y potencial redox de los sedimentos recién colectados, dado que esta información puede ser de utilidad cuando se interpretan resultados muy dependientes de variables químicas que influyen en la presencia de metales en los sedimentos.

En el laboratorio, y antes de iniciar el procedimiento de análisis de metales, es necesario realizar pasos previos de preparación del material. Lo primero es secar el sedimento en una estufa a no más de 40° C (**Figura 5**), hasta alcanzar un peso constante. Se debe

Figura 5

Estufa de secado de muestras de sedimento.

Fuente: Laboratorio de Sedimentología y Paleoambientes, Universidad de Antofagasta.

Figura 6

Mufla utilizada para calcinar muestras a altas temperatura. A la izquierda se observa el equipo cerrado y a la derecha el mismo equipo abierto, con la disposición de los depósitos de sedimento listos para ser tratados con este método.

Fuente: Laboratorio de Sedimentología y Paleoambientes, Universidad de Antofagasta.

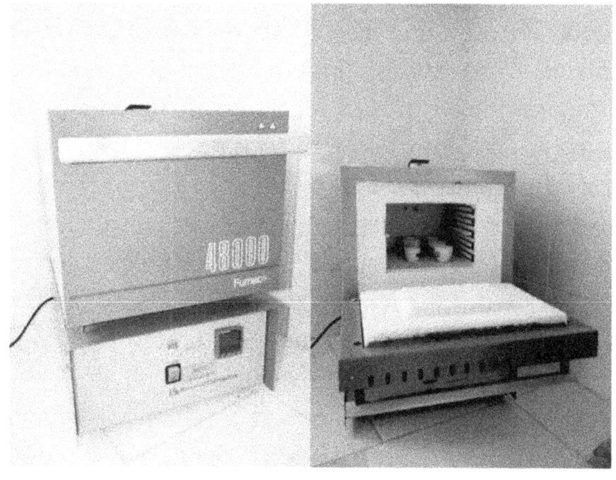

considerar que mientras más fino es el sedimento más contenido de agua tendrá y, por consiguiente, se necesitará de un mayor tiempo de secado.

Posteriormente es recomendable medir el contenido de materia orgánica del sedimento. Esto es importante pues en los ambientes sedimentarios el contenido de materia orgánica tiene un rol preponderante en el transporte de metales a través de la columna de agua y en la capacidad de preservación de estos una vez que el sedimento se ha depositado en el piso marino, ya que los procesos de degradación de la materia orgánica pueden liberar los metales directamente a la columna de agua (Libes, 2009). Este es un análisis simple que se hace comúnmente en una Mufla (**Figura 6**), exponiendo la muestra a alta temperatura y calculando la pérdida de peso, registrando este dato antes y después de ser calcinada (Luczak *et al.*, 1997).

3. Análisis químico de metales pesados en sedimentos

Por lo general la concentración de los metales de significancia ambiental analizados en sedimentos marinos está en el rango de partes por millón (mg kg^{-1}). Actualmente existen diferentes técnicas analíticas destinadas a medir el contenido de metales en sedimentos. Sin embargo, la correcta selección de la técnica debe realizarse en función del límite de detección que cada una de ellas ofrece con el propósito de evitar reportar valores inciertos (menores a este límite) cuando dicha técnica no es lo suficientemente sensible como para detectar concentraciones muy bajas (Jones & Laslett, 1994; Chand & Prasad, 2013).

Se debe tener en consideración que los sedimentos son una mezcla de diferentes materiales y tamaños de partículas y es este último aspecto el que tiene mayor relevancia en la interpretación y comparación de los resultados obtenidos. Por lo general, los análisis reportados son obtenidos analizando la muestra sin ninguna consideración previa, sin embargo, uno de los aspectos que más influye en el análisis de metales es el tamaño de partículas. Dado que las muestras provienen de diferentes sectores de colecta, tienen diferente composición granulométrica, y la razón superficie/volumen determina la capacidad del sedimento para adsorber metales. En palabras simples, a un mismo volumen las partículas más pequeñas ofrecen una mayor superficie sobre la cual pueden adsorberse los metales que alcanzan el piso marino (**Figura 7**) (Fukue *et al.*, 2006).

El nivel de contaminación de un microelemento en los sedimentos puede ser definido como la diferencia entre su concentración total y la concentración debido a procesos naturales (*natural background*) (Apitz *et al.*, 2009). Esto no siempre resulta fácil de determinar ya que el límite entre las dos fracciones no es del todo claro. Tanto los contaminantes orgánicos como inorgánicos una vez que son introducidos en los sedimentos marinos como resultado de procesos de adsorción o intercambio desde la fase líquida tienen la tendencia a asociarse con la fracción más fina del sedimento (< 63 μ, la que posee una mayor superficie específica) (Apitz *et al.*, 2009; Rigaud *et al.*, 2011). La fracción de sedimentos finos es el resultado de procesos de meteorización y rompimiento de minerales durante su transporte desde las fuentes de origen hacia los ambientes de depositación, y estas partículas finas contienen concentraciones naturales de metales traza más altas que las partículas más gruesas ($> 63\ \mu$). Esta fracción más gruesa que resiste el proceso de transporte está formada de minerales más resistentes (*e.g.*, quartz) los que generalmente contienen pequeñas cantidades de metales como parte de su estructura química y, dado su tamaño, presentan una menor superficie específica que las partículas más finas, lo que las hace menos eficientes para los procesos de adsorción de compuestos químicos (Apitz *et al.*, 2009). Así, en términos simples, estas dos fracciones son mezcladas y depositadas en proporción variable como consecuencia de los procesos hidrodinámicos de los ambientes de depositación, por lo que finalmente se puede tener una mezcla de sedimentos finos contaminados y sedimentos gruesos no contaminados (Apitz *et al.*, 2009; Bing *et al.*, 2011).

Figura 7

Representación esquemática del efecto de la razón superficie/volumen sobre la adsorción de metales en sedimentos acuáticos.

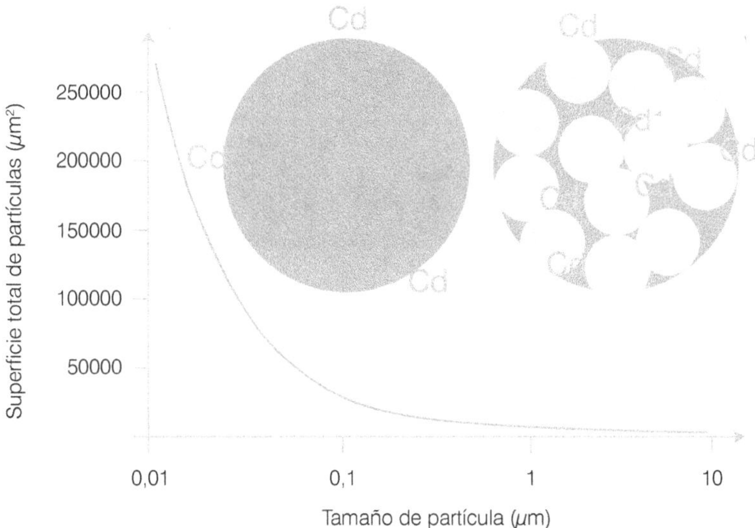

Por tal motivo, no siempre es posible comparar el contenido de metales entre muestras que tiene una composición granulométrica diferente. Una forma de eliminar este obstáculo es mediante la normalización de la granulometría de las muestras realizando una separación mecánica de las poblaciones de material de diferente tamaño y, definiendo un tamaño específico sobre el cual realizar el análisis de metales. Por lo general se trabaja con la fracción menor a 63 micrones, pero cuando esto no es posible se puede definir un tamaño diferente. Lo importante es que el análisis se realice siempre sobre la misma fracción granulométrica. La separación mecánica de las fracciones de sedimento se realiza en un tamizador que permite seleccionar diferentes tamaños de partículas (**Figura 8**).

Figura 8

Tamizador utilizado para separar fracciones de sedimento en función del tamaño de partículas. Fuente: Laboratorio de Sedimentología y Paleoambientes, Universidad de Antofagasta.

Las técnicas analíticas utilizadas para medir la concentración de metales están cada vez más automatizadas. Dado que los metales están adsorbidos sobre partículas de diferente naturaleza, el primer paso es separarlos de dichas partículas mediante técnicas que aseguren una alta eficiencia en la obtención de soluciones con todos los metales contenidos en la muestra original. La técnica tradicional, disgregación de sedimentos, consiste en la utilización de una mezcla de ácidos aplicados a una muestra la que es expuesta a altas temperaturas en una placa calefactora. Sin embargo, esta técnica es poco eficiente ya que no siempre se logra mantener la temperatura uniforme, ni repetir las condiciones de trabajo en grupos de muestras sucesivas. Por ello, en la actualidad se utilizan equipos que hacen el trabajo de disgregación de manera automática (**Figura 9**), y que permiten programar protocolos que son replicados con exactitud para diferentes conjuntos de muestras, lo que optimiza la interpretación de los resultados finales al disminuir el error metodológico de técnicas poco repetitivas.

La muestra obtenida luego de la disgregación del sedimento corresponde una solución que contiene todos los metales que estaban adsorbidos sobre las partículas que constituían el sedimento original. En esta solución se realiza la lectura del contenido de metales, para lo cual, actualmente existen equipos cada vez más precisos y con mejores

Figura 9

Digestor microondas utilizado para disgregar muestras de sedimento.
Fuente: Laboratorio de Sedimentología y Paleoambientes, Universidad de Antofagasta.

límites de detección. Dos de los equipos más utilizados en el análisis de sedimentos marinos son el Espectrofotómetro de Absorción Atómica (AAE, en inglés) y el Plasma Inductivamente Acoplado (ICP, en inglés) (**Figura 10**). La diferencia entre ellos es que el segundo equipo ofrece un mejor límite de detección y la posibilidad de realizar mediciones simultáneas de prácticamente todos los metales de interés. Sin embargo, la elección del equipo debe realizarse en función de los valores de concentración que se quieren alcanzar, ya que ambos equipos trabajan perfectamente en el rango de partes por millón (mg kg^{-1}), concentraciones que para la mayoría de los metales son las comúnmente encontradas en los sedimentos marinos.

Figura 10

Izquierda: Espectrofotómetro de Absorción Atómica. Derecha: ICP-Óptico.
Fuente: Laboratorio de Sedimentología y Paleoambientes, Universidad de Antofagasta.

El éxito de una medición de metales en sedimentos es cada vez más factible debido a que los errores que se pueden cometer van disminuyendo a medida que las técnicas utilizadas en cada etapa son más precisas. La probabilidad de error durante todo el proceso de monitoreo de una matriz ambiental puede graficarse como una campana invertida (**Figura 11**), en la cual los extremos representan la etapa de muestreo de sedimentos (lado izquierdo) y el análisis y presentación de resultados (lado derecho), mientras que la parte central representa la lectura del contenido de metales. En esta secuencia los extremos tienen la mayor probabilidad de error. Aun así, es imprescindible el uso de material de referencia (estándares de sedimento marino) de concentraciones conocidas y certificadas, que permitan verificar el correcto funcionamiento de los métodos e instrumentos analíticos utilizados. Los resultados del material de referencia siempre deben reportarse como parte de los informes de análisis de metales en sedimentos marinos.

Además de todas las consideraciones previas, la participación de personal calificado en cada una de las etapas de análisis sigue siendo la mejor garantía de que los resultados obtenidos reflejen adecuadamente la situación ambiental presente en el medio natural.

Figura 11

Representación esquemática de la probabilidad de error en cada una de las etapas del análisis de metales en sedimentos marinos.

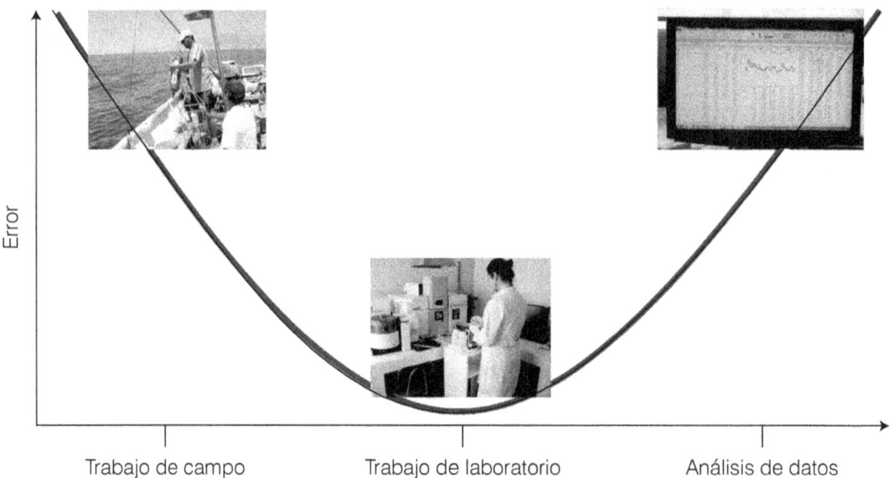

4. Procesamiento e interpretación de resultados

Una vez obtenidos los valores de concentración de los diferentes metales en las muestras de sedimento es necesario establecer su significado e interpretar dichos valores según el propósito inicial del programa de monitoreo ambiental. Para ello, el valor de concentración por sí solo no significa mucho y solamente tiene sentido cuando se compara ya sea con estándares de calidad ambiental establecidos por ley, con niveles de concentraciones probadamente tóxicos para la vida marina y/o la salud humana, o con niveles de concentración naturales esperables de obtener en el ambiente que se está evaluando. Por lo general, y particularmente para Chile, los dos primeros aspectos aún no están debidamente establecidos, mientras que el tercero requiere contar con información de concentración de metales en los ambientes desde antes del establecimiento de la actividad humana que eventualmente pudiese estar alterando las condiciones naturales de dicho sistema. Dado que el desarrollo de la actividad industrial en Chile ha sido más rápida que la generación del conocimiento sobre la estructura y funcionamiento de nuestros sistemas naturales, las huellas de las condiciones prístinas de estos sistemas se han perdido en el tiempo y resultan difíciles de recuperar.

Para evaluar el grado de contaminación en determinadas zonas costeras se han utilizado diversos métodos. Uno de ellos consiste en el uso de análisis estadísticos multivariados (PCA, análisis de Clúster) (Valdés *et al.*, 2005; Valdés & Sifeddine, 2009; Chandrasekaran *et al.*, 2015; Tang *et al.*, 2018) y modelos de regresión lineal (Roussiez *et al.*, 2005) como una forma de diferenciar zonas impactadas dentro de estos ambientes o para identificar las variables más importantes que permitan explicar procesos de contaminación (Bing *et al.*, 2011; Rigaud *et al.*, 2011).

La correcta localización del punto control (aspecto nombrado en el apartado de "Diseño de Muestreo"), permite evaluar el efecto de una determinada actividad antrópica sobre el medio marino. En general, lo que se busca con los monitoreos ambientales es evaluar el impacto que una determinada actividad humana pudiese tener sobre el medio marino y, para ello, la comparación de los resultados del análisis de metales de la zona de influencia directa de la actividad evaluada con una zona libre de esta influencia (punto control) pero de características ambientales similares, permite alcanzar conclusiones más acertadas (Valdés & Tapia, 2019). Sin embargo, para ello es necesario contar con suficiente información para realizar pruebas estadísticas que les den significancia a dichas conclusiones. Otra metodología consiste en comparar la concentración medida en los sedimentos estudiados con valores de referencia establecidos en la legislación ambiental vigente para un determinado territorio (Pekey *et al.*, 2004; McCready *et al.*, 2006; Birch & Hogg, 2011). Sin embargo, estos métodos no consideran la heterogeneidad de los ambientes costeros y, más aun, no permiten evaluar de manera certera el grado de modificación que ha experimentado dicho ambiente desde una condición natural hasta una condición de intervención antrópica. Para subsanar esta situación, se han propuesto diferentes índices que incorporan la condición natural de los sedimentos sin contaminación, sobre la base de valores de referencia estandarizados a nivel global. En este grupo, los más utilizados son el Factor de Enriquecimiento (FE) y el Índice de Geoacumulación (Igeo) (Cobelo-Garcia & Prego, 2004; Pekey *et al.*, 2004; Alagarsamy, 2006; Feng *et al.*, 2011), los cuales utilizan valores de referencia considerados como concentraciones "preindustriales" tales como *average shales* (concentración media en pizarras) y *crustal average*" (concentración media en la corteza terrestre) definidos por Turekian & Wedepohl (1961) y Taylor & McLennan (1995), respectivamente. Nuevamente estos métodos generalizan valores de referencia que muchas veces no se relacionan con las características específicas de cada ambiente. Diversos autores discuten sobre el uso de niveles preindustriales para evaluar el grado de enriquecimiento de metales pesados en sedimentos marinos (Buccolieri *et al.*, 2006; Fukue *et al.*, 2006; Zhang *et al.*, 2007; Ruilian *et al.*, 2008). Estos autores por lo general concluyen que si bien los valores de referencia definidos a nivel global (*i.e.*, *Continental Crust, Average Shales*) permiten una aproximación al real impacto de la actividad antrópica sobre las características geoquímicas de los sedimentos marinos, es necesario definir localmente dichos niveles, ya sea mediante el establecimiento de niveles de concentración en zonas sin intervención antrópica (Vreca & Dolenec, 2005; Sainz & Ruiz, 2006; Valdés & Tapia, 2019) o, en la medida de lo posible, definir valores preindustriales dentro de secuencias sedimentarias que permitan realizar reconstrucciones paleoambientales (Bing *et al.*, 2011; Hosono *et al.*, 2011). En este último caso, se asume que los sedimentos marinos constituyen un registro geológico de los eventos naturales y antropogénicos que han afectado al medio circundante, de manera tal que mediante técnicas geocronológicas y geoquímicas es posible reconstruir la evolución de dichos eventos y los impactos asociados. Este es el propósito de los estudios paleoambientales.

Mas allá de la evaluación que se debe hacer respecto del enriquecimiento de metales en sedimentos, se debe evaluar el impacto que esta situación puede generar en las comunidades de organismos bentónicos. Para ello, existen aproximaciones que han sido incorporadas en normativas internacionales (United States Environmental Protection Agency, 1992; Washington Dept. of Ecology, 1995) basadas en el efecto que determinados metales pueden generar sobre las funciones fisiológicas de los organismos (Mucha, 2003). Por ejemplo, Long *et al.* (1995) proponen una evaluación basada en valores de referencia que separa el efecto de los metales en 3 rangos de concentración con diferentes efectos sobre los organismos. Según esto, se definen dos valores de referencia; uno correspondiente al Efecto de Rango Bajo (ERB), bajo el cual no hay un efecto notorio sobre los organismos bentónicos, y otro que sugiere un Efecto de Rango Medio (ERM), sobre el cual hay un efecto notorio sobre los organismos. Entre ambos valores se define un efecto probable (Logn *et al.*, 1995). Los resultados de los análisis de metales pueden entonces ser interpretados en función de una tabla que indique los valores de ERB y ERM para una serie de metales (**Tabla 1**), la que ha sido utilizada por numerosos estudios

Tabla 1

Valores de ERB y ERM (mg kg-1) propuestos por Long *et al.* (1995)
para diferentes metales presentes en sedimentos marinos.

Guía de Calidad de Sedimentos	As	Cd	Cr	Cu	Hg	Ni	Pb	Zn
ERB	8.2	1.2	80	34	0.15	21	47	150
ERM	70	9.6	370	270	0.71	52	218	410

de sedimentos marino (Birch & Taylor, 2002; Crane & MacDonald, 2003; Valdés, 2012; Trifouggi *et al.*, 2017, entre otros).

Además de los aspectos antes mencionados, el trabajo de interpretación de los resultados debe realizarse siempre sobre la base del conocimiento científico que se tiene sobre el tema en cuestión. Los antecedentes reportados en revistas especializadas son la única fuente confiable de información que ha sido validada mediante un procedimiento de revisión y certificación de la veracidad de lo allí expuesto. Por ello, el análisis de los resultados no debe limitarse a reportar los valores de concentración encontrados y su comparación con monitoreos previos, sino que deben buscar explicar su significado en relación con los procesos naturales y antrópicos que influyen en la presencia de metales en los sedimentos marinos, incluido el eventual impacto de la actividad industrial desarrollada en la zona costera

CONCLUSIONES Y RECOMENDACIONES

Los metales pesados están presentes en forma natural en los ambientes marinos, sin embargo, diversas actividades antrópicas pueden incorporar metales al océano como subproductos de sus procesos productivos. Por este motivo, los programas de monitoreo y vigilancia del medio marino incorporan dentro de sus procedimientos el análisis de estas sustancias en los sedimentos depositados en el fondo.

Si bien estos programas de monitoreo han generado una gran cantidad de información, esta aún no es del todo útil ya que adolece de aspectos que impiden su comparación temporal y espacial. Estos aspectos deben ser corregidos mediante procedimientos establecidos por ley que hagan que los diferentes programas apliquen técnicas estandarizadas que permitan su comparación.

El diseño de muestreo debe considerar como punto primordial el uso estadístico que se le dará a los datos obtenidos y la utilidad espacial y temporal de la información. Por su parte el muestreo requiere la correcta selección del instrumental de acuerdo a los objetivos del muestreo y a las características del sedimento a colectar. El trabajo analítico ofrece cada vez mayor precisión debido a que parte importante de las etapas previas a la cuantificación del contenido de metales se encuentran automatizadas. Finalmente, el análisis de datos debe involucrar procedimientos estadísticos que le agreguen significancia a las conclusiones alcanzadas, la comparación con valores de referencia (aun cuando no existan normas de calidad), el riesgo para los organismos bentónicos y, particularmente, en el caso de los monitoreos, un análisis de la variación temporal de los parámetros medidos.

Algunos de los aspectos urgentes de resolver son la exigencia de trabajar con muestras en triplicado para permitir el análisis estadístico de los resultados, la correcta localización del punto control, uniformar los métodos analíticos (particularmente lo relativo a la normalización granulométrica de las muestras), generar series de tiempo que faciliten el entendimiento de la variabilidad temporal de los sistemas naturales y el impacto de la actividad antrópica sobre ello, generar informes con mayor discusión científica utilizando la literatura publicada en revistas especializadas y avanzar con urgencia en el establecimiento de Normas de Calidad de Sedimentos para el territorio marítimo nacional.

REFERENCIAS

Alagarsamy, R. (2006). Distribution and seasonal variation of trace metals in surface sediments of the Mandovi estuary, west coast of India. *Estuarine, Coastal and Shelf Science, 67*(1-2), 333-339.

Apitz, S. E., Degetto, S., & Cantaluppi, C. (2009). The use of statistical methods to separate natural background and anthropogenic concentrations of trace elements in radio-chronologically selected surface sediments of the Venice Lagoon. *Marine Pollution Bulletin, 58*(3), 402-414.

Avigliano, E., Schenone, N. F., Volpedo, A. V., Goessler, W., & Cirelli, A. F. (2015). Heavy metals and trace elements in muscle of silverside (Odontesthes bonariensis) and water from different environments (Argentina): aquatic pollution and consumption effect approach. *Science of the Total Environment, 506*, 102-108.

Bernardo, J. M. (1981). *Bioestadística: Una Perspectiva Bayesiana.* Barcelona, España: Vicens-Vives.

Bing, H., Wu, Y., Sun, Z., & Yao, S. (2011). Historical trends of heavy metal contamination and their sources in lacustrine sediment from Xijiu Lake, Taihu Lake Catchment, China. *Journal of Environmental Sciences, 23*(10), 1671-1678.

Birch, G. F., & Hogg, T. D. (2011). Sediment quality guidelines for copper and zinc for filter-feeding estuarine oysters? *Environmental Pollution, 159*(1), 108-115.

Birch, G. F., & Taylor, S. E. (2002). Assessment of possible sediment toxicity of contaminated sediments in Port Jackson, Sydney, Australia. *Hydrobiologia, 472*(1-3), 19-27.

Buccolieri, A., Buccolieri, G., Cardellicchio, N., Dell'Atti, A., Di Leo, A., & Maci, A. (2006). Heavy metals in marine sediments of Taranto gulf (Ionian sea, southern Italy). *Marine Chemistry, 99*(1-4), 227-235.

Burchard, H. (2002). *Applied turbulence modelling in marine waters* (Vol. 100). Springer Science & Business Media.

Burchard, H. (2002). *Applied Turbulence Modelling in Marine Waters.* Berlin, Germany: Lecture Notes in Earth Sciences, Springer-Verlag.

Crane, J. L., & MacDonald, D. D. (2003). Applications of numerical sediment quality targets for assessing sediment quality conditions in a US Great Lakes area of concern. *Environmental Management, 32*(1), 128-140.

Chand, V., & Prasad, S. (2013). ICP-OES assessment of heavy metal contamination in tropical marine sediments: a comparative study of two digestion techniques. *Microchemical Journal, 111*, 53-61.

Chandía, C., & Salamanca, M. (2012). Long-term monitoring of heavy metals in Chilean coastal sediments in the eastern South Pacific Ocean. *Marine Pollution Bulletin, 64*(10), 2254-2260.

Chandrasekaran, A., Ravisankar, R., Harikrishnan, N., Satapathy, K. K., Prasad, M. V. R., & Kanagasabapathy, K. V. (2015). Multivariate statistical analysis of heavy metal concentration in soils of Yelagiri Hills, Tamilnadu, India - Spectroscopical approach. *Spectrochimica Acta Part A: Molecular and Biomolecular Spectroscopy, 137*, 589-600.

Cobelo-Garcı a, A., & Prego, R. (2004). Influence of point sources on trace metal contamination and distribution in a semi-enclosed industrial embayment: the Ferrol Ria (NW Spain). *Estuarine, Coastal and Shelf Science, 60*(4), 695-703.

El-Taher, A., & Madkour, H. A. (2011). Distribution and environmental impacts of metals and natural radionuclides in marine sediments in-front of different wadies mouth along the Egyptian Red Sea Coast. *Applied Radiation and Isotopes, 69*(2), 550-558.

Feng, H., Jiang, H., Gao, W., Weinstein, M. P., Zhang, Q., Zhang, W., et al. (2011). Metal contamination in sediments of the western Bohai Bay and adjacent estuaries, China. *Journal of Environmental Management, 92*(4), 1185-1197.

Fukue, M., Yanai, M., Sato, Y., Fujikawa, T., Furukawa, Y., & Tani, S. (2006). Background values for evaluation of heavy metal contamination in sediments. *Journal of Hazardous Materials, 136*(1), 111-119.

Hosono, T., Su, C. C., Delinom, R., Umezawa, Y., Toyota, T., Kaneko, S., & Taniguchi, M. (2011). Decline in heavy metal contamination in marine sediments in Jakarta Bay, Indonesia due to increasing environmental regulations. *Estuarine, Coastal and Shelf Science, 92*(2), 297-306.

Jones, B. R., & Laslett, R. E. (1994). Methods for analysis of trace metals in marine and other simples. *Aquatic Environmental Protection, 11*, 29.

Liu, L., Wang, L., Yang, Z., Hu, Y., & Ma, M. (2017). Spatial and temporal variations of heavy metals in marine sediments from Liaodong Bay, Bohai Sea in China. *Marine Pollution Bulletin, 124*(1), 228-233.

Libes, S. (2009). *Introduction to Marine Biogeochemistry*. New York, USA: Academic Press, Elsevier.

Long, E. R., Macdonald, D. D., Smith, S. L., & Calder, F. D. (1995). Incidence of adverse biological effects within ranges of chemical concentrations in marine and estuarine sediments. *Environmental Management, 19*(1), 81-97.

Luczak, C., Janquin, M. A., & Kupka, A. (1997). Simple standard procedure for the routine determination of organic matter in marine sediment. *Hydrobiologia, 345*(1), 87-94.

McCready, S., Birch, G. F., & Long, E. R. (2006). Metallic and organic contaminants in sediments of Sydney harbour, Australia and vicinity—a chemical dataset for evaluating sediment quality guidelines. *Environment International, 32*(4), 455-465.

Mil-Homens, M., Branco, V., Vale, C., Boer, W., Alt-Epping, U., Abrantes, F., & Vicente, M. (2009). Sedimentary record of anthropogenic metal inputs in the Tagus prodelta (Portugal). *Continental Shelf Research, 29*(2), 381-392.

Decreto Supremo 144. (2009). Establece normas de calidad primaria para la protección de las aguas marinas y estuarinas aptas para actividades de recreación con contacto directo. 7 pp. República de Chile

Mucha, A. P., Vasconcelos, M. T. S., & Bordalo, A. A. (2003). Macrobenthic community in the Douro estuary: relations with trace metals and natural sediment characteristics. *Environmental Pollution, 121*(2), 169-180.

Pailler, D., Bard, E., Rostek, F., Zheng, Y., Mortlock, R., & van Geen, A. (2002). Burial of redox-sensitive metals and organic matter in the equatorial Indian Ocean linked to precession. *Geochimica et Cosmochimica Acta, 66*(5), 849-865.

Pan, K., & Wang, W. X. (2012). Trace metal contamination in estuarine and coastal environments in China. *Science of the Total Environment, 421*, 3-16.

Pekey, H., Karaka , D., Ayberk, S., Tolun, L., & Bako lu, M. (2004). Ecological risk assessment using trace elements from surface sediments of Izmit Bay (Northeastern Marmara sea) Turkey. *Marine Pollution Bulletin, 48*(9-10), 946-953.

Quinn, G. P., & Keough, M. J. (2002). *Experimental Desing and Data Analysis for Biologists*. New York, USA: Cambridge university press.

Renka, R. J. (1988). Multivariate interpolation of large sets of scattered data. *ACM Transactions on Mathematical Software (TOMS), 14*(2), 139-148.

Rigaud, S., Radakovitch, O., Nerini, D., Picon, P., & Garnier, J. M. (2011). Reconstructing historical trends of Berre lagoon contamination from surface sediment datasets: Influences of industrial regulations and anthropogenic silt inputs. *Journal of Environment Management, 92*(9), 2201-2210.

Roussiez, V., Ludwig, W., Probst, J. L., & Monaco, A. (2005). Background levels of heavy metals in surficial sediments of the Gulf of Lions (NW Mediterranean): an approach based on 133Cs normalization and lead isotope measurements. *Environmental Pollution, 138*(1), 167-177.

Ruilian, Y. U., Xing, Y., Yuanhui, Z., Gongren, H. U., & Xianglin, T. U. (2008). Heavy metal pollution in intertidal sediments from Quanzhou Bay, China. *Journal of Environmental Sciences, 20*(6), 664-669.

Sainz, A., & Ruiz, F. (2006). Influence of the very polluted inputs of the Tinto - Odiel system on the adjacent littoral sediments of southwestern Spain: a statistical approach. *Chemosphere, 62*(10), 1612-1622.

Song, Y., Choi, M. S., Lee, J. Y., & Jang, D. J. (2014). Regional background concentrations of heavy metals (Cr, Co, Ni, Cu, Zn, Pb) in coastal sediments of the South sea of Korea. *Science of the Total Environment, 482*, 80-91.

Stevenson, A. G. (2001). Metal concentrations in marine sediments around Scotland: a baseline for environmental studies. *Continental Shelf Research, 21*(8-10), 879-897.

Tang, J., Chai, L., Li, H., Yang, Z., & Yang, W. (2018). A 10-Year Statistical Analysis of Heavy Metals in River and Sediment in Hengyang Segment, Xiangjiang River Basin, China. *Sustainability, 10*(4), 1057.

Taylor, S. R., & McLennan, S. M. (1995). The geochemical evolution of the continental crust. *Reviews of Geophysics, 33*(2), 241-265.

Turekian, K. K., & Wedepohl, K. H. (1961). Distribution of the elements in some major units of the earth's crust. *Geological Society of America Bulletin, 72*(2), 175-192.

Trifuoggi, M., Donadio, C., Mangoni, O., Ferrara, L., Bolinesi, F., Nastro, R. A., et al. (2017). Distribution and enrichment of trace metals in surface marine sediments in the gulf of Pozzuoli and off the coast of the brownfield metallurgical site of Ilva of Bagnoli (Campania, Italy). *Marine Pollution Bulletin, 124*(1), 502-511.

United States Environmental Protection Agency. (1992). *Sediment Classification Methods Compendium. EPA 823-R-92-006*. Wahington DC, USA: U.S. Environmental Protection Agency, Office of Water.

Valdés, J., Vargas, G., Sifeddine, A., Ortlieb, L., & Guiñez, M. (2005). Distribution and enrichment evaluation of heavy metals in Mejillones bay (23 S), northern Chile: geochemical and statistical approach. *Marine Pollution Bulletin, 50*(12), 1558-1568.

Valdés, J., & Sifeddine, A. (2009). Composición elemental y contenido de metales en sedimentos marinos de la bahía Mejillones del Sur, Chile: evaluación ambiental de la zona costera. *Latinamerican Journal of Aquatic Research, 37*(2), 131-141.

Valdés, J. (2012). Heavy metal distribution and enrichment in sediments of Mejillones Bay (23 S), Chile: a spatial and temporal approach. *Environmental Monitoring and Assessment, 184*(9), 5283-5294.

Valdés, J., & Tapia, J. S. (2019). Spatial monitoring of metals and As in coastal sediments of northern Chile: an evaluation of background values for the analysis of local environmental conditions. *Marine Pollution Bulletin, 145*, 624-640.

Vreca, P., & Dolenec, T. (2005). Geochemical estimation of copper contamination in the healing mud from Makirina Bay, central Adriatic. *Environment International, 31*(1), 53-61.

Washington Department of Ecology. (1995). Sediment Management Standards. Chapter 173-204, Washington Administrative Code, amended December, 1995. Washington Dept. of Ecology.

Zhang, L., Ye, X., Feng, H., Jing, Y., Ouyang, T., Yu, X., et al. (2007). Heavy metal contamination in western Xiamen bay sediments and its vicinity, China. *Marine Pollution Bulletin, 54*(7), 974-982.

Zhang, R., Guan, M., Shu, Y., Shen, L., Chen, X., Zhang, F., & Li, T. (2016). Historical record of lead accumulation and source in the tidal flat of Haizhou bay, Yellow sea: insights from lead isotopes. *Marine Pollution Bulletin, 106*(1-2), 383-387.

9. METODOLOGÍAS DE MUESTREO Y ANÁLISIS DE METALES TRAZA EN AGUA Y ORGANISMOS MARINOS

TRACE METAL SAMPLING AND ANALYTICAL METHODOLOGIES IN MARINE WATER AND ORGANISMS

MARCO SALAMANCA[1,2,3] • CRISTIAN CHANDÍA[1,3,4] • LUIS BERMEDO[1,3,5]

Resumen. Dentro de la gran diversidad de elementos a nivel traza presentes en al ambiente marino se encuentran los metales de transición (e.g., Fe, Mn), metales pesados (e.g., Hg, Cd, Cu, Pb y Zn), metaloides (i.e., Se, As), lantánidos y actínidos, todos ellos se encuentran en bajas concentraciones, siendo este último grupo radioactivo (Mason, 2013). Aun en estas bajas concentraciones pueden tener el carácter de oligoelementos metálicos ya que desempeñan un papel importante en los sistemas biológicos, adquiriendo una condición de esencial (i.e., Fe, Cu, Cd, Se). Sin embargo, estos mismos elementos en concentraciones elevadas provenientes de fuentes antropogénicas tales como aguas residuales, efluentes industriales, urbanos o de operaciones mineras pueden tener efectos toxicológicos en los seres humanos y en el ecosistema acuático. Otros metales trazas, como el Hg y Pb, no cumplen un rol a nivel fisiológico y, a menudo, son tóxicos incluso en cantidades muy pequeñas, ya que se pueden acumular en los organismos al no ser metabolizados (Aitio et al., 2007). Lo anterior requiere la medición de niveles de concentración muy bajos, del orden de μg L^{-1} (ppb) y ng L^{-1} (ppt) sin embargo, las mediciones de concentraciones tan bajas requieren de técnicas muy sensibles y procedimientos muy rigurosos que eliminen las posibilidades de contaminación durante todas las etapas del proceso. Este requisito se logró a partir de la década de los años 70 del siglo pasado y en particular en la década de los años 80 y 90 cuando se desarrolló la espectrometría de absorción atómica y se incluyó

---

[1] Laboratorio de Oceanografía Química (LOQ), Universidad de Concepción, Chile. Autor de correspondencia: msalaman@udec.cl

[2] Departamento de Oceanografía, Universidad de Concepción, Casilla 160-C, Barrio Universitario s/n, Concepción, Chile.

[3] Programa de Monitoreo Marino Nueva Aldea: PROMNA, Universidad de Concepción, Chile.

[4] Programa de Doctorado en Ciencias Ambientales, Universidad de Concepción.

[5] Programa de Magíster en Oceanografía, Universidad de Concepción.

el uso de "técnicas limpias" y "ultras limpias" en el análisis de los elementos traza en muestras ambientales, con un estricto control de las fuentes de contaminación externas y el desarrollo de sistemas de acreditación por un órgano competente, (e.g., norma ISO 17025:2017), el requerimiento de tener un programa de aseguramiento y control de la calidad (e.g. "QA/QC"), procedimientos operacionales estandarizados (e.g., SOAP's) y participación en ejercicios de inter-calibración i.e., ensayos de pruebas y uso de material de referencia certificados (e.g., MRC) y material estándar de referencia (e.g., MER) para las verificaciones de los procedimientos analíticos. Actualmente existe una gran diversidad de metodologías analíticas aplicables a la mayoría de los metales traza, i.e., la espectrometría de absorción atómica, espectrometría de masas, espectrometría de emisión óptica, analizadores directos y RFX, siendo el límite de detección y cuantificación uno de los factores relevantes al momento de realizar la elección de la metodología analítica. Los procedimientos para medir metales a nivel traza en las diferentes matrices ambientales de interés, i.e., agua, sedimento y tejidos biológicos, requiere la consideración de todos los aspectos del proceso, empezando con las actividades de pre-muestro, tales como selección de materiales para la obtención de las muestras (equipo de muestreo), guardado y preservación de las muestras, filtración, instalaciones (laboratorios Clase ISO 5), pureza de reactivos, preparación de agua destilada ultra pura Tipo I, extracción y pre-concentración de los metales de interés desde las muestras, aseguramiento de la calidad y control de la calidad ("QA/QC") y final-mente la cuantificación, seleccionando la técnica analítica con la sensibilidad adecuada, según los niveles de detección (de acuerdo a las concentraciones más bajas a detectar) y las concentraciones características esperadas. Este capítulo tiene como finalidad realizar una descripción de la metodología del muestreo y análisis de los principales metales traza presentes en la columna de agua y en tejidos de organismos marinos, focalizándose en todos los pasos que involucra analizar elementos en concentraciones a nivel traza y ultra trazas, de tal forma de generar resultados confiables para conocer con exactitud y precisión las magnitudes de los diferentes aportes de estos elementos al ambiente marino, de acuerdo a los objetivos para su utilización que han sido definidos previamente, tales como manejo ambiental, cumplimiento normativo, monitoreo ambiental y calidad de recursos.

Palabras claves. Metales traza, metodologías analíticas, agua y organimos marinos.

Summary. Within the great diversity of trace level elements present in the marine environment exist the transition metals (e.g., Fe, Mn), heavy metals (e.g., Hg, Cd, Cu, Pb and Zn), metalloids (i.e., Se, As), lanthanides and actinides all of them found in low concentrations, the latter being radioactive (Mason, 2013). Even at these low concentrations they can have the character of trace elements, since they play an important role in biological systems, acquiring a condition of essential elements (i.e., Fe, Cu, Cd, Se). However, these same elements in high concentrations derived from anthropogenic sources such as wastewater, industrial effluents, urban or mining operations, can have toxicological effects on humans and the aquatic ecosystem. Other trace metals, such as Hg and Pb, do not play a physiological role and often are toxic, even in the very small quantities, since they can accumulate in organisms because they are not metabolized (Aitio et al., 2007). The above mentioned requires the measurement of very low concentration levels, in the order of μg L^{-1} (ppb) and ng L^{-1} (ppt) however, measurements of such low concentrations involve very sensitive techniques and very rigorous procedures that eliminate the possibilities of contamination during all steps of the process. This requirement was achieved about the 70s decade of last century and in particular in the 80s and 90s, when atomic absorption spectrometry was developed and the use of "clean techniques" and "ultra clean procedures" were included in the analysis of the trace elements in environmental samples, with strict control of external pollution sources and the development of accreditation systems by a competent organization, (e.g., ISO 17,025:2017), the requirement of having an assurance and quality control program (e.g., QA / QC), standardized operational procedures (e.g., SOAP's) and participation in inter-calibration exercises i.e., test assay and use of certified reference material (e.g., MRC) and standard reference material (e.g., MER) for verifications of analytical procedures. There is currently a wide variety of analytical methodologies applicable to most trace metals, i.e., atomic absorption spectrometry, mass spectrometry, optical emission spectroscopy, direct analyzers and RFX, being the limit of detection and quantification one of the relevant factor when making a choice of analytical methodology. The procedures for measuring metals at the trace level in the different environmental matrices of interest, i.e., water, sediment and biological tissues, require consideration of all aspects of the process, starting with pre-sampling activities, such as selection of sample collection materials (sampling equipment), storage and preservation of samples, filtration, facilities (laboratories Class ISO 5), reagent purity, preparation of ultrapure distilled water Type I, extraction and pre-concentration of the metals of interest from the samples, assurance of quality and quality control ("QA / QC") and finally quantification, selecting the analytical technique with the appropriate sensitivity, based on the analytical detection levels (according to the lowest concentrations to be detected) and the expected characteristic concentrations. This chapter aims to make a description of the methodology of sampling and analysis of the main trace metals present in the water column and in tissues of marine organisms, focusing on all the steps involved in analyzing elements in trace and ultra trace concentrations, in such a way of generating reliable results to know with accuracy and precision the magnitudes of the different contributions of trace metals to the marine environment, according to the objectives for their use that have been previously defined, e.g, environmental management, regulatory compliance, environmental monitoring, marine resources quality.

Keywords. Trace metals, analytical methodologies, marine water and organisms.

INTRODUCCIÓN

El agua de mar es una solución multielemental aproximadamente al 3,5%, la cual está compuesta en un 85% de NaCl y solo una baja proporción de esta composición (*c.a.* 0,02%) corresponde a elementos traza, sin considerar las partículas en suspensión ya que no están disueltas. Actualmente, se han descrito más de 80 elementos químicos en el agua de mar, la mayoría en concentraciones a nivel de partes por billón (ppb; 10^{-9}) e incluso menores, por lo cual se categorizan como elementos traza (McNaught, 1997) aunque es probable que todos los elementos naturales de la tierra se encuentren en el agua de mar (Trujillo & Thurman, 2016). Dentro de esta diversidad de elementos traza se encuentran los metales de transición (*e.g.*, Fe, Mn), metales pesados (*e.g.*, Hg, Cd, Cu, Pb y Zn), metaloides (*i.e*, Se, As) y lantánidos y actínidos, todos ellos se encuentran en bajas concentraciones, siendo este último radioactivo (Mason, 2013). Así, los metales pueden tener el carácter de oligoelementos metálicos que cuando están presentes en muy bajas concentraciones desempeñan un papel importante en los sistemas biológicos, adquiriendo una condición de esencial (*i.e.*, Fe, Cu, Cd, Se). Sin embargo, estos mismos elementos en concentraciones elevadas provenientes de fuentes antropogénicas tales como aguas residuales, efluentes industriales, urbanos o de operaciones mineras pueden tener efectos toxicológicos en los seres humanos y en el ecosistema acuático. Otros metales trazas, como el Hg y Pb, no cumplen un rol a nivel fisiológico y, a menudo, son tóxicos incluso en cantidades muy pequeñas, ya que se pueden acumular en los organismos al no ser metabolizados (Aitio *et al.*, 2007).

Los metales traza son elementos naturales, por lo tanto, en el ambiente es esperable encontrar concentraciones basales que tienen un origen diferente al aportado por actividades antropogénicas (Larsen *et al*, 2001), esto quiere decir que existen dos fuentes de elementos traza que usan las mismas vías geoquímicas mezclando las señales, lo que dificulta la evaluación de los procesos de contaminación (Callender, 2000; Thorne *et al.*, 2018). Lo anterior requiere la medición de niveles de concentración muy bajos, lo que recién se logró a partir de la década de los años 70 del siglo pasado con la sensibilidad adecuada, ya que para ese entonces existía una gran preocupación por la calidad de los datos a niveles traza y ultra traza (Kramer, 2011). En la década de los años 80 y 90 esto se resolvió con el desarrollo de la espectrometría de absorción atómica y la incorporación de "técnicas limpias" y "ultras limpias" en el análisis de los elementos traza en muestras ambientales. Esta aproximación pone atención a todas las etapas de los protocolos analíticos, desde la toma de la muestra hasta el análisis propiamente tal, incluyendo la preparación de los contenedores de las muestras libre de metales, manipulación controlada de la obtención y preservación de la muestra y finalmente la utilización de la técnica analítica con la sensibilidad adecuada, incluyendo la preparación de reactivos purificados y un estricto control de las fuentes de contaminación externas con el uso de ropas especiales y áreas de trabajo limpias, (Laboratorio clase ISO 5) (Patterson & Settle, 1976; Bruland *et al.*, 1979; Ahlers *et al.*, 1990). Adicionalmente, los laboratorios que realizan análisis de metales traza tienen que demostrar competencias en diferentes matrices ambientales, de tal forma que garanticen exactitud y precisión analítica. Para ello, se requiere tener acreditaciones emitidas por un órgano competente (*e.g.*, norma ISO 17025:2017), tener un programa de aseguramiento y control de la calidad (*e.g.*, QA/QC), procedimientos operacionales estandarizados (*e.g.*, SOAP's) y participación en ejercicios de inter-calibración, es decir, ensayos de pruebas y uso de material de referencia certificados (*e.g.*, MRC) y material estándar de referencia (*e.g.*, MER) para las verificaciones de los procedimientos analíticos (Nicholson, 1989).

Actualmente existe una gran diversidad de metodologías analíticas aplicables a la mayoría de los metales traza, entre ellas se incluye la espectrometría de absorción atómica, espectrometría de masas, espectrometría de emisión óptica, analizadores directos y análisis de fluorescencia de rayos X, siendo el límite de detección y cuantificación uno de los factores relevantes al momento de realizar una elección de la metodología analítica, debido a que se ha demostrado que, incluso en bajas concentraciones ambientales, algunos metales pesados (*i.e.*, mercurio y plomo) pueden tener efectos adversos para la biota y salud humana.

Para conocer la distribución y abundancia de elementos traza en el ambiente marino se deben obtener muestras que sean representativas de este y con una calidad que permita la adecuada caracterización de estos, en términos de su concentración, distribución espacial y temporal, es decir, que permita conocer la variabilidad natural, para poder determinar el aporte antropogénico y de esta forma definir el estado de un ecosistema en relación al contenido de estos metales traza. En este contexto, una herramienta utilizada a partir de los años 70 y posteriores fue la realización de programas de monitoreo para conocer la cantidad de estos metales en los ambientes marinos, tales como HELCOM (1994) y OSPAR (1984).

En general, los programas de monitoreo contienen elementos básicos comunes que se deben considerar en su diseño. Por ejemplo, se deben identificar los objetivos, metas y la materia a monitorear, todo establecido de acuerdo a resultados previos y/o las capacidades disponibles. Luego se deben establecer los protocolos del monitoreo propiamente tal, por ejemplo, diseño muestreal, metodología a utilizar, manejo de los datos obtenidos y las estrategias de entrega de la información, etc. Una consideración importante es disponer de un programa de aseguramiento y control de la información (SCDNR, 2005). Al diseñar un monitoreo se debe considerar las tres principales matrices del ambiente marino, *i.e.*, agua, sedimentos y tejido de organismos. Adicionalmente, dependiendo de la actividad que se realiza, es necesario fijar algunos criterios para la selección de los parámetros tales como: efecto tóxico en humanos, efectos deletéreos en la salud humana y en los recursos marinos, y el efecto en las actividades económicas y culturales. Desde una perspectiva ambiental, un programa de monitoreo provee de información que puede ser usada para realizar una evaluación espacial y/o temporal de algún aspecto del medioambiente marino, en este caso, los metales trazas.

Existen diferentes definiciones de monitoreo, así Holdgate & White (1977), señalan que un monitoreo corresponde a la recolección, con un propósito predefinido de observaciones sistemáticas, con mediciones comparables en series espacio-temporales que proporcionan una visión sinóptica o una muestra representativa del ambiente (global, regional, nacional o local), que puede ser usada para establecer una condición existente o pasada de un cierto estado o situación ambiental y predecir tendencias en el futuro de una característica ambiental. Por otra parte, Van Leeuwen (2010) se refiere a un monitoreo como un proceso repetitivo de observaciones para un fin definido de uno o varios elementos químicos o biológicos de acuerdo con un esquema definido sobre el espacio y tiempo, usando métodos comparables o de preferencia estandarizados. La convención de OSPAR (1992), define monitoreo marino como una medición repetitiva de: (i) la calidad del medioambiente marino y cada uno de sus componentes (agua, sedimentos y organismos); (ii) el aporte de actividades naturales y antropogénicas que puedan afectar la calidad del medio marino; (iii) los efectos de tales actividades y aportes. Este capítulo tiene como finalidad realizar una descripción de la metodología del muestreo y análisis de los principales metales traza presentes en la columna de agua y en tejidos de organismos marinos, focalizándose en todos los pasos que involucra analizar elementos en concentraciones a nivel traza y ultratrazas, de manera de generar resultados confiables para conocer con exactitud y precisión las magnitudes de los diferentes aportes de estos elementos al ambiente marino.

OBJETIVOS

Este documento describe las técnicas de muestreo y métodos de análisis que son utilizados para algunos de los compuestos inorgánicos (*i.e.*, metales) de mayor relevancia ambiental en las matrices marinas.

DESARROLLO

1. Muestreo

1.1. Metodología de muestreo de agua

El muestreo de metales en las matrices marinas debe considerar una estrategia de muestreo que evalúe todos los factores que permiten realizar una adecuada y representativa toma de la muestra (*i.e.*, estación del año, zona geográfica, condiciones climáticas, marea, ocurrencia de surgencia o mínima de oxígeno, fuentes de emisión, etc.). Por otra parte, la calidad de los datos depende en gran medida de la integridad de las muestras antes de llegar al laboratorio para su análisis, siendo fundamental considerar la: (i) seguridad del personal; (ii) bitácora de actividades; (iii) registro de muestras; (iv) registro de materiales; (v) preservantes requeridos; (vi) transporte y almacenamiento bajo condiciones apropiadas y ajustada a los tiempos de espera del análisis.

La toma de muestras para la determinación de metales en agua se dificulta por el hecho que ellos están presentes en muy bajas concentraciones y por la existencia de múltiples fuentes de contaminación durante el proceso de toma de las muestras. Para asegurar la calidad de la información en el muestreo se deben considerar blancos ambientales de equipos y transporte. La representatividad de las muestras obtenidas debe ser contrastada con al menos el 10% de las muestras con duplicados de campo y chequeos de algunas muestras en triplicado, con un error menor al 20% para aceptar la confiabilidad de las mediciones.

1.1.1. Preparación de materiales

Una etapa importante previa al muestreo propiamente tal es la preparación de los materiales que se utilizarán en la obtención de las muestras. Esto considera tanto el lavado de las botellas de muestreo para la obtención de las muestras como los envases que contendrán el agua. Las botellas recomendadas para la obtención de las muestras para metales deben evitar la contaminación *in situ*, por lo que se recomienda que estén recubiertas interiormente de teflón. Estas botellas deben ser preparadas previamente con un lavado con detergente, ácido clorhídrico diluido y luego enjuagadas abundantemente con agua ultra pura tipo Milli-Q. De igual forma, las botellas de muestreo se someten a un lavado intensivo con detergente libre de metales, ácido clorhídrico de alta pureza en un baño y posteriormente abundante enjuague con agua ultra pura (Tipo I) y consecutivamente se procede a secado en estufa. Este procedimiento de limpieza debe ser realizado en batch para permitir la trazabilidad del material a utilizar. Por último, todos los frascos tratados se guardan en bolsas plásticas y se mantienen en cajas hasta el momento de su traslado y utilización.

1.1.2. Equipos de muestreo

Para la obtención de muestras de agua a diferentes profundidades (*i.e.*, perfil vertical), las botellas GO-FLO de General Oceanic son el instrumento recomendado, ya que disponen de un sistema que mantiene cerrada la botella cuando entra al agua y se abre a 10 m de profundidad aproximadamente, evitando así la contaminación que se produce en la micro capa superficial que generalmente está enriquecida de materia orgánica que puede contener metales. Adicionalmente, el sistema de cierre a la profundidad deseada consta de dos válvulas que se cierran desde fuera con un mensajero, por lo tanto, no posee elásticos interiores que eventualmente pudieran liberar metales. Estas botellas se deben operar suspendidas desde un cable no metálico (*e.g.*, Kevlar) para evitar cualquier tipo de alteración de la muestra. Las botellas se accionan mediante mensajeros recubiertos de Teflón o electro pintados con pintura epóxica libre de metales.

Las muestras superficiales se pueden recolectar de forma manual directamente en el frasco de muestra, el cual debe ir unido a una vara no metálica larga, de tal forma de alejar el frasco desde la embarcación para evitar la contaminación que puede provenir de ésta. Este mismo procedimiento, pero utilizando una vara más corta se puede usar para obtener muestras del ambiente intermareal.

1.1.3. Filtración

Cuando se desea diferenciar el contenido de metales disueltos y/o particulados de una muestra dada, es necesario separar ambas fracciones mediante un proceso de filtración. Para esto se utilizan membranas con un tamaño de poro conocido, generalmente 0,45 - 0,2 μm, de modo que lo que pasa a través del filtro se asume que representa la fracción disuelta y lo que queda retenido, la particulada. Es decir, la separación de estas fracciones es producto de un procedimiento operacional, y es una aproximación a la situación real, ya que actualmente se reconoce que puede haber material coloidal muy fino en la fracción disuelta que puede contener una porción significativa de metales que se consideran como disueltos. Esto puede ser significativo para algunos elementos como, por ejemplo, Fe (Sander *et al.*, 2011).

El filtrado de las muestras generalmente se realiza en un sistema conectado al vacío que consta de un soporte de la membrana de filtración, el cual es recomendable que sea de politetrafluoretileno (Teflón). Esta actividad se debe realizar en un área limpia y bajo campana con aire filtrado. Todos los componentes que tomarán contacto con la muestra, incluido el filtro, deben ser profundamente lavados con ácido y agua ultra pura Mlili-Q (Tipo I). Es importante tener en consideración que las membranas a utilizar deben generar blancos muy bajos. Destacan en estas características membranas comerciales Millipore® y Nucleopore®, ya que poseen bajos contenidos de metales. En la actualidad las membranas de policarbonatos de 0,2 μm de tamaño de poro son las más usadas, porque tienen bajos blancos, y son fáciles de lavar y manipular (Cullen *et al.*, 2001).

1.1.4. Botellas para muestras

El tipo y material de los envases que recibirán las muestras y donde se mantendrán hasta el momento del análisis son importantes para preservar las características de las muestras recolectadas para el análisis a nivel traza y ultra trazas. Así, para el análisis de metales disueltos y totales se recomienda utilizar frascos de polietileno de baja (LDPE) o alta (HDPE) densidad, aunque también se pueden utilizar envases de polipropileno (PP). Los frascos manufacturados por Nalgene® han mostrado bajos blancos de metales, fáciles de manipular y tener menores variaciones entre batch. Independiente del material, los frascos nuevos y reusados deben someterse a un lavado con detergentes para remover cualquier traza de grasa, luego lavar con agua ultra pura y posteriormente someter los frascos a un lavado ácido riguroso con mezclas de HNO_3 y HCl por un periodo largo de tiempo y luego un enjuague con agua ultra pura. Se dejan secar y cada frasco debe ser guardado individualmente en una bolsa de plástico hasta el momento de su uso. Adicionalmente, en general es recomendable que se utilicen tapas de polipropileno, con una lámina de teflón interior para evitar la absorción o pérdidas de metaloides volátiles (*e.g.*, formas de mercurio).

Las botellas de muestras de polietileno no son recomendables para metales volátiles como el mercurio y metaloides, debido a la posibilidad de difusión de Hg elemental a través de las paredes (Cutter *et al.*, 2017). En estos casos se deben usar envases ámbar de borosilicato, que evitan la fotólisis y la adsorción o desorción por las paredes del envase. Al igual que para los envases plásticos, las tapas de los frascos de borosilicato deben ser de polipropileno.

1.2. Metodología de muestreo de organismos bentónicos

El muestreo de organismos, idealmente, debe considerar la selección de especies bioindicadoras y/o centinelas, es decir, organismos representativos del área de estudio, sésiles o poco móviles, que cumplan parte de su ciclo de vida en el área y con rol ecológico conocido; antecedentes todos necesarios para establecer tiempos de exposición y condición fisiológica de los metales a analizar. Esta información condiciona la interpretación de los resultados obtenidos a partir del análisis, debido a que los organismos podrían evidenciar una condición natural o bien un proceso de bioconcentración o biomagnificación producto de una exposición de metales. En el muestreo biológico es necesario obtener siempre datos adicionales sobre el organismo, por ejemplo, sexo, estado de desarrollo, alometría y estado de condición. Además, se debe establecer si el análisis debe ser realizado a un órgano específico (hígado, estómago, branquias, gónadas o músculos) o al organismo completo, lo que genera importantes diferencias en las concentraciones medidas, así como en la interpretación de los resultados (Phillips & Rainbow, 1994).

1.2.1. Preparación de materiales

El muestreo de organismos para análisis químico requiere menos preparación previa que un muestreo en la columna de agua, ya que los materiales requeridos, son fundamentalmente los envases donde se mantendrán los organismos recolectados, que corresponden a bolsas de plástico si son organismos bentónicos o frascos si son organismos pequeños. No obstante, se requiere tomar algunas precauciones adicionales para disminuir los riesgos de contaminación en el equipamiento a utilizar en la obtención de la muestra y separación de organismos. Así, para la recolección de organismos bentónicos de la infauna, se recomienda recubrir el interior de dragas con pintura epóxica y utilizar cedazos de plástico para la separación de la infauna macrobentónica. Para organismos bentónicos de la epifauna, se puede usar una rastra, la cual debe ser limpiada rigurosamente antes de cada muestreo (Mudroch & McKnight, 1991).

1.2.2. Equipos de muestreo

El muestreo de organismos, particularmente, los bentónicos, dependiendo de las características del área en estudio y de los objetivos que se persiguen, puede ser realizado mediante buceo autónomo, rastras, dragas o de forma manual, este último principalmente en el ambiente intermareal. No obstante, cualquiera sea el instrumental utilizado se debe continuar utilizando durante todo el programa de monitoreo. Si eventualmente se cambiara el tipo de muestreador, se deberá hacer un muestreo paralelo durante a lo menos un año, para evaluar si existen diferencias sólo por el cambio de equipo de muestreo (Rumorh, 2009).

i) **Buceo autónomo.** La obtención de muestras bentónicas mediante buceo autónomo puede ser una metodología muy útil en áreas someras y de sedimentos finos. Este se puede hacer utilizando tubos de plexiglass (Holme & McIntire, 1984) o cuadrículas de área conocida. Sin embargo, esta metodología tiene limitaciones ya que solo se restringe a zonas con poca profundidad y no es útil en sedimentos más gruesos que arenas finas (Eleftheriou & McIntyre, 2005).

ii) **Dragas.** Las dragas son muestreadores utilizados para obtener muestras cuantitativas para estudios del bentos y, por lo tanto, también sirven para obtener muestras para análisis químicos de sus tejidos. Existen diferentes modelos de dragas, por ejemplo, van Veen, Smith-McIntire, Emery, Petersen, Ekman (Boyd, 2002, Sohier, 2019). En general, una draga estándar debe tener un área de mordida de 0, 1 m² y pesar alrededor de 35 a 40 kg para sedimentos finos y sobre 70 kg para sedimentos arenosos.

iii) **Rastras.** Este es un sistema cualitativo de obtención de organismos que viven asociados a la superficie del fondo marino, principalmente megafauna y consiste fundamentalmente de una red con un tamaño de abertura tal que permita atrapar organismos epibentónicos de mayor tamaño (se recomienda de 1 x 1 cm). Esta red va unida a un marco de acero que la mantiene abierta durante el arrastre. Es importante mantener el esfuerzo de captura cuando se utiliza una rastra, es decir, tiempo y/o distancia de arrastre (Rees, 2009).

2. Preservación y almacenamiento de muestras

2.1. Muestras de agua

Dado que pueden existir cambios en las propiedades de una muestra en el periodo que transcurre entre toma de la misma y el análisis respectivo, fundamentalmente debido a eventuales reacciones químicas, biológicas y físicas, es probable que los parámetros que serán determinados puedan diferir de aquellos que están presentes en el medio original (Sliwka-Kaszynska *et al.*, 2003). En general, los métodos de preservación buscan retardar la acción biológica, la hidrólisis de los compuestos químicos y complejos presentes en la muestra original, reducir la volatilidad de los constituyentes y reducir los efectos de la adsorción en el envase (United States Environmental Protection Agency, 1983). Así, los métodos de preservación están generalmente limitados al control del pH, adición de compuestos químicos, refrigeración y congelación. En el caso específico de los metales traza, dependiendo del objetivo del estudio y la fracción a evaluar, se recomienda que una muestra para determinar el contenido total de los metales sea acidificada, llevándola a pH 2 con HNO_3 ultra puro. Si la fracción a analizar es la disuelta, en este caso se debe filtrar primero, con las precauciones indicadas en la sección 1.1.3. Las muestras de metales así preservadas pueden mantenerse por un tiempo de 6 meses. Por último, las muestras deben ser transportadas en cajas con "ice pack" y mantenidas en oscuridad para conservarlas a 4 °C hasta el momento de sus análisis. En el caso del Hg, las muestras acidificadas a pH menor de 2 pueden durar hasta 28 días (United States Environmental Protection Agency, 1983).

2.2. Muestras de organismos

Los organismos recolectados con cualquiera de los instrumentos descritos se deben guardar en bolsas de plástico debidamente rotuladas, las que deben ser transferidas a cajas con hielo mantenidas a 4 °C para su transporte al laboratorio, donde se procederá a su preparación para el análisis químico respectivo. En el laboratorio son lavados con agua destilada y sometidos a un tratamiento de sonicado para desprender cualquier partícula que pudiera estar adherida a la superficie del organismo. Posteriormente deben ser medidos, pesados y sexados, registrando todas estas mediciones en una bitácora. Después de completada la etapa de registro de información de la muestra, se debe proceder a la disección de los tejidos a analizar (los que deben hacerse con cuchillos de teflón) o la mantención del organismo entero, de acuerdo a lo establecido en el análisis. Completada esta etapa, los organismos y/o tejidos seleccionados se deben secar mediante liofilización para su cuantificación, considerando un proceso de homogenización si es necesario. Por el contrario, si los análisis deben hacerse sobre la base de peso fresco, los organismos después del lavado y sonicado se someten a un estilado en un material absorbente y se analizan.

3. Instalaciones

Un laboratorio que realice mediciones de metales en muestras de agua y tejido de organismos a nivel de traza y ultra traza debe tener instalaciones con requerimientos de la planta física que eliminen la contaminación interna. La climatización además de mantener la temperatura y humedad debe considerar la calidad del aire que circula en el laboratorio el cual debe ser filtrado para remover material particulado y gases. Adicionalmente, debe existir presión positiva en las instalaciones. En las áreas críticas de preparación de muestras y sala de instrumentos se debe contar con filtros *High Efficiency Particulate Air* (HEPA). En el análisis de los metales a nivel traza, estos detalles son particularmente importantes, de modo que donde se realicen estos análisis el laboratorio debe contar con zonas o áreas restringidas las que deben ser de Clase ISO 5 (ex Clase 100), con estaciones de trabajo con flujo de aire laminar y filtros HEPA.

El laboratorio debe tener separadas las salas de preparación y/o ataque de muestras, así como las salas de lectura de instrumentos. Para el caso del análisis de metales traza y ultra trazas se recomienda que las salas de ataque y/o preparación de muestras tengan paredes y muros revestidos en material plástico, ya que el ambiente en estas salas tiende a ser ácido por el uso de estos reactivos, por lo que materiales metálicos que son parte de la construcción tienden a corroerse generando contaminación interna.

Un elemento importante en las instalaciones del laboratorio es la red de agua potable, que debe ser de óptima calidad, la que aparte de su utilización en el funcionamiento del laboratorio, será importante en la alimentación para producir el tipo de calidad del agua que se utilizará en la ejecución de los análisis. Así, debe contar con un sistema de preparación de agua desionizada de uso general en las distintas secciones del laboratorio, y tener la capacidad de preparación de agua ultra pura, Tipo I (*e.g.*, Milli-Q).

Un aspecto crítico a considerar para la correcta operación de todos los sistemas que hacen funcionar a un laboratorio, particularmente uno que analiza elementos y compuestos a nivel de traza y ultra traza, es la alimentación de la red eléctrica. Se recomienda tener separadas las redes de fuerza, computadores, iluminación y de enchufes de equipos menores. La estabilidad y continuidad del suministro eléctrico es fundamental, ya que muchos equipos tienen rangos de tolerancia estrechos a los cambios de voltaje.

Adicionalmente muchos de los equipos requieren mantener condiciones de vacío para su funcionamiento, por lo que es prioritario tener un sistema de respaldo de energía con generadores eléctricos de la potencia adecuada.

Los equipos utilizados para las mediciones de los metales a niveles traza (*i.e.*, EAA de llama y horno de grafito, ICP-MS, ICP-OES, analizador directo de mercurio) utilizan diferentes gases para su operación, es decir, argón, helio, óxido nitroso, nitrógeno, aire los que requieren la instalación de una línea de gases que garantice que no habrá fugas, para evitar posibles accidentes. Por ello deben ser de acero inoxidable, de fácil acceso y evitar el contacto con líneas de la red eléctrica que estén energizadas, por lo que las tuberías de las redes de gases deben estar conectadas a tierra, especialmente donde están las estaciones de cilindros.

Finalmente, el laboratorio debe tener un programa de manejo y tratamiento de los residuos que genera en su funcionamiento. Específicamente, las mediciones de metales traza en agua y organismos utilizan grandes cantidades de ácidos, los cuales deben ser neutralizados previo a su disposición. Para ello es recomendable utilizar un "Scruber" alcalino, que reciba los vapores de los ácidos utilizados, lo que requiere que las campanas extractoras donde se realizan estos ataques estén conectados directamente al "Scruber", de manera que no exista eliminación de ellos a la atmósfera.

4. Procesamiento de las muestras

4.1. Pureza de los reactivos

Para el análisis de metales a niveles traza o ultra traza, la digestión con ácidos debe asegurar la calidad del ácido utilizado en el tratamiento de las muestras ya que éste tiene un importante efecto en el resultado final del análisis. También aquí es importante la pureza del agua que se utiliza en la preparación de los reactivos empleados en la digestión de la muestra. La mayoría de los ácidos de pureza analítica, es decir, grado analítico (p.a) no son lo suficientemente puros para este requerimiento, (Grashoff *et. al.*, 1983) por este motivo se deben usar ácidos con el grado de impurezas más bajo posible y con agua ultra pura Tipo I (18 MΩ de resistividad), de forma de no interferir con las señales instrumentales. Para el análisis de metales a niveles traza y ultra traza los ácidos deben ser de calidad superior y óptima tipo Suprapur® (de Merck) que en general son adecuados para el análisis en el rango de ppb y ácidos Ultrapur (de Fisher Scientific) que son adecuados para análisis en el rango de ppt. No obstante, estos ácidos purificados son de alto costo. Como alternativa, menos onerosa e igual de eficiente, es la purificación de ácidos de calidad analítica en sistemas *sub boiling* de cuarzo y teflón, donde el ácido a purificar se destila desde arriba, evitando la ebullición. Con este procedimiento se logran purezas equivalentes a los ácidos comerciales de alta pureza, como los indicados más arriba y se pueden utilizar en el análisis de los metales traza (Mattison, 1972).

4.2. Lavado de materiales de laboratorio

Con el fin de disminuir las fuentes potenciales de contaminación durante el proceso de análisis de metales a nivel traza y ultra traza y mantener los niveles de exactitud analítica necesarios, se deben extremar las precauciones en los materiales que se utilizan y los procedimientos de limpieza de ellos. Por esta razón, todos los materiales que se utilicen, ya sea plásticos y/o vidrio en los muestreadores, recipientes de muestras y en el procesamiento de las muestras deben ser cuidadosamente sometidos a un proceso de limpieza químico, para eliminar cualquier componente metálico que pueda ser liberado en alguna etapa del proceso analítico. Existen diferentes procedimientos de limpieza de estos materiales, pero en general los materiales de terreno y laboratorio se deben someter a un lavado con detergentes, enjuague con agua ultra pura y luego un lavado en un baño ácido por al menos tres días. Transcurrido este periodo se debe enjuagar abundantemente con agua ultra pura y secarlos en una estufa con tiraje forzado. Después de enfriados se guardan en bolsas plásticas hasta el momento de su utilización.

5. Procedimientos análiticos

5.1. Tratamiento muestras de agua

Debido a su baja concentración en agua de mar y la alta presencia de interferentes de la matriz salina, el análisis de metales traza en muestras aguas marinas requiere de algunos procedimientos previos a su cuantificación, tendientes a disminuir estos dos problemas analíticos. La simple dilución de la muestra con agua ultra pura Tipo I, ayuda a disminuir los efectos de la matriz, particularmente en aguas contaminadas, pero afecta la sensibilidad instrumental e incrementa los blancos (Larsen *et al.*, 2001). La forma más común utilizada para resolver estos problemas es comenzar el tratamiento de la muestra con una etapa de preconcentración de los metales en el análisis de la muestra. Para ello existen diferentes procedimientos, tales como extracción líquido-líquido, extracción en fase sólida, intercambio iónico, co-precipitación y técnicas de separación cromatográfica (Sturgeon *et. al.*, 1981).

A continuación, se describen en mayor detalle dos de las mencionadas anteriormente.

5.1.1. Extracción Líquido-Líquido (ELL)

La extracción líquido-líquido es una forma de extracción por solventes que considera el uso de dos líquidos inmiscibles, generalmente, uno acuoso (polar) y otro orgánico (no polar), generando la transferencia de especies desde la fase acuosa polar a la orgánica no polar. La distribución de las especies entre las fases dependerá de la concentración y características del solvente y el pH de la extracción (Grashoff *et. al.*, 1983). Los solventes más comunes utilizados para la ELL en el análisis de metales traza son los derivados de la pirrolidina del ácido ditiocarbámico, es decir, pirrolidina ditiocarbamato amoniacal (APDC) y el dietilditiocarbamato dietilamonio (DDDC) que trabajan a pH entre 4 y 5.

Después del proceso de acomplejamiento con el APDC/DDDE se recupera la fracción que contiene las especies con cloroformo (Larsen *et al.*, 2001).

5.1.2. Extracción en fase sólida (EFS)

Es otra aproximación para pre-concentrar elementos traza desde una muestra acuosa, que tiene la ventaja de disminuir el uso de solventes. El principio en que se basa es similar al de la extracción líquido-líquido, que involucra la partición del soluto entre dos fases, sin embargo, en vez de dos líquidos inmiscibles como en la ELL, en la extracción en fase sólida la partición se hace entre la parte líquida y una sólida o sorbente. En este caso el líquido se pasa a través de una columna, tubo o un disco que contiene la fase sorbente y retiene el analito. Después el analito es recuperado con un eluyente apropiado. En el caso de los metales traza, al igual que para la ELL, existe una alta dependencia del pH en la fase de elución (Camel, 2003).

5.2. Tratamiento muestras de organismos

La preparación de las muestras para análisis de metales traza en organismos considera a lo menos dos etapas. La primera contempla un sonicado (para eliminar todas las partículas que pueden estar adheridas a la superficie del organismo) y luego un lavado con agua destilada y posteriormente enjuagues con agua Tipo I. A continuación, se procede a la disección de los tejidos a analizar, (los que deben hacerse con cuchillos de teflón) o la mantención del organismo entero, de acuerdo a lo establecido en el análisis. Los organismos o tejidos lavados que serán analizados después son secados, ya sea en estufa con ventilación forzada a 105 °C (a 35 °C si se debe analizar Hg) hasta peso constante o secados mediante un proceso de liofilización. Si es necesario, el organismo y/o tejido seleccionado se puede someter a un proceso de homogenización manual con un mortero de ágata o en un mortero automático con bolas de ágata. Es importante notar que los resultados finales expresados por peso seco son diferentes entre los dos procedimientos de secado, ya que la liofilización genera menos masa que el secado por estufa, por lo tanto, las concentraciones finales serán mayores si se ha usado este método de secado en las muestras. Si la concentración se debe expresar en peso fresco, entonces después del lavado, los organismos o tejido seleccionado se dejan estilar por un periodo de tiempo predeterminado y no se someten a un secado (Eklof *et al.*, 2017).

Completado el proceso de preparación de muestras es necesario proceder con el ataque de las muestras, el cual se puede realizar mediante un procedimiento de extracción ácida (*e.g.*, mezcla HNO_3, HCl y H_2O_2) en un sistema de microondas, en un sistema de digestión individual (*i.e.*, bomba Parr) en una estufa a una temperatura predeterminada y finalmente en un sistema abierto como una placa calefactora con control de temperatura y bajo campana extractora.

5.3. Aseguramiento de la calidad

El análisis de metales a nivel traza y ultra traza requiere de un estricto programa de aseguramiento y control de la calidad de las mediciones, de tal forma que los datos que se generen sean considerados como válidos después que, quien los emite, muestre evidencias objetivas de buenas prácticas de calidad en todos los aspectos que considera la medición de concentraciones extremadamente bajas de los metales traza en el ambiente, o que sean parte de un programa de monitoreo (Batley, 1999).

Existen diferentes procedimientos para implementar un programa de aseguramiento y control del análisis de metales traza en muestras marinas, las que deben incluir a lo menos guías de procedimientos de muestreo y análisis, implementación de controles de calidad con el uso de materiales certificados y materiales certificados de referencia para el proceso analítico y participación de los laboratorios en ejercicios de competencia intra e inter laboratorios (Kramer *et al.*, 2011).

El propósito de todo programa de aseguramiento y control de la calidad es cerciorarse si analíticamente se está haciendo lo correcto, lo cual tiene relación con el proceso de medición y si esto, además, se está haciendo correctamente, es decir se relaciona con el procedimiento técnico utilizado para el aseguramiento de la calidad. Básicamente lo que se busca garantizar es la precisión y exactitud de una medición, vale decir, qué tan reproducible es una medición y qué tan cerca del valor verdadero entrega la medición, respectivamente (Rauf & Hanan, 2009). Es decir, se trata de minimizar los errores potenciales que puede existir en una determinación analítica, particularmente cuando las concentraciones a medir son extremadamente bajas, como es el caso de los metales traza y mantener la trazabilidad de la información.

Las fuentes de error en el análisis químico de una muestra ambiental incluyen el uso de métodos con límites de detección inadecuados, interferencia de la matriz, errores en la resolución de la señal instrumental, señales de fondo alta, no respuesta del analito o mediciones que son especie-química específicos (Quevauviller *et al.*, 1995; Batley, 1999). Para el aseguramiento de la calidad se deben determinar los criterios de calidad a conseguir, estableciendo para ello, el rango analítico, preparación de estándares, las calibraciones lineales y/ o de segundo orden, precisión, exactitud, límite de detección y cuantificación, errores sistemáticos, métodos estadísticos para el manejo de la información analítica, estándares internos para verificación instrumental, materiales certificados de referencia y desviaciones dentro y entre una serie de muestras analizadas al mismo tiempo y para el mismo analito ("batch") de una corrida de análisis (Rauf & Hanan, 2009).

En general, lo que se persigue con los procedimientos de aseguramiento y control de la calidad analítica, especialmente si la verificación de la calidad se realiza utilizando muestras control regularmente dentro del trabajo rutinario de un laboratorio, particularmente si se determinan compuestos o elementos a nivel de trazas y ultra trazas, es establecer la confiabilidad de la información generada, de tal forma que esta pueda ser utilizada con un alto grado de certeza para los fines que han sido definidos previamente, por ejemplo, manejo ambiental, cumplimiento normativo, monitoreo ambiental, calidad de recursos, etc.

6. Cuantificación de los metales traza

Existe una gran variedad de métodos instrumentales para medir metales traza en las diferentes matrices ambientales (*i.e*, agua, sedimento y tejido biológico) los que están basados en diferentes propiedades de los elementos, tales como electroquímicas, absorción, emisión, fluorescencia o propiedades basadas en la emisión de rayos-X (Larsen *et al*, 2001). Por ejemplo, en la actualidad se utiliza espectrometría de absorción atómica (EAA), espectrometría atómica de emisión/fluorescencia (EEA/F), espectrometría de masa de plasma inductivamente acoplado (ICP-MS), espectrometría de emisión óptica de plasma inductivamente acoplado (ICP-OES), análisis de activación neutrónica (AAN), fluorescencia de rayos-X (FRX) y voltametría de redisolución anódica (VRA) (Grashoff *et al.*, 1983). Sin embargo, es importante tener en consideración varios factores en la selección del método a utilizar en la cuantificación de los metales traza, es decir:

i)   El rango de concentración del analito a determinar, por lo que el límite de detección instrumental y del método es un factor relevante en esta consideración ya que contempla la especificación de la menor concentración de interés.

ii) La exactitud y precisión requeridas, tomando en cuenta que este criterio influye directamente en el costo monetario y complejidad del análisis.

iii) La sensibilidad del instrumento a utilizar, que está directamente relacionado con las dos anteriores.

iv) Cuántos elementos se necesitan medir en las muestras.

v)   Cuál es la productividad analítica de la metodología a utilizar, la que tiene relación con los tiempos de espera de los resultados (Rury, 2015).

A continuación, se describen en forma abreviada algunas metodologías instrumentales que se utilizan con mayor frecuencia en la determinación analítica de metales traza en matrices ambientales, que consideran análisis mono elementales (EAA, EEA) y multi elementales (ICP-MS, ICP-OES).

6.1. Espectrometría de Absorción Atómica

Esta técnica permite medir cuantitativamente alrededor de 70 elementos. La concentración de un elemento es proporcional a la luz de una determinada longitud de onda producida por una fuente de radiación que pasa por una fuente de átomos de la muestra. Los átomos absorberán la luz desde la fuente de energía, conocida como lámpara catódica. La reducción de la intensidad de la luz es proporcional a la concentración del elemento. La EAA existe en dos formas, es decir, la EAA de llama que es adecuada para medir metales al nivel de partes por millón (ppm) con una buena reproducibilidad. La atomización se hace con una llama generada por una mezcla de aire-acetileno. Por otra parte, está la EAA de horno de grafito que es adecuada para medir concentraciones a nivel de partes por billón (ppb), con un límite de detección adecuado para este nivel de concentración. En este caso la atomización de la muestra se logra introduciendo la muestra a un tubo de grafito. En ambos casos la técnica involucra la introducción de muestras líquidas que están disueltas, luego son vaporizadas y atomizadas. Este proceso se repite para cada elemento a analizar en cada muestra.

Algunos elementos, principalmente metaloides como el antimonio, arsénico, selenio, y telurio son medidos por técnicas de generación de hidruros y espectrometría de absorción atómica. En esta técnica, la muestra es acidificada y combinada con un agente reductor para convertir el elemento de interés al hidruro gaseoso. El hidruro entonces es arrastrado al EAA mediante argón para su cuantificación.

En el caso del Hg, debido a sus características únicas, permite medir sus vapores a temperatura ambiente, mediante una técnica conocida como EAA de vapor frío. Es una medición de EAA sin atomización por llama, que se basa en la absorción de luz de los vapores del Hg a 253,7 nm de longitud de onda. Básicamente todo el mercurio presente es convertido a Hg^{2+} utilizando ácidos, luego reducido a Hg elemental. El Hg gaseoso generado desde la muestra es introducido al interior del instrumento analítico para su cuantificación. Dada las características de este elemento, en el mercado existe una variada gama de Analizadores Directos de Mercurio (*e.g.*, DMA-80), que son altamente eficientes con límites de detección bajos.

6.2. Espectrometría de emisión óptica de plasma inductivamente acoplado (ICP-OES)

Esta técnica es adecuada para la medición múltiple de elementos traza en diferentes tipos de matrices. La muestra es introducida en forma líquida, siendo solubilizada, vaporizada, atomizada y excitada en un plasma de argón el cual se encuentra a temperaturas muy altas (*i.e.*, 6000 a 7000 K). Cuando se produce la excitación de los átomos e iones de la muestra, estos posteriormente vuelven a su estado inicial mediante la emisión de fotones, cada uno con su longitud de onda específica que se utiliza para identificar el compuesto, donde el número de fotones producidos es directamente proporcional a la concentración de cada elemento en la muestra, de tal forma que cada muestra tiene su propio espectro.

6.3. Espectrometría de masa de plasma inductivamente acoplado (ICP-MS)

Esta técnica es un sistema de medición multielemental que permite medir una gran cantidad de elementos a concentraciones de niveles trazas en el rango de ppb (μg L^{-1}) y ultra trazas en el rango de ppt (ng L^{-1}), (Helaluddin *et al.*, 2016). Los ICP-MS utilizan argón como fuente de plasma para disociar la muestra en sus átomos y/ o iones. Luego los iones son liberados del plasma mediante un espectrómetro de masa según su razón masa/carga por un analizador cuadro polo o de sector magnético, la cual es directamente proporcional a la concentración de cada elemento en la muestra. En general, se puede mencionar que esta técnica tiene varias ventajas sobre las técnicas de EAA y/o ICP-OES ya que proporcionan límites de detección muy bajos (**Tablas 1 y 2**), tienen un rango lineal de respuesta más amplio y también es posible detectar la composición isotópica de la muestra. Una debilidad de esta metodología analítica es la presencia de interferencias espectrales y no espectrales las que pueden ser manejadas con celda de colisión, y otra, es

Tabla 1

Límites de detección (rango en μg L^{-1}) de las técnicas espectrométricas para los análisis inorgánicos en las matrices ambientales

Técnica	LD-Min	LD-Max
ICP-MS	0,001	1
GFAA	0,01	1
ICP-OES	0,1	100
FAAS	1	1000

Tabla 2

Límites de detección instrumental (μg L^{-1}) de los elementos regularmente analizados en las matrices marinas de acuerdo a los métodos de absorción atómica e ICP (Quevauviller *et al.*, 2011).

Elemento	EAA llama	EAA horno grafito	ICP-OES	ICP-MS
Ag	1,5	0,005	0,6	0,02
Al	45	0,1	1	0,005
As	150	0,05	2	0,0006
Cd	0,8	0,002	0,1	0,00009
Cr	3	0,004	-	0,0002
Cu	1,5	0,014	0,4	0,0002
Fe	5	0,06	0,1	0,0003
Hg	300	-	-	0,016 (^{202}Hg)
K	3	0,005	1	0,0002
Li	0,8	0,06	0,3	0,001
Mg	0,15	0,004	0,04	0,0003
Mn	1,5	0,005	0,1	0,00007
Mo	45	0,03	0,5	0,001
Na	0,3	0,005	0,5	0,0003
Ni	6	0,07	130	0,5
Pb	15	0,05	1	0,00004
Se	100	0,05	3	0,0007
Si	90	1	10	0,03
Sn	150	0,1	2	0,0005
Sr	3	0,025	0,05	0,00002
V	60	0,1	0,5	0,0005
Zn	1,5	-	-	0,0003

su alto costo pero que se compensa con la alta sensibilidad y bajos límites de detección, generalmente en el orden de los ppt.

7. Implicancias ambientales de las metodologías de muestreo y análisis en los programas de monitoreos

En general los programas de monitoreo han sido utilizados como una herramienta de evaluación del estado del ambiente desde la década de los años 70 del siglo pasado, cuando la principal preocupación era la salud del ser humano (Kramer, 2011), producto principalmente de los efectos catastróficos de incidentes como los derrames de petróleo, intoxicación por productos del mar contaminados y el uso de pesticidas que afectaron poblaciones de aves marinas (Mee *et al*, 1989).

Los programas de monitoreo son altamente dependientes de las mediciones y observaciones cuantitativas que se requieren según los objetivos de los mismos, ya que es obvio que no se puede evaluar el efecto tóxico de los metales pesados si no se miden justamente los metales pesados que se desea estudiar (Fifield & Haines, 2000). Las mediciones que requieren los programas de monitoreo deben ser diseñadas y ejecutadas de tal forma que sean relevantes para los objetivos de estos y confiables en sí mismas, es decir, deben ser exactas, precisas y totalmente validadas. Esto es de gran importancia porque el monitoreo y toda la analítica asociada pasan a constituirse en dos pilares fundamentales del conocimiento ambiental (Namiesnik, 2001). Sin embargo, se debe estar consciente de que los monitoreos y los análisis por sí solos no resolverán todos los problemas asociados a la evaluación de los procesos de contaminación de un área en particular.

Desde un punto de vista de la evaluación ambiental los monitoreos pueden ser vistos como una herramienta de gran importancia para el manejo ambiental, cumplimiento normativo, monitoreo ambiental, calidad de recursos y por lo tanto su ejecución debe ser de acuerdo a los más altos estándares de calidad analítica por un lado y diseño y manejo de la información por otro.

Con el desarrollo de las técnicas analíticas ha quedado claro que los niveles característicos de los elementos y compuestos de interés para estudios de contaminación por metales en el ambiente marino está a nivel de traza y ultra traza, lo que requiere, como se ha indicado en este capítulo, de procedimientos basados en técnicas limpias y ultra limpias, que consideran todos los pasos necesarios para tener estos niveles de concentración, siendo fundamental los límites de detección y cuantificación del método, la sensibilidad de los instrumentos, etc.

Si la información obtenida en los programas de monitoreo no tienen la robustez analítica requerida que dé las garantías de exactitud y precisión para obtener concentraciones en los rangos esperados característicos del ambiente, no se podrá obtener información fundamental para una correcta evaluación de la condición ambiental, al no poder, por ejemplo, determinar una línea base verdadera y de esta manera establecer el impacto de una determinada actividad. De igual forma, si los límites de detección de un procedimiento analítico son muy altos, traerá como consecuencia que, en los Informes de Seguimiento de un Programa de Vigilancia, los niveles de concentración se informen como menores al límite de detección (*i.e.*, < L.D) y que probablemente sean muy superiores a la concentración característica, y esto lleve a concluir que no haya variaciones en el contenido del contaminante estudiado. Esto tiene consecuencias negativas muy importantes para la gestión y manejo medioambiental, ya que, si esta información es utilizada en el establecimiento de la normativa ambiental para proteger la salud y/o los recursos, no se estará cumpliendo el objetivo, debido a que los organismos están adaptados a niveles más bajos, y la normativa será permisiva.

En resumen, para un correcto manejo ambiental, es fundamental disponer de técnicas analíticas con la sensibilidad, precisión, exactitud y robustez, con laboratorios acreditados bajo normas internacionales de calidad, que generen información confiable y certera, de tal forma de implementar programas de gestión ambiental adecuados y que proporcionen información que permita avanzar confiadamente en la modelación de los sistemas para tratar de predecir parámetros críticos como la capacidad de carga y las tendencias espacio-temporales en los cuerpos de agua que reciben los contaminantes provenientes de las distintas fuentes.

CONCLUSIONES Y RECOMENDACIONES

Los metales son constituyentes normales del ambiente y juegan diferentes roles fundamentales para el funcionamiento de los ecosistemas. En el ambiente marino, estos naturalmente se encuentran en bajas concentraciones a nivel de partes por billón (μg L^{-1}) e incluso menores a nivel de partes por trillón (ng L^{-1}) por lo que se denomina trazas o ultra trazas. Inclusos a estos niveles tienen una activa participación en los procesos fisiológicos de los organismos marinos, por lo que adquieren un rol de elementos esenciales (*e.g.*, Fe, Cu, Zn, Se). No obstante, en altas concentraciones provenientes, por ejemplo, de actividades antropogénicas, estos pueden adquirir características tóxicas para las poblaciones de organismos sensibles. Otros metales traza como el Hg y Pb, no cumplen un rol a nivel fisiológico y, a menudo, son tóxicos incluso en cantidades muy pequeñas, ya que se pueden acumular en los organismos al no ser metabolizados.

Por lo anterior, es fundamental medir las concentraciones de los diferentes metales con técnicas analíticas sensibles que permitan llegar a los niveles de las concentraciones características presentes en el ambiente marino. Esto se logró a partir de la década de los años setenta y ochenta del siglo pasado con el desarrollo de las técnicas de análisis ultra limpias y el avance instrumental de la espectrometría atómica y de masa. Esta aproximación requiere poner atención a todo el proceso de análisis, desde la toma de la muestra hasta el análisis propiamente tal, incluyendo la preparación libre de metales de los contenedores de las muestras, manipulación controlada de la obtención, y preservación de la muestra y finalmente la utilización de la técnica analítica con la sensibilidad adecuada, incluyendo la preparación de reactivos purificados y un estricto control de las fuentes de contaminación externas con el uso de ropas especiales y áreas de trabajo limpias (Laboratorio Clase ISO 5).

Los laboratorios que realizan análisis de metales a nivel traza y ultra traza deben demostrar competencias en diferentes matrices ambientales, de tal forma que garanticen exactitud y precisión analítica. Para ello, se requiere tener acreditaciones emitidas por un órgano competente (*e.g.*, NCh-ISO/IEC 17025:2017), tener un programa de aseguramiento y control de la calidad (*e.g.*, QA/QC), procedimientos operacionales estandarizados (*e.g.*, SOAP's) y participación en ejercicios de inter-calibración, es decir, ensayos de pruebas y uso de material de referencia certificados (*e.g.*, MRC) y estándares de referencia (*e.g.*, MRE) para las verificaciones de los procedimientos analíticos.

Para cumplir con los niveles de concentración requeridos en los estudios que involucran metales traza, ya sea en matrices acuosas o de tejidos de organismos, se deben considerar Procedimientos Operacionales Estandarizados (POE) en todas las actividades necesarias desde la preparación de materiales para obtener, guardar, transportar y preservar la muestras, por ejemplo, frascos de muestras, muestreador (botella GO-FLO), preservantes, etc.

Actualmente existe una gran diversidad de metodologías analíticas aplicables a la mayoría de los metales traza, entre ellas se incluye la espectrometría de absorción atómica, espectrometría de masas, espectrometría de emisión óptica, analizadores directos y RFX, siendo el límite de detección y cuantificación uno de los factores relevantes al momento de realizar una elección de la metodología analítica. Indudablemente la espectrometría de masa de plasma inductivamente acoplado (ICP-MS) y la espectrometría de emisión óptica de plasma inductivamente acoplado (ICP-OES) son técnicas de medición multielemental. Ambas son recomendadas porque permiten medir una gran cantidad de elementos a concentraciones nivel de trazas en el rango de ppb (μg L^{-1}) y ultra trazas en el rango de ppt (ng L^{-1}) en muestra de agua y tejidos biológicos, respectivamente. En general, se puede mencionar que estas técnicas tienen varias ventajas sobre las técnicas de espectrometría de absorción atómica ya que proporcionan límites de detección muy bajos, tienen un rango lineal de respuesta más amplio y también es posible detectar la composición isotópica de la muestra en el caso de los ICP-MS.

El contar con técnicas analíticas con la sensibilidad, precisión, exactitud, robustez adecuadas y con laboratorios acreditados, permite generar información confiable para mejorar la gestión ambiental, incorporando parámetros críticos como la capacidad de carga y las tendencias espacio-temporales de los contaminantes que reciben los cuerpos de agua.

REFERENCIAS

Ahlers, W. W., Reid, M. R., Kim, J. P., & Hunter, K. A. (1990). Contamination-free sample collection and handling protocols for trace elements in natural fresh waters. *Marine and Freshwater Research, 41*(6), 713-720.

Aitio, A., Bernard, A., Fowler, B. A., & Nordberg, G. F. (2007). Biological monitoring and biomarkers. G.F. Nordberg, B.F. Fowler, M. Nordberg, L. Friberg (Eds.), *Handbook on the Toxicology of Metals* (3rd ed, pp. 65-78). Amsterdam, Nederland: Elsevier.

Batley, G. E. (1999). Quality assurance in environmental monitoring. *Marine Pollution Bulletin*, *39*(1-12), 23-31.

Boyd, S. (2002). Guidelines for the conduct of benthic studies at aggregate dredging sites. Department for Transport, Local Government and the Regions, CEFAS, Lowestoft, UK. 117. Available from: http://www.marbef.org/qa/documents/ConductofsurveysatMAEsites.pdf

Bruland, K. W., Franks, R. P., Knauer, G. A., & Martin, J. H. (1979). Sampling and analytical methods for the determination of copper, cadmium, zinc, and nickel at the nanogram per liter level in sea water. *Analytica Chimica Acta*, *105*, 233-245.

Callender, E. (2000). Geochemical effects of rapid sedimentation in aquatic systems: minimal diagenesis and the preservation of historical metal signatures. *Journal of Paleolimnology*, *23*(3), 243-260.

Camel, V. (2003). Solid phase extraction of trace elements. *Spectrochimica Acta. Part B, Atomic Spectroscopy*, *58*(7), 1177-1233.

Cullen, H. M., D'Arrigo, R. D., Cook, E. R., & Mann, M. E. (2001). Multiproxy reconstructions of the North Atlantic oscillation. *Paleoceanography*, *16*(1), 27-39.

Eklöf, J., Austin, Å., Bergström, U., Donadi, S., Eriksson, B. D., Hansen, J., & Sundblad, G. (2017). Size matters: relationships between body size and body mass of common coastal, aquatic invertebrates in the Baltic Sea. *PeerJ*, *5*, e2906.

Eleftheriou, A. & McIntyre, A. D. (2005). *Methods for the study of marine benthos*. Blackwell Science.

Fifield, F. W., & Haines, P. J. (2000). *Environmental analytical chemistry*. Oxford, UK: Wiley-Blackwell.

Cutter, G., Casciotti, K., Croot, P., Geibert, W., Heimbürger, L. E., Lohan, M., Planuette, H., & van de Flierdt, T.(2017). Sampling and Sample-handling Protocols for GEOTRACES Cruises. Version 3, August 2017.

Grasshoff, P. (1983). *Methods of Seawater Analysis*. Verlag Chemie. FRG, *419*, 61-72.

Grasshoff, K., Ehrhardt, M. & Kremling, K. (1983). *Methods of Seawater Analysis*. Florida. USA: Verlag Chemie.

Helaluddin, A. B. M., Khalid, R. S., Alaama, M., & Abbas, S. A. (2016). Main analytical techniques used for elemental analysis in various matrices. *Tropical Journal of Pharmaceutical Research*, *15*(2), 427-434.

HELCOM. (1994). Intergovernmental activities in the framework of the Helsinki Convention 1974-94. In Baltic Sea Environment Proceedings, BSP 56, Helsinki Commission, Helsinki, 235 pp.

Holdgate, M. W., & White, G. F. (1977). Environmental Issues: SCOPE Report 10. New York, USA: John Wiley & Sons.

Holme, N. A., & McIntyre, A. D. (1984). *Methods for the Study of Marine Benthos*. (Second Edition). London, UK: Blackwell Scientific Publications.

ICP-OES (n.d). Visitado Julio 2, 2019 desde: https://www.ru.nl/science/gi/facilities-activities/elemental-analysis/icp-oes/

ISO/IEC 17025. (2017). *General requirements for the competence of testing and calibration laboratories*. Visitado desde https://www.iso.org/obp/ui/#iso:std:iso-iec:17025:ed-3:v1:en

Kramer, K. J. (2011). Monitoring of Pollutants: A Historical Perspective for the North-East Atlantic Region. *Chemical Marine Monitoring: Policy Framework and Analytical Trends*, 1-28.

Kramer, D., Cullen, J. T., Christian, J. R., Johnson, W. K., & Pedersen, T. F. (2011). Silver in the subarctic northeast Pacific Ocean: explaining the basin scale distribution of silver. *Marine Chemistry*, *123*(1-4), 133-142.

Larsen, T. S., Kristensen, J. A., Asmund, G., & Bjerregaard, P. (2001). Lead and zinc in sediments and biota from Maarmorilik, West Greenland: an assessment of the environmental impact of mining wastes on an Arctic fjord system. *Environmental Pollution*, *114*(2), 275-283.

Mason, R. P. (2013). *Trace Metals in Aquatic Systems*. Chichester, UK: John Wiley & Sons.

Mattison, J. M. (1972). Preparation of Hydrofluoric, Hydrochloric and Nitric Acids at Ultralow Lead Levels. *Analytical Chemistry*, *44*(9), 1715-1716.

McNaught, A. D., & McNaught, A. D. (1997). *Compendium of Chemical Terminology*. Oxford, UK: Blackwell Science.

Mee, L., Noshkin, V., & Walton, A. (1989). Worldwide quality control for measuring contaminants in the marine environment-15 years of progress at the International Laboratory of Marine Radioactivity. A global team of analysts are working for a common aim. *IAEA Bulletin*, *31*(2), 32-35.

Mudroch, A., & MacKnight, S. D. (1991). *Handbook of Techniques for Aquatic Sediments Sampling*. CRC Press. Boca Raton, USA: CRC Press.

Namie nik, J. (2001). Modern trends in monitoring and analysis of environmental pollutants. *Polish Journal of Environmental Studies*, *10*(3), 127.

Nicholson, M. D. (1989). Analytical results: How accurate are they? How accurate should they be? *Marine Pollution Bulletin*, *20*(1), 33-40.

OSPAR. (1992). Convention for the Protection of the Marine Environment of the North-East Atlantic. Visitado, desde: https://www.jus.uio.no/english/services/library/treaties/06/6-05/protection-environment-atlantic.xml

OSPAR. (1984). The First decade: International Cooperation in Protecting our Marine Environment, Oslo and Paris Commission, London.

Patterson, C. C. (1976). The reduction of orders of magnitude errors in lead analyses of biological materials and natural waters by evaluating and controlling the extent and sources of industrial lead contamination introduced during sample collecting, handling, and analysis. *Accuracy in Trace Analysis: Sampling, Sample Handling, and Analysis*, *321*.

Phillips, D. J., & Rainbow, P. S. (2013). *Biomonitoring of Trace Aquatic Contaminants*. London, UK: Springer Science & Business Media.

Quevauviller, P., Roose, P., & Verreet, G. (Eds.). (2011). *Chemical Marine Monitoring: Policy Framework and Analytical Trends* (1ra ed.). Bruselas, Belgica: John Wiley & Sons.

Quevauviller, P., Rauret, G., Ure, A., Rubio, R., López-Sánchez, J. F., Fiedler, H., & Muntau, H. (1995). Preparation of candidate certified reference materials for the quality control of EDTA-and acetic acid-extractable trace metal determinations in sewage sludge-amended soil and terra rossa soil. *Microchimica Acta*, *120*(1-4), 289-300.

Rauf, M. A., & Hanan, A. (2009). Quality assurance considerations in chemical analysis. *The Quality Assurance Journal: The Quality Assurance Journal for Pharmaceutical, Health and Environmental Professionals*, *12*(1), 16-21.

Rees, H. L. (2009). Guidelines for the study of the epibenthos of subtidal environments. *ICES Techniques in Marine Environmental Sciences*. 42, 88.

Rumohr, H. (2009) Soft bottom macrofauna: collection, treatment, and quality assurance of samples. *ICES Techniques in Marine Environmental Sciences*, 43, 20.

Rury, M. (2015). Trace Elemental Analysis: Which Instrument is Best for You? - Analyte Guru - Post. Visitado Julio 2, 2019 desde: http://analyteguru.com/trace-elemental-analysis-which-instrument-is-best-for-you

Sander, S. G., Hunter, K. A., Harms, H., & Wells, M. (2011). Numerical approach to speciation and estimation of parameters used in modeling trace metal bioavailability. *Environmental Science & Technology*, 45(15), 6388-6395.

SCDNR. (2005). South Carolina rules & regulations 2005-2006. South Carolina Department of Natural Resources. Columbia, South Carolina, USA.

Sliwka-Kaszy ska, M., Kot-Wasik, A., & Namie nik, J. (2003). Preservation and storage of water samples. *Critical Reviews in Environmental Science and Technology*, 33: 31-44.

Sohier, C. (2019). Sampling tools for the marine environment. Visitado Julio 2, 2019 desde: http//:www.coastalwiki.org/wiki/sampling_tools_for_the_marine_environment

Sturgeon, R. E., Berman, S. S., Willie, S. N., & Desaulniers, J. A. H. (1981). Preconcentration of trace elements from seawater with silica-immobilized 8-hydroxyquinoline. *Analytical Chemistry*, 53(14), 2337-2340.

Thorne, R. J., Pacyna, J. M., & Cycling, B. T. M. (2018). Fluxes of Trace Metals on a Global Scale. *Encyclopedia of the Anthropocene*, 2, 93.

Trujillo, A., & H. Thurman (2016). *Essentials of Oceanography*. USA: Pearson Press.

United States Environmental Protection Agency. (1983). *Methods for chemical analysis of water and wastes. Environmental Monitoring and Support Laboratory.*

van Leeuwen, W. J., Casady, G. M., Neary, D. G., Bautista, S., Alloza, J. A., Carmel, Y., Wittenberg, L., Malkinson, D., & Orr, B. (2010). Monitoring post-wildfire vegetation response with remotely sensed time-series data in Spain, USA and Israel. *International Journal of Wildland Fire*, 19(1), 75-93.

10. CONSIDERACIONES PARA EL MUESTREO Y ANÁLISIS DE COMPUESTOS ORGÁNICOS EN AGUA, SEDIMENTOS Y ORGANISMOS MARINOS

GENERAL BACKGROUND OF THE SAMPLING AND ANALYSIS OF ORGANIC COMPOUNDS IN SEA WATER, SEDIMENTS AND MARINE BIOTA

CRISTIAN CHANDÍA[1][3][4] • MARCO SALAMANCA[1][2][3] • RODRIGO LOYOLA[1] • VERÓNICA PINTO[1] • GABRIELA FRANYOLA[1]

Resumen. Los compuestos orgánicos corresponden a un amplio y variado grupo de sustancias químicas, los que pueden ser el resultado de actividad biológica, degradación de otros compuestos químicos o de procesos relacionados con la actividad humana. Muchos de estos compuestos, debido a su impacto ambiental y ecológico, requieren ser monitoreados en formar regular, con el propósito de preservar y vigilar los cuerpos de agua, sedimentos y organismos. El monitoreo de los compuestos orgánicos en el ambiente debe considerar un adecuado diseño de muestreo que contemple una frecuencia espacial y temporal ajustada al origen y persistencia de la sustancia, considerando además aspectos tales como: recolección, preservación, transporte y pretratamiento de las muestras, así como también el análisis de los parámetros que requieren ser vigilados. Todas estas etapas deben ser realizadas bajo estrictos y rigurosos procedimientos de control y aseguramiento de calidad, mediante métodos analíticos validados para la matriz, permitiendo obtener límites de cuantificación, por debajo de las concentraciones naturales, lo cual es fundamental para evaluar los cambios temporales y espaciales de estos compuestos en las matrices ambientales. Dentro de los compuestos orgánicos de mayor interés se encuentran: Ácidos Grasos, Ácidos Resínicos, Clorofenoles, Hidrocarburos y, Dioxinas y Furanos, así como también AOX y EOX, estos

---

[1] Laboratorio de Oceanografía Química (LOQ), Universidad de Concepción, Chile. Autor de correspondencia: crchandi@udec.cl

[2] Departamento de Oceanografía, Universidad de Concepción, Casilla 160-C, Barrio Universitario s/n, Concepción, Chile.

[3] Programa de Monitoreo Marino Nueva Aldea: PROMNA, Universidad de Concepción, Chile.

[4] Programa de Doctorado en Ciencias Ambientales, Universidad de Concepción, Chile.

últimos si bien no corresponden a un compuesto químico en particular, permiten obtener una rápida aproximación en relación con el contenido de compuestos orgánicos halogenados presentes en la matriz en estudio. Estos compuestos requieren técnicas analíticas específicas, con bajos límites de cuantificación (ppb a ppt) y equipamiento con alto nivel de sensibilidad y especificidad (GC/MS, GC MS/MS, HRGC/HRMS). El monitoreo de compuestos orgánicos es una herramienta predictiva cuyo principal objetivo es identificar cambios y/o alteraciones en el medio natural, permitiendo distinguir el origen y magnitud del impacto, a partir de información de calidad trazable en el tiempo y espacio para una vigilancia ambiental efectiva.

Palabras claves. Monitoreo de compuestos orgánicos, técnicas de muestreo, medición y análisis, interferentes y recomendaciones.

Summary. The organic compounds correspond to a wide and varied group of chemical substances, which may be the result of biological activity, degradation of other chemical compounds or the result of processes related to human activity. Many of these compounds due to their environmental and ecological impact require regular monitoring, in order to preserve and monitor water bodies, sediments and organisms. The monitoring of organic compounds in the environment should consider an adequate sampling design that contemplates a spatial and temporal frequency adjusted to the origin and persistence of the substance, also considering aspects such as; collection, preservation, transport and pretreatment of the samples, as well as the analysis of the parameters that need to be monitored. All these stages must be carried out under strict and rigorous quality assurance and control procedures, through validated analytical methods for the matrix, allowing quantification limits to be obtained, below natural concentrations, which is essential to evaluate temporal and spatial changes of these compounds in environmental matrices. Among the organic compounds of the greatest interest are: Fatty Acids, Resin Acids, Chlorophenols, Hydrocarbons and, Dioxins and Furans, as well as AOX and EOX, the latter although they do not correspond to a particular chemical compound, allow to obtain a rapid approach in relation to the content of halogenated organic compounds present in the matrix under study. These compounds require specific analytical techniques, with low quantification limits (ppb to ppt) and equipment with high level of sensitivity and specificity (GC / MS, GC MS / MS, HRGC / HRMS). The monitoring of organic compounds is a predictive tool whose main objective is to identify changes and / or alterations in the natural environment, allowing to distinguish the origin and magnitude of the impact, based on quality information traceable in time and space for effective environmental monitoring.

Keywords. Monitoring of organic compounds, sampling techniques, measurement and analysis, interferers and recommendations.

INTRODUCCIÓN

Actualmente se conocen más de cien millones de compuestos químicos, de los cuales casi el 70% han sido sintetizados por el hombre o son subproductos no deseados de sus actividades. Los Compuestos Orgánicos Persistentes (COP) conforman una fracción de estos, cuyas principales características son presentar extensas vidas medias, lenta biodegradación, alta bioacumulación y pueden ser biomagnificados a través de la cadena trófica (Lanfranchi *et al.*, 2006; Letcher *et al.*, 2010). Dependiendo del tiempo de exposición y concentración de los COP, estos pueden producir efectos crónicos y letales a los organismos, entre los que se encuentran la inmunotoxicidad, efectos cutáneos, alteraciones reproductivas y carcinogenicidad (Sagiv *et al.*, 2008; Lee *et al.*, 2007; Fernández *et al.*, 2005; Martínez & Gómez, 2007; Ward *et al.*, 2009; Xu *et al.*, 2010; Bellingham *et al.*, 2009; Rantakokko *et al.*, 2009).

Desde el punto de vista ambiental, y de acuerdo con el origen de los compuestos orgánicos, estos pueden ser clasificados como antropogénicos y biogénicos. Los primeros hacen referencia a todos aquellos compuestos químicos que no están presentes en el ambiente y que llegan allí por acción directa o indirecta de las actividades humanas (PNUMA, 2007; Eguchi *et al.*, 2012). En tanto que los compuestos biogénicos tienen su origen desde procesos naturales, producto de la síntesis directa de los organismos o como resultado de procesos naturales tales como el vulcanismo, intemperización y biodegradación (Cheng & Chang, 2009; Wang *et al.*, 2003; Velasco & Bernabé, 2004).

Los compuestos orgánicos en el ambiente se presentan desde moléculas simples y de bajo peso molecular, hasta complejas estructuras con grupos funcionales y sustituciones de halógenos. Estos últimos están expuestos a cambios físico-químicos en el ambiente, transformación conocida como ¨intemperización¨, que puede producir cambios en las concentraciones a través de simples procesos como evaporación, producto de cambios en la temperatura y presión, hasta modificaciones en su estructura química, como consecuencia de condensaciones de sus grupos funcionales o degradación por efectos de otros factores como radiación luminosa (fotodegradación), biodegradación e hidrolisis (Haggblom & Bossert, 2003; Van Pée & Unversucht, 2003). La magnitud de los efectos producidos por la intemperización sobre la concentración de los compuestos orgánicos está directamente relacionada con el tiempo de exposición en el ambiente. Los compuestos orgánicos persistentes son ubicuos, *i.e*, están presentes en todas las matrices ambientales y su toxicidad depende de la concentración y forma química, la que puede verse afectada por el tiempo de residencia, condiciones ambientales y matriz de residencia (Webster *et al.*, 1998; Mackay & Webster, 2006). Todas estas características reafirman la necesidad de contar con programas de monitoreo en las matrices ambientales para evaluar regularmente el comportamiento de los compuestos orgánicos.

Los programas de monitoreo ambiental son mediciones de campo empíricas, colectadas en un lapso regular de tiempo, las cuales son muestreadas y analizadas con métodos trazables, en un período de al menos 10 años (Lindenmayer & Likens, 2010). Estos programas permiten verificar tendencias de largo plazo y aportar al establecimiento de regulaciones ambientales basadas en información de calidad (Lindenmayer & Likens,

2010), lo que es fundamental para detectar y entender cambios ambientales (Parr *et al.*, 2003).

En la zona costera de Chile se desarrollan múltiples actividades industriales que eliminan un amplio espectro de compuestos orgánicos (solventes orgánicos, hidrocarburos de petróleo, hidrocarburos aromáticos policíclicos, combustibles, plastificantes, resinas, compuestos orgánicos policlorados, fármacos, desinfectantes, etc.), es por ello que el monitoreo ambiental es la principal forma de vigilar la efectividad de las medidas reguladoras para estas sustancias (normas de emisión), y de obtener información que permita evaluar la distribución, comportamiento, dinámica y sus posibles impactos en el medio marino.

OBJETIVOS

Este documento describe las técnicas de muestreo y métodos de análisis que son utilizados para algunos de los compuestos orgánicos de mayor relevancia ambiental en las matrices marinas.

PREGUNTAS RELEVANTES

¿Qué parámetros orgánicos se podrían considerar en las matrices marinas? ¿Cuáles son los cuidados que debemos tener en relación al muestreo y preservación de las muestras cuando se estudian compuestos orgánicos? ¿Y por qué debemos llegar a niveles de cuantificación de trazas en los sistemas marinos?

DESARROLLO

1. Parámetros orgánicos de interés ambiental

1.1. Hidrocarburos

Los hidrocarburos son sustancias cuyo rango de pesos moleculares es muy amplio, poseen una escasa solubilidad en agua y muchos de ellos son tóxicos para los organismos vivos. Químicamente, el petróleo es una compleja mezcla de hidrocarburos y en menor cantidad de nitrógeno, azufre y oxígeno, así como trazas de metales. Sus estructuras pueden ser variadas por la capacidad del átomo de carbono para formar cadenas o ciclos, existiendo así cuatro tipos de hidrocarburos: Alcanos, ciclo alcanos (saturados), aromáticos y alifáticos (Colwell & Walter, 1977). Los hidrocarburos de bajo peso molecular son gases, mientras que los de mayor peso molecular son líquidos o sólidos a temperatura ambiente (Madigan *et al.*, 1999). Los hidrocarburos presentan diversas fuentes en el medio marino, aunque básicamente podemos diferenciar 4 tipos:

   i)   **Hidrocarburos biogénicos**, son producto de degradación de plantas vasculares, algas, animales o bacterias (Lavarías *et al.*, 2005). En los sistemas marinos la mayoría de los organismos tienen la capacidad de sintetizar hidrocarburos (Davis, 1968; Han & Calvin, 1969). Es así como algunas especies de fitoplancton sintetizan un limitado número de hidrocarburos, principalmente donde predominan los alcanos impares (C15 a C21), y con menor presencia los pares (Clark, 1966). El Pristano (C:19) es un componente típico de los copépodos calanoides y también de algunos peces. Sin embargo, los alquenos son los compuestos biogénicos de mayor abundancia en todos los niveles tróficos. La vegetación terrestre y el sargazo marino producen cadenas de n-alcanos con carbonos dominantes del C21 al C22. Otros tipos de compuestos, que también han sido determinados en organismos marinos, incluyen a ciertos hidrocarburos triterpenoides (Hopanos) y naftenos con uno a tres anillos (Blumer *et al.*, 1969; Ourisson *et al.*, 1979). También se ha reportado biosíntesis de hidrocarburos aromáticos policíclicos principalmente por bacterias marinas, terrestres, y por algunas plantas superiores (Borneff *et al.*, 1968).

ii) **Hidrocarburos diagenéticos**, son producidos por acción microbiana o procesos químicos generando moléculas biogénicas precursoras como terpenos, esteroles, pigmentos carotenoides, dando origen a nuevos compuestos químicos tales como los hidrocarburos alifáticos, cicloalcanos, hidrocarburos aromáticos policíclicos y triterpenos pentacíclicos. El grupo más significativo de hidrocarburos diagenéticos son los aromáticos policíclicos, algunos de los cuales están presentes en el petróleo, gasolinas y keroseno (Wakeham *et al.*, 1980 a, b) e independientes de los tratamientos, en este caso localidades (*independencia*).

iii) **Hidrocarburos pirolíticos**, son partículas atmosféricas comunes en ciudades densamente pobladas, los cuales contienen hidrocarburos saturados y aromáticos, formados por la combustión incompleta de los combustibles fósiles (Haúser & Pattison, 1972; Lee *et al.*, 1977; Salazar *el al.*, 1991). Estos pueden ser transportados vía atmosférica al océano y posteriormente por decantación llegan a los sedimentos.

iv) **Hidrocarburos antropogénicos**, comprenden una amplia variedad de compuestos y se originan por medio de múltiples actividades asociadas a la actividad humana (industrias, desechos municipales, petroleras, etc.), pudiéndose encontrar en; lodos de plantas de tratamiento, desechos industriales líquidos, desechos domésticos y derrames, con una composición mixta, debido a las diversas fuentes de procedencia.

La determinación de hidrocarburos se basa principalmente en un proceso de extracción, concentración y análisis. La extracción en matrices acuosas (aguas crudas y/o aguas residuales) se realiza tradicionalmente por métodos de extracción líquido-líquido, mientras que en sedimentos y tejidos biológicos se utilizan principalmente sistemas de extracción acelerados por solventes, denominada ASE, de acuerdo a su sigla en inglés. La concentración del extracto se realiza mediante sistemas de evaporación por flujos de nitrógeno o evaporadores de vacío centrífugos. En lo que respecta a la cuantificación de los hidrocarburos, se pueden realizar por medio de espectroscopia infrarroja o cromatografía gaseosa acoplada a detectores de ionización por flama de hidrogeno (GC-FID) o espectrometría de masas (GC-MS) siendo esta última la más recomendada por su alta sensibilidad, detección selectiva y una elevada eficiencia en la separación de estos compuestos, además de requerir un pequeño volumen de inyección.

1.2. Dioxinas y Furanos

Las Dioxinas y Furanos (PCDD/F) comprenden un total de 210 congéneres, de los cuales 75 corresponden a dioxinas y 135 a furanos. De este total de congéneres y debido a su toxicidad, 17 se encuentran regulados por los organismos internacionales tales como la OMS y FAO, de ellos, solo 7 corresponden a Dioxinas y 10 a Furanos. Dependiendo del número de cloros que posean en su estructura, estos compuestos pueden ser clasificados como Tetraclorinados, Pentaclorinados, Hexaclorinados, Heptaclorinados y Octaclorinados, siendo las dioxinas Tetraclorinadas en las posiciones 2,3,7,8 y Pentaclorinados en las posiciones 1,2,3,7,8, los que poseen el mayor índice de toxicidad (WHO, 2005).

Las PCDD/F son subproductos no intencionales de la combustión incompleta de la materia orgánica, elaboración de pesticidas, quema de residuos hospitalarios y municipales, y en menor grado de la quema de carbón, turba y madera, y emisiones de automóviles a gasolina y diésel. La mayor cantidad de información sobre la toxicidad de estas sustancias se basa en estudios realizados al congénere 2,3,7,8- Tetraclorodibenzoparadioxina (TCDD) y sus compuestos asociados, los que pueden provocar una gran variedad de efectos en animales y en seres humanos. Estos compuestos están presentes en todas las matrices ambientales, siendo inclusive detectados en niños en periodo de lactancia, debido al consumo de leche materna con presencia de estos congéneres.

Las mayores dificultades del análisis de PCDD/F radican en sus bajas concentraciones, en el orden de 0.00001 a 0.001 ng g-1 para las muestras ambientales, y una variada gama de interferentes que eventualmente afectan al análisis, siendo requisito la aplicación de complejos y extensos procesos de extracción y purificación para la ejecución de este análisis.

El análisis de PCDD/F se resume en una extracción, purificación y análisis. La extracción que tradicionalmente se realiza mediante un sistema Soxhlet, a través de métodos estandarizados, tal como Environmental Protection Agency 1613, con procesos continuos de 12 a 24 horas para lograr recuperaciones aceptables. En la actualidad, ha sido reemplazada por sistemas de extracción automatizados, que trabajan a altas presiones y elevadas temperaturas para acelerar el proceso de extracción, dentro de los que se pueden nombrar, los sistemas ASE y PLE. La purificación o fraccionamiento de estos compuestos se realiza utilizando columnas de sílica, alúmina y carbón activado, proceso que comprende la preparación de columnas, su acondicionamiento y posterior elusión de la muestra a través de ellas, de acuerdo con el método Environmental Protection Agency 1613. Este proceso puede tardar 3 días, extendiendo el proceso de extracción y fraccionamiento a 4 o 5 días. Actualmente la combinación de técnicas como HPLC y la automatización, han permitido la creación de sistemas de fraccionamiento automatizados que permiten reducir los tiempos entre 2,5 a 3 horas. Debido a lo anterior, la combinación de extracción y fraccionamiento automatizados permite que las muestras sean analizadas entre 1 y 2 días. La lectura de estos compuestos se realiza mediante un cromatógrafo de gases de alta resolución, acoplado a espectrometría de masas de alta resolución, lo que permite diferenciar entre los congéneres PCDD/F, pudiendo llegar a niveles de detección del orden de los femtogramos (fg/L). Para la cuantificación se utiliza la técnica de dilución isotópica, la que comprende el uso de 16 congéneres de PCDD/F marcados con 13C. La combinación de procesos de extracción, purificación, lectura y cuantificación, además de una infraestructura adecuada, permite obtener resultados confirmatorios exitosos en el análisis de dioxinas y furanos en muestras ambientales.

1.3. Ácido Resínico

Los ácidos resínicos forman parte de los compuestos extraíbles de la madera y químicamente pertenecen al grupo de los terpenos (Sjöström, 1993). Son ácidos de resina diterpénicos con 20 carbonos de varios tipos e isómeros, que se clasifican en las familias de Pimaranos y Abietanos, de acuerdo con los sustituyentes en la posición C-13. Los ácidos Pimaranos más comunes son: Ácido pimárico, ácido sandaracopimarico y ácido isopimarico; mientras que los Abietanos son: Ácido abiético, ácido levopimarico, ácido palústrico, ácido neoabiético y ácido dehidroabiético. Estos compuestos con subproductos de la industria de la celulosa y recuperados para ser refinados y usados para la producción de otros productos tales como pinturas, barnices, impermeabilizantes, tintas y otros polímeros. Estas sustancias llegan al medio ambiente principalmente a través de efluentes industriales, y son de preocupación ambiental dado que por sus características químicas, son persistentes, bioacumulables, lipofílicos y mutagénicos, pudiendo producir impactos principalmente en las matrices biológicas (Peng & Roberts, 2000).

Entre los ácidos resínicos, el ácido abiético se caracteriza por tener un alto grado de toxicidad debido a que es un ácido carboxílico débil con limitada solubilidad, y se ha establecido que concentraciones de 114 mg/L de este ácido puede causar una inhibición del 50% de la actividad en bacterias metanogénicas (Sierra-Álvarez & Lettinga, 1990), mientras que en los peces presenta una toxicidad del 50% de la población con 0,7 mg/L (Field *et al.*, 1992).

1.4. Ácidos grasos

Se reconocen más de 70 ácidos grasos con cadenas que van desde 14 hasta 22 átomos de carbono, los que pueden ser clasificados en ácidos grasos saturados, con enlaces simples de carbono (*e.g.*, ácido Palmítico), y ácidos grasos insaturados o poliinsaturados, que presentan dos o más enlaces dobles (*e.g.*, ácido Palmitoleico); los que se encuentran en mayor proporción en los aceites de pescado, con hasta seis enlaces dobles, mientras que en los aceites provenientes de animales terrestres y aceites vegetales, no supera las cuatro insaturaciones (Castro *et al.*, 2013).

El porcentaje de ácidos grasos pentainsaturados y hexainsaturados es particularmente alto en el aceite de anchoveta (29%), atún (19%) y sardina (16%). Los ácidos grasos poliinsaturados presentan una alta reactividad con otros compuestos presentes en el medio, lo que condiciona su peligrosidad (Mendiola *et al.*, 1998). Por otra parte, los ácidos grasos libres son un problema frecuente para las plantas de depuración de aguas residuales puesto que, a determinadas concentraciones, pueden llegar a provocar un ataque en el hormigón y otros elementos estructurales (Rodier, 1990). Actualmente se ha comprobado que los derrames de aceites en las aguas producen efectos subletales en peces, así como en algas y zooplancton (Nriagu, 1983), siendo tóxicos de forma aguda para algunas especies (Franco, 1984), pudiendo afectar el sabor del pescado de consumo humano (Person, 1984).

La determinación de Ácidos Resínicos y Ácidos Grasos en agua consta básicamente de una etapa de extracción, la que puede realizarse mediante sistemas automatizados como la extracción en fase sólida (SPE) o manuales como extracción liquido - liquido; en sedimentos y tejidos biológicos se utilizan principalmente sistemas de extracción acelerada por solvente (ASE). Luego una etapa de concentración (sistemas de evaporación por flujos de nitrógeno o evaporadores de vacío centrífugos), seguida de una derivatización antes de la cuantificación por Cromatografía de Gases acoplado a Espectrometría de Masas (GC-MS).

1.5. AOX y EOX

Estas variables, hacen referencia a un grupo de compuestos organohalogenados adsorbibles (AOX) y extraíbles (EOX) que contienen en su estructura uno o más átomos de elementos halógenos (*i.e.*, Cl, Br, I y F), por lo tanto, incluyen un gran número de compuestos tanto de origen biogénico como sintéticos, entre los que destacan el: PVC, Cloruro de Vinilo, DDT, Solventes Orgánicos, Pesticidas, Clorofluorocarbonos y Bifenilos Policlorados. Estos compuestos pueden ser hidrofílicos, lipofílicos, es decir, representan la más amplia gama de compuestos organoclorados, con un amplio rango de toxicidad y persistencia (Wigilius *et al.*, 1988; Vahala *et al.*, 1999; Savant *et al.*, 2006). Por otra parte, los EOX son una fracción de los AOX considerados de mayor "peligro", ellos representan la fracción lipofílica y resistente a la biodegradación, permitiendo su bioacumulación en el tejido adiposo de los organismos y favoreciendo su bioacumulación y biomagnificación (Kankaanpää & Tissari, 1994; Kostamo *et al.*, 2000).

El método analítico para la determinación de AOX y EOX consiste en una adsorción en carbón activo de los compuestos orgánicos, previo a una retención de cloruros inorgánicos a través de una columna de octadecanol y silica. A través de una oxidación térmica por pirolisis es cuantificado mediante el método de microculombimetría, en tanto que, para los EOX se deben extraer los compuestos liposolubles con un solvente orgánico para arrastrar estos compuestos desde la matriz a analizar.

2. Muestreo de compuestos orgánicos

El muestreo de compuestos orgánicos en las matrices marinas debe considerar todos aquellos factores e imprevistos que pueden interferir en una adecuada y representativa toma de la muestra (*i.e.*, estación del año, zona geográfica, condiciones climáticas, marea, ocurrencia de surgencia o mínima de oxígeno, etc.). La calidad de los datos depende en gran medida de la integridad de las muestras al llegar al laboratorio y su posterior análisis. Por lo tanto, es inherente al muestreo considerar la: (i) seguridad del personal; (ii) bitácora de actividades; (iii) registro de muestras; (iv) registro de materiales; (v) mediciones de pH, temperatura y oxígeno; (vi) preservantes requeridos; (vii) transporte y almacenamiento bajo condiciones apropiadas y ajustada a los tiempos de espera del análisis.

Para asegurar la calidad de la información en el muestreo deben realizarse blancos del ambiente, equipos y transporte. La representatividad de las muestras obtenidas debe ser contrastada con al menos el 10% de las muestras con duplicados de campo y chequeos de algunas muestras en triplicado (Quevauviller *et al.*, 1995; Environmental Protection Agency, USA, 2012).

2.1. Agua

En general los compuestos orgánicos en la columna de agua se encuentran en muy bajas concentraciones, debido a que son poco solubles y su disponibilidad está estrechamente relacionada a la cantidad de grasa o lípidos. Por otro lado, dado lo transiente que es esta matriz, el muestreo que se obtiene es una fotografía ambiental, siendo necesario considerar en esta matriz una mayor frecuencia y resolución espacial.

El lavado de los materiales de muestreo y botellas debe ser realizado con agua desionizada (Tipo I) y detergentes libres de fosfatos, para luego realizar 3 enjuagues con Acetona y Hexano, dejando secar a temperatura ambiente en un lugar libre de compuestos orgánicos. Por último, todos los implementos deben ser guardados en cajas con la fecha del procedimiento de limpieza y responsable para asegurar la trazabilidad.

Las botellas Go-Flo son ideales para el muestreo en aguas costeras, ya que permanecen cerradas hasta la profundidad deseada, evitando la contaminación con la capa superficial del océano en contacto con la química de la atmósfera y de algún contaminante de la misma embarcación. Estas botellas se fijan en un cable de acero recubierto de teflón o cables kevlar para evitar cualquier tipo de alteración de la muestra. Las botellas se accionan mediante mensajeros recubiertos de teflón. Para el almacenamiento y transporte de las muestras se utilizan botellas ámbar de vidrio de borosilicato, que evitan la fotolisis. Adicionalmente se utilizan tapas de polipropileno con una lámina de teflón para evitar la absorción o emisión de sustancias. Por último, las muestras deben ser transportadas en cajas con *Ice pack* y oscuridad para mantenerlas a 4°C y evitar la degradación o alteración de las muestras hasta su análisis (Grasshoff *et al.*, 1983; Sovga & Zhorov, 1999; Sliwka-Kaszynska *et al.*, 2003).

2.2. Sedimentos

Los sedimentos registran las condiciones ambientales en una escala mayor de tiempo, ya sea a nivel superficial o través del análisis de núcleos de sedimentos, por lo mismo es común que las concentraciones sean mayores en esta matriz, requiriendo una menor frecuencia de muestreo, pero con una evaluación espacial más acabada que considere aspectos tales como la heterogeneidad del sedimento, fuentes aportantes y zonas de acumulación, por lo cual los análisis de esta matriz siempre deben ir acompañados del análisis de la granulometría, materia orgánica, humedad, potencial rédox y pH de los sedimentos.

El material antes de ser utilizado es lavado con agua desionizada (Tipo I) y detergentes libres de fosfatos, enjuagues con Acetona/Hexano (3 veces), las bolsas de aluminio deben ser calcinadas a 400°C, rotuladas y guardadas. El equipamiento para muestrear los sedimentos es muy variado, dentro de los más utilizados podemos mencionar: Saca testigo de gravedad, Dragas (Van Venn, Ekman y Ponar) y muestreadores tipo HAB; en tanto que para sub-muestrear los sedimentos superficiales (hasta 2 cm de profundad), obtenidos desde las dragas, se utilizan tubos de acero inoxidable. A las muestras obtenidas *in situ*, es recomendable que inmediatamente se les mida pH y potencial rédox para establecer las condiciones ambientales de la muestra y luego guardarlas en cajas (*cooler*) refrigeradas a 4°C, con *Ice pack* y en oscuridad, para ser trasportadas hasta llegar al laboratorio.

El pretratamiento de las muestras consiste primero en el secado a 35 °C, para luego realizar los análisis de humedad, granulometría y materia orgánica. En el análisis de compuestos orgánicos los tiempos entre la toma de muestra y la extracción no deben superar los 14 días y los 40 días hasta su análisis.

2.3. Organismos

El muestreo de organismos para un monitoreo ambiental debe considerar la selección de una o varias especies centinela, *i.e.*, organismos representativos del área de estudio, sésiles o poco móviles, que cumplan parte de su ciclo de vida en el área y con rol ecológico conocido, antecedentes necesarios para establecer tiempos de exposición, condición fisiológica y toxico cinética de los compuestos a evaluar. Esta información condiciona la interpretación de las concentraciones obtenidas, debido a que los organismos podrían evidenciar una condición natural o bien un proceso de bioconcentración o biomagnificación producto de una exposición a contaminantes. En el muestreo biológico es necesario obtener siempre información sobre: el sexo, estadio de desarrollo, alometría y estado de condición. Además, se debe establecer a priori si se requiere analizar un órgano específico (hígado, estómago, branquias, gónadas o músculos) o el organismo completo, lo que genera importantes diferencias tanto en términos de las concentraciones como de la interpretación de los resultados.

El muestreo para biota se puede realizar mediante buceo, rastras, dragas o de forma manual. Los organismos capturados son almacenados en bolsas de aluminio previamente calcinadas a 400 °C y guardados hasta su utilización. Las muestras son transportadas en cajas mantenidas a 4°C con *Ice pack* hasta llegar al laboratorio. Para el análisis se requieren alrededor de 200g de muestra húmeda (∼ 20 a 30g secos). El pretratamiento de las muestras en laboratorio considera el lavado y posterior sonicado de las muestras (2 veces), antes de la disección con material de teflón y/o acero inoxidable; una vez obtenido el tejido es liofilizado a una temperatura de -50°C, para luego homogenizar la muestra con un mortero de bolas de ágata. El tiempo de espera estimado para la extracción de las muestras es de 14 días y no más de 40 días hasta su análisis. Algunos de los parámetros de contexto que mejoran el entendimiento de las concentraciones obtenidas en los organismos son la humedad y lípidos totales.

3. Análisis de compuestos orgánicos

La extracción de compuestos orgánicos puede ser realizado mediante diversos métodos, entre los que están la extracción asistida por microondas, micro-extracción en fase sólida, extracción asistida por ultrasonido, extracción líquido-líquido, extracción en fase sólida y extracción acelerada de solvente (ASE). En tanto que la lectura se realiza, comúnmente, a través de Cromatografía de Gases (GC) en combinación con Espectrometría de Masas (MS), por su alta sensibilidad, detección selectiva, eficiencia en la separación y bajo volumen de inyección. Esta técnica permite obtener en minutos la separación de principales compuestos de interés.

El análisis cuantitativo a través de GC, se basa en la comparación de la altura o áreas de la muestra (área del analito), con la de uno o más patrones inyectados bajo las mismas condiciones cromatográficas. El uso de uno o más patrones depende de las características de la banda obtenida, aunque en la actualidad el uso de sistemas de integración de área computarizados permite una alta precisión para el cálculo de área. Para identificar la muestra se compara el tiempo de retención de patrones y muestras conocidas. En algunos casos es difícil confirmar la identidad de la muestra debido a que varios compuestos pueden tener tiempos de retención muy similares. Esto hace necesario inferir el analito a partir de cromatogramas obtenidos con diferentes fases móviles (cromatografía líquida) y estacionarias, y a diversas temperaturas de elusión (cromatografía gaseosa); esta información adicional ayuda a resolver cuál es el analito pesquisado en el análisis. La sensibilidad obtenida con GC asociada a un: (i) detector de conductividad térmica puede fácilmente medir concentraciones a nivel de microgramos; (ii) detector de ionización de llama resuelve concentraciones a nivel de nanogramos; (iii) en tanto que la mayor sensibilidad en la detección se obtiene con el detector captura de electrones y fotométrico que pueden llegar a cuantificar niveles de picogramos.

Las principales limitaciones de la GC se relacionan con la obligatoriedad de trabajar con muestras volatilizables, siendo necesario un pretratamiento en aquellas muestras con compuestos poco volátiles (alto de peso molecular). Otro requisito es que los compuestos deben ser sensibles a cambios de temperatura, incluso moderada, como ocurre con algunos compuestos de interés biológico. El comportamiento cromatográfico es la limitación menos común, pero una de las más complejas; ya que dos compuestos pueden aparecer en los mismos tiempos de retención, bajo condiciones de trabajo idénticas, conduce a identificaciones erróneas. En estos casos la combinación de la capacidad de separación de la cromatografía, en conjunto con la capacidad de la identificación de la espectrometría de masas (técnicas acopladas), es la mejor alternativa.

Analizar la matriz marina es un desafío dado la gran cantidad de elementos y sustancias que la componen, por lo cual los análisis en esta matriz deben ser debidamente validados, lo que permite su correcta identificación al nivel de las concentraciones naturales, que en general están en el rango de ppt a ppq, como ocurre con los Hidrocarburos, Clorofenoles, Ácidos Resínicos y Ácidos Grasos en el mar. El Laboratorio de Oceanografía Química de la Universidad de Concepción (LOQ-UdeC), realiza estos análisis mediante metodologías estandarizadas y validación de sus técnicas analíticas con CG-MS y CG con detector FID en muestras de agua, sedimento y tejidos biológicos, de acuerdo con la norma ISO/IEC 17025 (2017). Métodos basados en la norma Environmental Protection Agency 8000 para la determinación de separación cromatográfica (Environmental Protection Agency 8270D (GC/MS), Environmental Protection Agency 8015B (GC/FID)), Environmental Protection Agency 3500 para la extracción y Environmental Protection Agency 3600 para la purificación. El desarrollo de estas validaciones considera los parámetros de idoneidad del sistema cromatográfico, linealidad, selectividad, precisión (repetitividad y precisión intermedia), límite de detección, límite de cuantificación, incertidumbre, robustez. Además, se efectúan controles de calidad en todas las etapas del proceso analítico, que van acompañados del aseguramiento de la calidad mediante la evaluación de controles estadísticos de reactivos, blancos y resultados.

4. Principales problemas detectados en los seguimientos ambientales

Uno de los principales problemas que se observan al revisar los datos informados en los planes de seguimiento ambiental (PVA) para las matrices marinas, son las metodologías de muestreo y análisis utilizadas, es común encontrar resultados para los cuales se han utilizado procedimientos específicos para agua dulce o aguas residuales. Esto afecta sin lugar a duda a la calidad y veracidad de los resultados, y consecuentemente a la toma de decisiones que se generan a partir de esta información. El no utilizar metodologías validadas para las matrices marinas genera comúnmente mayores concentraciones de sales (iones) en la muestra, lo cual afecta directamente en la evaluación analítica del parámetro, así es como, cuando se trata de un análisis gravimétrico este error estará directamente relacionado con la cantidad de sal que contengan las muestras y en el caso de estar realizando análisis bajo métodos cromatográficos, los iones afectan a la resolución del análisis.

Otro problema recurrente en los PVA, son los límites de cuantificación (LC) utilizados para los parámetros que están como condición natural a nivel de traza o ultra traza en las matrices marinas. Debido al uso de metodologías inadecuadas y poco específicas para los análisis de matrices marinas, en muchos informes nos encontramos con una gran cantidad de datos informados bajo el LC, lo que no quiere decir que el parámetro en cuestión no esté presente en la muestra, sino que la técnica utilizada no permite llegar a las concentraciones naturales del compuesto o elemento a analizar, ya sea porque se está trabajando con una metodología inadecuada o por que el equipamiento es de baja resolución. El trabajo con métodos y técnicas inadecuadas genera consecuentemente una mayor inespecificidad (ruido por interferencias) en el análisis y altos LC.

Por último, un problema que tiene relación con la gestión de los PVA, son los cambios de laboratorios y técnicas analíticas que se realizan cada cierto tiempo en algunos PVAs. Es frecuente encontrar seguimientos ambientales que cambian de método de muestreo y análisis cada cierto tiempo, lo que en la práctica afecta directamente a la utilidad de estos datos, puesto que los cambios de técnicas o de laboratorios comúnmente conllevan cambios en los límites de cuantificación, fracción analizada e inclusive parámetro específico. Cambios que afectan negativamente al cumplimiento del principal objetivo del PVA, cuyo fin es obtener a partir de su información histórica y sus comparaciones, los patrones de variabilidad temporal y espacial del sistema que origina el monitoreo ambiental, cuando cambiamos las metodologías la serie temporal pierde validez y por lo tanto no permite evaluar correctamente la condición de un sistema que eventualmente podría estar siendo impactado.

RECOMENDACIONES

Para el monitoreo de compuestos orgánicos es recomendable establecer una vigilancia de largo plazo que recolecte información suficiente, para establecer fuentes aportantes, variabilidad natural y procesos de mediana escala que pudieran afectar la disponibilidad de los compuestos orgánicos en el medio marino. Acompañado de un diseño de muestreo ajustado a los objetivos, con frecuencia temporal y espacial adecuada.

La selección de los parámetros y matrices es fundamental para lograr conclusiones correctas. En columna de agua la resolución de la columna (estratos) es requisito para diferenciar los aportes de ríos, emisarios o masas de agua. En sedimentos se requiere conocer a priori tasas de sedimentación, a lo menos referenciales, para definir hasta que centímetro consideraremos los aportes recientes. Para los organismos es primordial considerar especies de importancia comercial y otros claves dentro de las tramas tróficas, que permitan establecer efectos comunitarios o procesos de biomagnificación o bioacumulación.

Un programa de monitoreo ambiental efectivo debe utilizar técnicas analíticas de alta sensibilidad y precisión, que permitan obtener concentraciones en el rango de la información reportada en la literatura para el parámetro y matriz en cuestión. Además de incorporar réplicas (campo y laboratorio), sitios control, metodologías validadas y procedimientos estandarizados en todo el proceso (muestreo, medición y análisis).

REFERENCIAS

Bellingham, M., Fowler, P. A., Amezaga, M. R., Rhind, S. M., Cotinot, C., Mandon-Pepin, B., Sharpe, R., & Evans, N. (2009). Exposure to a complex cocktail of environmental endocrine-disrupting compounds disturbs the kisspeptin/GPR54 system in ovine hypothalamus and pituitary gland. *Environmental Health Perspectives*, 117(10), 1556-1562.

Blumer, M., Robertson, J. C., Gordon, J. E., & Sass, J. (1969). Phytol-derived C19 di-and triolefinic hydrocarbons in marine zooplankton and fishes. *Biochemistry*, 8(10), 4067-4074.

Borneff, J., Selenka, F., Kunte, H., & Maximos, A. (1968). Experimental studies on the formation of polycyclic aromatic hydrocarbons in plants. *Environmental Research*, 2(1), 22-29.

Castro, M, Maafs, A., & Galindo, C. (2013). Perfil de ácidos grasos de diversas especies de pescados consumidos en México. *Revista de Biología Tropical*, 61(4):1981-1998.

Cheng, K., & Chang, N. B. (2009). Assessment of the impact of biogenic VOC emissions in a high ozone episode via integrated remote sensing and the CMAQ model. *Frontiers of Earth Science in China*, 3(2), 182-197.

Clark, R. C. (1966). Occurrence of normal paraffin hydrocarbons in nature. Unpublished manuscript. Woods Hole Oceanographic Institution Technical Report Reference. (66-34).

Colwell, R. R., Walker, J. D., & Cooney, J. J. (1977). Ecological aspects of microbial degradation of petroleum in the marine environment. *CRC Critical Reviews in Microbiology*, 5(4), 423-445.

Davis, J. (1968). Parrafinic Hydrocarbons in Sulfate Reducing Bacterium Desulfovibrio desulfuricans. *Chemical Geology*, 3(2), 155-160.

Eguchi, A., Nomiyama, K., Devanathan, G., Subramanian, A., Bulbule, K. A., Parthasarathy, P., Takahashi, S., & Tanabe, Shinsuke. (2012). Different profiles of anthropogenic and naturally produced organohalogen compounds in serum from residents living near a coastal area and e-waste recycling workers in India. *Environment International*, 47, 8-16.

Environmental Protection Agency 1613. Method of Tetra- through Octa-Chlorinated Dioxins and Furans by Isotope Dilution HRGC/HRMS. Revisión 2 de octubre de 1994.

Environmental Protection Agency 3500. Series method for extractable organics, performance of the sample preparation in combination with the cleanup method and/or the analytical determinative method. Revisión 3 de febrero de 2007.

Environmental Protection Agency 3600. Series method 3600 provides general guidance on selection of cleanup methods that are appropriate for the target analytes of interest. Cleanup methods are applied to the extracts prepared by one of the extraction methods, to eliminate sample interferences. Revisión 3 de diciembre 1996.

Environmental Protection Agency 8000. Series of method for Determinative Chromatographic Separations. Revisión 2 de diciembre de 1996.

Environmental Protection Agency 8015B. Method is used to determine the concentration of various nonhalogenated volatile organic compounds and semivolatile organic compounds by gas chromatography. Revision 2 de diciembre de 1996.

Environmental Protection Agency 8270D. Method for semivolatile organic compounds by gas chromatography/mass spectrometry. Revision 5 de julio de 2014.

Environmental Protection Agency, USA (2012). Field Manual Version 2.1 - April 13, 2012. Ohio EPA, Division of Surface Water.

Fernández, A., Ramírez Y., & Castro J. (2005). *Las sustancias tóxicas persistentes en México* (1ra ed.). México, D.F: Secretaría de Medio Ambiente y Recursos Naturales - Instituto Nacional de Ecología.

Field J. A., Sierra-Álvarez R., Lettinga G. & J. Rintala (1992). *Enviromental Biotechnology for the Treatment of Forest Industry Pollutants. Profiles on Biotechnology*. IV Congreso Nacional y I Hispano-Luso de Biotecnología (BIOTEC). Santiago de Compostela, España.

Franco, P. J., Giddings, J. M., Herbes, S. E., Hook, L. A., Newbold, J. D., Roy, W. K., Southworth, G. R., & Stewart, A J. (1984). Effects of chronic exposure to coal derived oil on freshwater ecosystems: I. Microcosms. *Environmental Toxicology and Chemistry: An International Journal, 3*(3), 447-463.

Grasshoff, K., Ehrhardt, M. & Kremling, K. (1983). *Methods of Seawater Analysis* (2da Ed.). New York, USA: Verlag Chemie Weinhein.

Häggblom, M. M., & Bossert, I. D. (2003). *Microbial Processes and Environmental Applications.* Springer, Berlin, Germany.

Han, J., & Calvin, M. (1969). Hydrocarbon distribution of algae and bacteria, and microbiological activity in sediments. *Proceedings of the National Academy of Sciences, USA, 64*(2), 436-443.

Hauser, T. R., & Pattison, J. N. (1972). Analysis of aliphatic fraction of air particulate matter. *Environmental Science & Technology, 6*(6), 549-555.

ISO/IEC 17025. (2017). *General requirements for the competence of testing and calibration Laboratories.* Visitado desde https://www.iso.org/obp/ui/#iso:std:iso-iec:17025:ed-3:v1:en

Kankaanpää, H., & Tissari, J. (1994). Analysis for EOX and AOX in two industry influenced coastal areas in the Gulf of Finland: Levels of EOX and AOX in the Kotka region, Finland levels of EOX in the Neva Bay, Russia. *Chemosphere, 29*(2), 241-255.

Kostamo, A., Medvedev, N., Pellinen, J., Hyvärinen, H., & Kukkonen, J. V. (2000). Analysis of organochlorine compounds and extractable organic halogen in three subspecies of ringed seal from Northeast Europe. *Environmental Toxicology and Chemistry: An International Journal, 19*(4), 848-854.

Lanfranchi, A. L., Menone, M. L., Miglioranza, K. S. B., Janiot, L. J., Aizpun, J. E., & Moreno, V. J. (2006). Striped weakfish (*Cynoscion guatucupa*): a biomonitor of organochlorine pesticides in estuarine and near-coastal zones. *Marine Pollution Bulletin, 52*(1), 74-80.

Lee, M. L., Prado, G. P., Howard, J. B., & Hites, R. A. (1977). Source identification of urban airborne polycyclic aromatic hydrocarbons by gas chromatographic mass spectrometry and high resolution mass spectrometry. *Biomedical Mass Spectrometry, 4*(3), 182-186.

Lee, D. H., Steffes, M., & Jacobs Jr, D. R. (2007). Positive associations of serum concentration of polychlorinated biphenyls or organochlorine pesticides with self-reported arthritis, especially rheumatoid type, in women. *Environmental Health Perspectives, 115*(6), 883-888.

Letcher, R. J., Bustnes, J. O., Dietz, R., Jenssen, B. M., Jørgensen, E. H., Sonne, C., Verreault, J., Vijayan, M., & Gabrielsen, G. (2010). Exposure and effects assessment of persistent organohalogen contaminants in arctic wildlife and fish. *Science of the Total Environment, 408*(15), 2995-3043.

Lindenmayer, D. B., & Likens, G. E. (2010). *Effective Ecological Monitoring,* (CSIRO Publishing: Melbourne.).

Mackay, D., & Webster, E. (2006). Environmental persistence of chemicals. *Environmental Science and Pollution Research, 13*(1), 43-49.

Madigan, M., Brock, T., Martinko, J., & J. Parker (1999). *Biología de los microorganismos* (8va ed.). Madrid, España: Prentice Hall.

Mendiola, S., Achútegui, J. J., Sánchez, F. J., & San José, M. (1998). Potencial contaminante del mar por aguas residuales de las industrias de harinas y aceites de pescado. *Grasas y Aceites, 49*(1), 456-462.

Martínez-Valenzuela, C., & Gómez-Arroyo, S. (2007). Riesgo genotóxico por exposición a plaguicidas en trabajadores agrícolas. *Revista Internacional de Contaminación Ambiental, 23*(4), 185-200.

Nriagu, J. O. (1983). *Aquatic Toxicology.* New York, USA: John Wiley and Sons.

Ourisson, G., Albrecht, P., & Rohmer, M. (1979). The hopanoids: palaeochemistry and biochemistry of a group of natural products. *Pure and Applied Chemistry, 51*(4), 709-729.

Parr, T. W., Sier, A. R., Battarbee, R. W., Mackay, A., & Burgess, J. (2003). Detecting environmental change: science and society - perspectives on long-term research and monitoring in the 21st century. *Science of the Total Environment, 310*(1-3), 1-8.

Peng, G., & Roberts, J. C. (2000). Solubility and toxicity of resin acids. Water research, 34(10), 2779-2785.

Persson, P. E. (1984). Uptake and release of environmentally occurring odorous compounds by fish. A review. *Water Research, 18*(10), 1263-1271.

PNUMA (2007). United Nations Environment Programme, Stockholm convention on persistent organic pollutants (POPs). Disponible: http://www.pops.int (2007).

Quevauviller, Ph., E.A. Maier & B. Griepink (1995). *Quality assurance for environmental analysis. Techniques and Instrumentation in Analytical Chemistry (Vol. 17).* Amsterdam, Nederland: Elsevier.

Rantakokko, P., Kiviranta, H., Rylander, L., Rignell-Hydbom, A., & Vartiainen, T. (2009). A simple and fast liquid - liquid extraction method for the determination of 2, 2 , 4, 4 , 5, 5 -hexachlorobiphenyl (CB-153) and 1, 1-dichloro-2, 2-bis (p-chlorophenyl)-ethylene (p, p -DDE) from human serum for epidemiological studies on type 2 diabetes. *Journal of Chromatography A, 1216*(6), 897-901.

Rodier, J. (1990). *Análisis de las aguas. Aguas naturales, aguas residuales, agua de mar.* Barcelona, España: Ediciones OMEGA.

Sagiv, S. K., Nugent, J. K., Brazelton, T. B., Choi, A. L., Tolbert, P. E., Altshul, L. M., & Korrick, S. A. (2008). Prenatal organochlorine exposure and measures of behavior in infancy using the Neonatal Behavioral Assessment Scale (NBAS). *Environmental Health Perspectives, 116*(5), 666-673.

Salazar, S., Diaz-González, G., & Botello, A. V. (1991). Presence of aliphatic and polycyclic aromatic hydrocarbons in the atmosphere of northwestern Mexico City, Mexico. *Bulletin of Environmental Contamination and Toxicology, 46*(5), 690-696.

Savant D. V., Abdul-Rahman, R., & Ranade, D. R. (2006). Degradación anaeróbica de haluros orgánicos adsorbibles (AOX) de las aguas residuales de la industria de la celulosa y el papel. *Bioresource Technology, 97,*1092 - 1104.

Sierra-Alvarez R., & Lettinga, G. (1990). The Methanogenic Toxicity of Wood Resin Constituents. *Biological Wastes, 33*(3), 211-226.

Sjostrom E. (1993). *Wood chemistry, fundamentals and applications.* (2ᵈᵃ ed.). New York, USA: Academic Press.

Sliwka-Kaszy ska, M., Kot-Wasik, A., & Namie nik, J. (2003). Preservation and storage of water samples. *Critical Reviews in Environmental Science and Technology*, 33, 31-44.

Sovga, E. E., & Zhorov, V. A. (1999). Analysis of the basic classes of organic compounds dissolved in seawater and their behaviour in the estuaries of rivers and coastal zone of the sea. *Physical Oceanography*, 10(2), 161-167.

Vahala, R., Långvik, V. A., & Laukkanen, R. (1999). Controlling adsorbable organic halogens (AOX) and trihalomethanes (THM) formation by ozonation and two-step granule activated carbon (GAC) filtration. *Water Science andTechnology*, 40(9), 249-256.

Van Pee, K. H., & Unversucht, S. (2003). Biological dehalogenation and halogenation reactions. *Chemosphere*, 52(2), 299-312.

Velasco, E. & Bernabé, R. (2004). *Emisiones Biogénicas*. DF, México. Col. Insurgentes Cuicuilco

Wakeham, S. G., Schaffner, C., & Giger, W. (1980a). Hidrocarburos aromáticos policíclicos en sedimentos de lagos recientes - I. Compuestos que tienen orígenes antropogénicos. *Geochimica et Cosmochimica Acta*, 44, 403-413.

Wakeham, S. G., Schaffner, C., & Gige W. (1980b). Hidrocarburos aromáticos policíclicos en sedimentos recientes de lagos - II. Compuestos derivados de precursores biogénicos durante la diagénesis temprana. *Geochimica et Cosmochimica Acta*, 44, 415-429.

Wang, T., Poon, C. N., Kwok, Y. H., & Li, Y. S. (2003). Characterizing the temporal variability and emission patterns of pollution plumes in the Pearl River Delta of China. *Atmospheric Environment*, 37(25), 3539-3550.

Ward, M., Colt, J., Metayer, C., Gunier, R., Lubin, J., Crouse, V., Nishioka, M., Reynolds, P., & Buffler, P. (2009). Residential Exposure to Polychlorinated Biphenyls and Organochlorine Pesticides and Risk of Childhood Leukemia. *Environmental Health Perspectives*, 117(6),1007-10013

Webster, E., Mackay, D., & Wania, F. (1998). Evaluating Environmental Persistence. *Environmental Toxicology and Chemistry: An International Journal*, 17(11), 2148-2158.

WHO, 2005. World Health Organization (2005). *Strengthening health security by implementing the International Health Regulations*. ISBN: 9789241580410

Wigilius, B., Borén, H., Grimvall, A., Carlberg, G. E., Hagen, I., & Brögger, A. (1988). Impact of bleached kraft mill effluents on drinking water quality. *Science of the Total Environment*, 74, 75-96.

Xu, X., Dailey, A. B., Talbott, E. O., Ilacqua, V. A., Kearney, G., & Asal, N. R. (2009). Associations of serum concentrations of organochlorine pesticides with breast cancer and prostate cancer in US adults. *Environmental Health Perspectives*, 118(1), 60-66.

METODOLOGÍAS DE MUESTREO Y ANÁLISIS DE COMPONENTES BIOLÓGICOS

Castilla, J. C., Fariña, J. M., & Camaño, A. (Eds.). 2021. *Programas de monitoreo del medio marino costero: Diseños experimentales, muestreos, métodos de análisis y estadística asociada.* Ediciones Universidad Católica. Santiago, Chile. 320 pp.

---

11. DISEÑOS DE MUESTREO Y ANÁLISIS DE INFORMACIÓN OCEANOGRÁFICA BIOLÓGICA PARA PROGRAMAS DE MONITOREO DEL MEDIO MARINO COSTERO

SAMPLING DESIGN AND ANALYSIS OF BIOLOGICAL OCEANOGRAPHY INFORMATION FOR MONITORING PROGRAMS OF THE COASTAL MARINE ENVIRONMENT

ALVARO T. PALMA[1][2] • MARÍA L. TORREBLANCA[1] • BRUNO SAN MARTÍN[1]

Resumen Los ambientes marinos costeros son sistemas particularmente dinámicos, esto principalmente por el efecto que sobre ellos ejercen diversos forzantes (i.e. viento, marea, oleaje). Es en este contexto de alta variabilidad, donde existen y prosperan diversos tipos de organismos microscópicos que habitan la columna de agua y que forman parte del plancton, lo integran productores primarios (fitoplancton) y productores secundarios que solo lo habitan en su fase larval (meroplancton), además de otros que lo hacen durante todo su ciclo de vida (holoplancton). Debido a la relevancia del componente planctónico en las tramas tróficas marinas, el principal foco de atención de este capítulo son los tres grupos mencionados, pero en el contexto de entender cómo pueden ser afectados por actividades antrópicas capaces de ejercer algún grado de impacto sobre ellos. Por esto, resulta fundamental poder reconocer y cuantificar los patrones de distribución y abundancia de estos organismos –o de parte de su ontogenia– a la vez que entender los procesos que los afectan. En ambientes altamente dinámicos esto representa un reto adicional ya que existe un amplio margen, tanto espacial como temporal, que es necesario considerar. Este capítulo, en primer lugar, contextualiza las condiciones de los ecosistemas costeros que ejercen un efecto relevante sobre la ecología de los organismos planctónicos, para luego referirse a las metodologías y técnicas que permiten realizar las evaluaciones requeridas de una manera adecuada y eficiente. En cada caso se proporcionan ejemplos de primera fuente. Adicionalmente, se discute sobre los costos y beneficios asociados con la generación del conocimiento necesario para entender lo fundamental que es la sustentabilidad de estos ecosistemas, es decir, la conservación de su diversidad y funcionalidad en conjunto con el desarrollo de las actividades humanas en el borde costero.

---

[1] Fisioaqua, Vitacura 2909, Las Condes, Santiago. Autor de correspondencia: apalma@fisioaqua.com
[2] Centro de Ecología Aplicada y Sustentabilidad (CAPES), Alameda 340, Santiago,Chile.

Palabras claves. Zooplancton, fitoplancton, holoplancton, meroplancton, oceanografía costera.

Summary Coastal marine environments are particularly dynamic systems, mainly due to the effect of different forcings (i.e. wind, tides, and waves). It is in this context of high variability that different types of microscopic organisms exist and thrive inhabiting the water column as part of the plankton. As a whole, the plankton is composed of primary producers (phytoplankton) and secondary producers which are part of it during their larval phase (meroplankton), besides others that are part of it during their whole life cycle (holoplankton). Due to the relevance of plankton in marine food webs, the main focus of attention of this chapter are the 3 aforementioned groups, although within the context of how they may be affected by anthropic activities capable of exerting a certain level of impact on this system. As such, it is fundamental to be able to recognize and quantify the distribution and abundance patterns of these organisms –or of part of their ontogeny– while understanding the processes that affect them. In highly dynamic environments this represents an additional challenge since there is a wide margin, both spatial and temporal, that has to be considered. Firstly, this chapter contextualizes the coastal ecosystem conditions that have a relevant effect on the ecology of the organisms of interest for then focusing on the methodologies and techniques that allow the required assessments in an adequate and efficient way. For each case, first hand examples are provided. Additionally, we discuss the relative costs and benefits related with the generation of the needed knowledge in order to understand how fundamental the sustainability of these ecosystems is; in other words, the conservation of its diversity and functionality in conjunction with the development of human activities along the coast.

Keywords. Zooplankton, phytoplankton, holoplankton, meroplankton, coastal oceanography.

INTRODUCCIÓN

Históricamente el borde costero ha representado un importante escenario en el desarrollo del ser humano, proporcionando, entre otros, un elevado valor económico asociado con la logística del comercio (Costanza *et al.*, 1997; Duarte, 2009). Sin embargo, también es un ambiente que ha sido afectado y alterado por el hombre, detectándose impactos incluso hace 6000 años, en los albores de los primeros desarrollos urbanos costeros (Kaniewski *et al.*, 2013). El uso cada vez más intensivo somete a los ecosistemas costeros a crecientes presiones (Boström *et al.*, 2011; Viles & Spencer, 2014) que incluso producen fragmentación y pérdida de hábitat a través de distintos agentes tales como dragado, contaminación, sobre explotación y cambio global, entre otros (Snelgrove *et al.*, 2004). Esto, necesariamente conlleva a la necesidad de un mejor entendimiento de los patrones y procesos ecológicos que ahí operan así como de los principales forzantes ambientales involucrados para entender el funcionamiento de estos sistemas y así orientar prácticas de desarrollo sustentables.

Los estudios oceanográficos que requieren proyectos de inversión en el borde costero se enfrentan a los desafíos propios de un sistema altamente dinámico (Mann & Lazier, 2006). Esta dinámica obedece principalmente a los forzantes que se expresan en este sistema de borde, entre otros; corrientes costeras, mareas y la acción del oleaje (Pineda, 2000). En su conjunto representan factores que afectan los patrones de distribución y abundancia de los componentes planctónicos del sistema. Adicionalmente, se trata de sistemas relativamente someros, es decir, que están expuestos a la penetración efectiva de la luz solar, por lo que entender el efecto sobre la base de las tramas tróficas también representa un factor relevante (Henríquez *et al.*, 2007; Palma *et al.*, 2009).

Desde la perspectiva de la oceanografía costera, son numerosos los estudios que han descrito la diversidad planctónica (*i.e.* Escribano *et al.*, 2001; Palma *et al.*, 2006, Torreblanca *et al.*, 2016) así como los principales factores que determinan sus patrones de distribución y abundancia (Pineda, 2000; Shanks *et al.*, 2003; Roughan *et al.*, 2005; Morgan & Fisher, 2010). Particularmente prolífica ha sido esta línea de investigación en Chile, destacándose una abundante cantidad de estudios realizados en las dos últimas décadas (*i.e.* Escribano *et al.*, 2001; Poulin *et al.*, 2002 a, b; Marín *et al.*, 2003; Palma *et al.*, 2006, 2011; Torreblanca *et al.*, 2016). En particular, en la zona centro-norte de Chile, donde se concentra la mayor parte del uso del borde costero asociado a bahías, los patrones de circulación involucran factores forzantes característicos como el grado de exposición de la línea costera (Acuña *et al.*, 1989; Palma *et al.*, 2006) y, dependiendo del tipo de plancton de que se trate (fitoplancton, holoplancton o meroplancton) y de la época del año (*i.e.* período de surgencia o de relajación), estos ambientes pueden incluso representar condiciones de retención de masas de agua (Palma *et al.*, 2006; Henríquez *et al.*, 2007, Palma *et al.*, 2009). Una situación similar ha sido documentada para bahías en el hemisferio norte, particularmente en escenarios ecológicos equivalentes como los de la costa de California (Roughan *et al.*, 2005).

A pesar del creciente conocimiento acerca de la oceanografía en ambientes costeros, persiste la necesidad de reconocer la variabilidad espacio-temporal de la diversidad planctónica y de los procesos que –a distintas escalas espaciales y temporales– son relevantes, así como el potencial impacto que pueden tener las actividades humanas que se desarrollan en estos sistemas. Para ello, el presente capitulo discutirá un conjunto de técnicas de estudio apropiadas para cuantificar dicha variabilidad.

OBJETIVOS

Describir las metodologías y técnicas de estudio más adecuadas que permiten estimar los patrones ecológicos (y procesos relevantes asociados) de los ensambles planctónicos en la columna de agua de sistemas marinos costeros, en función de distintos tipos de fuentes generadoras de perturbación con el fin de evitar o mitigar impactos ambientales.

PREGUNTAS RELEVANTES

¿Es adecuado el conocimiento existente sobre diversidad y dinámica del plancton en sistemas costeros de Chile? ¿Cuáles son las principales preocupaciones, desde una perspectiva ecosistémica y de sustentabilidad, al momento de evaluar los impactos de proyectos en el borde costero?

DESARROLLO

1. Tipos de perturbación en el medio marino costero capaces de generar impacto

Las perturbaciones sobre el componente planctónico costero que se asocian con actividades antrópicas de carácter industrial son de diversa naturaleza: (i) física, a través de modificaciones de la temperatura o circulación costera asociadas con termoeléctricas, terminales de gas natural licuado (GNL) o construcción de infraestructura; (ii) química a través de eventos de contaminación; (iii) biótica a través de la introducción de especies exóticas, o (4) combinaciones de los anteriores (**Figura 1**).

Los impactos sobre el ecosistema planctónico pueden ser rápidos (Bamber *et al.*, 2012), ya sea porque los individuos son removidos del sistema a tasas importantes (*e.g.*, desaladoras) o porque se generan condiciones que favorecen su retención (*e.g.*, sectores

Figura 1

Fuentes de perturbación sobre el ecosistema planctónico en el medio marino costero.

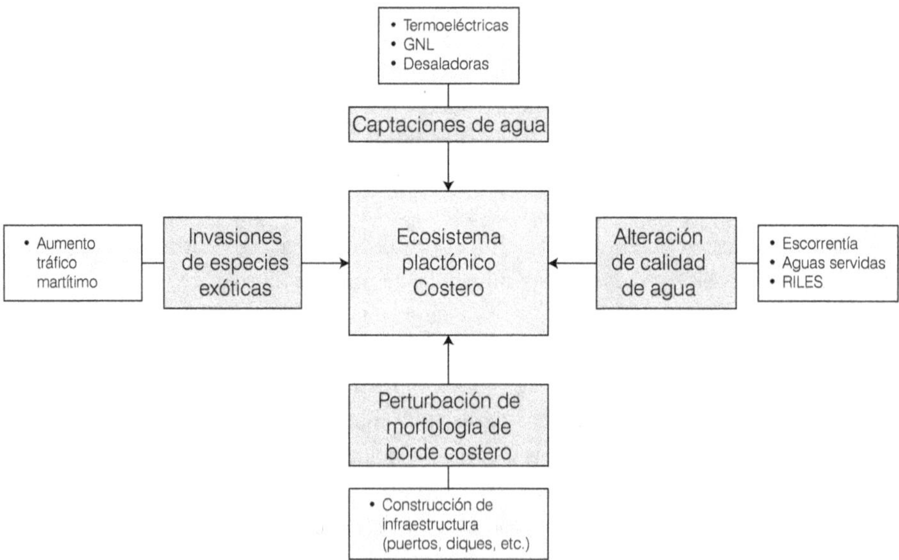

222

protegidos por un rompeolas) o alta proliferación (*e.g.*, rápidos incremento poblacional por ingreso de nutrientes en escorrentías o aguas servidas). Los impactos también pueden manifestarse más lentamente y/o ser menos aparentes (Ohman, 2012), como puede ser el caso de cambios en la composición comunitaria cuando ocurren modificaciones de los patrones de circulación locales, donde ciertas especies planctónicas se ven más favorecidas que otras, expresándose estos cambios en un contexto sucesional (Worm *et al.*, 2006; Al-Dousari *et al.*, 2012).

2. Plancton en ambientes costeros: caracterización, cuantificación y medidas de mitigación de impactos posibles

Los ecosistemas marinos costeros que albergan tanto al fitoplancton, como al holo y meroplancton, son sistemas someros donde la distribución horizontal y vertical de los organismos, depende fundamentalmente de las características imperantes en la columna de agua en un momento determinado (Tapia *et al.*, 2004; Torreblanca *et al.*, 2016). Debido a esto, la profundidad de la columna de agua y la distancia de la costa son parámetros fundamentales que deben definirse operacionalmente según los procesos y naturaleza de los organismos que se esté considerando.

Por ejemplo, si es de interés conocer acerca del fitoplancton en período de florecimientos (*i.e.* primavera-verano en la zona centro-norte de Chile) hay que considerar como relevantes la ocurrencia de períodos de surgencia y relajación (Henríquez *et al.*, 2007); por lo que el dominio espacial será desde la costa hasta pocos kilómetros de esta y, verticalmente corresponderá a la capa fótica (*i.e.* profundidad crítica). Para estimar su distribución y abundancia será necesario la utilización de redes de plancton, botellas oceanográficas y/o bombas de muestreo que permitan obtener volúmenes de muestra conocidos y representativos (cinco o diez litros de agua concentrados que permitan un muestreo cuali y cuantitativo a la vez) pero a profundidades que estén de acuerdo con la condición física imperante en el momento del estudio (Daneri *et al.*, 2000). Es decir, será necesario realizar determinaciones *in situ* de la profundidad Secchi y de la profundidad de máxima clorofila-a y según esto definir la profundidad para obtener la muestra (*i.e.* Z=D/2). Un muestreo de fitoplancton con estas características asegura una máxima representatividad de esta comunidad (Lee *et al.*, 2018).

Por otra parte, no solo puede resultar relevante conocer la distribución y abundancia del fitoplancton o la cantidad de clorofila-a asociada con este, sino también poder entender su contribución en las tramas tróficas (Cubillos *et al.*, 1998; Poulin *et al.*, 2002a; Shanks *et al.*, 2003; Shanks & McCulloch, 2003; Henríquez *et al.*, 2007; Palma *et al.*, 2009; Behrenfeld & Boss, 2014; Pasztaleniec, 2016) a través de la cuantificación de la tasa de fijación de carbono de la que es responsable, es decir, una real estimación de la productividad primaria de un sistema. Para ello existen diversas metodologías, siendo la más utilizada la incubación de muestras *in situ* obtenidas en la zona de estudio y luego de periodos de exposición a distintas profundidades por al menos 6 horas, es posible determinar la cantidad de oxígeno producido mediante el método Winkler. Esta metodología proporciona una muy buena estimación de la productividad primaria (neta y bruta) de un sistema, la que además es una forma segura de hacerlo ya que no implica la utilización de carbono marcado (*e.g.*, Strickland & Parsons, 1972; Macedo *et al.*, 1998; Daneri *et al.*, 2000; York *et al.*, 2001; Cermeño *et al.*, 2006; Henríquez *et al.*, 2007).

En estudios en los cuales es de interés la distribución y abundancia del zooplancton (holo y meroplancton) será relevante reconocer la importancia de la frecuencia de ocurrencia de surgencia-relajación y la duración de los ciclos vitales de los taxa. Por ejemplo, existe plancton que se distribuye en las capas más superficiales de la columna de agua por lo que frente a condiciones de surgencia son desplazados lejos de la costa y solo vuelven a encontrarse cerca de esta cuando ocurre la relajación de los vientos de surgencia (Shanks *et al.*, 2000). Sin embargo, especies como el loco (*Concholepas concholepas*) cuyas larvas competentes realizan migraciones verticales reversas (encontrándose sus larvas competentes en la superficie de día y a mayores profundidades de noche), son capaces de mantenerse entre el frente de surgencia y la costa aun mientras los vientos de surgencia están activos (Poulin *et al.*, 2002a, 2002b). Por ende, resulta relevante el dónde y el cuándo realizar los muestreos, por lo que la recomendación es que las campañas consideren condiciones meteorológicas contrastantes, se efectúen muestreos tanto diurnos como nocturnos en los mismos puntos, y que los puntos de muestreo sean lo suficientemente numerosos y abarquen una zona que claramente incluya puntos dentro y fuera del área de influencia de la actividad en cuestión. Todo esto resulta ser muy relevante al momento de reconocer y evaluar los impactos asociados con proyectos de distinta naturaleza.

Por ejemplo, si se trata de proyectos que capten agua (*i.e.* desaladoras, GNLs) son dos las principales preocupaciones que deben guiar la planificación del estudio del plancton: (i) generar una buena identificación del plancton que se está captando, además de cuantificar el grado de mortalidad del que es objeto, por ejemplo, a través de la utilización de rojo neutro (Elliot & Tang, 2009) y/o la estimación de la Pérdida de Adultos Equivalentes (PAE; SUBPESCA, 2017); (ii) entender el real impacto que esta mortalidad significa, en función de la mejor estimación posible de la abundancia de estos taxa en la zona de estudio. Para todo esto es crucial que: (i) los muestreos de plancton se realicen en puntos dentro de la zona de influencia directa del proyecto pero también fuera de ella; (ii) que se utilicen distintos tipos de redes (*i.e.* red Bongo que es particularmente útil para cuantificar presencia de ictioplancton que es altamente móvil, o red epineustónica, que permite capturar plancton que está en la superficie del agua) y a distintas profundidades con el fin de asegurarse que se está incluyendo a todo el ensamble planctónico del lugar (Torreblanca *et al.*, 2016); (iii) que se utilice flujómetro en todas las redes y no asumir que el volumen de agua filtrada es simplemente el volumen de un cilindro, presunción que muchas veces resulta en errores importantes de estimación de abundancia.

A partir de la implementación de este tipo de prácticas es posible diseñar medidas de mitigación adecuadas a la naturaleza del sistema planctónico que se puede ver impactado por las actividades productivas desarrolladas en el borde costero. Un buen ejemplo de esto es el diseño de una medida de mitigación asociada con el impacto generado por la captación de agua de mar para fines industriales. Si el impacto sobre el plancton no fuera trascendental, la profundidad de captación y la distancia de esta respecto de la costa, solo obedecería a criterios económicos y al relacionado con la Zona de Protección Litoral (ZPL). Sin embargo, en un estudio de línea de base realizado en el marco de un EIA para una planta desaladora en una bahía de la IV Región, el muestreo fue diseñado bajo la premisa de una afectación mínima del plancton, particularmente de especies de relevancia ecológica e importancia comercial (Palma *et al.*, 2015). Mediante la implementación de un diseño de muestreo espacial y temporalmente explícito, es decir, estratificado por capas de columna de agua a lo largo de una transecta perpendicular a la línea de costa y realizado en período de sicigia y de cuadratura mediante una red WP-2 provista de flujómetro sin retroceso, fue posible reconocer la presencia de larvas competentes de loco (*Concholepas concholepas*) en la capa más superficial (sobre la termoclina bien desarrollada) solo en una de las fechas de muestreo (**Figura 2**). Este tipo de aproximación proporciona información clara que sugiere captar agua al menos a 20 m de profundidad (bajo la termoclina) con el fin de mitigar el impacto sobre este tipo de plancton.

Figura 2

Diseño de muestreo y resultados de distribución y abundancia de larvas de *Concholepas concholepas* (Loco).

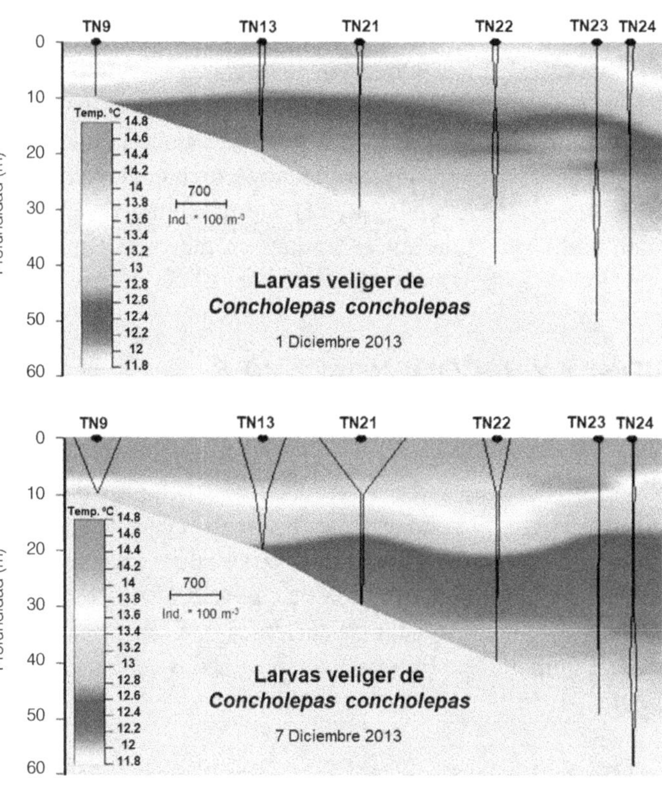

3. Características de estudios marinos costeros sometidos al sistema de evaluación ambiental

Los estudios de líneas base asociados, por ejemplo, a proyectos que requieren captar/restituir agua de mar han aumentado notoriamente en los últimos años. Un análisis, que consideró distintos proyectos de esta naturaleza ingresados al servicio de evaluación ambiental (SEA) durante los últimos 5 años, evidencia que no han existido criterios comunes asociados a los estudios que han sido efectuados como línea de base[3], registrándose una amplia disparidad en cuanto a la inclusión de aspectos relevantes, como los destacados en el presente estudio (Tabla 1). Los "aspectos relevantes" se desprenden de lo expuesto a lo largo del presente análisis, aunque su no inclusión en estudios para proyectos de inversión que requieren captaciones de agua de mar, no ha sido del todo gravitante al momento de obtener una RCA favorable (71.4% para el caso analizado). Sin embargo, es llamativo que hasta el 2015 solo hubo un 25.4% de inclusión de estos aspectos en los estudios y que a partir del 2016 esta cifra aumentó al 47.6%.

Hay que destacar, sin embargo, que se evidencia la existencia de una cada vez mayor exigencia, tanto autoimpuesta como la requerida por la autoridad, al solicitarse mejores estudios para entender los sistemas marinos donde es necesario reconocer el grado de impacto ambiental al que se verán expuestos. En este sentido, distintas autoridades han promovido en los últimos años la utilización de diversos instrumentos que han servido de guía en la ejecución de estudios, en gran medida motivados por el importante aumento de proyectos que requieren captación de agua de mar (*i.e.* Directrices para la evaluación de plantas desaladoras (Dirección de Intereses Marítimos, Armada de Chile, 2015), metodología para estimar pérdida de adultos equivalentes (INODU, 2017)). Estas recomendaciones aún no son parte de una normativa formal, pero se espera que en un futuro próximo sí lo sean. En más de un caso los proyectos han debido incorporar estudios adicionales (como los destacados en la Tabla 1) durante su fase de evaluación, posterior a la presentación de EIA/DIA, lo que se traduce en mayores tiempos de tramitación previo a la obtención de los permisos requeridos.

CONCLUSIONES Y RECOMENDACIONES

En cualquiera de las instancias relacionadas con la tramitación ambiental, en las que se vea afectada el área de influencia de un proyecto con impactos potenciales sobre el medio marino costero, va a ser apropiado propender a la búsqueda de soluciones que sean sustentables, a la vez que eficientes en cuanto al costo asociado con su implementación y que también cumplan con las directrices de los marcos regulatorios (*i.e.*, Dirección de Intereses Marítimos, Armada de Chile, 2015). Por ejemplo: (i) diseños de captación de agua de mar de sistemas eficientes que minimicen el ingreso de especies planctónicas vulnerables; (ii) evacuación de aguas de descarte en zonas donde

---

[3] No se consideran aquí los estudios realizados en el marco de las adendas de dichos proyectos.

Tabla 1

Aspectos asociados a estudios de línea de base que se consideran relevantes y que han sido, o no, incluidos en proyectos sometidos al SEA desde el año 2014.

Proyecto	Tipo de proyecto	Año de Ingreso	Estado del Proyecto en el SEA	Consideraciones en diseño de muestreo			Fitoplancton		Zooplancton		Realización de estudios complementarios		Porcentaje de aspectos relevantes considerados en cada proyecto
				Grilla representativa en zonas de influencia y áreas aledañas	Condiciones de surgencia y relajación	Muestreos nocturnos	Muestreo a mitad de la profundidad Secchi	Cuantificación de producción primaria	Muestreos en diferentes estratos	Uso de flujómetro en redes	Estimación de Pérdida de Adultos Equivalentes	Estimación de mortalidad larval en PVA	
Espejo de Tarapacá	Central Hidraúlica Reversible	2014	Aprobado	Sí	Sí	Sí	Sí	No	Sí	Sí	No	No	66.7
Planta Desalinizadora de Agua de Mar para la Región de Atacama, Provincias de Copiapó y Chañaral	Desalinizadora	2014	Aprobado	No	No	No	No	No	No	No	No	No	0.0
Proyecto Minero Arbiodo	Succión de agua	2015	No admitido	Sí	Sí	No	No	No	Sí	No	No	No	33.3
Aumento de Capacidad Fase 2 del terminal GNLQ	Succión de agua para Regasificación	2015	Aprobado	Sí	Sí	No	No	No	No	No	No	No	22.2
Desarrollo Minera Centinela	Desalinizadora	2015	Aprobado	Sí	No	No	No	No	Sí	Sí	No	No	33.3
Planta desalinizadora y suministro de agua industrial	Desalinizadora	2015	Aprobado	Sí	Sí	No	No	No	No	No	No	No	22.2
Orcoma	Succión de agua	2015	Aprobado	No	No	No	No	No	No	No	No	No	0.0
Luz de Atacama	Desalinizadora	2016	No calificado	Sí	Sí	No	No	No	No	Sí	No	No	33.3
Andes LNG	Succión de agua para Regasificación	2016	En Calificación	No	Sí	No	Sí	No	Sí	Sí	No	No	44.4
Mantoverde	Desalinizadora	2017	Aprobado	No	No	Sí	Sí	No	Sí	Sí	No	No	44.4
Quebrada Blanca	Desalinizadora	2016	Aprobado	No	Sí	Sí	Sí	No	Sí	Sí	No	Si	66.7
Proyecto Aconcagua	Desalinizadora	2017	Aprobado	Sí	Sí	No	No	No	Sí	No	No	No	33.3
ENAPAC	Desalinizadora	2017	Aprobado	No	Sí	No	Sí	No	Sí	Sí	No	No	44.4
Tente en el Aire	Succión de agua	2019	En Calificación	Sí	Sí	No	No	No	Sí	Sí	Sí	Si	66.7
Porcentaje de proyectos que consideran aspectos relevantes destacados en este análisis				57.1	71.4	21.4	35.7	0.0	64.3	57.1	7.1	14.3	

se vea favorecida una mezcla eficiente con el entorno; (iii) orientar adecuadamente los esfuerzos tendientes a la detección precoz de presencia de especies invasoras; (iv) diseño de construcción de obras de infraestructura costera que considere las necesidades de circulación local en función de los organismos planctónicos existentes en la zona a intervenir. Sin embargo, es vital resaltar la importancia que tiene un estudio que fuera concebido bajo la premisa de entender los aspectos fundamentales que están detrás de los patrones ecológicos, de modo que incluso permita anticiparse o predecir el comportamiento de dicho sistema ante condiciones que necesariamente variarán en el espacio y el tiempo. Así, una línea de base sólidamente planificada y ejecutada permitirá el diseño de un plan de seguimiento apropiado. Este tipo de procedimiento, que puede parecer tan obvio, es esencial para poder blindar a un proyecto frente a futuros cuestionamientos ambientales, a la vez que permite asegurar la sustentabilidad de los proyectos de inversión.

En los ejemplos explorados aquí, cuyos proyectos, entre otros, incluyen captaciones de agua de mar, es evidente el creciente interés por la desalinización, resultando importante generar consensos respecto de los componentes que deben ser abordados en los estudios de base –y posteriores planes de seguimiento– y así disponer de herramientas útiles para la evaluación de sus impactos.

REFERENCIAS

Acuña, E., Moraga, J., & Uribe, E. (1989). La zona de Coquimbo: un sistema nerítico de surgencia de alta productividad. En: *Memorias del Simposio Internacional de los Recursos Vivos y las Pesquerías en el Pacífico Sudeste* (pp. 145-157). Santiago, Chile: Comité Permanente Pacífico Sur.

Al-Dousari, A., Al-Ghadban, A. N., & Sturchio, N. C. (2012). Marine environmental impacts of power-desalination plants in Kuwait. *Aquatic Ecosystem Health & Management, 15*(sup1), 50-55.

Bamber, R. N., & Turnpenny, A. W. (2012). Entrainment of organisms through power station cooling water systems. En: *Operational and environmental consequences of large industrial cooling water systems* (pp. 339-352). Springer, Boston, MA.

Behrenfeld, M. J., & Boss, E. S. (2014). Resurrecting the ecological underpinnings of ocean plankton blooms. *Annual Review of Marine Science, 6*, 167-194.

Boström, C., Pittman, S. J., Simenstad, C., & Kneib, R. T. (2011). Seascape ecology of coastal biogenic habitats: advances, gaps, and challenges. *Marine Ecology Progress Series, 427*, 191-217.

Cermeño, P., Maranón, E., Pérez, V., Serret, P., Fernández, E., & Castro, C. G. (2006). Phytoplankton size structure and primary production in a highly dynamic coastal ecosystem (Ría de Vigo, NW-Spain): Seasonal and short-time scale variability. *Estuarine, Coastal and Shelf Science, 67*(1-2), 251-266.

Costanza, R., d'Arge, R., De Groot, R., Farber, S., Grasso, M., Hannon, B., et al. (1997). The value of the world's ecosystem services and natural capital. *Nature, 387*(6630), 253-260.

Cubillos, S., Núñez, E., & Arcos, R. (1998). Producción primaria requerida para sustentar el desembarque de peces pelágicos en Chile. *Investigaciones Marinas, 26*, 83-96.

Daneri, G., Dellarossa, V., Quiñones, R., Jacob, B., Montero, P., & Ulloa, O. (2000). Primary production and community respiration in the Humboldt Current System off Chile and associated oceanic areas. *Marine Ecology Progress Series, 197,* 41-49.

Dirección de Intereses Marítimos, Armada de Chile (2015). Directrices para la evaluación ambiental de proyectos industriales de desalación en jurisdicción de la Autoridad Marítima. Visitado Mayo 17, 2019 desde https://www.directemar.cl/directemar/site/artic/20170125/asocfile/20170125122344/directrices_desaladoras.pdf

Duarte C. M. (2009). *Global loss of coastal habitats - rates, causes and consequences.* 1st ed. Fundacion BBVA, Bilbao, Spain. 184 pp.

Elliott, D. T., & Tang, K. W. (2009). Simple staining method for differentiating live and dead marine zooplankton in field samples. *Limnology and Oceanography: Methods, 7*(8), 585-594.

Escribano, R., Marin, V. H., & Hidalgo, P. (2001). The influence of coastal upwelling on the distribution of *Calanus chilensis* in the Mejillones Peninsula (northern Chile): implications for its population dynamics. *Hydrobiologia, 453*(1), 143-151.

Henríquez, L. A., Daneri, G., Munoz, C. A., Montero, P., Veas, R., & Palma, A. T. (2007). Primary production and phytoplanktonic biomass in shallow marine environments of central Chile: effect of coastal geomorphology. *Estuarine, Coastal and Shelf Science, 73*(1-2), 137-147.

INODU (2017). *Implementación de la metodología de estimación del impacto por succión de recursos hidrobiológicos para proyectos sometidos al SEIA.* Informe Final Proyecto FIPA 2016-53. Sección D. INODU. 77 p.

Kaniewski, D., Van Campo, E., Morhange, C., Guiot, J., Zviely, D., Shaked, I., *et al.* (2013). Early urban impact on Mediterranean coastal environments. *Scientific Reports, 3,* 3540.

Lee, Z., Shang, S., Du, K., & Wei, J. (2018). Resolving the long standing puzzles about the observed Secchi depth relationships. *Limnology and Oceanography, 63*(6), 2321-2336.

Macedo, M. F., Ferreira, J. G., & Duarte, P. (1998). Dynamic behaviour of photosynthesis-irradiance curves determined from oxygen production during variable incubation periods. *Marine Ecology Progress Series, 165,* 31-43.

Mann, K. H., & J. R., Lazier (2006). *Dynamics of Marine Ecosystems: Biological-Physical Interractions in the Oceans.* Oxford, United Kingdom: Blackwell Scientific Publications.

Marín, V. H., Delgado, L. E., & Luna Jorquera, G. (2003). S chlorophyll squirts at 30° S off the Chilean coast (eastern South Pacific): Feature tracking analysis. *Journal of Geophysical Research: Oceans, 108*(C12): 3378.

Morgan, S. G., & Fisher, J. L. (2010). Larval behavior regulates nearshore retention and offshore migration in an upwelling shadow and along the open coast. *Marine Ecology Progress Series, 404,* 109-126.

Ohman, M. D. (2012). Estimation of mortality for stage-structured zooplankton populations: What is to be done? *Journal of Marine Systems, 93,* 4-10.

Palma, A. T., Cáceres-Montenegro, I., Bennett, R. S., Magnolfi, S., Henríquez, L. A., Guerra, J. F., *et al.* (2011). Near-shore distribution of phyllosomas of the two only lobster species (Decapoda: Achelata) present in Robinson Crusoe Island and endemic to the Juan Fernández archipelago. *Revista Chilena de Historia Natural, 84*(3), 379-390.

Palma, A. T., Henríquez, L. A., & Ojeda, F. P. (2009). Phytoplanktonic primary production modulated by coastal geomorphology in a highly dynamic environment of central Chile. *Revista de de Biología Marina y Oceanografía, 44*(2), 325-334.

Palma, A. T., Pérez-Santos, I., Riquelme, R., San Martín, B., Tapia, F., Torreblanca, M. L., Varas, E., Vásquez, P., & Zilleruelo, R. (2015). *Coastal plankton and mining industry in northern Chile: why should we be concerned?* 44st Annual Benthic Ecology Meeting. Quebec City, Canada.

Palma, A. T., Pardo, L. M., Veas, R., Cartes, C., Silva, M., Manríquez, K., Díaz, A., Muñoz, C., & Ojeda, P. (2006). Coastal brachyuran decapods: settlement and recruitment under contrasting coastal geometry conditions. *Marine Ecology Progress Series, 316*, 139-153.

Pasztaleniec, A. (2016). An advanced phytoplankton trophic index: test and validation with a nationwide lake survey in Poland. *International Review of Hydrobiology, 101*(1-2), 20-35.

Pineda, J. (2000). Linking larval settlement to larval transport: assumptions, potentials, and pitfalls. *Oceanography of the Eastern Pacific, 1*(2000), 84-105.

Poulin, E., Palma, A. T., Leiva, G., Hernández, E., Martínez, P., Navarrete, S. A., & Castilla, J. C. (2002a). Temporal and spatial variation in the distribution of epineustonic competent larvae of *Concholepas concholepas* along the central coast of Chile. *Marine Ecology Progress Series, 229*, 95-104.

Poulin, E., Palma, A. T., Leiva, G., Narvaez, D., Pacheco, R., Navarrete, S. A., & Castilla, J. C. (2002b). Avoiding offshore transport of competent larvae during upwelling events: the case of the gastropod *Concholepas concholepas* in Central Chile. *Limnology and Oceanography, 47*(4), 1248-1255.

Roughan, M., Mace, A. J., Largier, J. L., Morgan, S. G., Fisher, J. L., & Carter, M. L. (2005). Subsurface recirculation and larval retention in the lee of a small headland: a variation on the upwelling shadow theme. *Journal of Geophysical Research: Oceans, 110*(C10).

Shanks, A. L., Largier, J., Brink, L., Brubaker, J., & R. Hoff (2000). Demonstration of the onshore transport of larval invertebrates by the shoreward movement of an upwelling front. *Limnology Oceanography, 45*, 230-236

Shanks, A. L., & McCulloch, A. (2003). Topographically generated fronts, very nearshore oceanography, and the distribution of chlorophyll, detritus, and selected diatom and dinoflagellate taxa. *Marine Biology, 143*(5), 969-980.

Shanks, A. L., McCulloch, A., & J. Miller (2003). Topographically generated fronts, very nearshore oceanography and the distributions of larval invertebrates and holoplankters. *Journal of Plankton Research, 25*(10), 1251-1277.

Snelgrove, P. V., Austin, M. C., Hawkins, S. J., Iliffe, T. M., Kneib, R. T., Whitlatch, R. B., *et al.* (2004). Vulnerability of marine sedimentary ecosystem services to human activities. *Sustaining biodiversity and ecosystem services in soils and sediments. SCOPE, 64*, 161-190.

Strickland, J. D. H., & Parsons T. R. (1972). *A Practical Handbook of Seawater Analysis* (2da ed.). Ottawa, Canada: Bulletin Fisheries Research Board of Canada 167.

SUBPESCA (2017). Implementación de la metodología de estimación del impacto por succión de recursos hidrobiológicos para proyectos sometidos al *SEIA*. FIPA N° 2016-53.

Tapia, F. J., Pineda, J., Ocampo-Torres, F. J., Fuchs, H. L., Parnell, P. E., Montero, P., & Ramos, S. (2004). High-frequency observations of wind-forced onshore transport at a coastal site in Baja California. *Continental Shelf Research, 24*(13-14), 1573-1585.

Torreblanca, M. L., Pérez-Santos, I., San Martín, B., Varas, E., Zilleruelo, R., Riquelme-Bugueño, R., & Palma, A. T. (2016). Seasonal dynamics of zooplankton in a northern Chile bay exposed to upwelling conditions. *Revista de Biología Marina y Oceanografía, 51*(2), 273-291.

Viles, H. & Spencer, T. (2014). *Coastal Problems: Geomorphology, Ecology and Society at the Coast*, 360 pp. New York: Routledge.

Worm, B., Barbier, E. B., Beaumont, N., Duffy, J. E., Folke, C., Halpern, B. S., *et al.* (2006). Impacts of biodiversity loss on ocean ecosystem services. *Science, 314*(5800), 787-790.

York, J. K., Witek, Z., Labudda, S., & Ochocki, S. (2001). Comparison of primary production and pelagic community respiration rates in the coastal zone of the Gulf of Gdansk. *Oceanologia, 43*(3), 365-370.

12. MUESTREOS Y ANÁLISIS DE COMUNIDADES INTERMAREALES DE FONDOS DUROS

SAMPLING AND ANALYSIS OF HARD-BOTTOM INTERTIDAL COMNUNITIES

PATRICIO H. MANRÍQUEZ[1][2]

Resumen. Los Programas de Vigilancia Ambiental (PVA), seguimientos ambientales (SA) o monitoreos de comunidades intermareales de fondos duros son procedimientos técnicos diseñados para pesquisar cambios comunitarios de origen antrópico en sitios de interés y asesorar en medidas de mitigación. En el presente trabajo se describen las metodologías y herramientas comúnmente utilizadas para caracterizar y cuantificar los cambios espaciales/temporales de las comunidades intermareales de fondos duros. Se ilustran y discuten consideraciones metodológicas a utilizar que debieran ser consideradas para dar solidez a las conclusiones, proponer recomendaciones y sugerir medidas de mitigación o reparación. Se sugiere que los seguimientos no solo deberían concentrarse en estadios más conspicuos como juveniles y adultos, sino que deberían incluir estadios más susceptibles a ser afectados por estresores ambientales tales como gametos, larvas y asentados. Además, se sugiere que el recientemente descrito efecto de la iluminación nocturna artificial sobre especies presentes en comunidades intermareales de fondos duros sean considerado en seguimientos en zonas en que el desarrollo urbano a implementado iluminación costera. Finalmente, debido a que el efecto de contaminantes y metales pesados se puede exacerbar en escenarios de cambio climático, se sugiere que variables abióticas tales como niveles de pH y temperatura debieran ser incorporados en seguimientos de largo aliento.

Palabras claves. Programas de vigilancia ambiental, consideraciones metodológicas, zona intermareal.

---

[1] Centro de Estudios Avanzados en Zonas Áridas (CEAZA), Coquimbo, Chile. patriciohmanriquez@gmail.com

[2] Laboratorio de Ecología y Conducta de la Ontogenia Temprana (LECOT), Coquimbo, Chile.

Summary. Environmental Monitoring Programs (EMP) or environmental monitoring (EM) of rocky intertidal communities are technical procedures designed to investigate anthropogenic community changes in places of interest and advise mitigation measures. In this paper we describe the methodologies and tools commonly used to characterize and quantify spatial / temporal changes of the hard-bottom intertidal communities. Methodological considerations and incorporations that should be considered in order to generate more robust conclusions propose recommendations, suggest adequate mitigation and compensation measures are illustrated and discussed. It is suggested that the EM should not only be concentrated in the more conspicuous stages such as juveniles and adults, but should also include more susceptible stages to be affected by environmental stressors such as gametes, larvae and newly settled individuals. Moreover, it is suggested that the recently described effect of artificial light at night on species present in hard-bottom intertidal communities need to be considered in monitoring areas where urban development has implemented coastal lighting. Finally, because the effect of pollutants and heavy metals can be exacerbated in climate change scenarios, it is suggested that abiotic variables such as pH and temperature levels should be incorporated into long-term monitoring.

Keywords. Environmental monitoring programs, methodological considerations, rocky intertidal.

INTRODUCCIÓN

Las comunidades intermareales de fondos duros corresponden a un ensamble de organismos que habitan sobre los roqueríos costeros que están cubiertos durante las mareas altas y descubiertas durante las mareas bajas. En consecuencia, se restringen espacialmente a una franja bien delimitada que corresponde a la interfase entre la tierra y el mar. Las comunidades intermareales de fondos duros son sistemas muy adecuados para realizar seguimientos ambientales (SA) debido a que sus especies han sido intensamente estudiadas y sus ecologías son bien comprendidas. Las especies características de esta zona están expuestas a estresores presentes en ambientes terrestres como marinos y de interface y no se distribuyen al azar; por el contrario, estos presentan patrones de distribución y abundancia modulados por factores bióticos (interacciones biológicas) y abióticos (*e.g.*, temperatura, desecación, inclinación, exposición al oleaje). Además, destaca la influencia antrópica asociada a actividades tales como contaminación (petróleo, metales pesados, disruptores endocrinos, eutroficación), explotación, presencia de especies introducidas, modificación de los procesos costeros y el cambio climático (*e.g.*, clima, pH, temperatura, marejadas, nivel de los océanos). En consecuencia, para dar cuenta adecuadamente de los impactos ecológicos de origen antrópico sobre las comunidades intermareales de fondos duros, es necesario también realizar seguimientos de las fluctuaciones naturales que pueden ocurrir en el tiempo y en el espacio. Esto es de relevancia para la costa de Chile, que con 38 grados de extensión latitudinal (*ca.*, 18−56° S) configuran naturalmente un mosaico de condiciones biogeográficas en respuesta a las características climáticas, oceanográficas y geomorfológicas de esta extensa línea de costa (Camus, 2001; Thiel *et al.*, 2007).

Los seguimientos ambientales corresponden a la colección y medición sistemática y continua de observaciones y parámetros que permiten evaluar a través del tiempo los procesos relacionados con un problema ambiental específico. En Chile los planes de seguimiento ambiental se enmarcan en los lineamientos proporcionados en la Ley del Sistema Nacional de Evaluación Ambiental, SEIA (Ley N° 19.300, 1994). Además, para el caso de ambientes marinos algunos de los requerimientos mínimos que deben incluir los estudios de línea base ambiental para comunidades macro-bentónicas de fondos duros se incluyen la Guía Metodológica de la Armada de Chile (Armada de Chile, 2001). Sin embargo, las competencias que deben poseer los profesionales que materialicen los seguimientos y detalles técnicos de su proceder no están suficientemente plasmadas en dichos documentos.

En términos generales, para que los SA puedan pesquisar cambios en comunidades intermareales de fondos duros su diseño debe: (i) establecer una hipótesis de trabajo; (ii) aislar los efectos de la variabilidad natural no-humana que existen en la localidad de estudio de los efectos directos de la actividad humana (controles); (iii) disponer de criterios adecuados para seleccionar los organismos que serán considerados; (iv) tener preguntas adecuadas; (v) tener hipótesis de trabajo; (vi) tener constancia y regularidad temporal en las mediciones u observaciones; (vii) incorporación de análisis adecuados de los datos; (viii) incorporar capital humano calificado y (ix) revisitar la hipótesis de trabajo después de analizar los datos obtenidos. El fiel cumplimiento de estas consideraciones debiera generar evidencia empírica robusta para dar recomendaciones y sugerir medidas de mitigación y reparación.

OBJETIVOS

El objetivo de este trabajo es enumerar y describir: (i) estimadores o índices comunitarios; (ii) variables biológicas y físicas que se utilizan y son pertinentes para implementar programas de SA tendientes a pesquisar daño o impacto ambiental en comunidades de ambientes intermareales de fondos duros.

PREGUNTAS RELEVANTES

Las preguntas relevantes que debe abordar un plan de SA para comunidades intermareales de fondos duros deben relacionarse con: (i) identificación y caracterización de sus componentes biológicos (especies); (ii) identificación y caracterización del entorno abiótico; (iii) detección metodológica de cambios espacio-temporales de sus atributos comunitarios asignables a impactos ambientales de origen antrópico.

Para el ambiente marino, los proyectos que contemplen descargas de residuos líquidos de puertos y terminales marinos u otros en el ambiente marino de jurisdicción nacional existe una guía metodológica para estudios tendientes a pesquisar los potenciales impactos ambientales (Armada de Chile, 2001). Esta guía establece los requisitos mínimos para los estudios de línea base ambiental de comunidades macro-bentónicas de fondos duros. En términos de muestreo esta normativa establece que para ambientes intermareales estos deben: (i) ser semicuantitativos, destructivos o no destructivos; (ii) incluir cuadrículas reticuladas de 0.25 m^2; (iii) estimar la cobertura de las especies macroscópicas presentes. Además, establece que el número mínimo de estaciones debe considerar 6 transectos perpendiculares a la línea de marea, cada uno de los cuales debe considerar a su largo 10 estaciones equidistantes. En términos de las variables ecológicas, esta normativa establece que deben hacerse estimaciones de: (i) la abundancia de las especies; (ii) la biomasa total en términos de peso seco libre de cenizas; (iii) la cobertura de especies de macro-algas y recuento de especies de macro-invertebrados; (iv) el índice de biodiversidad de Shannon-Wienner; (v) el índice de uniformidad y riqueza de especies y (vi) la similitud de Bray-Curtis. Finalmente, en términos de las variables abióticas esta normativa establece que debe realizarse una caracterización de substrato rocoso en términos de su: (i) geomorfológica; (ii) inclinación; (iii) exposición al oleaje; (iv) cobertura libre de organismos.

Sin embargo, criterios operacionales y detalles técnicos de cómo se deben realizar estas estimaciones en los SA no son tratadas en esta normativa. Además, algunas de las recomendaciones para realizar los SA para comunidades intermareales que se indican en la guía metodológica (Armada de Chile, 2001) son demasiado generales y pueden llevar a equívocos. Por ejemplo, una de las recomendaciones en dicha guía es el uso de cuadrículas de 0.25 m^2. Este tamaño de cuadrante ha sido reportado como uno de los más eficientes y precisos para ambientes intermareales (Pringle, 1984). Sin embargo, es necesario tener presente que el tamaño de las cuadrículas y el entramado de la grilla en estas para realizar caracterizaciones de la fauna o flora bentónica (diversidad, biomasa) es dependiente de la comunidad que se estudie. Más que elegir un tamaño arbitrario, el investigador debe elegir aquellos tamaños de cuadrante que permitan hacer un balance entre la precisión del muestreo, recursos existentes y el tiempo de trabajo. Para determinar el tamaño adecuado de la cuadrícula y el tipo de entramado existen métodos descritos en la literatura. En primer lugar es necesario considerar que el tamaño de las cuadrículas depende del tamaño de los organismos de interés **(Figura 1a)**. El tamaño adecuado de la cuadrícula no debe incluir más de 100 individuos de cada especie a las densidades a las que normalmente se registran. En consecuencia, cuadrículas muy grandes generarán problemas asociados al elevado tiempo requerido para los conteos. Sin embargo, cuadrículas muy pequeñas generarán problemas de conteos sin registro de individuos. Por lo tanto, debido a que el tamaño de los cuadrantes afecta la precisión de los muestreos, generalmente requerirán el uso de diferentes tamaños de cuadrantes dependiendo del tamaño de las especies en estudio (Barbour *et al.*, 1987). El tamaño mínimo de los cuadrantes puede ser determinado usando el método de del área de la curva-número de especies. Este método consiste en contar el número de especies en un sitio determinado con un cuadrante pequeño y luego seguir realizando el mismo conteo con cuadrantes de tamaños mayores. Esto permite generar un gráfico de tamaño del cuadrante versus el número de especies; el punto en el cual el número de especies se estabiliza indicará el número mínimo de cuadrantes (Barbour *et al.*, 1987). El tiempo requerido para realizar las observaciones al interior de cuadrantes de mayor tamaño también debe ser considerado de modo de dar eficiencia al muestreo.

La responsabilidad social del biólogo (o profesional a cargo de los seguimientos) es realizar programas de seguimiento adecuados de modo de poder predecir, detectar o explicar los cambios "no naturales" en la estructura de los ecosistemas costeros, y determinar la escala a la cual estos efectos están ocurriendo (Castilla, 2020). Preguntas claves a responder antes de implementar SA de comunidades intermareales de fondos duros son: (i) ¿cuál es la pregunta relevante a abordar?; (ii) ¿qué organismos deben ser considerados?; (iii) ¿cómo deben ser implementados temporal y espacialmente los seguimientos?

El presente trabajo no es una revisión exhaustiva de cómo debiera ser el proceder de un plan de seguimiento ambiental para comunidades de fondos duros en la zona intermareal (Castilla, 2020; Guiñez & García-Bartolomei, 2020). A pesar de las limitaciones de la experimentación para establecer la causalidad de un fenómeno ecológico (Camus & Lima, 1995), el presente trabajo ilustra que un plan de seguimiento debiera adecuar e incorporar procedimientos presentes en literatura de la ecología experimentalista. Sin embargo, los alcances sobre las restricciones para cumplir con los criterios del Método Hipotético Deductivo, herramienta utilizada por los estudios de ecólogos desarrollando investigación aplicada y básica de campo están más allá de los objetivos del presente trabajo y se describen en detalle en la literatura (ver Feinsinger, 2013).

DESARROLLO

¿Cuál es la pregunta relevante asociada al seguimiento ambiental?

La identificación de las especies y cómo la abundancia de estas cambia en el tiempo son las preguntas más relevantes de un seguimiento ambiental. Sin embargo, el identificar el o los objetivos, preguntas y las hipótesis de trabajo asociadas es un ejercicio que necesariamente se debe realizar antes de iniciar los SA. Esto permitirá seleccionar adecuadamente las especies a considerar, las metodologías de muestreo y los análisis estadísticos para realizar una correcta interpretación estadística y biológica en la dócima de hipótesis.

¿Cuáles son los criterios para seleccionar los organismos a considerar?

En términos prácticos y considerando limitantes de tiempo y fondos, se deben tomar decisiones. Además, no todos los organismos pueden ser seguidos con igual confiabilidad. En consecuencia, los esfuerzos deben estar centrados en los "organismos indicadores" (Soule & Kleppel, 1988), y que correspondan a un subconjunto de todos los disponibles y que posean ciertas características que los hacen más adecuados para realizar seguimientos estandarizados. Estos organismos pueden ser especies indicadores de ambientes "contaminados, estresados o impactados" (Grassle, 1974; Castilla, 1996) o especies indicadoras de ambientes "sanos, no estresados o no impactados" (Hourigan *et al.*, 1988). Además, se recomienda considerar un rango de especies indicadoras para así incluir poblaciones o comunidades más que especies aisladas (Underwood &

Peterson, 1988). Esto indica claramente que los criterios para seleccionar que organismos de las comunidades intermareales de fondos duros a estudiar no es un tema simple. Entre otros criterios prácticos que se deben considerar al momento de seleccionar la o las especies a considerar en los SA destacan su movilidad (sésiles o hemi-sésiles vs móviles), su visibilidad (conspicuas vs crípticas), su abundancia (comunes vs raras) y su distribución (amplia vs estrecha).

¿Cómo se debe materializar la implementación de los seguimientos ambientales?

El escoger las herramientas más adecuadas para implementar los SA debe considerar poner a prueba científicamente (estadísticamente) una hipótesis y dar respuesta a las preguntas relevantes y asociadas al seguimiento ambiental, esto implica obtener evidencia empírica adecuada y en ese sentido existen herramientas de muestreo y herramientas aglutinadoras o índices (Guiñez & García-Bartolomei, 2020).

1. Herramientas de muestreo

1.1. Variables bióticas

Una de las primeras preguntas que debe ser considerada en términos de SA es responder cuál es la diversidad alfa o riqueza de especies en el área de estudio. De no existir literatura asociada a las especies presentes en los sitios de estudio, la metodología para acceder a la riqueza de especies en los sitios consiste en realizar inventarios biológicos sistemáticos llevados a cabo por observadores calificados en taxonomía. Estos inventarios consisten en elaborar listados lo más completos posible sobre la presencia-ausencia de especies. Una manera recurrente de realizar estos inventarios es la elaboración de la relación entre el tiempo de observación (*i.e.*, esfuerzo) y el número acumulado de especies (Soberón & Llorente, 1993; Thompson *et al.*, 2003). Estas relaciones se denominan curvas de acumulación de especies y permiten estimar la riqueza de especies en función de la estabilización del número acumulado de especies, independientemente de los incrementos en el esfuerzo de muestreo. Estas curvas son un método simple, uniforme y sin sesgo para estimar la riqueza de especies de un hábitat en particular.

La segunda pregunta clave es cómo cambian en el tiempo rasgos asociados a estas especies presentes en las áreas de estudio, por ejemplo, cobertura, abundancia y biomasa. Entre las herramientas más recurrentemente usadas para seguimientos de cobertura de especies destacan transectos y cuadrantes (cuadrículas) reticuladas (*e.g.*, número de intersecciones de puntos a medir en cada cuadrícula) en los cuales las especies interceptadas por el transecto o la retícula deben ser registrados. Adicionalmente, los muestreos para obtener información sobre la cobertura, densidad y biomasa de las especies seleccionadas deben considerar el uso de foto-cuadrantes de área conocida. Es de especial importancia que los muestreos tendientes a medir riqueza, cobertura, abundancia y biomasa sean realizados por personas familiarizadas con el reconocimiento de las especies características de las comunidades intermareales de fondos duros. En la eventualidad que no sea posible la identificación de algunas de las especies, se sugiere su almacenamiento y consulta a expertos en el grupo en cuestión. Una restricción logística transversal a todos los seguimientos en comunidades intermareales de fondos duros es la accesibilidad restringida a los días donde se registran las pleamares o mareas bajas de sicigia durante las horas del día.

1.1.1. Muestreo de porcentaje de cobertura dentro de cuadrantes

Este método es lento, pero genera más información sobre las especies sésiles que cubren substratos rocosos. La determinación de la cobertura o diversidad a "ojo desnudo o inspección visual", permite registrar todas las especies presentes al interior de un cuadrante, pero introduce incerteza debido a que el observador (que puede tener diversos grados de experiencia en la identificación de las especies) hace una estimación aproximada de ellas. La presencia de un reticulado al interior del cuadrante facilita al observador la estimación del porcentaje de área cubierta por las diferentes especies al interior del cuadrante; aunque de nuevo, depende mucho de la experiencia taxonómica del observador.

1.1.2. Muestreos de cobertura con foto cuadrantes

Este método permite obtener en forma rápida mucha información, pero requiere que luego la gran cantidad de material acumulado sea procesado para obtener la información almacenada en ellos. En Chile, esta metodología ha sido utilizada con éxito para realizar SA por largos periodos de tiempo de los cambios en la abundancia de organismos que conforman la comunidad de la zona intermareal de fondos duros de la Bahía de San Jorge en la zona norte de Chile, en Antofagasta (Castilla *et al.*, 2014; Manríquez *et al.*, 2016a). Una potencial fuente de error de este método es que se pierden especies raras o pequeñas que no pueden ser capturadas en las fotografías. Si la metodología incorpora el seguimiento temporal de las mismas áreas de muestreo (cuadrantes fijos) en los sitios de estudio, una precaución importante es la necesidad de contar con marcas (pernos, masilla, hitos) sobre el substrato que permitan escalar las dimensiones, volver recurrentemente a la mismas áreas, e identificar los puntos desde los cuales las fotografías deben ser capturadas. Alternativamente la metodología puede considerar el uso de cuadrantes móviles de tamaño conocido que deben ser desplegados al azar sobre el substrato. Independiente de si los muestreos incorporan cuadrantes fijos o móviles, es importante que las especies contenidas al interior de los cuadrantes sean fotografiadas a una distancia fija desde la superficie del substrato rocoso.

1.1.3. Muestreo de cobertura con puntos de intercepto a lo largo de un transecto

Este método es rápido y útil para áreas de muestreo amplias y uniformes, pero pierde una gran cantidad de información relevante. El método consiste en que el observador registre, a lo largo de un recorrido guiado por una huincha de medir o cuerda rotulada desplegada sobre el substrato rocoso, las especies presentes bajo cada punto rotulado.

1.1.4. Muestreo de cobertura con longitudes de intercepto a lo largo de un transecto

Este método es similar al anterior, sin embargo, el observador a medida que recorre la cuerda debe registrar la longitud interceptada por cada especie.

1.1.5. Muestreo de cobertura con puntos de intercepto dentro de cuadrantes

Este método consiste en usar un cuadrante provisto de divisiones o un reticulado en su interior que genera un número conocido de puntos de intercepto. El observador alternativamente puede desplegar el cuadrante sobre el área de estudio siguiendo dos aproximaciones: (i) recorrido a lo largo de un transecto lineal y desplegando en forma consecutiva el cuadrante; (ii) desplegar en forma azarosa (por ejemplo, lanzar el cuadrante hacia atrás a un punto ciego del observador) y consecutiva el cuadrante. Una potencial fuente de error de este tipo de muestreo es que no suele capturar especies que son poco abundantes o pequeñas, si es que estas no caen bajo uno de los puntos. Es un método muy preciso y fácil de replicar si se identifican adecuadamente las especies que caen bajo el punto.

1.1.6. Consideraciones generales para reducir fuentes de sesgo en los muestreos

Para permitir comparaciones entre sitios, y que no se incorporen variaciones de los patrones de zonación asociadas a la altura en la zona intermareal, las metodologías descritas más arriba deben ser aplicadas a una misma altura de marea en todos los sitios incluidos en el estudio (Lewis, 1961; Harley & Helmuth, 2003). Además, todas las metodologías descritas más arriba dependen de las competencias del observador para reconocer eficientemente las especies presentes en las áreas de estudio. En consecuencia, es necesario que en actividades previas a los seguimientos, los profesionales a cargo visiten los sitios de estudio, reconozcan por ejemplo la geomorfología, exposición, alturas de mareas, exposición, inclinaciones, tipos de rocas, biodiversidad a analizar y accedan a material publicado sobre la identificación de las especies. Además, es necesario que se seleccionen al azar los sitios de muestreo y se elijan con anticipación (posterior a una experiencia piloto) el tipo de muestreo y la aproximación metodológica a través de la cual se dispondrán las unidades de muestreo en el espacio. En este sentido, es importante no sesgarse por elegir sitios que sean, por ejemplo, biológicamente más diversos y eliminar aquellos sitios menos diversos. En esta etapa también se deben considerar temas de dificultades logísticas o de riesgo. En consideración que los patrones de zonación biótica, distribución y abundancia de las especies que conforman las comunidades de fondos duros en la zona intermareal son afectados por su altura, inclinación y exposición al oleaje es necesario que los cuadrantes o transectos se desplieguen en superficies equivalentes con relación a estas variables.

2. Herramientas aglutinadoras o índices

El índice de dominancia de Simpson (S), el índice de diversidad Específica (H' de Shannon-Weaver) y el índice de Equidad de Pielou (J') son los principales índices que suelen ser utilizados para aglutinar información de diversidad específica. El cálculo de estos índices esta descrito en diversos artículos y textos técnicos (ver Peet, 1975; Magurran, 1988). Independiente del índice, todos son sensibles a la correcta identificación de las especies. Para interpretar correctamente dichos índices y dar recomendaciones robustas se requiere que las especies estén bien identificadas.

2.1. Variables abióticas

Los índices por sí solos no explican la variabilidad en los patrones de distribución y abundancia de especies en comunidades intermareales de fondos duros. Existe amplia evidencia que indica que la inclinación o pendiente del substrato puede alterar la conducta de alimentación y actividad de invertebrados que habitan la zona intermareal de fondos duros (Garrity, 1984; Williams & Morritt, 1995; Benedetti-Cecchi *et al.*, 2001). Para el caso de Chile, la inclinación de la zona intermareal tiene efectos nulos en la riqueza de especies (Camus *et al.*, 1999). Sin embargo, el mismo estudio indica que la inclinación del substrato puede ser importante en la dominancia de especies cuando interactúa con la rugosidad de este (Camus *et al.*, 1999). La pendiente de un substrato puede ser fácilmente medida a través de determinar la inclinación del substrato midiendo el ángulo entre la superficie del substrato y la horizontal. Esto puede ser realizado utilizando un inclinómetro análogo **(Figura 1b)** o digital, y como toda medición requiere contar con un número importante de réplicas. Al igual que el número de cuadrantes, el número de replicas requeridas para estimar la inclinación del substrato puede ser determinada a través del número de mediciones requeridas para que el promedio de los ángulos medidos se estabilice en torno a un valor. Similarmente, la evidencia empírica existente indica que la exposición e impacto del oleaje puede afectar la biomasa relativa de las especies que habita la zona intermareal de fondos duros (McQuain & Branch, 1984), la mortalidad por desprendimiento (Carrington, 1990; Blanchette, 1997; Blockley & Chapman, 2008; Christofoletti *et al.*, 2011; Bueno *et al.*, 2016) y el asentamiento larval o llegada de esporas (Hunt & Scheibling, 1996; Camus *et al.*, 1999; Weidberg *et al.*, 2018). En la literatura ecológica para este tipo de ambientes el uso de dinamómetros básicos (de muy bajo costo) ha resultado apropiado para medir cuantitativamente la intensidad máxima del oleaje (Denny, 1983; Castilla *et al.*, 1998; Guiñez & Pacheco, 1999; **Figura 1c**). La temperatura del mar es también una importante variable abiótica que puede afectar el metabolismo, la disponibilidad de energía y crecimiento de las especies que habitan la zona intermareal de fondos duros (Newell, 1969; Branch *et al.*, 1988; Helmuth, 1999; Fly *et al.*, 2012). Instrumentos de bajo costo y pequeño tamaño como los registradores de temperatura impermeables (*e.g.*, TidbiT, Onset HOBO© data loggers; **Figura 1d**) están disponibles en el comercio y permiten el registro continuo y de frecuencia programada de la temperatura del agua en los sitios de estudio (Piñones *et al.*, 2007; Manríquez *et al.*,

2018). Para anclar estos registradores en los roqueríos es posible usar estacas de acero apuntaladas en grietas presentes en las rocas (**Figura 1c**). El uso de estos registradores de temperatura es recurrente en estudios de ecología de comunidades de fondos duros, y para el caso particular de Chile han permitido, por ejemplo, acoplar la temperatura del agua de mar con periodos de: (i) reproducción (Manríquez *et al.*, 2018); (ii) asentamiento (Lagos *et al.*, 2005; Bonicelli *et al.*, 2014) de invertebrados sésiles que son característicos de comunidades de fondos duros intermareales.

Es reconocido que la presencia de especies invasoras (naturalizadas o no) es una importante variable abiótica que puede modificar la estructuración de las comunidades intermareales de fondos duros (Jones *et al.*, 1997; Castilla *et al.*, 2004a; Castilla *et al.*, 2004b; Zwerschke *et al.*, 2018). Esto es de mayor relevancia debido a que la propagación de especies invasoras, que típicamente se asocia a perdida de diversidad, alteración de los servicios ecosistémicos y desplazamiento de especies nativas, recientemente se ha acelerado en respuesta a la globalización y el cambio climático (Butchart *et al.*, 2010; Bellard *et al.*, 2013). En Chile, la existencia de especies invasoras ha sido resaltada en la literatura ecológica (Baez *et al.*, 1998; Gajardo & Laikre, 2003; Castilla *et al.*, 2005; Camus, 2005; Castilla & Neill, 2009). Entre estas especies destacan algunas que ingresaron con propósitos de realizar actividades de acuicultura, como la ostra *Crassostrea gigas*, el abalón *Haliotis rufescens* y varias especies de salmones (ver Castilla & Neill, 2009). Para el caso particular de las comunidades intermareales de fondos duros destaca el tunicado *Pyura praeputialis*, una especie invasora y naturalizada que en la actualidad solo habita al interior de la Bahía de San Jorge en la zona norte de Chile, en Antofagasta (Castilla & Camaño, 2001; Castilla *et al.*, 2002; Castilla *et al.*, 2004a; Castilla *et al.*, 2004b). Si bien su presencia no ha sido registrada fuera de la bahía, reportes recientes indican que su abundancia está disminuyendo en respuesta a la muy eficiente extracción por mariscadores de orilla (Castilla *et al.*, 2014). El registro de especies invasoras requiere observaciones acuciosas. Un ejemplo es el registro de dos especies de ascidias, *Molgula ficus* y *Asterocarpa humilis*, asociadas al cultivo suspendido de ostiones en centros de cultivo en la Bahía de San Jorge en la zona norte de Chile, en Antofagasta (Clarke & Castilla, 2000). Una de estas especies, *A. humilis*, fue posteriormente registrada en Concepción (36°S) en el casco de un barco internacional (Pinochet *et al.*, 2017). Ambas especies han sido posteriormente registradas desde 2015 a la fecha en la zona intermareal de la misma bahía en Antofagasta (Manríquez pers. obs.). Al ser *A. humilis* una especie incubadora que libera decenas de larvas de corta vida (Manríquez pers. obs.) su dispersión y establecimiento en otras localidades de la costa de Chile es altamente probable. Otro buen ejemplo de una especie invasora es el alga marina *Codium fragile*, que en Chile se registra en la zona intermareal baja y se distribuye en forma discontinua desde el extremo norte al sur de Chile (Neil *et al.*, 2006). Esto sugiere que, en escenarios que favorecen la dispersión de especies de esta naturaleza, su ingreso, dispersión y potencial efecto en la estructuración de comunidades de fondos duros en otros sitios de la costa de Chile debe ser considerada.

En resumen, entre las variables físicas/químicas presentes en el sitio de estudio y que pueden modular los patrones de distribución y abundancia de las especies intermareales

Figura 1

Elementos utilizados en monitoreos de comunidades intermareales de fondos duros en la zona intermareal rocosa.

(a) cuadrantes de policloruro de de vinílo (PVC), con áreas de muestreo de 0.01 y 0.25 m², desplegados sobre roqueríos intermareales; (b) inclinómetro análogo; (c) dinamómetro para registrar la fuerza de oleaje; (d) registradores de temperatura impermeables (e.g., TidbiT, Onset HOBO© data loggers) protegidos al interior de un cilindro de acero inoxidable y anclado en los roquerios con una estaca del mismo material; (e) placa de acrilico acondicionada con un substrato plástico rugoso anti deslizante (3M™ Safety-Walk™) y anclada con perno inoxidable a los roqueríos intermareales; (f) ovillo de filamento plástico anclado con perno inoxidable a los roqueríos intermareales; (g) trampa pasiva y (h) activa para colectar larvas y estadios tempranos de la ontogenia temprana (huevos y embriones) de invertebrados marinos en roqueríos intermareales. (i) detalle del cono de acumulación hecho con una malla de trama adecuada para reterner en su interior los huevos y larvas.

En (g) se aprecia un cilindro de yeso de dentista acondicionado al exterior de la trampa pasiva para estimar, por pérdida de peso de este, la cantidad de agua que llega al exterior de la trampa. Un cilindro similar y ubicado al interior de la trampa (no observado en la fotografía) se utiliza para estimar de la misma manera la cantidad de agua que ingresa a las trampas. En (g) y (h) las líneas rojas y negras representan el ingreso y salida de agua en las trampas pasivas y activas, repectivamente. La línea blanca en cada fotografiac representa:
(a) = 10 cm;
(b) = 2 cm,
(c) = 1 cm;
(d) = 1 cm;
(e), 1 cm;
(f) = 1 cm;
(g) = 2 cm;
(h) = 10 cm;
(i) = 1 cm.
Fotos por P.H Manríquez

de fondos duros destacan para ser medidos la: (i) exposición al oleaje; (ii) pendiente del substrato; (iii) temperatura; (iv) orientación y morfología de la línea de la costa; (v) presencia y cercanía a zonas de impactos antrópicos asociados al uso de la tierra; (vi) presencia de especies invasoras.

CONCLUSIÓN Y RECOMENDACIONES

La calidad y rigurosidad de los SA de comunidades intermareales de fondos duros son de relevancia para tomar decisiones y recomendaciones adecuadas sobre esta zona de importancia en términos económicos, ecológicos y de los servicios ecosistémicos. En virtud de la sensibilidad que tienen los índices comunitarios a la correcta identificación de las especies, las herramientas existentes son adecuadas solo si son utilizadas por personal capacitado, tomando los resguardos necesarios para la correcta identificación específica. En Chile debe retomarse la formación de expertos taxónomos. En la eventualidad de incorporar en los monitoreos información sobre estadios biológicamente menos conspicuos; tales como larvas, recién asentados y pequeños juveniles de las especies características de las comunidades de fondos duros; debe considerrse que en el país también existe una brecha amplia de conocimiento y especialidades en dichos temas. Adicionalemente, en la toma de este tipo de información, debe considerarse que el efecto de contaminantes y metales pesados puede ser modulado por estresores globales asociados al cambio climático (cambios en el pH y la temperatura), y por lo tanto se hacen necesarios seguimientos de largo aliento, tendientes a discernir cómo estas variables cambian en el tiempo a lo largo de la costa de Chile.

1. Gametos, embriones, estadios larvales y asentados

Los muestreos convencionales de comunidades de fondos duros intermareales solo dan cuenta de los patrones de distribución y abundancia de los estadios sésiles o de baja movilidad de los organismos que las constituyen. Sin embargo, estos patrones pueden estar además modulados por el ingreso de nuevos individuos a través del potencial reproductivo y la disponibilidad de larvas o juveniles. Para organismos sésiles o hemi-sésiles con fecundación interna y con sexos separados, el potencial reproductivo y éxito de la fertilización se relaciona con la cercanía y probabilidad de encuentro entre individuos de ambos géneros. Alternativamente, para aquellos organismos sésiles o hemi-sésiles con fecundación externa el potencial reproductivo y éxito de la fertilización se relaciona con la probabilidad de contacto de los gametos de ambos géneros en la columna de agua (Levitan, 1996). En consecuencia, si los gametos se diluyen o mueren antes que ellos puedan hacer contacto, el éxito de la fertilización se puede constituir en una barrera para la mantención de las poblaciones en la naturaleza. Esto sugiere que a futuro los seguimientos ambientales de los sistemas intermareales de fondos duros podrían no solo incluir estados bentónicos conspicuos (juveniles y adultos), sino que incluir además otros estadios de historia de vida que por su pequeño tamaño pueden ser más susceptibles a estresores de origen antrópico.

1.1. Gametos

Los gametos de invertebrados marinos son de muy pequeño tamaño, sin embargo, existen registros en la literatura que indican que es posible registrar sistemáticamente la presencia y abundancia de huevos y embriones en las cercanías de los roqueríos intermareales. Un ejemplo de ello es un estudio realizado en la costa de la Bahía de San Jorge en la zona norte de Chile, en Antofagasta (Manríquez *et al.*, 2016a). Este estudio reporta evidencia empírica de cómo la abundancia de estadios embrionarios del tunicado *Pyura praeputialis* se relaciona con la abundancia de ejemplares adultos en los roqueríos inter-mareales presentes en las cercanías (Manríquez *et al.*, 2016a). Esto indica que para esta especie, con gametos y desarrollos embrionarios de corta longevidad, el potencial ingreso o asentamiento de nuevos ejemplares sobre los roqueríos inter-mareales de un sitio determinado depende de la presencia de ejemplares adultos. Esto sugiere que cambios en los patrones de distribución y abundancia de estadios sésiles de especies con este tipo de ciclo de vida pueden estar asociados a la presencia de estresores presentes en la columna de agua. En consecuencia, seguimientos de estos estadios pueden ser utilizados para comparar sitios controles y sitios potencialmente afectados por estresores de origen antrópico.

1.2. Estadios embrionarios y larvales tempranos

Un ejemplo de cómo se puede incorporar la evaluación del potencial reproductivo de algunas especies en seguimientos ambientales de comunidades de fondos duros es el estudio que evaluó el efecto de la eliminación del efecto extractivo de mariscadores de orilla sobre el gasterópodo *Concholepas concholepas* en Chile central (Manríquez & Castilla, 2001). Utilizando transectos de franjas desplegados sobre roqueríos intermareales este estudio registró mensualmente la cantidad de cápsulas (portadoras de embriones/larvas tempranas) depositadas por las hembras de esta especie. Los resultados del estudio indican que el potencial reproductivo de esta especie disminuye significativamente en sitios con libre acceso a mariscadores de orilla (Manríquez & Castilla, 2001). Esto sugiere que una metodología similar puede ser implementada para otras especies cuyo potencial reproductivo puede ser medido a través de estructuras conspicuas como las cápsulas. Estadios larvales planctónicos son componentes comunes del ciclo de vida de los invertebrados marinos, y están sujetos a altas tasas de mortalidad (Pechenik, 1999). En consecuencia, seguimientos de estadios larvales pueden ser utilizados para comparar sitios controles y sitios potencialmente afectados por estresores de origen antrópico.

1.3. Estadios larvales avanzados

Larvas competentes o en cercanías de asentarse sobre los roqueríos de la zona inter-mareal de fondos duros son estadios más conspicuos que los gametos. En consecuencia, la factibilidad de realizar seguimientos de su presencia en la columna de agua es técnica y operativamente más viable. Para la costa de Chile, muestreos de larvas competentes de *C. concholepas* ha sido realizado con éxito (Poulin *et al.*, 2002a,b; Molinet *et al.*, 2006; Manríquez & Castilla, 2011). La abundancia de estas larvas en ambientes costeros es mayor en zonas de convergencia (Manríquez & Castilla, 2011) y las zonas de convergencia dependen de las corrientes y la orientación de la línea de costa (Shanks *et al.*, 1983). Esto sugiere que la abundancia diferencial de las larvas de esta especie en ambientes costeros puede dar cuenta de diferencias en el ingreso (asentamiento) y establecimiento de nuevos individuos a los roqueríos inter-mareales. Además, la abundancia larval pue-de relacionarse con diferencias existentes entre sitios controles y sitios potencialmente afectados por estresores de origen antrópico presentes en la columna de agua en las inmediaciones de los roqueríos.

Para la zona intermareal rocosa se han diseñado e implementado trampas que pueden ser ancladas a la superficie y que permiten acumular en forma pasiva las larvas de invertebrados marinos que ingresan por unidad de tiempo a ellas (Castilla & Varas, 1998). El desgaste de bloques de cemento de dentista acondicionados al interior y exterior de estas trampas y flujómetros de agua domésticos conectados a estas trampas permiten estimar la cantidad de agua que fluyó por la trampa (Castilla & Varas, 1998) (**Figura 1g**). El tamaño del material acumulado por las trampas y las bombas depende del tamaño de la trama de la malla seleccionada en su construcción y la cantidad de material acumulado se debe estandarizar por la cantidad de agua que circula. La adecuada utilización de este tipo de herramientas para realizar SA que incorporen estadios tempranos de la ontogenia de invertebrados y algas, requiere que estos estadios no sean destruidos en el proceso de captura y que estos sean adecuadamente identificados.

Estadios embrionarios, larvales tempranos y avanzados pueden ser muestreados desde la columna de agua superficial y adyacente a los roqueríos de la zona intermareal. Para esto, se han utilizado bombas de achique accionadas desde la orilla por la energía generada por una batería (Lagos, 2003; Manríquez *et al.*, 2016a). Un medidor de flujo de agua doméstico acondicionado en la línea de flujo de la bomba de succión permite estimar el volumen de agua. De esta manera el número de estadios embrionarios, larvales tempranos y avanzados pueden ser estandarizados por el volumen de agua succionada por la bomba (**Figura 1. h-i**).

1.4. Organismos recien asentados

Los seguimientos ambientales convencionales de comunidades intermareales de fondos duros están concentrados en estadios conspicuos fácilmente visibles a "ojo desnudo". Sin embargo, los potenciales estresores de origen antrópico pueden afectar en forma diferencial a las comunidades intermareales de fondos duros en función de su edad/tamaño. Es más, es conocido que luego del asentamiento los estadios tempranos bentónicos de los invertebrados marinos son los más susceptibles de riesgo de morta-lidad (Gosselin & Qian, 1997). En consecuencia, el seguimiento de los patrones de distribución y abundancia de asentados tempranos en comunidades intermareales de fondos duros pueden ser mejores indicadores para registrar y comparar sitios controles y sitios potencialmente afectados por estresores de origen antrópico. El muestreo de asentados recientes se puede hacer en forma sistemática utilizando pequeños cuadrantes desplegados sobre los roqueríos. Sin embargo, alternativamente es posible utilizar substratos artificiales, desplegados por unidades de tiempo discretas sobre los roqueríos de los sitios de estudio. Placas de acrílico acondicionadas con un substrato plástico rugoso anti deslizante (3M™ Safety-Walk™) y ancladas con pernos inoxidables a los roqueríos intermareales de fondos duros han sido utilizadas para registrar la magnitud y estacionalidad de cirrípedos en la costa de Chile (Lagos *et al.*, 2005; Lagos *et al.*, 2008; Navarrete *et al.*, 2005, Fig. 1e). Además, ovillos de filamentos plásticos anclados a los roqueríos intermareales de fondos duros han sido utilizados para registrar la magnitud y estacionalidad del asentamiento de mitílidos y crustáceos (Navarrete *et al.*, 2005, **Figura 1f**). Ambos substratos son de bajo costo, de fácil instalación y podrían ser incorporados en seguimientos ambientales para comparar sitios controles y sitios potencialmente afectados por estresores de origen antrópico.

Una importante limitación transversal a todos los SA de comunidades presente en substratos duros de la zona intermareal, que pretendan considerar estadios tempranos de la ontogenia de invertebrados (embriones, larvas y pequeños asentados), es la dificultad de identificar las especies presentes en nuestro maritorio. Esto es consecuencia de la ausencia de claves y profesionales con las competencias adecuadas para la identificación de estos estadios. Es altamente recomendable que a nivel país se fomente la formación de profesionales con competencias para la identificación de los estadios menos conspicuos de invertebrados marinos de fondos duros de la zona intermareal.

2. Variaciones estacionales

Los patrones de reclutamiento de las especies que conforman las comunidades características de los roqueríos intermareales de fondos duros cambian en forma espacio-temporal (Camus & Lagos, 1996). En consecuencia la conformación de estas comunidades cambia en el espacio y en el tiempo. La mayoría de los seguimientos de estas comunidades son de corto aliento y se realizan sin considerar dicha variabilidad. En consecuencia, es altamente recomendable que los seguimientos sean de mayor duración de modo de poder incorporar esta variabilidad para diferenciar variaciones inherentes a cambios estacionales de las variaciones adjudicadas a estresores de origen antrópico.

Como recomendaciones, se sugiere que los seguimientos ambientales para pesquisar cambios de origen antrópico en comunidades intermareales de fondos duros deban incluir un correcto registro de las variables bióticas y abióticas descritas más arriba. Sin embargo, se hace necesario que variables abióticas que pueden constituir estresores globales asociadas a escenarios de cambio climático sean también consideradas. Cambios de estos escenarios a escala global pueden dar cuenta de diferencias en comparaciones temporales para un mismo sitio. Sin embargo, cambios a escala espacial pueden dar cuenta de diferencias al comparar sitios en escenarios no comparables.

3. Acidificación y calentamiento de los océanos

Dos estresores globales que recientemente han sido investigados y generado evidencia empírica sobre sus potenciales efectos en organismos marinos son el pH (niveles de dióxido de carbono; CO_2) y temperatura de los océanos. La acidificación global del océano corresponde al descenso en curso del pH de los océanos producto del ingreso del CO_2 de origen antrópico desde la atmósfera (Caldeira & Wickett, 2005). Alternativamente, también puede ocurrir acidificación local de la zona costera como resultado de las descargas de agua dulce altamente eutrificada (Aguilera *et al.*, 2013; Vargas *et al.*, 2017). Sin embargo, el calentamiento de los océanos es el producto de la absorción del exceso de calor emitido por la tierra por los gases invernadero (IPCC 2001, 2007). La relevancia de incluir registros de estas variables radica en que la evidencia existente indica que cambios en el pH y la temperatura pueden tener efectos significativos en rasgos importantes para invertebrados y algas marinas. Para el caso de invertebrados marinos, entre estos rasgos destacan efectos en el éxito de fertilización (Havenhand *et al.*, 2008; Moulin *et al.*, 2011; Sewell *et al.*, 2014), movilidad espermática (Graham *et al.*, 2016), duración y sobrevivencia de estadios intracapsulares (Manríquez *et al.*, 2014), tasas de filtración (Navarro *et al.*, 2016; Osores *et al.*, 2017), metabolismo (Osores *et al.*, 2017), calcificación de sus valvas (Osores *et al.*, 2017), respuestas de escape a depredadores (Manríquez *et al.*, 2014; Manríquez *et al.*, 2016b). Alternativamente, rasgos del desarrollo temprano y reproductivos de las macroalgas pueden ser afectados por el pH y la temperatura (González *et al.*, 2018).

La evidencia reciente indica un efecto interactivo entre contaminación por metales pesados y acidificación de los océanos (Ivanina & Sokolova, 2015). Cambios en el pH pueden afectar la capacidad fisiológica de los organismos para mantener la homeostasis ácido-base y así reducir la cantidad de energía disponible para funciones relacionadas con su desempeño, tales como el crecimiento, el desarrollo y la reproducción (Han *et al.*, 2014; Ivanina & Sokolova, 2015). Además, la acidificación de los océanos puede aumentar la bio-toxicidad de los metales pesados a través de alterar su especiación y bio-disponibilidad (Zeng *et al.*, 2014).

Esto sugiere que los cambios del pH de los océanos en escenarios globales futuros o locales deben ser considerados al momento de implementar seguimientos ambientales. En Chile, la información sobre variaciones del pH costero es casi inexistente y acotada a muy pocos sitios a lo largo de la costa de Chile (Torres *et al.*, 2011; Vargas *et al.*, 2017). Esfuerzos tendientes a realizar seguimientos de esta variable van más allá de lo que un plan asociado a un proyecto particular de seguimiento ambiental puede abordar. Sin embargo, debido a su relevancia puede constituir una necesidad país a ser registrada por una red de sensores a lo largo de toda la costa del país. Entre las variables que resultan de gran valor a ser consideradas en seguimientos ambientales destaca la necesidad de registros de alta frecuencia de la temperatura y el pH del agua. Instrumental para el registro de estas variables están disponibles en el mercado y se han utilizado en estudios científicos (Martz *et al.*, 2010; Hoffman *et al.*, 2013; León-Muñoz, 2017; Miller *et al.*, 2018).

4. Índices de riqueza de especies o diversidad alfa

La sensibilidad, a la correcta identificación de las especies, que usan los índices para describir las comunidades de fondos duros intermareales hace necesario contar con guías de identificación para las especies y expertos capacitados para su uso.

5. Iluminación nocturna artificial

La evidencia empírica reciente indica que la contaminación por iluminación nocturna artificial es un importante estresor a nivel mundial (Cinzano *et al.*, 2001; Gaston *et al.*, 2015). Una gran proporción de este tipo de contaminación ocurre en las cercanías de los ambientes costeros. La contaminación lumínica nocturna afectaría las tasas y tácticas de alimentación (Yurk & Trites, 2000), patrones de orientación y desplazamiento (Salmon, 2003). Para el caso particular de las costas de Chile la evidencia existente indica que la contaminación lumínica nocturna puede afectar la conducta, desplazamiento y metabolismo de especies características de comunidades intermareales de fondos duros (Manríquez *et al.*, 2019; Pulgar *et al.*, 2019) y blandos (Duarte et al., 2019). La presencia de iluminación artificial nocturna en los bordes costeros (costaneras, muelles, centros comerciales, hoteles) es necesaria por razones de seguridad y no puede ser eliminada. En consecuencia, se hace necesario que futuros SA considere evaluación de la intensidad, temperatura y espectro de la luz de origen antrópico que eventualmente ilumina las comunidades intermareales de fondos duros.

AGRADECIMIENTOS

Se agradece al comité organizador por la invitación a participar en esta publicación. Se agradece el apoyo la Comisión Nacional de Ciencia y Tecnología (CONICYT) a través de los proyectos del Fondo Nacional de Desarrollo Científico y Tecnológico (FONDECYT) Nos. 3020035, 1050841, 1080023, 1130839 y 1181609.

REFERENCIAS

Aguilera, V. M., Vargas, C. A., Manríquez, P. H., Navarro, J. M., & Duarte, C. (2013). Low-pH freshwater discharges drive spatial and temporal variations in life history traits of neritic copepod Acartia tonsa. *Estuaries and Coasts*, 36(5), 1084-1092.

Armada de Chile (2001). Dirección General del Territorio Marítimo y de Marina Mercante, Dirección de Intereses Marítimos y Medio Ambiente Acuático. Guía Metodológica de revisión técnica sectorial de estudios de impacto ambiental en el medio ambiente acuático de jurisdicción nacional para proyectos que contemplan "Descargas de residuos líquidos, de puertos y terminales marítimos u otros", 27 pp.

Báez, P., Meléndez, R., Ramírez, M., Letelier, S., Brown, A., Campos, M., Alday, C., Jelvez, C., & Alvial, A. (1998). Efectos ecológicos de la introducción de especies exóticas en el medio marino y costero chileno. *Documento preparado para la reunión de expertos para analizar los efectos ecológicos de la introducción de especies exóticas en el Pacífico sudeste*. Viña de Mar-Chile, Comisión permanente del Pacifico Sur, pp 1-83

Barbour, M. G., Burk, J. H., & Pitts, W. D. (1987). *Terrestrial Plant Ecology. Chapter 9: Method of sampling the plant community*. Menlo Park, CA: Benjamin/Cummings Publishing Co.

Bellard, C., Thuiller, W., Leroy, B., Genovesi, P., Bakkenes, M., & Courchamp, F. (2013). Will climate change promote future invasions? *Global Change Biology, 19*(12), 3740-3748.

Benedetti-Cecchi, L., Pannacciulli, F., Bulleri, F., Moschella, P. S., Airoldi, L., Relini, G., & Cinelli, F. (2001). Predicting the consequences of anthropogenic disturbance: large-scale effects of loss of canopy algae on rocky shores. *Marine Ecology Progress Series, 214*, 137-150.

Blanchette, C. A. (1997). Size and survival of intertidal plants in response to wave action: a case of study with *Fucus gardneri, Ecology, 78*(5), 1563-1578.

Blockley, D. J., & Chapman, M. G. (2008). Exposure of seawalls to waves within an urban estuary: effects on intertidal assemblages. *Austral Ecology, 33*(2), 168-183.

Bonicelli, J., Tapia, F. J., & Navarrete, S. A. (2014). Wind-driven diurnal temperature variability across a small bay and the spatial pattern of intertidal barnacle settlement. *Journal of Experimental Marine Biology and Eology, 461*, 350-356.

Branch, G. M., Borchers, P., Brown, C. R., & Donnelly, D. (1988). Temperature and food as factors influencing oxygen consumption of intertidal organisms, particularly limpets. *American Zoologist, 28*(1), 137-146.

Bueno, M., Dena-Silva, S. A., Flores, A. A. V., & Leite, F. P. P. (2016). Effects of wave exposure on the abundance and composition of amphipod and tanaidacean assemblages inhabiting intertidal coralline algae. *Journal of the Marine Biological Association of the United Kingdom, 96*(3), 761-767.

Butchart, S. H., Walpole, M., Collen, B., Van Strien, A., Scharlemann, J. P., Almond, R. E., Baillie, J. E. M., Bomhard, B., Brown, C., Bruno, J., Carpenter, K. E., Carr, G. M., Chanson, J., Chenery, A.M., Csirke, J., Davidson, N. C., Dentener, F., Foster, M., Galli, A., Galloway, J. N., Genovesi, P., Gregory, R. D., Hockings, M., Kapos, V., Lamarque, J. F., Leverington, F., Loh, J., McGeoch, M. A., Rae, L. Mc., Minasyan, A., Hernández Morcillo M., Oldfield, T. E. E., Pauly, D., Quader, S., Revenga, C., Sauer, J. R., Skolnik, B., Spear, D., Stanwell-Smith, D., Stuart, S. N., Symes, A., Tierney, M., Tyrrell, T. D., Vié, J-C., & Watson, R. (2010). Global biodiversity: indicators of recent declines. *Science, 328*(5982), 1164-1168.

Caldeira, K., & Wickett, M. E. (2005). Ocean model predictions of chemistry changes from carbon dioxide emissions to the atmosphere and ocean. *Journal of Geophysical Research: Oceans, 110*(C9).

Camus, P. A. (2001). Biogeografía marina de Chile continental. *Revista Chilena de Historia Natural, 74*(3), 587-617.

Camus, P. A., & Lima, M. (1995). El uso de la experimentación en ecología: Supuestos, limitaciones, fuentes de error y su status como herramienta explicativa. *Revista Chilena de Historia Natural, 68*, 19-42.

Camus, P. A., & Lagos, N. A. (1996). Variación espacio-temporal del reclutamiento en ensambles intermareales sésiles del norte de Chile. *Revista Chilena de Historia Natural, 69*, 193-204.

Camus, P. A., Andrade, Y. N., & Broitman, B. (1999). Effects of substratum topography on species diversity and abundance in Chilean rocky intertidal communities. *Revista Chilena de Historia Natural, 72*(3), 377-388.

Carrington, E. (1990). Drag and dislodgement of an intertidal macroalga: Consequences of morphological variation in *Mastocarpus papillatus* Kutzing. *Journal of Experimental Marine Biology and Ecology, 139*, 185-28.

Castilla, J.C. (1996). Copper mine tailing disposal in northern Chile rocky shores: *Enteromorpha compressa* (Chlorophyta) as a sentinel species. *Environmental Monitoring and Assessment, 40*,171-184.

Castilla, J.C. (2021). Consideraciones y recomendaciones generales para el diseño de programas de monitoreos bióticos de fondos duros del inter y submareal. En: *Programas de monitoreo del medio marino costero: Diseños experimentales, muestreos, métodos de análisis y estadística asociada.* Castilla, J.C., Fariña J.M., Camaño, A. (Eds.). Ediciones Universidad Católica. Santiago, Chile. Pp. 41-54.

Castilla, J. C. Steinmiller, D. K. & Pacheco, C.J. (1998). Quantifying wave exposure daily and hourly on the intertidal rocky shore of central Chile. *Revista Chilena de Historia Natural, 71*, 19-25.

Castilla, J. C. & Camaño, A. (2001). El Piure de Antofagasta, *Pyura praeputialis* (Heller, 1878): un competidor dominante e ingeniero de ecosistemas. En: K. Alveal & A. Antezana (eds.), *Sustentabilidad de la Biodiversidad* (pp. 719−729). Concepción, Chile: Editorial Universidad de Concepción, Concepción.

Castilla, J. C., Manríquez, P. H., Delgado, A., Ortiz, V., Jara, M. E., & Varas, M. (2014). Rocky intertidal zonation pattern in Antofagasta, Chile: invasive species and shellfish gathering. *PloS One, 9* (10): 1-10.

Castilla, J. C., Uribe, M., Bahamonde, N., Clarke, M., Desqueyroux-Faúndez, R., Kong, I., Moyano, H., Rozbaczylo, N., Santelices, B., Valdovinos, C., & Zavala, P. (2005). Down under the southeastern Pacific: marine non-indigenous species in Chile. *Biological Invasions, 7*(2), 213-232.

Castilla, J. C., Lagos, N. A., & Cerda, M. (2004a). Marine ecosystem engineering by the alien ascidian *Pyura praeputialis* on a mid-intertidal rocky shore. *Marine Ecology Progress Series, 268*, 119-130.

Castilla, J. C., Guiñez, R., Caro, A. U., & Ortiz, V. (2004b). Invasion of a rocky intertidal shore by the tunicate *Pyura praeputialis* in the Bay of Antofagasta, Chile. *Proceedings of the National Academy of Sciences, 101*(23), 8517-8524.

Castilla, J. C., Collins, A. G., Meyer, C. P., Guiñez, R., & Lindberg, D. R. (2002). Recent introduction of the dominant tunicate, *Pyura praeputialis* (Urochordata, Pyuridae) to Antofagasta, Chile. *Molecular Ecology, 11*(8), 1579-1584.

Castilla, J. C., & Neill, P. E. (2009). Marine bioinvasions in the southeastern Pacific: status, ecology, economic impacts, conservation and management. En: G. Rilov & J. A. Crooks (eds.), *Marine Bioinvasions: Ecology, Conservation, and Management Perspectives* (pp. 439-457). Berlin, Germany: Springer-Verlag.

Castilla, J. C., & Varas, M. A. (1998). A plankton trap for exposed rocky intertidal shores. *Marine Ecology Progress Series, 175*, 199-305.

Christofoletti, R. A., Takahashi, C. K., Oliveira, D. N., & Flores, A. A. (2011). Abundance of sedentary consumers and sessile organisms along the wave exposure gradient of subtropical rocky shores of the south-west Atlantic. *Journal of the Marine Biological Association of the United Kingdom, 91*(5), 961-967.

Cinzano, P., Falchi, F., & Elvidge, C. D. (2001). The first world atlas of the artificial night sky brightness. *Monthly Notices of the Royal Astronomical Society, 328*(3), 689-707.

Clarke, M., & Castilla, J. C. (2000). Dos nuevos registros de ascidias (Tunicata: Ascidiacea) para la costa continental de Chile. *Revista Chilena de Historia Natural, 73*(3), 503-510.

Denny, M. W. (1983). A simple device for recording the maximum force exerted on intertidal organisms. *Limnology and Oceanography, 28*(6), 1269-1274.

Duarte, D., Quintanilla-Ahumada, D., Anguita, C., Manríquez, P. H., Widdicombe, S., Pulgar, J., Silva-Rodriguez, E. A., Miranda, C., Manríquez, K., & Quijon, P. (2019). *Environmental Pollution, 248*, 565-573.

Feinsinger, P. (2013). Metodologías de investigación en ecología aplicada y básica: ¿cuál estoy siguiendo, y por qué? *Revista Chilena de Historia Natural, 86*(4), 385-402.

Fly, E. K., Monaco, C. J., Pincebourde, S., & Tullis, A. (2012). The influence of intertidal location and temperature on the metabolic cost of emersion in *Pisaster ochraceus*. *Journal of Experimental Marine Biology and Ecology, 422*, 20-28.

Gajardo, G., & Laikre, L. (2003). Chilean aquaculture boom is based on exotic salmon resources: a conservation paradox. *Conservation Biology, 17*(4), 1173-1174.

Garrity, S. D. (1984). Some adaptations of gastropods to physical stress on a tropical rocky shore. *Ecology, 65*(2), 559-574.

Gaston, K. J., Visser, M. E., & Hölker, F. (2015). The biological impacts of artificial light at night: the research challenge. *Philosophical transactions of the Royal Society of London. Series B, Biological Sciences, 370*, 20140133.

Graham, H., Rastrick, S. P. S., Findlay, H. S., Bentley, M. G., Widdicombe, S., Clare, A. S., & Caldwell, G. S. (2016). *ICES Journal of Marine Science, 73*(3), 783-790.

González, C. P., Edding, M., Torres, R., & Manríquez, P. H. (2018). Increased temperature but not pCO_2 levels affect early developmental and reproductive traits of the economically important habitat-forming kelp *Lessonia trabeculata*. *Marine Pollution Bulletin, 135*, 694-703.

Gosselin, L. A., & Qian, P. Y. (1997). Juvenile mortality in benthic marine invertebrates. *Marine Ecology Progress Series, 146*, 265-282.

Grassle, J. F. (1974). Opportunistic life histories and genetic systems in marine benthic polychaetes. *Journal of Marine Research, 32*, 253-284.

Guiñez, R., & Pacheco, C. J. (1999). Maximum wave velocity estimations on the intertidal rocky shore at central Chile, using a prototype dynamometer. *Revista Chilena de Historia Natural, 72*(2), 251-260.

Guiñez, R., & García-Bartolomei, E. (2021). Consideraciones estadísticas para el diseño de programas de monitoreo ambiental y aplicaciones para la industria desalinizadora. En: *Programas de monitoreo del medio marino costero: Diseños experimentales, muestreos, métodos de análisis y estadística asociada*. Castilla, J.C., Fariña J.M., & Camaño, A. (eds). Ediciones Universidad Católica. Santiago, Chile. Pp. 55-85.

Han, Z. X., Wu, D. D., Wu, J., Lv, C. X., & Liu, Y. R. (2014). Effects of ocean acidification on toxicity of heavy metals in the bivalve *Mytilus edulis* L. *Synthesis and Reactivity in Inorganic, Metal-Organic, and Nano-Metal Chemistry, 44*(1), 133-139.

Harley C. D. G., & Helmuth B. S. T. (2003). Local- and regional-scale effects of wave exposure, thermal stress, and absolute versus effective shore level on patterns of intertidal zonation. *Limmnology and Oceanography, 48*(4), 1498-1508.

Havenhand, J. N., Buttler, F. R., Thorndyke, M. C., & Williamson, J. E. (2008). Near-future levels of ocean acidification reduce fertilization success in a sea urchin. *Current Biology, 18*(15), 651-652.

Helmuth, B. (1999). Thermal biology of rocky intertidal mussels: quantifying body temperatures using climatological data. *Ecology, 80*(1), 15-34.

Hofmann, G. E., Blanchette, C. A., Rivest, E. B., & Kapsenberg, L. (2013). Taking the pulse of marine ecosystems: The importance of coupling long-term physical and biological observations in the context of global change biology. *Oceanography, 26*(3), 140-148.

Hourigan, T. F., Timothy, C. T., & Reese, E. S. (1988). Coral reef fishes as indicators of environmental stress in coral reefs. En: *Marine Organisms as Indicators* (pp. 107-135). New York, USA: Springer.

Hunt, H. L., & Scheibling, R. E. (1996). Physical and biological factors influencing mussel (*Mytilus trossulus, M. edulis*) settlement on a wave-exposed rocky shore. *Marine Ecology Progress Series, 142*, 135-145.

IPCC (Intergovernmental Panel on Climate Change). (2001). Climate change 2001: impacts, adaptations and vulnerability. Cambridge University Press, New York.

IPCC (Intergovernmental Panel on Climate Change). (2007). *Climate Change 2007 Synthesis Report*, Cambridge University Press, New York.

Ivanina, A. V., & Sokolova, I. M. (2015). Interactive effects of metal pollution and ocean acidification on physiology of marine organisms. *Current Zoology, 61*(4), 653-668.

Jones, C. G., Lawton, J. H., & Shachak, M. (1997). Positive and negative effects of organisms as physical ecosystem engineers. *Ecology, 78*(7), 1946-1957.

Lagos, N. A. (2003) Dinámica espacial del reclutamiento de cirripedios intermareales: una exploración empírica de la formación de patrones espacio-temporales en en acople bento-oceánico. Tesis Doctoral, Pontificia Universidad Católica de Chile, Santiago, 155 pp

Lagos, N. A., Navarrete, S. A., Véliz, F., Masuero, A., & Castilla, J. C. (2005). Meso-scale spatial variation in settlement and recruitment of intertidal barnacles along the coast of central Chile. *Marine Ecology Progress Series, 290*, 165-178.

Lagos, N. A., Castilla, J. C., & Broitman, B. R. (2008). Spatial environmental correlates of intertidal recruitment: a test using barnacles in northern Chile. *Ecological Monograph, 78*(2), 245-261

León-Muñoz, J., Urbina, M. A., Garreaud, R., & Iriarte, J. L. (2017). Hydroclimatic conditions trigger record harmful algal bloom in western Patagonia (summer 2016). *Scientific Reports, 8*(1), 1330.

Levitan, D. R. (1996). Effects of gamete traits on fertilization in the sea and the evolution of sexual dimorphism. *Nature, 382*(6587), 153-155.

Lewis, J. R. (1961). The littoral zone on rocky shores: a biological or physical entity? *Oikos, 12*(2), 280-301.

Ley N° 19.300 (1994). Sobre Bases Generales del Medio Ambiente, disponible en www.bcn.cl.

McQuaid, C. D., & Branch, G. M. (1984). Influence of sea temperature, substratum and wave exposure on rocky intertidal communities: An analysis of faunal and floral biomass. *Marine Ecology Progress Series, 19*, 145.

Magurran, A. E. (1988). *Ecological Diversity and its Measurement.* New Jersey, USA: Princeton University Press.

Manríquez, P. H., & Castilla, J. C. (2011). Behavioural traits of competent *Concholepas concholepas* (loco) larvae. *Marine Ecology Progress Series, 430*, 207-221.

Manríquez, P. H., & Castilla, J. C. (2001). Significance of marine protected areas in central Chile as seeding grounds for the gastropod *Concholepas concholepas*. *Marine Ecology Progress Series, 215*, 201-211.

Manríquez, P. H., Jara, M. E., Díaz, M. I., Quijón, P. A., Widdicombe, S., Pulgar, J., Manríquez, K., Quintanilla-Ahumada, D., & Duarte, C. (2019). Artificial light pollution influences behavioral and physiological traits in a keystone predator species, *Concholepas concholepas*. *Science of The Total Environment, 661*, 543-552.

Manríquez, P. H., Guiñez, R., Olivares, A., Clarke, M., & Castilla, J. C. (2018). Effects of inter-annual temperature variability, including ENSO and post-ENSO events, on reproductive traits in the tunicate *Pyura praeputialis*. *Marine Biology Research, 14*(5), 462-477.

Manríquez, P. H., Castilla, J. C., Ortiz, V., & Jara, M. E. (2016a). Empirical evidence for large scale human impact on intertidal aggregations, larval supply and recruitment of *Pyura praeputialis* around the Bay of Antofagasta, Chile. *Austral Ecology, 41*(6), 701-714.

Manríquez, P. H., Jara, M. E., Seguel, M. E., Torres, R., Alarcon, E., & Lee, M. R. (2016b). Ocean acidification and increased temperature have both positive and negative effects on early ontogenetic traits of a rocky shore keystone predator species. *PloS One, 11*(3), e0151920.

Manríquez, P. H., Jara, M. E., Torres, R., Mardones, M. L., Lagos, N. A., Lardies, M. A., Vargas, A., Duarte, C., & Navarro, J. (2014). Effects of ocean acidification on larval development and early post-hatching traits in *Concholepas concholepas* (loco). *Marine Ecology Progress Series, 514*, 87-103.

Martz, T. R., Connery, J. G., & Johnson, K. S. (2010). Testing the Honeywell Durafet® for seawater pH applications. *Limnology and Oceanography: Methods, 8*(5), 172-184.

Miller, C. A., Pocock, K., Evans, W., & Kelley, A. L. (2018). An evaluation of the performance of Sea-Bird Scientific's SeaFET™ autonomous pH sensor: considerations for the broader oceanographic community. *Ocean Science, 14*(4), 751-768.

Molinet, C., Valle-Levinson, A., Moreno, C. A., Cáceres, M., Bello, M., & Castillo, M. (2006). Effects of sill processes on the distribution of epineustonic competent larvae in a stratified system of Southern Chile. *Marine Ecology Progress Series, 324*, 95-104.

Moulin, L., Catarino, A. I., Claessens, T., & Dubois, P. (2011). Effects of seawater acidification on early development of the intertidal sea urchin *Paracentrotus lividus* (Lamarck 1816). *Marine Pollution Bulletin, 62*(1), 48-54.

Navarrete, S. A., Wieters, E. A., Broitman, B. R., & Castilla, J. C. (2005). Scales of benthic - pelagic coupling and the intensity of species interactions: from recruitment limitation to top-down control. *Proceedings of the National Academy of Sciences, 102*(50), 18046-18051.

Navarro, J. M., Duarte, C., Manríquez, P. H., Lardies, M. A., Torres, R., Acuña, K., Vargas, C., & Lagos, N. (2016). Ocean warming and elevated carbon dioxide: multiple stressor impacts on juvenile mussels from southern Chile. *ICES Journal of Marine Science, 73*(3), 764-771.

Neill, P. E., Alcalde, O., Faugeron, S., Navarrete, S. A. & Correa, J. A. (2006). Invasion of *Codium fragile* ssp. *tomentosoides* in northern Chile: a new threat for *Gracilaria* farming. *Aquaculture, 259*, 202-210.

Newell, R. C. (1969). Effect of fluctuations in temperature on the metabolism of intertidal invertebrates. *American Zoologist, 9*(2), 293-307.

Osores, S. J., Lagos, N. A., San Martin, V., Manríquez, P. H., Vargas, C. A., Torres, R., Navarro, J., Pupin, J., Saldías, G., & Lardies, M. (2017). Plasticity and inter-population variability in physiological and life-history traits of the mussel *Mytilus chilensis*: A reciprocal transplant experiment. *Journal of Experimental Marine Biology and Ecology, 490*, 1-12.

Pechenik, J. A. (1999). On the advantages and disadvantages of larval stages in benthic marine invertebrate life cycles. *Marine Ecology Progress Series, 177*, 269-297.

Peet, R. K. (1975). Relative diversity indices. *Ecology, 56*(2), 496-498.

Pinochet, J., Leclerc, J. C., Brante, A., Daguin-Thiébaut, C., Díaz, C., Tellier, F., & Viard, F. (2017). Presence of the tunicate Asterocarpa humilis on ship hulls and aquaculture facilities in the coast of the Biobío Region, south central Chile. *PeerJ, 5*, e3672.

Piñones, A., Castilla, J. C., Guiñez, R., & Largier, J. L. (2007). Temperaturas superficiales en sitios cercanos a la costa en la Bahía de Antofagasta (Chile) y centros de surgencia adyacentes. *Ciencias Marinas, 33*, 37-48.

Poulin, E., Palma, A. T., Leiva, G., Hernández, E., Martínez, P., Navarrete, S. A., & Castilla, J. C. (2002a). Temporal and spatial variation in the distribution of epineustonic competent larvae of *Concholepas concholepas* along the central coast of Chile. *Marine Ecology Progress Series, 229*, 95-104.

Poulin, E., Palma, A. T., Leiva, G., Narvaez, D., Pacheco, R., Navarrete, S. A., & Castilla, J. C. (2002b). Avoiding offshore transport of competent larvae during upwelling events: the case of the gastropod *Concholepas concholepas* in Central Chile. *Limnology and Oceanography, 47*(4), 1248-1255.

Pringle, J. D. (1984). Efficiency estimates for various quadrat sizes used in benthic sampling. *Canadian Journal of Fisheries and Aquatic Sciences, 41*(10), 1485-1489.

Pulgar, J., Zeballos, D., Vargas, J., Aldana, M., Manríquez, P. H., Manríquez, K., Quijón, P., Widdicombe, S., Anguita, C., Quintanilla, D., & Duarte, C. (2019). Endogenous cycles, activity patterns and energy expenditure of an intertidal fish is modified by artificial light pollution at night (ALAN). *Environmental Pollution, 244*, 361-366.

Salmon, M. (2003). Artificial night lighting and sea turtles. *Biologist, 50*(4), 163-168.

Sewell, M. A., Millar, R. B., Yu, P. C., Kapsenberg, L., & Hofmann, G. E. (2014). Ocean acidification and fertilization in the Antarctic sea urchin *Sterechinus neumayeri*: the importance of polyspermy. *Environmental Science & Technology, 48*(1), 713-722.

Shanks, A. L. (1983). Surface slicks associated with tidally forced internal waves may transport pelagic larvae of benthic invertebrates and fishes shoreward. *Marine Ecology Progress Series, 13*, 311-315.

Soberón, M. J., & Llorente. B. J. (1993). The use of species accumulation functions for the prediction of species richness. *Conservation Biology, 7*(3), 480-488.

Soule, D. F. & Kleppel, G. S. (1988). *Marine Organisms as Indicators*. New York, USA: Springer.

Thiel, M., Macaya, E. C., Acuña, E., Arntz, W. E., Bastias, H., Brokordt, K., et al. (2007). The Humboldt Current System of northern and central Chile: oceanographic processes, ecological interactions and socioeconomic feedback. *Oceanography and Marine Biology: an Annual Review, 45*, 195-345.

Thompson, G. G., Withers, P. C., Pianka, E. R., & Thompson, S. A. (2003). Assessing biodiversity with species accumulation curves; inventories of small reptiles by pit trapping in Western Australia. *Austral Ecology, 28*(4), 361-383.

Torres, R., Pantoja, S., Harada, N., González, H. E., Daneri, G., Frangopulos, M., Rutllant, J., Duarte, C., Ruiz-Halpern, S., Mayol, E., & Fukasawa, M. (2011). Air sea CO_2 fluxes along the coast of Chile: From CO_2 outgassing in central northern upwelling waters to CO_2 uptake in southern Patagonian fjords. *Journal of Geophysical Research: Oceans, 116*(C9).

Underwood, A. J., & Peterson, C. H. (1988). Towards an ecological framework for investigating pollution. *Marine Ecology Progress Series, 46*, 227-234.

Vargas, C. A., Lagos, N. A., Lardies, M. A., Duarte, C., Manríquez, P. H., Aguilera, V. M., Broitman, Widdicombe, S. & Dupont, S. (2017). Species-specific responses to ocean acidification should account for local adaptation and adaptive plasticity. *Nature Ecology & Evolution, 1*(4), 0084.

Williams, G. A., & Morritt, D. (1995). Habitat partitioning and thermal tolerance in a tropical limpet, *Cellana grata*. *Marine Ecology Progress Series, 124*, 89-103.

Yurk, H., & Trites, A. W. (2000). Experimental attempts to reduce predation by harbor seals on out-migrating juvenile salmonids. *Transactions of the American Fisheries Society, 129*(6), 1360-1366.

Zeng, X., Chen, X. & Zhuang, J. (2014). The positive relationship between ocean acidification and pollution. *Marine Pollution Bulletin, 91*, 14-21.

Zwerschke, N., van Rein, H., Harrod, C., Reddin, C., Emmerson, M. C., Roberts, D., & O'Connor, N. E. (2018). Competition between co-occurring invasive and native consumers switches between habitats. *Functional Ecology, 32*(12), 2717-2729.

Castilla, J. C., Fariña, J. M., & Camaño, A. (Eds.). 2021. *Programas de monitoreo del medio marino costero: Diseños experimentales, muestreos, métodos de análisis y estadística asociada.* Ediciones Universidad Católica. Santiago, Chile. 320 pp.

13. PLAYAS ARENOSAS EXPUESTAS: CARACTERÍSTICAS FÍSICAS Y BIOLÓGICAS PARA LA IMPLEMENTACIÓN DE PROGRAMAS DE LÍNEA BASE Y MONITOREOS

EXPOSED SANDY BEACHES PHYSICAL AND BIOLOGICAL CHARACTERISTICS FOR THE IMPLEMENTATION OF BASELINE AND MONITORING PROGRAMS

EDUARDO JARAMILLO[1]

Resumen. Se analizan las características físicas básicas de las playas arenosas expuestas y la macrofauna asociada a las mismas. En base a este análisis, se sugiere un tipo de muestreo basado en el ancho de las tres zonas faunísticas características de las playas arenosas de Chile: la superior o zona de secado, por sobre el nivel de marea alta; la media o zona de retención, entre ese nivel y la línea de efluente o límite superior de la zona de resurgencia y saturación; y la inferior o zona de resurgencia y saturación, entre la línea de efluente y el nivel de marea baja, definido este último por el punto de colapso de la zona de rompiente de las olas.

Palabras claves. Playas arenosas expuestas, zonas físicas, tipos morfodinámicos de playas, macrofauna, muestreo por zonas faunísticas.

Summary. Basic physical characteristics of exposed sandy beaches and their associated macrofauna were analyzed. Based on that, a sampling design is suggested, based on the width of the faunal zones typical of exposed sandy beaches in Chile: the upper or dry zone, above the high tide level; the middle or retention zone, between that level and the effluent line or upper limit of the resurgence and saturation zone; and the lower or resurgence and saturation zone, between the effluent line and the low tide level, the last one defined by the point of bore collapse of breaking waves.

Keywords. Exposed sandy beaches, physical zones, beach morphodynamic types, macrofauna, samplings along faunal zones.

---

[1] Instituto de Ciencias de la Tierra, Facultad de Ciencias, Universidad Austral de Chile, Valdivia, Chile. ejaramillo@uach.cl

INTRODUCCIÓN

Las playas arenosas directamente expuestas a la acción de oleaje son el hábitat costero intermareal más dinámico de la tierra y está definido primariamente por el oleaje y el sustrato, es decir, las playas arenosas son básicamente acumulaciones de sedimentos depositados primariamente por las olas. Estimaciones recientes muestran que estos hábitats intermareales constituyen cerca del 30% de la costa mundial libre de hielos (Luijendijk *et al.*, 2018). Por lo mismo, las playas arenosas han captado históricamente la atención de los humanos y sus actividades, lo que ha resultado en perturbaciones que muchas veces afectan los múltiples servicios ecosistémicos provistos por las mismas alrededor del mundo

Figura 1

Vistas de la playa arenosa de Arroyo Quemado en la costa de Gaviota (California, USA), durante otoño, invierno y verano. Nótese que durante el invierno, gran parte de la arena ha sido erosionada de la playa (Isla Vista, California).

(Schlacher *et al.*, 2007, 2008; Defeo *et al.*, 2009). En muchos casos, las perturbaciones antrópicas se expresan en la afectación física y biológica de las playas, como por ejemplo después de la instalación de defensas costeras artificiales (*e.g.*, Martin *et al.*, 2005; Dugan & Hubbard, 2006; Jaramillo *et al.*, 2002), acción que restringe el ciclo natural de erosión y acreción de arena debido a la presencia de tales estructuras. En ese caso, la instalación de las mismas restringe de modo significativo el ciclo antes mencionado.

De lo dicho anteriormente, se llega a la siguiente definición: "una playa arenosa natural es aquella, en la cual el ciclo de erosión y acreción de arena no está restringido por ninguna estructura artificial". Esto se ejemplifica en la **Figura 1**, donde se muestra la variabilidad estacional en el volumen sedimentario de una playa arenosa en la costa de Santa Barbara (California, USA) durante el otoño (fin del período de acreción), invierno (máxima erosión) y verano (período de acreción).

Es en las playas arenosas naturales, donde durante marea baja se observa claramente que el intermareal de las mismas puede ser dividido en tres zonas, cuyas amplitudes están primariamente definidas por el contenido de agua del sustrato. La zonación física del intermareal de las playas arenosas fue originalmente analizada por Salvat (1964), quién propuso el siguiente esquema (**Figura 2**):

Figura 2

Delimitación de las zonas físicas de la playa según Salvat (1964). LE=línea de efluente o límite superior de la zona de resurgencia o espejo de agua, MA= nivel de marea alta. Se muestran las especies más comunes de cada una de las mismas en las playas arenosas de Chile, entre aproximadamente la costa de Atacama y la Isla Grande de Chiloé (de izquierda a derecha *Emerita analoga*, *Excirolana hirsuticauda*, *Excirolana braziliensis* y *Orchestoidea tuberculata*).

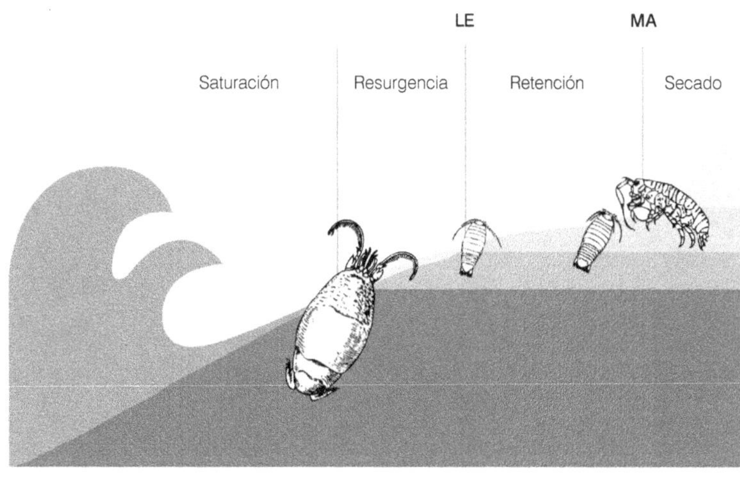

i) Zona de secado, ubicada por sobre el nivel de marea alta y donde la arena está seca; solo le llega agua por rocío o lluvia.

ii) Zona de retención, alcanzada por las mareas y donde los granos de arena están húmedos, pero no mojados; el agua gravitacional está ausente, pero sí está presente el agua capilar o intersticial.

iii) Zona de resurgencia o espejo de agua, donde el movimiento del agua es mayor y los granos están mojados; el agua gravitacional se mueve durante la marea baja.

iv) Zona de saturación, donde el espacio intersticial está saturado por agua.

Años más tarde, Wade (1967) trabajó con un esquema muy similar al de Salvat (1964) el que básicamente incluye tres zonas físicas (**Figura 3**):

i) Zona de rocío o "*spray*", donde nunca llegan las olas y la humedad del sedimento se debe a aspersión.

ii) Zona de barrido, donde luego del colapso de las olas, una delgada capa de agua se desliza sobre la cara de la playa. Esta zona se divide en una zona saturada o siempre cubierta por agua y una zona no saturada caracterizada por la alternancia de drenaje de agua entre períodos de alcances máximos de la capa de agua que se desliza por la playa.

iii) Zona de rompiente de las olas, donde la turbulencia del agua mantiene los granos de arena en suspensión.

Figura 3

Delimitación de las zonas físicas de la playa según Wade (1967). MA=nivel de marea alta. Se muestran las especies más comunes de cada una de las mismas en las playas arenosas de Chile, entre aproximadamente la costa de Atacama y la Isla Grande de Chiloé (de izquierda a derecha *Emerita analoga*, *Excirolana hirsuticauda*, *Excirolana braziliensis* y *Orchestoidea tuberculata*).

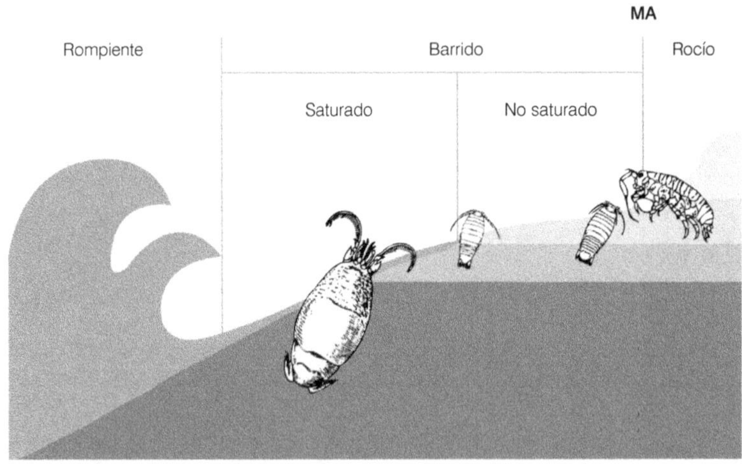

En términos generales, los esquemas de Salvat (1964) y Wade (1967) muestran muchas coincidencias (*cf.*, **Figuras 2 y 3**).

A lo largo de las playas arenosas del litoral chileno, entre aproximadamente la costa de Atacama y la costa expuesta de la isla de Chiloé, las especies más comunes de la macrofauna asociada a cada una de las zonas físicas arriba mencionadas son las mismas: el anfípodo talitrido *Orchestoidea tuberculata* ocurre con mayores abundancias sobre o cerca del nivel de marea alta (zona de secado o de rocío), el isópodo cirolanido *Excirolana braziliensis* se encuentra con sus mayores abundancias cerca de la marea alta o en los niveles superiores de la zona de retención o zona no saturada, el isópodo *Excirolana hirsuticauda* aparece con mayor presencia en los niveles inferiores de la zona de retención y en los superiores de la zona de resurgencia y el decápodo anomuro *Emerita analoga* se ubica en parte de la zona de resurgencia y con mayores abundancias en la zona de saturación (*cf.*, **Figuras 2 y 3**) (Jaramillo *et al.*, 1993, 2001). Pero si bien la zonación y abundancia de la macrofauna de las playas arenosas, está primariamente relacionada a la zonación física del sustrato tal como está esquematizado en las **Figuras 2 y 3**, la amplitud de las mismas y sus organismos asociados varían acorde a los tipos de playas arenosas, las que han sido categorizadas en tres tipos morfodinámicos: playas reflectivas, intermedias y disipativas (Short, 1996; Wright & Short, 1983; McLachlan & Defeo, 2017).

En las playas reflectivas (**Figura 4**), las olas rompen sobre la cara misma de la playa sobre la cual se refleja la energía de las olas incidentes. La zona de rompiente de las olas y la zona de resurgencia o barrido son estrechas y sus perfiles o pendientes son muy marcados, debido a que los granos de arena son gruesos (> 500 micrones). Por el contrario, las playas disipativas (**Figura 4**) tienen zonas de rompiente anchas y alejadas de sus caras subaéreas; *i.e.*, las olas disipan la mayor parte de la energía antes de llegar a la playa. Estas playas presentan zonas de resurgencia o barrido más anchas que las playas reflectivas, tienen perfiles o pendientes de menor inclinación que los de esas playas y sus granos de arena son más finos (~ < 250 micrones). Las playas intermedias (**Figura 4**), tienen anchos de rompientes y perfiles intermedios, granos de arena con tamaños que fluctúan entre ~ 250 y 500 micrones y se caracterizan por tener barras y canales paralelos a la costa, además de corrientes de desgarro (Short, 1996; Wright & Short, 1983; McLachlan & Defeo, 2017).

La clasificación de las playas en tipos morfodinámicos, se basa en la altura y período de las olas, además del tamaño de los granos de arena presentes en la zona de rompiente de las olas (Wright & Short, 1983) y deducido de la velocidad de sedimentación de las partículas (Gibbs *et al.*, 1971). Estas características han sido integradas en el parámetro omega (Ω=altura de la ola (cm)/período de la ola (s) x velocidad de sedimentación de los granos de arena (cm/s)) cuyos valores referenciales para cada tipo de playa se muestran en la **Figura 4**.

Figura 4

Vistas de playas reflectivas, intermedias y disipativas, con valores referenciales de Ω. Se indican las diferentes zonas físicas en cuanto a grado de humectación se refiere (ver texto).

Playas Reflectivas, Ω = o < 1

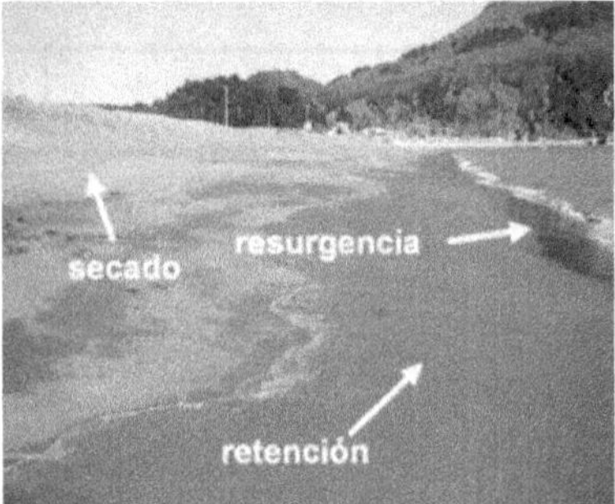

Playas Intermedias, Ω ~ 2 – 5

Playas Disipativas, Ω > 6

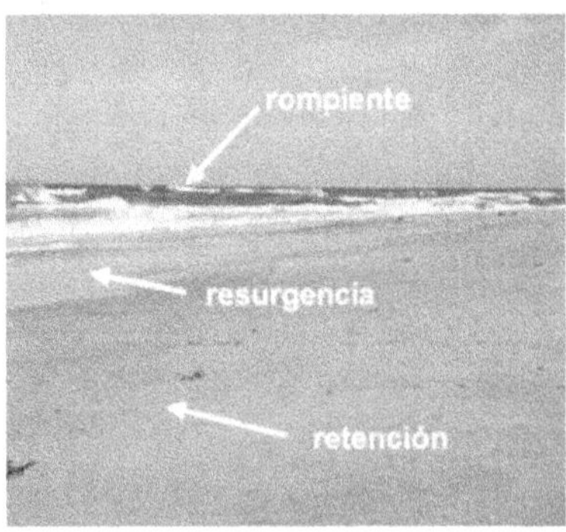

DESARROLLO

1. Sugerencias de muestreo y análisis

El contexto desarrollado anteriormente, es la base para discutir el cómo abordar respuestas a la pregunta considerada como relevante, y objetivo de este Capítulo: **¿cuál es el diseño de muestreo más adecuado para caracterizar la macrofauna de una playa arenosa natural?**

Mayoritariamente, los muestreos de playas arenosas han estado basados en la realización de transectos perpendiculares a la línea de costa, sobre los cuales se distribuyen estaciones a distancias equidistantes (*e.g.*, Jaramillo & González, 1991; Jaramillo *et al.*, 1993, 2001; McLachlan, 1980; McLachlan *et al.*, 1998; Rodil *et al.*, 2006). Este tipo de aproximación excluye en general, el hecho de que el ancho de las zonas físicas de la playa difiere según el estado morfodinámico de las mismas (*cf.*, **Figuras 2, 3 y 4**). Por lo tanto, el número de muestras que se obtiene depende del ancho de cada zona y tipo de playa; *e.g.*, en la zona de resurgencia de una playa reflectiva se obtienen menos muestras que en la zona de resurgencia de una playa disipativa. Por lo mismo, si se comparan las abundancias de una especie típica de una zona física a lo largo de un gradiente morfodinámico, podría ser que las diferencias observadas sean el resultado del número diferente de muestras obtenidas y no del tipo de playa. La siguiente situación acentúa más el problema de este tipo de muestreos: podría darse el caso que, debido a la poca amplitud de una zona, a la misma solo le corresponda una muestra. Esa única muestra podría no tener un solo espécimen de la especie característica de esa zona, lo que no necesariamente podría ser el reflejo de la realidad, ya que la distribución de la especie objetivo en esa zona podría ser tal, que no sea captada por esa sola muestra.

Para evitar situaciones como las arriba mencionadas, se sugiere utilizar el diseño de muestreo esquematizado en la **Figura 5** cuyos pasos son los siguientes:

i) Evaluar visualmente por medio de remoción manual de la arena, el ancho de la zona ocupada por las especies en cada una de las zonas físicas de la playa.

ii) Medir el ancho de cada zona faunística.

iii) Dividir en cuatro segmentos iguales el ancho de cada zona, a fin de recolectar cinco muestras de sedimento en cada una de las mismas.

iv) Utilizar un *core* o cilindro de aluminio de 10 cm de diámetro y 50 cm de longitud para ser enterrado a una profundidad de 30 cm en el sedimento.

v) Juntar las cinco muestras en un colador con malla de 1000 micrones, para filtrar todo el sedimento en la zona de barrido de las olas.

Los datos que a continuación se muestran, ejemplifican cómo puede estimarse la abundancia de cada especie por una zona faunística cuya longitud fue, por ejemplo, 6 metros:

i) Área de 1 *core* = 0,0078 m^2.

ii) Área de 5 *cores* = 0,0392 m^2.

Figura 5

Diseño sugerido para muestreo de macrofauna en base al ancho de zonas faunísticas:
Zona A, por sobre la línea de marea alta (MA) (zona de secado) o centrada alrededor de
la misma y donde *Orchestoidea tuberculata* y *Excirolana braziliensis* son las especies
más comunes; Zona B, ubicada en la zona de retención y donde *Excirolana braziliensis* y
Excirolana hirsuticauda son las especies más representativas, y Zona C extendida entre la
línea de efluente (LE) y el punto de colapso de las olas (CO) que rompen en la playa (zonas
de resurgencia y saturación), con *Emerita analoga* como la especie más representativa.
Los puntos rojos indican la posición de los cinco puntos de muestreo ubicados a distancias
equidistantes en cada zona faunística y en los cuales se muestrea con *cores* como los que
se muestran en el esquema (10 cm de diámetro). Se asume que el ancho de la franja de
muestreo es de 1 metro (ver estimaciones de abundancia más abajo).

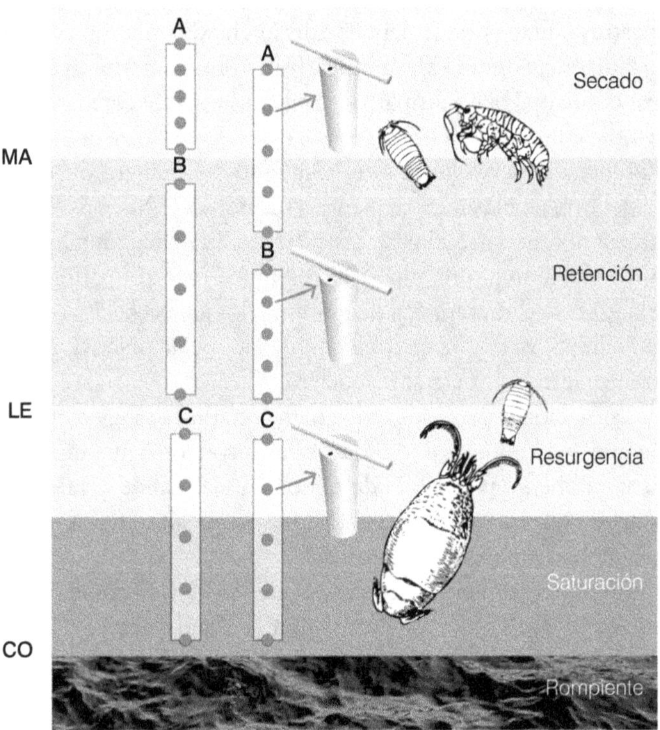

264

iii) Obtención del factor de multiplicación; este es la proporción del área total muestreada (6 m^2) *versus* la del área de 5 *cores* (0,0392 m^2) = 153. En otras palabras, la zona total examinada o muestreada con los cinco *cores* es 153 veces mayor que el área sumada de esos 5 *cores*.

Si la abundancia de una especie en 5 *cores* es 20, la abundancia en un metro linear de playa es 3060 individuos por metro linear de playa (20 x 153 = 3060).

2. Algunas consideraciones analíticas para estudios de línea base y programas de monitoreo

Ya que los estudios de línea base, son la fuente primaria de información para estudios tendientes a monitorear eventuales efectos de un determinado proyecto de desarrollo o inversión, es importante delimitar de modo apropiado el área de influencia del proyecto. Esto ya que los diseños de evaluación de eventuales impactos ambientales relacionados a tal actividad, son evaluados mediante la comparación de muestras recolectadas antes y después del inicio del proyecto y en el área de influencia del mismo como fuera de esta. Tal es el caso de los diseños *BACI* (*Before After Control Impact Analysis*) o el estudio del Antes y Después de un Impacto ocurrido en un determinado sector, incluyendo una zona Control libre de Impacto o en un sector ubicado fuera de la zona de influencia del proyecto (*e.g.*, Green, 1979; Underwood, 1991, 1992).

En términos generales, en los estudios *BACI*, se comparan las trayectorias de las mediciones obtenidas antes y después de que un proyecto o perturbación se haya iniciado u ocurrido y se comparan con las registradas en sectores ubicados fuera de la zona de influencia del proyecto (áreas control). Con todas las limitaciones que puedan existir en este tipo de análisis, (*e.g.*, como definir de modo apropiado los sectores de impacto y control), el diseño *BACI* ha sido utilizado en ecología de playas arenosas del centro sur de Chile, para evaluar los eventuales efectos de proyectos de desarrollo y perturbaciones de origen antrópico.

En el primero de los mismos, se evaluó el efecto de la construcción de una defensa costera artificial sobre la riqueza de especies y abundancia de la macrofauna intermareal de la Playa Los Molinos en la costa de Valdivia (Jaramillo *et al.*, 2002). Para ello se realizaron muestreos repetidos en un área de la playa donde se instalaría una defensa costera artificial (zona impacto) y en un área donde no se instalaría tal tipo de estructura (zona control). Luego de la construcción de esa defensa costera, se muestreó frente a la misma zona de impacto y en el área de la playa carente de estructura (zona control). Los resultados de este muestreo tipo *BACI*, no detectaron efectos significativos de la instalación de la muralla sobre la macrofauna de la playa, situación que fue primariamente atribuida a la corta edad de la estructura (Jaramillo *et al.*, 2002).

Jaramillo *et al.* (1996) también usaron el diseño *BACI*, para evaluar el efecto de la perturbación física del sustrato sedimentario por la presencia de veraneantes en la playa de Mehuín, ubicada al norte de Valdivia. Durante el período Diciembre 1990 - Enero

1992, estos autores muestrearon cinco veces en ambos costados de la playa (antes), para posteriormente instalar una malla en la mitad de la playa (Enero 1992) y excluir a los veraneantes del costado norte (después). Entre fines de enero y marzo de 1992, se realizaron cuatro muestreos en el costado sur (zona impacto) y cuatro en el costado norte (zona control o área donde se excluyó a los veraneantes). Los resultados de los análisis realizados con este diseño de muestreo no detectaron diferencias significativas al comparar el costado de la playa afectado por la perturbación mecánica de origen antrópico versus el costado libre de tal perturbación por aproximadamente dos meses.

Con todas las limitaciones que puedan existir en el tipo de diseño de muestreo *BACI* (*e.g.* como definir de modo apropiado los sectores de impacto y control), la realización de este es el más apropiado en programas de monitoreo tendientes a detectar efectos ambientales de proyectos de desarrollo o inversión.

3. Ventanas, desventajas y comentarios finales

La gran ventaja de la metodología descrita es la sencillez que caracteriza el muestreo sugerido, tanto en relación a tiempo de trabajo como esfuerzo físico. El peso, diámetro y longitud del *core* utilizado, lo hace fácilmente transportable y manejable, además de que el área cubierta por el mismo permite recolectar los organismos más comunes de las playas arenosas chilenas.

Aparte de lo anterior, este tipo de muestreo es más rápido que otros, ya que junta muestras por zona. Si, por ejemplo, se realizan cinco transectos por playa, en una sola marea baja de sicigia, tres operadores pueden muestrear tres sitios o playas, asumiendo que los mismos se ubican a distancias razonables y se cuenta con un móvil para los desplazamientos.

No obstante lo anterior y como toda aproximación metodológica, la aquí sugerida tiene una desventaja: esta es, no poder realizar comparaciones sencillas de figuras de abundancia con otro tipo de estudios, donde los valores de densidad se expresan comúnmente por m^2. Por otra parte, al juntar las muestras de cada zona se pierde información sobre la zonación de la fauna a lo ancho de la playa. Sin embargo, para programas de línea base y monitoreo, lo más relevante es conocer la riqueza de especies y la abundancia de las especies más comunes y no la zonación de las mismas, objetivo que se cumple a cabalidad con esta metodología.

En general, la instalación de una defensa costera artificial (murallas de concreto o revestimientos rocosos) en una playa arenosa, lleva a la desaparición de al menos la zona de secado y parte de la zona de retención. Por lo tanto, la zona faunística superior (A en la **Figura 5**) representada por anfípodos talítridos (*O. tuberculata*) e isópodos cirolánidos (*E. braziliensis*) estará ausente de la playa, debido a que el microhábitat de estas especies ha desaparecido. Por lo tanto, este tipo de situación debe estar clara antes de medir las zonas faunísticas restantes para calcular a qué distancias deben utilizarse los *cores* para recolección de sedimentos para los análisis faunísticos (*e.g.* Jaramillo *et al.*, 2012).

Debe tenerse presente también que, por condiciones netamente naturales, puede ocurrir que algunas zonas faunísticas estén ausentes de una playa: esto ocurre en playas reflectivas con grano de arena muy grueso, donde solo se observa la presencia de la zona A donde, en general solo ocurren anfípodos talitridos (cf., McLachaln & Jaramillo, 1995).

CONCLUSIONES Y RECOMENDACIONES

El análisis aquí realizado, enfatiza al hecho de que los programas de línea base y monitoreo que incluyan playas arenosas expuestas, deben considerar que este tipo de hábitat costero es altamente variable en sus características físicas, incluyendo grados de intervención antrópica (playas naturales *versus* playas donde el ciclo natural de erosión - acreción de arena ha sido interrumpido), estado morfodinámico y grado de humectación del sustrato. A esa variabilidad física se asocia la riqueza de especies y abundancia de la macrofauna presente en las mismas. El tipo de muestreo aquí sugerido (por zonas faunísticas típicas) es rápido para realizarlo y da cuenta apropiada de esos parámetros biológicos.

REFERENCIAS

Defeo, O., McLachlan, A., Schoeman, D. S., Schlacher, T. A., Dugan, J., Jones, A., Lastra, M., & Scapini, F. (2009). Threats to sandy beach ecosystems: a review. *Estuarine Coastal & Shelf Science, 81* (1), 1-12.

Dugan, J. E., & Hubbard, D. M. (2006). Ecological responses to coastal armoring on exposed sandy beaches. *Shore & Beach,74* (1), 10-16.

Gibbs, R. J., Matthews, M. D., & Link, D. A. (1971). The relationship between sphere size and settling velocity. *Journal of Sedimentary Research, 41* (1), 7-18.

Green, R. H. (1979). *Sampling design and statistical methods for environmental biologists.* Chichester, UK: John Wiley & Sons.

Jaramillo, E., & González, M. (1991). Community structure and zonation of the macroinfauna along a dissipative reflective range of beach category in southern Chile. *Studies on Neotropical Fauna and Environment, 26*(4), 193-212.

Jaramillo, E., Dugan, J. E., Hubbard, D. M., Melnick, D., Manzano, M., Duarte, C., Campos, C., & Sánchez, R. (2012). Ecological implications of extreme events: footprints of the 2010 earthquake along the Chilean coast. *PloS one, 7* (5), e35348.

Jaramillo, E., Contreras, H., & Bollinger, A. (2002). Beach and faunal response to the construction of a seawall in a sandy beach of south central Chile. *Journal of Coastal Research,* 523-529.

Jaramillo, E., Contreras, H., Duarte, C., & Quijón, P. (2001). Relationships between community structure of the intertidal macroinfauna and sandy beach characteristics along the Chilean coast. *Marine Ecology, 22* (4), 323-342.

Jaramillo, E., Contreras, H., & Quijón, P. (1996). Macroinfauna and human disturbance in a sandy beach of south-central Chile. *Revista Chilena de Historia Natural, 69* (4), 655-63.

Jaramillo, E., McLachlan, A., & Coetzee, P. (1993). Intertidal zonation patterns of macroinfauna over a range of exposed sandy beaches in south-central Chile. *Marine Ecology Progress Series, 101*, 105-118.

Luijendijk, A., Hagenaars, G., Ranasinghe, R., Baart, F., Donchyts, G., & Aarninkhof, S. (2018). The state of the world's beaches. *Scientific Reports, 8* (1), 6641.

McLachlan, A. (1980). Intertidal zonation of macrofauna and stratification of meiofauna on high energy sandy beaches in the Eastern Cape, South Africa. *Transactions of the Royal Society of South Africa, 44* (2), 213-223.

McLachlan, A., & Defeo, O. (2017). *The Ecology of Sandy Shores.* Academic Press.

McLachlan, A., Fisher, M., Al-Habsi, H. N., Al-Shukairi, S. S., & Al-Habsi, A. M. (1998). Ecology of sandy beaches in Oman. *Journal of Coastal Conservation, 4* (2), 181-190.

MaLachlan, A. & Jaramillo, E. (1995). Zonation on Sandy beaches. *Oceanography and Marine Biology: an Annual Review, 33*, 305-335.

Martin, D., Bertasi, F., Colangelo, M. A., de Vries, M., Frost, M., Hawkins, S. J., Macpherson, E., Moschella, P., Satta, M. Thompson, R., & Ceccherelli, V. (2005). Ecological impact of coastal defence structures on sediment and mobile fauna: evaluating and forecasting consequences of unavoidable modifications of native habitats. *Coastal Engineering, 52* (10-11), 1027-1051.

Rodil, I. F., Lastra, M., & Sánchez-Mata, A. G. (2006). Community structure and intertidal zonation of the macroinfauna in intermediate sandy beaches in temperate latitudes: North coast of Spain. *Estuarine, Coastal and Shelf Science, 67* (1-2), 267-279.

Salvat, B. (1964). Les conditions hydrodynamiques interstitielles des sédiments meubles intertidaux et la répartition verticale de la faune endogée. *Academic des Sciences (Paris), Comptes Rendus, 259* (8), 1576.

Schlacher, T. A., Schoeman, D. S., Dugan, J., Lastra, M., Jones, A., Scapini, F., & McLachlan, A. (2008). Sandy beach ecosystems: key features, sampling issues, management challenges and climate change impacts. *Marine Ecology, 29*, 70-90.

Schlacher, T. A., Dugan, J., Schoeman, D. S., Lastra, M., Jones, A., Scapini, F., McLachlan, A., & Defeo, O. (2007). Sandy beaches at the brink. *Diversity and Distributions, 13* (5), 556-560.

Short, A. D. (1996). The role of wave height, period, slope, tide range and embaymentisation in beach classifications: a review. *Revista Chilena de Historia Natural, 69* (4), 589-604.

Underwood, A. J. (1992). Beyond BACI: the detection of environmental impacts on populations in the real, but variable, world. *Journal of Experimental Marine Biology and Ecology, 161* (2), 145-178.

Underwood, A. J. (1991). Beyond BACI: experimental designs for detecting human environmental impacts on temporal variations in natural populations. *Marine and Freshwater Research, 42* (5), 569-587.

Wade, B. A. (1967). Studies on the biology of the West Indian beach clam, Donax denticulatus Linne. 1. Ecology. *Bulletin of Marine Science, 17* (1), 149-174.

Wright, L. D., & Short, A. D. (1983). Morphodynamics of beaches and surf zones in Australia. En: *Handbook of coastal processes and erosion.* CRC press, 35-64.

14. BIO-INDICADORES DE CONTAMINACIÓN MARINA COSTERA Y FILTROS DE EXCLUSIÓN DE ORGANISMOS BENTÓNICOS Y NECTÓNICOS EN SISTEMAS DE CAPTACIÓN DE AGUA DE MAR

BIO-INDICATORS OF COASTAL MARINE POLLUTION AND EXCLUSION SCREENS FOR BENTHOS AND NEKTON ORGANISMS IN SEA WATER INTAKE SYSTEMS

EDUARDO HERNÁNDEZ-MIRANDA [1][2][3] • RODRIGO VEAS[2][3] • MARÍA CRISTINA KRAUTZ[2] • NELSON HIDALGO[2] • FILÓROMO SAN MARTÍN[2][3] • RENATO QUIÑONES[1][3][4]

Resumen. En este capítulo se presentan los resultados de dos estudios realizados para evaluar y/o mitigar impactos de origen antropogénico sobre la biodiversidad marina. Uno de ellos utiliza como modelo de estudio a la macrofauna bentónica y el otro a la megafauna del bentos y necton. En el primer estudio, se caracteriza la distribución y abundancia de organismos de la macrofauna bentónica en un área del Golfo de Arauco y se demuestra cómo el uso de diferentes tamices (i.e., 1000 μm en lugar de 500 μm) en el proceso de fraccionamiento, previo al análisis de la composición y abundancia/biomasa de la comunidad bentónica, puede llevar a conclusiones que subestiman el impacto ambiental de perturbaciones de origen antropogénicas. El segundo estudio tiene relación con el tamaño de abertura de los filtros de exclusión de organismos en la bocatoma del Complejo Termoeléctrico Santa María (Colbun S.A.) en bahía Coronel, Golfo de Arauco, Chile. En base a los resultados de ambos estudios se proponen recomendaciones para: (i) mejorar la evaluación de impacto ambiental en ecosistemas marinos cuando se utilizan indicadores

[1] Centro Interdisciplinario para la Investigación Acuícola (INCAR), Casilla 160-C, Universidad de Concepción, Concepción, Chile. Autor de correspondencia: eduhernandez@udec.cl

[2] Laboratorio de Investigación en Ecosistemas Acuáticos (LInEA), Facultad de Ciencias Naturales & Oceanográficas, Universidad de Concepción, Chile.

[3] Programa de Estudios Ecosistémicos del Golfo de Arauco (PREGA), Facultad de Ciencias Naturales & Oceanográficas, Universidad de Concepción, Chile.

[4] Departamento de Oceanografía, Facultad de Ciencias Naturales & Oceanográficas, Universidad de Concepción, Chile.

ecológicos basados en la macrofauna bentónica y (ii) optimizar los diseños de ingeniería de sistemas de captación que utilizan el agua de mar en procesos industriales y así mitigar el impacto sobre la megafauna del bentos y del necton.

Palabras claves. Biodiversidad, bentos, necton, evaluación de impacto ambiental, monitoreos, normativas ambientales, termoeléctricas, desaladoras.

Summary. In this chapter we present the results of two studies conducted to assess and mitigate anthropogenic impacts on marine biodiversity. One study uses as a model the benthic macrofauna; the other uses benthic megafauna and nekton. In the first study, we characterize the distribution and abundance of benthic macrofauna in an area within the Gulf of Arauco. We demonstrate how the use of different sieves (i.e., 1000 μm instead of 500 μm) in the fractionation process prior to the analysis of the composition and abundance/biomass of the benthic community may lead to wrong conclusions, underestimating the environmental impact of anthropogenic perturbations. The second study deals with the mesh size of the exclusion screens for organisms in the sea water intake of the Santa María thermoelectric power plant (Colbun S.A.) located in Coronel Bay, Gulf of Arauco, Chile. Using the results of both studies recommendations are given: (i) to improve environmental impact assessments and monitoring when ecological indicators based on benthic macrofauna are used, and (ii) to optimize the engineering design of industrial cooling water systems that use seawater in order to mitigate the impact on the benthic megafauna and nekton.

Keywords. Biodiversity, benthos, nekton, impact assessment, monitoring, environmental regulations, thermoelectric plants, seawater desalination plants.

INTRODUCCIÓN

En la actualidad, existe un creciente interés por la utilización de organismos marinos como bio-indicadores de contaminación en las zonas costeras. Mejorar la información que se obtiene a partir de la macrofauna bentónica emerge como un desafío para la generación de indices mas robustos. Por otro lado, existe un creciente interés por evaluar y mitigar el impacto que genera sobre la biodiversidad marina la captación de agua de mar por plantas desaladoras y centrales termoeléctricas en zonas costeras. La implementación de tecnologías que minimicen el arrastre de organismos a través de los filtros de exclusión es un desafío actual.

En este capítulo se presentan dos estudios realizados en el Golfo de Arauco (36°75'S-37°10'S), zona centro-sur de Chile. El primero se orientó a identificar mejoras a la metodología que actualmente es utilizada para la evaluación de impactos antropogénicos sobre la biodiversidad, basado en la información que puede entregar la macrofauna bentónica, en particular en lo referente a la abertura de tamaño del tamiz utilizado para el fraccionamiento de la muestra; ello previo al análisis de la composición y abundancia de las especies. El segundo se centró en el análisis de exclusión de organismos marinos en relación a la implementación de un nuevo sistema de filtros (Johnson Screens; modelo S96 HCE) instalados en la bocatoma de agua de mar del Complejo Termoeléctrico Santa María de Coronel, como una medida destinada a minimizar el arrastre de organismos de la megafauna.

1. Metodologías utilizadas en Chile para el estudio de la macrofauna marina bentónica

En Chile, la legislación entrega lineamentos generales para la determinación taxonómica, abundancia y biomasa de la macrofauna marina bentónica que es utilizada para evaluar los impactos ambientales de procesos productivos en ambientes marinos costeros. Estos lineamientos tienen una mayor especificación a partir de las denominadas Caracterización Preliminar de Sitios (CPS) y Monitoreo de la Actividad Acuícola (INFA), originalmente descritas en el Reglamento Ambiental para la Acuicultura (RAMA, D.S. N° 320/2001), y que son actualmente utilizados, en términos generales, por todos los Planes de Vigilancia Ambiental (PVA) vinculados a Resoluciones de Calificación Ambiental (RCA), enmarcadas en el Sistema de Evaluación de Impacto Ambiental (SEIA). Es así que, actualmente, no existen metodologías ni normativas *ad hoc* para evaluar impactos específicos de otros procesos productivos, tales como: plantas de celulosa y pesqueras, aguas servidas, centrales termoeléctricas y plantas desaladoras, que vierten residuos y/o utilizan el agua de mar como cuerpo receptor. En este escenario, hoy en día, es la Resolución Exenta (R.E.) N° 3612 del Ministerio de Economía Fomento y Reconstrucción, emanada de la Subsecretaría de Pesca, la que fija en términos genéricos las metodologías para elaborar CPS e INFA y por añadidura son utilizadas por los PVA, constituyéndose en el reglamento ambiental marco utilizado para evaluar el impacto de la acuicultura y de otros procesos productivos sobre el ambiente. Por ejemplo, en relación a la acuicultura, esta Resolución establece las medidas que los centros de cultivos deberán cumplir para mantener el "equilibrio ecológico" y, que operen dentro de "la capacidad de carga" del cuerpo de agua en que se emplaza el área concedida. La R.E. N° 3612 corresponde a una modificación y actualización del D.S. N° 320/2001; procedente de los artículos 74 y 87 de la Ley General de Pesca y Acuicultura. En ella se hace alusión específica sobre los contenidos y metodologías que deberán cumplir los proyectos sometidos a evaluación por la autoridad pesquera y así optar a su correspondiente Permiso Ambiental Sectorial (PAS). La CPS, por ejemplo, debe cumplir una serie de requisitos para ser presentada al SEIA, mediante una Declaración o Estudio de Impacto Ambiental, incluida en la Línea de Base (LDB) respectiva. Por ejemplo, un centro de cultivo será clasificado en diferentes categorías de acuerdo a los artículos 15 al 20 del Reglamento D.S. N° 320/2001 o numerales 5 y 6 de la R.E. N° 3612. La clasificación de las categorías de los centros de cultivos dependerá del recurso a cultivar (*e.g.*, algas, peces, moluscos), el sistema de cultivo (intensivo, extensivo), la profundidad (menor o mayor de 60 m) y el tipo de sustrato (duro, semiduro o blando) que estará subyacente al centro de cultivo. Existen ocho categorías de cultivo (categoría 0, 1, 2, 3, 4, 5, 6 y 7), y para cada una de ellas la CPS deberá contener diferentes elementos para su elaboración, incluyendo entre ellas la ubicación y el número de estaciones de muestreo. Las INFA, por su parte, deberán contener información de periodicidad y fechas de muestreos y, al igual que para las CPS, deberán contener los elementos que se indiquen de acuerdo a la categoría en que se clasifique cada centro de cultivo (categorías 0 a 7), además de la ubicación y el número de estaciones de muestreo. En específico, la R.E. N° 3612 en el numeral 28, en 5 sub apartados (equipos, toma de muestras, análisis de muestras, análisis de datos, entrega de resultados) establece la metodología a utilizar para el análisis de la macrofauna bentónica. En lo referente al análisis de muestras, plantea que, para las tres réplicas obtenidas: los organismos se deben separar del sedimento grueso a través de un tamiz de 1 milímetro (1000 μm), ayudado con un aspersor de agua. A partir de la caracterización taxonómica que se obtiene utilizando este tamiz, realizado por personal con experiencia en la determinación de las especies, se generarán los informes posteriores, cuyo objetivo final es evaluar el impacto ambiental del proceso productivo en cuestión (*i.e.*, categoría o tipo de centro).

Por otro lado, la autoridad marítima en los últimos años ha generado Directrices Metodológicas destinadas a orientar a los titulares de proyectos que emplazarán sus procesos productivos en zonas costeras de Chile para desarrollar los estudios de LDB y posteriores PVA. Por ejemplo, en la actualidad existen las Directrices Metodológicas para proyectos industriales de desalación (DIRINMAR, 2015). Si bien en ella, no se establecen metodologías específicas para el caso de la macrofauna bentónica, sí se señalan aspectos relevantes que deben considerarse en la realización de los estudios en el "suelo marino", entre ellos: (1) atributos comunitarios estructurales (*e.g.*, estructura trófica, riqueza de especies y, diversidad) y (2) atributos comunitarios funcionales (*e.g.*, interacciones entre especies, dinámica espacial y temporal, flujo de materia y energía). En términos generales, para la descripción de los sedimentos se sugiere utilizar en las LDB y PVA similares criterios a los señalados en el D.S. 320/2001; subentendiendo que se incorporarán los requisitos generales allí descritos para la caracterización de la macrofauna bentónica.

La obligatoriedad del uso de un tamiz específico (*i.e.*, 1000 μm, R.E. N° 3612) en estudios de la macrofauna bentónica marina, es de la mayor relevancia, ya que establece que los laboratorios o instituciones que realicen estos muestreos y análisis deben ejecutarlos sin modificaciones; incluso considerando que en algunos casos no se cumpla íntegramente con el objetivo final, que es el de evaluar adecuadamente un potencial impacto antropogénico. Es probable que la elección de un tamiz de 1000 μm por sobre uno de 500 μm haya sido incorporada inicialmente con el objetivo de: (i) homogeneizar los estudios; (ii) disminuir los tiempos y esfuerzos de trabajo para la identificación y clasificación taxonómica de los organismos de la macrofauna bentónica marina. Diversos autores se han referido a esta temática, analizando en profundidad la relación costo-beneficio entre la obtención de resultados confiables, calidad de la información y un menor tiempo invertido en el análisis de las muestras (*e.g.*, Ferraro *et al.*, 1989; Kingston & Riddle, 1989; Couto *et al.*, 2010). Sin embargo, Couto *et al.* (2010), plantean las siguientes interrogantes: ¿el utilizar un tamiz de abertura de malla de 1000 μm en vez uno de 500 μm para el estudio de comunidades bentónicas, genera resultados confiables? ¿será esta información suficientemente precisa para evaluar la calidad de ambientes perturbados? y en este mismo contexto se puede plantear la siguiente interrogante ¿será necesario generar una resolución específica de monitoreo marino para evaluar procesos productivos diferentes a la acuicultura, y que vierten sus residuos de forma constante al mar?

En este capítulo se presenta la información comparativa de la macrofauna marina bentónica identificada mediante el uso de tamices de 500 μm y 1000 μm, evaluando sus diferencias cuantitativas y sus implicancias al utilizar estos resultados como bio-indicadores de impacto ambiental en ecosistemas marinos costeros.

2. Arrastre de organismos de la megafauna del bentos y del necton por captaciones de agua de mar por centrales termoeléctricas y plantas desaladoras

Una de las problemáticas ambientales derivadas del funcionamiento de centrales termoeléctricas, nucleares y plantas desaladoras que utilizan el agua de mar para el enfriamiento de condensadores y/o desalación, es la mortalidad de organismos que se produce durante la captación de agua desde el medio (*i.e.*, atrapamiento o *impingement* arrastre o *entrainment*; Hanson *et al.*, 1977). La mortalidad por arrastre puede ocurrir en todos los estadios ontogenéticos de las especies (*i.e.*, huevos/esporas, larvas, juveniles y adultos). Su magnitud dependerá de las características biológicas de cada especie; tales como su tamaño corporal, su capacidad natatoria y/o de movilidad, así como del flujo y velocidad del agua succionada y del diseño ingenieril utilizado para minimizar el arrastre. Algunos factores que dan cuenta de la mortalidad durante arrastre que se han descrito son: impacto (*shock*) térmico, elementos químicos utilizados como anti-incrustantes (*antifouling*), condición abrasiva dentro de las tuberías y elementos mecánicos de retención (*e.g.*, Hanson *et al.*, 1977; Langford, 1990; Jiang *et al.*, 2009; Nieder, 2010). A la fecha, no existen en Chile requerimientos formales para la implementación de sistemas que minimicen los impactos del arrastre y atrapamiento de organismos por procesos industriales que incluyen succión de agua de mar. Entre los sistemas implementados a nivel internacional se encuentran: (i) mallas cilíndricas de diferentes diámetros de luz, las que pueden ser estáticas o móviles; (ii) torres de captación; (iii) tambores giratorios; (iv) mallas multidisco, entre otras (Guía de Buenas Prácticas, 2016; FIPA, 2016). Estos sistemas han sido generados para disminuir el tamaño de abertura de las barreras físicas (*e.g.*, 3 mm; Guía Buenas Prácticas, 2016; FIPA, 2016; menos arrastre) y para minimizar la velocidad de succión (*e.g.*, máximo de 15 cm/s; Guía Buenas Prácticas, 2016; FIPA, 2016; menos atrapamiento). En este contexto, en la guía DIRINMAR (2015) no se especifican metodologías orientadas a la disminución del atrapamiento y arrastre de organismos marinos para plantas desaladoras ni centrales termoeléctricas. A la fecha, no existen estudios publicados para Chile que hayan evaluado empíricamente el efecto sobre el arrastre de organismos que se obtiene al disminuir del tamaño de abertura de los filtros en la zona de captación de agua de mar. Se entenderá como una exclusión positiva cuando el número/biomasa de organismos que son arrastrados decrece al disminuir el tamaño de apertura de la barrera física implementada (*i.e.*, filtros de exclusión de organismos).

OBJETIVOS

Los objetivos de este capítulo son: (i) sugerir mejoras a las metodologías que se utilizan para la evaluación de impactos ambientales generados por procesos productivos cuando se utiliza a la macrofauna marina bentónica como bio-indicador; (ii) analizar cuantitativamente el efecto que tiene el disminuir el tamaño de abertura de los filtros de exclusión de organismos sobre la biodiversidad de la megafauna marina. Para el logro de estos objetivos se analizarán los resultados de dos estudios atingentes a las temáticas planteadas..

PREGUNTAS RELEVANTES

¿Es posible mejorar la información que se obtiene en los diversos PVA que se desarrollan en Chile, al utilizar tamices de menor abertura que la exigida por la normativa actual para la caracterización de la macrofauna marina bentónica? ¿Cuán relevante, en términos de mitigación del arrastre de organismos de la megafauna del bentos y necton, resulta la disminución del tamaño de abertura de filtros de exclusión en zonas de captación de agua de mar por procesos industriales?

DESARROLLO

1. Metodologías de tamizado, análisis y taxonomía en estudios que utilizan a la macrofauna bentónica

1.1. Análisis comparativo de la abundancia, biomasa e índices ecológicos de la macrofauna bentónica retenida en tamices de 500 y 1000 μm

Con el objetivo de evaluar la pérdida de información en composición y abundancia/biomasa de especies de la macrofauna marina bentónica al utilizar un tamiz de 1000 μm respecto de uno de 500 μm, se realizaron muestreos submareales de fondos blandos costeros en invierno y verano del año 2018 en el Golfo de Arauco, utilizando un HAPS corer de 0,01 m² de área, obteniendo tres réplicas en cada sitio de muestreo, cuyas profundidades estuvieron entre los 12 y 18 metros. En términos generales se puede definir el área de estudio como una zona medianamente perturbada en relación al contenido de materia orgánica en los sedimentos. En laboratorio, mediante un estereomicroscopio cada muestra fue analizada identificando y cuantificando al mayor nivel de resolución taxonómica cada una de las especies presente. Para comparar la macrofauna identificada en ambos tamices se utilizó los siguientes índices ecológicos: (i) Riqueza de especies; (ii) Dominancia de Simpson; (iii) Índice de Warwick; (iv) Índice AMBI (todos ellos utilizados además como bio-indicadores de la calidad ambiental de los sedimentos marinos (*e.g.*, Warwick, 1986; Borja *et al.*, 2012). Mediante análisis de varianza permutacional PERMANOVA (Anderson *et al.*, 2008) se evaluó diferencias significativas entre tamices para cada uno de estos índices ecológicos. Complementariamente, para evaluar diferencias significativas multivariadas para la biomasa y abundancia de la macrofauna bentónica

Figura 1

Análisis de Ordenación de Coordenadas Principales (PCO) de la macrofauna bentónica presente en muestras del Golfo de Arauco, obtenidas mediante tamices de 500 μm (azul) y 1000 μm (rojo) para la abundancia (a) y biomasa (b). Cada gráfica da cuenta del porcentaje total de variación explicado por los ejes PCO1 y PCO2. Cada triángulo (azul y rojo) corresponde a una réplica y/o muestra colectada. Metodologías para análisis PCO son descritas en Anderson, Gorley, y Clarke (2008).

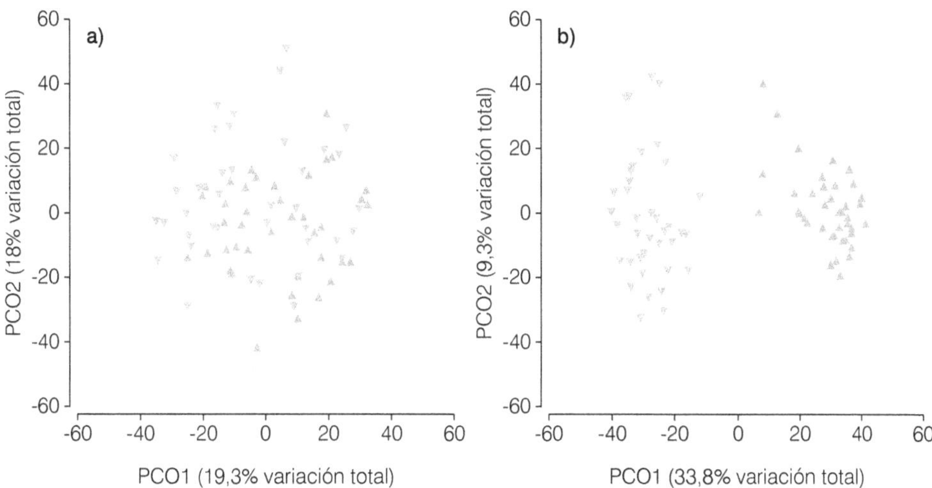

identificada para cada tamiz (500 μm vs 1000 μm) se realizó el análisis de Ordenación de Coordenadas Principales (PCO). Mayores antecedentes metodológicos y estadísticos son entregados en Hernández-Miranda *et al.*, (en prensa).

Los análisis estadísticos muestran diferencias significativas de la macrofauna entre sitios y períodos de muestreo para ambos tamices por separado (Hernández-Miranda *et al.*, en prensa). En **Figura 1** se muestra mediante análisis PCO las disimilitudes comunitarias multivariadas entre tamices para las abundancias y biomasas de la macrofauna. La biomasa representa de mejor manera la disimilitud comunitaria entre tamices. En relación a los índices ecológicos, la macrofauna retenida en un tamiz de 500 μm presentó una mayor riqueza promedio de especies, con una similar dominancia promedio **(Figura 2a, b)** respecto al tamiz de 1000 μm. Los índices de Warwick y AMBI, utilizados además como bio-indicadores del "estatus ecológico" del fondo marino, entregan mejores condiciones promedio (*i.e.*, comunidad menos perturbada) en las muestras obtenidas por el tamiz de 1000 μm, en comparación con el de 500 μm **(Figura 2c, d)**. Es decir, un mayor valor de Warwick y un menor valor de AMBI para el tamiz de 1000 μm. Es importante señalar que a medida que un ambiente se encuentra más perturbado (*e.g.*, mayor cantidad de materia orgánica), *sensu* Pearson & Rosenberg (1978) las diferencias esperadas entre tamices para estos índices debieran incrementarse, esto producto de un aumento en la

Figura 2

Valores promedio (± Desviación Estándar) para muestras de macrofauna bentónica obtenidas mediante tamices de 500 μm (rojo) y 1000 μm (azul), integrando períodos de invierno y verano en cinco sitios en el Golfo de Arauco. (a) Riqueza de especies, (b) Dominancia Simpson, (c) Índice Warwick, (d) Índice AMBI. Metodologías para índices Warwick y AMBI son descritas en Warwick (1986) y Borja, Mader, & Muxika (2012). Se señala además valor P(perm) de test estadístico PERMANOVA.

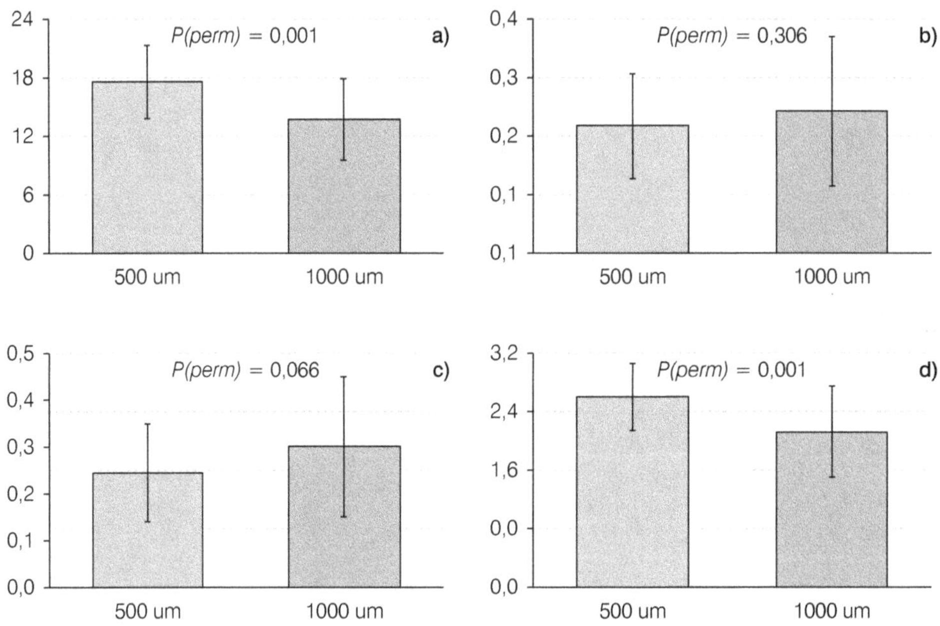

presencia y dominancia de especies de menor tamaño corporal (retenidas principalmente en un tamiz de 500 μm) más tolerantes a la contaminación y, a la desaparición de las especies más sensibles.

A partir de estos resultados, y los reportados en Hernández-Miranda *et al.*, (en prensa) se concluye que la utilización de tamices de 500 y 1000 μm permiten identificar diferencias comunitarias de la macrofauna bentónica costera entre sitios y periodos de muestreo. Sin embargo, la utilización de un tamiz de 1000 μm subestimaría el nivel de impacto (*i.e.*, cuantificación de una comunidad disímil a la realmente presente en un área particular) de acuerdo a los índices AMBI y Warwick. En consecuencia, para el análisis de laboratorio de la macrofauna marina bentónica se recomienda el uso de un tamiz de 500 μm (en lugar de uno de 1000 μm) si el objetivo del estudio es determinar impactos en el ambiente marino costero relacionado a algún proceso productivo, especialmente al desarrollar LDB o CPS, Monitoreos INFA y/o PVA asociados al SEIA.

1.2. *Macrofauna marina bentónica: taxonomía y su posterior uso como bio-indicadores*

Para una correcta interpretación de los impactos en el ambiente de alguna perturbación antropogénica utilizando a los organismos de la macrofauna marina bentónica como bio-indicadores, una fase crucial es la adecuada identificación taxonómica de las especies. En Chile, la presencia de estos especialistas es más bien acotada. Además, guías y claves taxonómicas locales con consideraciones para su uso como bio-indicadores, son limitadas (*e.g.*, Díaz-Díaz & Rozbaczylo, 2018). También es relevante, a la luz del creciente uso de bio-indicadores comunitarios bentónicos como criterio del "Estatus Ecológico" de los fondos marinos, la incorporación de otros grupos de organismos (*e.g.*, nemátodos) por ser reconocidos como indicadores tempranos de contaminación (Schratzberger & Ingels, 2018), razón por lo cual ya forman parte de los índices más utilizados (*e.g.*, Borja *et al.*, 2012). El objetivo de la siguiente sección es entregar antecedentes generales y fotografías de algunos de los organismos identificados por nuestro equipo de trabajo en los sitios muestreados en el Golfo de Arauco con los cuales se desarrollaron los análisis presentados en la sección anterior. Esta sección está orientada a resaltar el rol central que juega la etapa de identificación taxonómica en el proceso de evaluación de impacto ambiental y, a la sugerencia metodológica de incluir a los nemátodos (organismo de la meiofauna) en estos análisis. Si bien, su diversidad y complejidad taxonómica es mayor que para la macrofauna, su incorporación actual como grupo Nematoda es cada vez más aceptada (Schratzberger & Ingels, 2018). Por ejemplo, los nemátodos son incluidos como bio-indicador en estudios ambientales realizados por la Comunidad Europea mediante el índice AMBI (Borja *et al.*, 2012), índice que actualmente es sugerido para ser implementado en Chile dentro de la normativa ambiental, por ser considerado uno de los más apropiados para detectar diversas fuentes de contaminación (*e.g.*, Borja *et al.*, 2000). La descripción que se realiza a continuación de algunos taxa representativos, incorpora además su valor como bio-indicador en función de su sensibilidad a la contaminación. Esta es definida a partir de cinco Grupos Ecológicos (I a V), considerando un mayor o menor nivel de sensibilidad a la contaminación (Grall & Glémarec, 1997) y que es utilizada para obtener valores en el índice AMBI.

1.2.1. *Descripción general de algunos taxa dominantes en la fracción de 500 µm en sitios muestreados en el Golfo de Arauco*

Familia Paraonidae (Ver **Figura 3**). Los miembros de esta familia son pequeños poliquetos finos, no exceden los 40 mm de longitud, con un cuerpo formado por cuatro regiones principales: cefálica, prebranquial, branquial y postbranquial (también conocida como abdominal), además de un pigidio que presenta un par de cirros anales (Aguirrezabalaga, 2012; Díaz-Díaz & Rozbaczylo, 2018). Los paraónidos son organismos dominantes en mares profundos, particularmente en zonas batiales (Jumars *et al.*, 2015). Viven en la superficie y sub superficie de los sedimentos (las primeras capas), utilizando distintivos tubos espiralados y recubiertos por mucus (Rouse & Pleijel, 2001). Son detritívoros y aparentemente se alimentan en ambas capas superficiales de los sedimentos

(Jumars *et al.*, 2015). Los paraónidos son considerados como poliquetos oportunistas en el caso de descargas de salmuera proveniente de plantas desalinizadoras (Del-Pilar-Ruso *et al.*, 2009, 2015) y son reconocidos como sensibles a la contaminación. Forman parte de los Grupos Ecológicos I-III para AMBI (sensu Borja *et al.*, 2000).

Familia Capitellidae (Ver **Figura 3**). Los capitélidos son poliquetos típicos de sedimentos marinos de fondos blandos. Han resultado ser muy importantes en estimaciones de flujos de energía en estos ambientes debido a sus hábitos alimentarios y usualmente presentar altas abundancias. Su morfología "agusanada" es sencilla y se asemeja a las lombrices de tierra. Viven enterrados en la arena o fango, se alimentan de materia orgánica adherida al sedimento y su mecanismo de alimentación no es selectivo (Dean, 2001; Díaz-Díaz & Rozbaczylo, 2018). Un género de esta familia, *Capitella*, es uno de los principales indicadores de contaminación orgánica (*e.g.*, Pearson & Rosenberg, 1978; Tsutsumi, 1995). Los capitélidos son poco sensibles a la contaminación y están incorporados en el Grupo Ecológico V para AMBI (sensu Borja *et al.*, 2000).

Phylum Nematoda (Ver **Figura 3**). Los nemátodos son componentes importantes de la meiofauna marina (Danovaro *et al.*, 2008; Lee *et al.*, 2008; Valderrama-Aravena *et al.*, 2014; Schratzberger, & Ingels, 2018). Son metazoos de tamaño más pequeño que la macrofauna, siendo operacionalmente reconocidos como animales retenidos por tamices de 63 μm (Giere, 2009). Sin embargo, el rango de tamaños corporales de algunas de sus especies puede superar a las 500 μm (Gray & Elliot, 2009), pudiendo ser identificadas y cuantificadas en muestras de macrofauna. Por tal razón, estos organismos son actualmente incluidos en índices de calidad ambiental como AMBI (Borja *et al.*, 2000) y BQI (Keeley *et al.*, 2012). Dado que algunos taxa son más sensibles que otros a las diversas fuentes de contaminación, en estos índices estos organismos son utilizados genéricamente como el grupo Nematoda. Los nemátodos contribuyen a la remineralización de carbono y nitrógeno en los sedimentos (Pape *et al.*, 2013; Valderrama-Aravena *et al.*, 2014), además de ser fuente de alimento para la macro y meiofauna (*e.g.*, Reise, 1979). Son considerados, en general, como un grupo poco sensibles a la contaminación y están incorporados en el Grupo Ecológico III para AMBI (sensu Borja *et al.*, 2000).

1.2.2. Descripción general de algunos taxa de poliquetos dominantes en la fracción de 1000 μm en sitios muestreados en el Golfo de Arauco

Familia Onuphidae (Ver **Figura 3**). Los poliquetos de la familia Onuphidae (Kinberg, 1865), son anélidos tubícolas residentes de ambientes sedimentarios. Habitan diversos biotopos marinos en todo el planeta y son muy comunes en zonas intermareales (Fauchald, 1980; Rozbaczylo & Castilla, 1981; Paxton, 1986a, b, 1993; Budaeva *et al.*, 2015). Representan la cuarta familia de poliquetos más abundante en mares profundos (Paterson *et al.*, 2009). Uno de los principales géneros es *Diopatra*, cuyo desarrollo incluye una fase larval lecitotrófica de nado libre (Conti & Massa, 1998; Pires *et al.*, 2012). Los gametos son contenidos en la cavidad del celoma y en los segmentos post branquiales y, son liberados a la columna de agua donde ocurre la fecundación (Pires *et al.*, 2012). Este *taxón* presenta cierto grado de importancia económica al ser utilizado como carnada viva para la pesca y como alimento para poblaciones migrantes de aves y otros invertebrados. Además, sus tubos favorecen la estabilización de los sedimentos marinos, incrementando su complejidad estructural. Esto brinda refugio a otras especies contra depredadores y perturbaciones, favoreciendo el incremento de la biodiversidad (Bailey-Brock, 1984), facilitando el asentamiento y la fijación de algunas especies de algas (Thomsen & McGlathery, 2005). Los anélidos de la familia Onuphidae son un buen indicador de contaminación por metales (Freitas *et al.*, 2012) y de enriquecimiento orgánico (Carregosa *et al.*, 2014a, b). Son sensibles a la contaminación y están incorporados en los Grupos Ecológicos I-II para AMBI (*sensu* Borja *et al.*, 2000).

Familia Lumbrineridae (Ver **Figura 3**). Es una familia de poliquetos presente en todos los océanos. En general sus cuerpos son cilíndricos con una morfología externa relativamente sencilla, adaptada a una forma de vida excavadora (Pleijel, 2001). Su prostomio es bien desarrollado y generalmente no presentan ocelos o apéndices. El peristomio consiste en dos anillos sin parápodos o quetas. Habitan principalmente en sedimentos blandos. Tróficamente se reconocen como organismos carnívoros, aunque se ha reportado algunas especies que se alimentan de fragmentos de plantas o detritos (Fauchald & Jumars, 1979). Son sensibles a la contaminación y son incorporados en el Grupo Ecológico II para AMBI (*sensu* Borja, Franco, & Pérez, 2000).

Figura 3

Fotografías de organismos de la macrofauna bentónica marina obtenidos en cinco sitios de muestreo en el Golfo de Arauco. (a-b) Paraonidae, (c-d) Capitellidae, (e-f) Nematoda (meiofauna), (g-j) Onuphidae *Diopatra* sp. y *Paradiopatra* sp. y (k-l) Lumbrineridae. Los organismos representados entre a y f son subestimados en muestras obtenidas con un tamiz de 1000 μm. Individuos con tonalidad rojiza corresponden a organismos teñidos con rosa de bengala. Imágenes propias de Laboratorio de Investigación en Ecosistemas Acuáticos (LInEA), obtenidas por F. San Martín y N. Hidalgo.

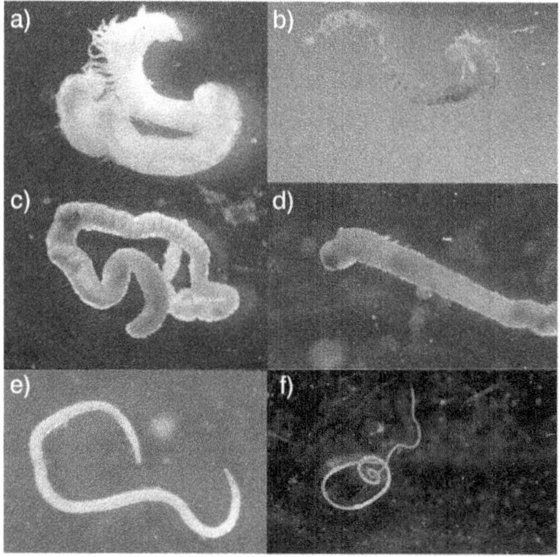

2. Arrastre de organismos por captaciones de agua de mar en centrales termoeléctricas y plantas desaladoras

2.1. Descenso del arrastre de megafauna bentónica y nectónica al disminuir la abertura de malla en filtros de exclusión de organismos

Debido a eventos de varazón de organismos de megafauna bentónica y del necton, ocurridos en Bahía Coronel en el año 2013, principalmente del langostino colorado *Pleuroncodes monodon* y del mote *Normanichthys crockeri*, asociados a fuertes eventos de surgencia (Quiñones *et al.*, 2013), se generó el ingreso de estos organismos por las tuberías de captación de agua de mar de la Unidad 1 del Complejo Termoeléctrico Santa María. En esa fecha la bocatoma contaba con rejillas (*i.e.*, filtros de exclusión de organismos) de una abertura cercana a los 20 cm (tamaño de cada celda o "luz de la malla"). Con el objetivo de minimizar el arrastre de organismos desde la zona costera, se realizó una modificación del sistema de filtros, instalando en su bocatoma en el mar una batería de 10 filtros cilíndricos de malla metálica de 4 mm de abertura, modelo S96 HCE, Johnson Screens.

Previo a la instalación de los nuevos filtros (tres meses) y por un período posterior de dos años se realizó el seguimiento de los organismos de la megafauna que eran arrastrados durante el proceso de captación de agua de mar. Los objetivos del estudio fueron: (i) identificar los organismos que ingresaban por la bocatoma de agua de mar; (ii) estimar los valores de eficiencia de exclusión de los nuevos filtros para la abundancia y biomasa de cada una de las especies identificadas durante todo el período de estudio. En este capítulo se resume la información recopilada entre septiembre 2013 y noviembre 2015 en lo relacionado a la megafauna marina. El estudio se enmarcó en el denominado "Plan de Monitoreo Ingreso de Biomasa Marina al Sistema de Enfriamiento del Complejo Santa María de Coronel" que además consideró el arrastre de macroalgas (resultados no presentados en este capítulo). Administrativamente el estudio estuvo asociado a la R.E. 221/2013 y a la RCA 176/2007, ambas decretadas por la autoridad ambiental chilena e implementadas por el Complejo Termoeléctrico Santa María I Colbún S.A. Mayores detalles metodológicos y resultados en extenso de este estudio pueden ser revisados en Hernández *et al.* (2015). Parte de los resultados de este estudio fueron presentados como caso único de estudio en las costas de Chile en la revisión realizada en el proyecto FIPA N° 2016-53 "Implementación de la metodología de estimación del impacto por succión de recursos hidrobiológicos para proyectos sometidos al SEIA" (FIPA, 2016).

En términos generales, la metodología consistió en la identificación y cuantificación de la megafauna que ingresó por las tuberías de captación de agua de mar y que fue retenida en el denominado canastillo de acumulación ubicado en la zona de *intake*. El canastillo es una estructura metálica que filtra continuamente el agua de mar por una trama de 0,5 cm, con dimensiones de 2 m de largo, 2 m de ancho y 1 m de alto. Cada muestreo, de intervalo mensual, correspondió a un período de filtración de agua de mar de aproximadamente 3 días. Utilizando los datos de abundancia y biomasa, se estimó: (i) la eficiencia de exclusión total (para todos los organismos); (ii) la eficiencia parcial, para peces, crustáceos, moluscos y cada una de las especies identificadas. La eficiencia de exclusión de organismos se determinó como la diferencia porcentual en abundancia y biomasa entre un tiempo de muestreo t_1 y t_2. Diferencias positivas significan una menor abundancia/biomasa en el tiempo t_2 y diferencias negativas, lo contrario. En este capítulo se entrega en forma global los valores de eficiencia de exclusión total, de peces, crustáceos y moluscos, entre los períodos pre y post-instalación de los filtros. Se entrega además una descripción cualitativa y cuantitativa del cambio en composición de las especies identificadas para ambos períodos. Mayor detalle metodológico y descripción de todos los resultados en extenso pueden encontrarse en Hernández *et al.*, (2015).

A partir de los datos de abundancia, la eficiencia de exclusión total de la megafauna bentónica y del necton (comparando todos los muestreos pre-filtros respecto a los post-filtros) fue de un 72,4%. Para los peces, la eficiencia de exclusión fue de un 99,9%, para los

Figura 4

Número de *taxa* registradas en el canastillo de acumulación del sistema de enfriamiento del Complejo Termoeléctrico Santa María en bahía Coronel, Chile durante cada mes de muestreo en todo el período de estudio. La línea segmentada negra separa los períodos pre y post-funcionamiento de los filtros de exclusión de 4 mm (Filtros Johnson Screens, modelo S96 HCE). El color rojo corresponde a peces, el verde a moluscos, el celeste a crustáceos y el gris a otras *taxa*. En la gráfica inserta se muestra un análisis de escalamiento multidimensional (nMDS), dando cuenta de la transición en la disimilitud comunitaria durante los muestreos mediante flechas negras. Círculos rojos: pre-filtros, Círculos amarillos y verdes: post-filtros. Círculos amarillos corresponden al período enero-marzo 2014 (Entre línea segmentada y punteada) y, corresponden a una etapa de transición de alta a baja riqueza de especies. Metodologías para análisis nMDS en Clarke & Warwick (2001). Figura modificada de Hernández *et al.*, (2015).

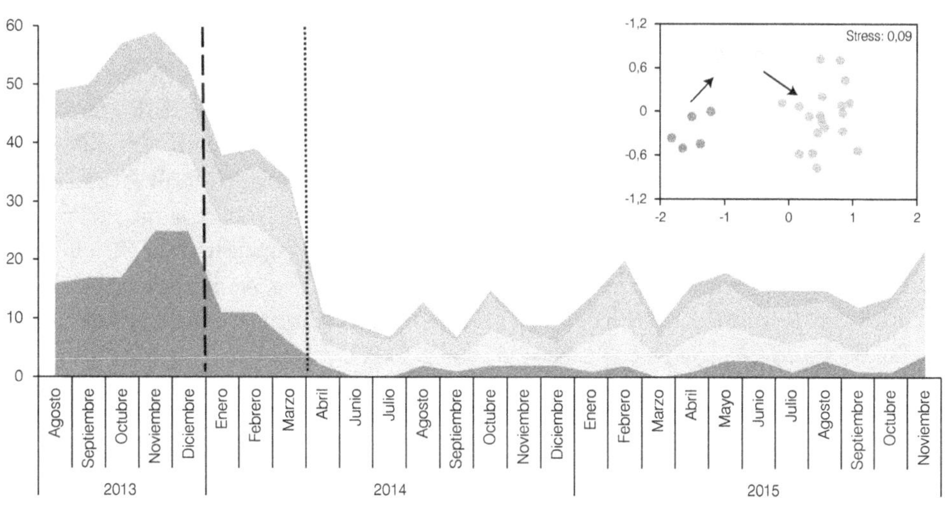

Figura 5

Abundancia y Biomasa relativa (%) de las especies encontradas en el canastillo de acumulación del sistema de enfriamiento de la Termoeléctrica Santa María en bahía Coronel, Chile para los periodos pre-filtros (a, c) y post-filtro (b, d), abarcando los periodos de octubre- diciembre 2013 (pre); enero 2014- noviembre 2015 (post). En (a) y (b) se presentan los porcentajes en abundancia y, en (c) y (d) en biomasa. La categoría otras, corresponde al conjunto de especies que aportan minoritariamente al porcentaje restante en abundancia y biomasa. Figura modificada de Hernández *et al.* (2015).

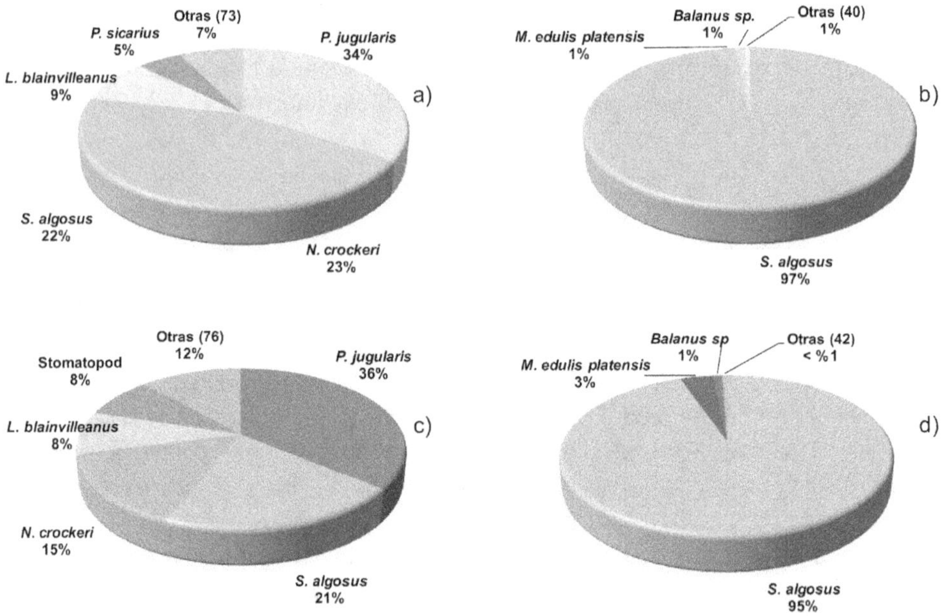

crustáceos de 98,1%; mientras que, para los moluscos, la eficiencia de exclusión fue negativa, es decir, la abundancia para estos organismos después de la instalación de los filtros fue mayor. Esto se explica por la alta abundancia post-filtros del molusco mitílido *Semimytilus algosus* (especie reconocida como parte importante del *biofouling* marino). Al excluir *S. algosus* del análisis, la eficiencia de exclusión total en abundancia para la megafauna fue de un 99,9%. Por otra parte, considerando la biomasa de los organismos, la eficiencia de exclusión total entre los períodos pre y post-filtros fue de 53,6%, para los peces fue de un 99,9%, para los crustáceos de un 89,4% y, para los moluscos fue negativa. Nuevamente, al excluir *S. algosus*, la eficiencia de exclusión total para la biomasa fue de un 98,4%.

Desde un punto de vista comunitario, en el canastillo de acumulación, previo a la instalación de los filtros (agosto-diciembre 2013) se observó la presencia de hasta 60 *taxa*. En el período de transición (enero-marzo 2014) el número de *taxa* disminuyó hasta casi 40. Finalmente, durante el período de post-funcionamiento en régimen de los filtros (abril 2014-noviembre 2015) el número de *taxa* se estabilizó en aproximadamente 15 (**Figura 4**). A partir de un análisis de escalamiento multidimensional (nMDS), entre períodos pre y post filtros se observó un cambio en la proporción en abundancia y biomasa de los *taxa* presentes (**Figura 4**, inserto que da cuenta de la biomasa). Debe destacarse la alta eficiencia de exclusión que se obtiene para el grupo de los peces. Por ejemplo, *N. crockeri, Prolatilus jugularis* y *Leptonotus blainvilleanus* en forma conjunta disminuyen desde un 66% y 59% de abundancia y biomasa relativa pre-filtros, hasta menos de un 1% post-filtros (**Figura 5**), siendo la dominancia en abundancia y biomasa relativa post-filtros dada por *S. algosus* (97 y 95%).

La instalación de filtros de un tamaño de abertura de 4 mm, incrementó la eficiencia de exclusión de organismos (casi un 99,9%), minimizando con ello, el efecto del arrastre o *entrainment* desde el ambiente marino costero. A partir de los resultados del presente estudio, emerge como recomendación, la instalación de filtros de exclusión de organismos de este tamaño de abertura como una herramienta probada (tanto como una medida de mitigación como de diseño original) en los diversos proyectos que utilicen agua de mar como un elemento de su proceso productivo.

3. Implicancias ecológicas hacia el futuro del uso de agua de mar como suministro

En la actualidad, debido a un constante descenso de las precipitaciones y disponibilidad de agua dulce o continental, tanto para consumo humano como para su uso en procesos productivos, emerge como alternativa la desalación de agua de mar. En el escenario actual de cambio climático (*i.e.*, sequías prolongadas), se reconoce que esta necesidad tenderá a incrementarse en el tiempo. Por tal razón, es que se hace necesario el establecimiento de normativas *ad hoc* específicas para una correcta evaluación ambiental de procesos productivos que utilizarán el agua de mar como suministro, en especial por plantas termoeléctricas y desaladoras. La utilización de barreras físicas como filtros de exclusión de organismos aparece como un requerimiento obligatorio para mitigar el impacto sobre la biodiversidad marina costera. El presente estudio demuestra en forma cuantitativa que este tipo de optimizaciones pueden ser incorporadas en la normativa ambiental chilena asociada al SEIA.

CONCLUSIONES Y RECOMENDACIONES

Según nuestras observaciones, existe evidencia de que el tamaño de abertura del tamiz para la separación de la fracción de la comunidad de la macrofauna bentónica costera a ser analizada puede incidir en los valores estimados de índices ecológicos tales como AMBI y Warwick; este último ampliamente utilizado como indicador de calidad ambiental de los fondos marinos en Chile. De acuerdo a ello, se recomienda reemplazar el uso de un tamiz de 1000 μm, por uno de 500 μm si el objetivo es evaluar impactos ambientales utilizando a la macrofauna marina bentónica como bio-indicador. Se sugiere una replicación suficiente (mínimo 3-5 muestras por sitio) estructuradas en gradientes de muestreo desde la zona de impacto directa que se desea evaluar hasta áreas de referencia sin el impacto de la actividad antropogénica bajo estudio. Es fundamental, además, una correcta identificación taxonómica de los organismos la cual debe ser realizada por especialistas altamente calificados. Considerando estos tres aspectos se puede maximizar el objetivo de determinar impactos en el ambiente marino costero relacionados con la puesta en marcha de algún proceso productivo, especialmente, en LDB o CPS, Monitoreos INFA y/o PVA asociados a los requerimientos del SEIA.

Los resultados del seguimiento realizado previo y posterior a la instalación-funcionamiento de filtros de exclusión de organismos de 4 mm en la bocatoma de captación de agua de mar de un Complejo Termoeléctrico, ponen en evidencia las ventajas comparativas de su uso, demostrando una alta eficiencia en la mitigación del ingreso de organismos del macro y mega bentos y nectónicos, debido al arrastre característico de procesos que utilizan el agua de mar. En particular, el uso de filtros cilíndricos de exclusión de 4 mm (Johnson Screens, modelo S96 HCE), presentó una eficiencia de exclusión de organismos de casi 99% en abundancia y biomasa; especialmente en peces y crustáceos. Así, se recomienda el uso de tecnologías de filtros de exclusión como los mencionados o equivalentes, como una medida de mitigación en proyectos que utilicen agua de mar, como una parte de su proceso productivo. Lo anterior resulta cada vez más necesario producto del descenso de las precipitaciones y disponibilidad de agua dulce o continental, a partir de lo cual se reconoce que el uso de agua de mar como suministro tenderá a incrementarse en el tiempo.

AGRADECIMIENTOS

El estudio de eficiencia de exclusión de organismos fue financiado por Colbún S.A. en el marco del denominado "Plan de Monitoreo Ingreso de Biomasa Marina al Sistema de Enfriamiento del Complejo Santa María de Coronel". El estudio de macrofauna marina bentónica fue parcialmente financiado por Colbún S.A., por el Centro Interdisciplinario para la Investigación Acuícola (INCAR), FONDAP/ANID N° 15110027), y por el Programa de Estudios Ecosistémicos del Golfo de Arauco (PREGA) financiado por Celulosa Arauco y Constitución S.A. El diseño e implementación de ambos estudios, la toma de muestras, así como los análisis de los resultados, fueron realizados totalmente por los investigadores.

REFERENCIAS

Aguirrezabalaga, F. (2012). Familia Paraonidae Cerruti, 1909. En Ramos, M.A. (Ed.), *Fauna Ibérica*. Vol. 36. Annelida polychaeta III. Museo Nacional de Ciencias Naturales (Editorial CSIC pp.160-272). Madrid, España.

Anderson, M., Gorley, R. N & Clarke, K (2008). *PERMANOVA for PRIMER. Guide to software and statistical methods.*

Bailey-Brock, J. H. (1984). Ecology of the tube-building polychaete Diopatra leuckarti Kinberg, 1865 (Onuphidae) in Hawaii: community structure, and sediment stabilizing properties. *Zoological Journal of the Linnean Society, 80*(2-3), 191-199.

Borja, Á., Mader, J., & Muxika, I. (2012). 19 (3) Instructions for the use of the AMBI index software (Version 5.0). *Revista de Investigación Marina, AZTI-Tecnalia 19*(3), 71-82.

Borja, A., Franco, J., & Pérez, V. (2000). A marine biotic index to establish the ecological quality of soft-bottom benthos within European estuarine and coastal environments. *Marine Pollution Bulletin, 40*(12), 1100-1114.

Budaeva, N., Schepetov, D., Zanol, J., Neretina, T., & Willassen, E. (2015). When molecules support morphology: Phylogenetic reconstruction of the family Onuphidae (Eunicida, Annelida) based on 16S rDNA and 18S rDNA. *Molecular Phylogenetics and Evolution, 94*, 791-801.

Carregosa, V., Velez, C., Soares, A. M., Figueira, E., & Freitas, R. (2014a). Physiological and biochemical responses of three Veneridae clams exposed to salinity changes. *Comparative Biochemistry and Physiology Part B: Biochemistry and Molecular Biology, 177*, 1-9.

Carregosa, V., Velez, C., Pires, A., Soares, A. M., Figueira, E., & Freitas, R. (2014b). Physiological and biochemical responses of the Polychaete Diopatra neapolitana to organic matter enrichment. *Aquatic Toxicology, 155*, 32-42.

Clarke, K. R & Warwick, R. M. (2001). *Change in marine communities: an approach to statistical analysis and interpretation* (2da ed.). Plymouth, UK: Primer-E Ltd.

Conti, G., & Massa, F. (1998). Experienze de allavamento del polichete *Diopatra neapolitana* Delle Chiaje, 1841 nella Laguna di S. Gilla (Sardegna Meridionale). *Biologia Marina Meditteranea, 5*(3), 1473-1480.

Couto, T., Patrício, J., Neto, J. M., Ceia, F. R., Franco, J., & Marques, J. C. (2010). The influence of mesh size in environmental quality assessment of estuarine macrobenthic communities. *Ecological Indicators, 10*(6), 1162-1173.

Danovaro, R., Gambi, C., Lampadariou, N., & Tselepides, A. (2008). Deep sea nematode biodiversity in the Mediterranean basin: testing for longitudinal, bathymetric and energetic gradients. *Ecography, 31*(2), 231-244.

Dean, H. K. (2001). Capitellidae (Annelida: Polychaeta) from the Pacific Coast of Costa Rica. *Revista de Biología Tropical*, 69-84.

Del-Pilar-Ruso, Y., De-La-Oossa-Carretero, J. A., Loya-Fernandez, A., Ferrero-Vicente, L. M., & Gimenez-Casalduero, F. (2009). Assessment of soft-bottom Polychaeta assemblage affected by a spatial confluence of impacts: Sewage and brine discharges. *Marine Pollution Bulletin, 58*(5), 776-782.

Del-Pilar-Ruso, Y., Martinez-Garcia, E., Giménez-Casalduero, F., Loya-Fernández, A., Ferrero-Vicente, L. M., Marco-Méndez, C., De-La-Oossa-Carretero, J. A., & Sánchez-Lizaso, J. L. (2015). Benthic community recovery from brine impact after the implementation of mitigation measures. *Water Research, 70*, 325-336.

Díaz-Díaz, O & Rozbaczylo, N., (2018). *Poliquetos Bentónicos en Chile y su Relación con Indicadores de Estado Ecológico*. Santiago, Chile

DIRINMAR, (2015). Directrices para la evaluación ambiental de proyectos industriales de desalación en jurisdicción de la Autoridad Marítima. Armada de Chile. 18 pp.

Fauchald, K. (1980). Onuphidae (Polychaeta) from Belize, Central America, with notes on related taxa. *Proceedings of the Biological Society of Washington, 90*, 797-829.

Fauchald, K., & Jumars, P. A. (1979). The diet of worms: a study of polychaete feeding guilds. *Oceanography and Marine Biology Annual Review, 17*, 193-284.

Ferraro, S. P., Cole, F. A., DeBen, W. A., & Swartz, R. C. (1989). Power-cost efficiency of eight macrobenthic sampling schemes in Puget Sound, Washington, USA. *Canadian Journal of Fisheries and Aquatic Sciences, 46*(12), 2157-2165.

FIPA, (2016). Implementación de la metodología de estimación del impacto por succión de recursos hidrobiológicos para proyectos sometidos al SEIA. Aspectos de diseño ingenieril industrial y biológico asociados a la captación de agua en procesos industriales. Informe Final Proyecto FIPA N° 2016-53, elaborado por INODU, Santiago (Chile). Fondo de Investigación Pesquera y de Acuicultura (FIPA), Ministerio de Economía, Gobierno de Chile. 78 pp.

Freitas, R., Costa, E., Velez, C., Santos, J., Lima, A., Oliveira, C., Rodrigues, A. M., Quintino, V., & Figueira, E. (2012). Looking for suitable biomarkers in benthic macroinvertebrates inhabiting coastal areas with low metal contamination: comparison between the bivalve *Cerastoderma edule* and the polychaete *Diopatra neapolitana*. *Ecotoxicology and Environmental Safety, 75*, 109-118.

Giere, O. (2009). *Meiobenthology: the microscopic motile fauna of aquatic sediments* (2da ed.). Springer Science & Business Media.

Grall, J., & Glémarec, M. (1997). Using biotic indices to estimate macrobenthic community perturbations in the Bay of Brest. *Estuarine, Coastal and Shelf Science, 44*, 43-53.

Gray, J. S., & Elliott, M. (2009). *Ecology of marine sediments: from science to management* (2da ed.). New York, USA: Oxford University Press

Guía Buenas Prácticas (2016). Guía de buenas prácticas en el uso de agua para refrigeración de centrales termoeléctricas. Ministerio de Energía, División de Desarrollo Sustentable, diciembre 2016. 92 pp.

Hanson, Ch., White, J., & Hiram, W. (1977). MFR Paper 1266. From Marine Fisheries Review, Vol. 39, No. 10, October 1977. User Services Branch, Environmental Science Information Center, NOAA, Rockville, MD 20852. Superintendent of Documents, U.S. Government Printing Office, Washington, DC.

Hernández, E., Quiñones, R. A., Macaya, E., Veas, R. & Krautz, M. C. (2015). Plan de Monitoreo Ingreso de Biomasa Marina al Sistema de Enfriamiento Complejo Santa María de Coronel. Eficiencia de Filtros para la Biota Marina: Informe Final. Facultad de Ciencias Naturales y Oceanográficas, Universidad de Concepción. 98 pp.

Hernández-Miranda, E., Veas, R., Krautz, M. C., Hidalgo, N., San Martín, F. & Quiñones, R. A. (En prensa). Efecto del tamaño de tamiz en la caracterización de la macrofauna bentónica marina: Implicancias en su uso en líneas de base, caracterizaciones preliminares de sitios para acuicultura y monitoreos ambientales en Chile. *Revista de Biología Marina & Oceanografía*.

Jiang, Z. B., Zeng, J. N., Chen, Q. Z., Huang, Y. J., Liao, Y. B., Xu, X. Q., & Zheng, P. (2009). Potential impact of rising seawater temperature on copepods due to coastal power plants in subtropical areas. *Journal of Experimental Marine Biology and Ecology, 368*(2), 196-201.

Jumars, P. A., Dorgan, K. M., & Lindsay, S. M. (2015). Diet of worms emended: an update of polychaete feeding guilds. *Annual Review of Marine Science, 7*, 497-520.

Keeley, N. B., Forrest, B. M., Crawford, C., & Macleod, C. K. (2012). Exploiting salmon farm benthic enrichment gradients to evaluate the regional performance of biotic indices and environmental indicators. *Ecological Indicators, 23*, 453-466.

Kinberg, J. G. H. (1865). Annulata nova. Ofversigt af K. *Vetenskapsakademiens forhandlingar*, (Stockholm), 21, 559-574.

Kingston, P. F., & Riddle, M. J. (1989). Cost effectiveness of benthic faunal monitoring. *Marine Pollution Bulletin, 20*(10), 490-496.

Langford, T. (1990). *Ecological effects of thermal discharges*. London, UK: Elsevier Applied Science Publishers

Lee, M. R., Castilla, J. C., Fernández, M., Clarke, M., González, C., Hermosilla, C., Prado, L., Rozbaczylo, N., & Valdovinos, C. (2008). Free-living benthic marine invertebrates in Chile. *Revista Chilena de Historia Natural 81*, 51-67

Nieder, W. C. (2010). The relationship between cooling water capacity utilization, electric generating capacity utilization, and impingement and entrainment at New York State steam electric generating facilities. *New York State Department of Environmental Conservation Technical Document*. Albany, NY.

Pearson, T. H., & Rosenberg, R. (1978). Macrobenthic succession in relation to organic enrichment and pollution of the marine environment. *Oceanography Marine Biology An Annual Review, 16*, 229-311.

Pape, E., Campinas Bezerra, T., Jones, D. O., & Vanreusel, A. (2013). Unravelling the environmental drivers of deep-sea nematode biodiversity and its relation with carbon mineralisation along a longitudinal primary productivity gradient. *Biogeosciences, 10*(5), 3127-3143.

Paterson, G. L., Glover, A. G., Froján, C. R. B., Whitaker, A., Budaeva, N., Chimonides, J., & Doner, S. (2009). A census of abyssal polychaetes. *Deep Sea Research Part II: Topical Studies in Oceanography, 56*(19-20), 1739-1746.

Paxton, H. (1986a). Generic revision and relationships of the family Onuphidae (Annelida: Polychaeta). *Records of the Australian Museum, 38*(1), 1-74.

Paxton, Hb (1986b). Revision of the Rhamphobrachium complex (Polychaeta: Onuphidae). *Records of the Australian Museum, 38*(2), 75-104.

Paxton, H. (1993). *Diopatra audouin* and Milne Edwards (Polychaeta: Onuphidae) from Australia, with a discussion of developmental patterns in the genus. *Beagle: Records of the Museums and Art Galleries of the Northern Territory, 10*, 115.

Pires, A., Gentil, F., Quintino, V., & Rodríguez, A. M. (2012). Reproductive biology of *Diopatra neapolitana* (Annelida, Onuphidae), an exploited natural resource in Ria de Aveiro (Northwestern Portugal). *Marine Ecology, 33*(1), 56-65.

Pleijel, F. (2001). Glyceriformia. En: G.W. Rouse F. y Pleijel (ed.). *Polychaetes*. Oxford University Press: 111-114.

Quiñones, R. A., Hernández, E., Sobarzo, M., & Vergara, O. (2013). Varazón de Langostino Colorado en Bahía Coronel, Marzo 2013. Informe Técnico. 70 pp.

Reise, K. (1979). Moderate predation on meiofauna by the macrobenthos of the Wadden Sea. *Helgoländer Wissenschaftliche Meeresuntersuchungen, 32*(4), 453-465.

Rouse, G., & Pleijel, F. (2001). *Polychaetes.* Oxford university press.

Rozbaczylo, N., & Castilla, J.C. (1981). *Australonuphis violacea,* a new polychaete (Onuphidae) from the Southeast Pacific Ocean. *Ocean. Proc. Biol. Soc. Wash.,* 94(3), 761-770.

Schratzberger, M., & Ingels, J. (2018). Meiofauna matters: the roles of meiofauna in benthic ecosystems. *Journal of Experimental Marine Biology and Ecology,* 502, 12-25.

Thomsen, M. S., & McGlathery, K. (2005). Facilitation of macroalgae by the sedimentary tube forming polychaete *Diopatra cuprea. Estuarine, Coastal and Shelf Science, 62*(1-2), 63-73.

Tsutsumi, H. (1995). Impact of fish net pen culture on the benthic environment of a cove in south Japan. *Estuaries, 18*(1), 108-115.

Valderrama-Aravena, N., Pérez-Araneda, K., Avaria-Llautureo, J., Hernández, C. E., Lee, M., & Brante, A. (2014). Diversidad de nemátodos marinos de Chile continental y antártico: una evaluación morfológica y molecular. *Revista de Biología Marina y Oceanografía, 49* (1), 147-155.

Warwick, R. (1986). A new method for detecting pollution effects on marine macrobenthic communities. *Marine Biology, 92*(4), 557-562.

15. FITO Y ZOOPLANCTON EN PROGRAMAS DE MONITOREO COSTERO: LA NECESIDAD DE VINCULAR SU DIVERSIDAD Y ABUNDANCIA CON ESTIMACIONES DE SU ESTADO VITAL

PHYTO AND ZOOPLANKTON IN COASTAL MONITORING PROGRAMS: THE NEED TO LINK THEIR DIVERSITY AND ABUNDANCE WITH ESTIMATES OF THEIR VITAL STATUS

MARÍA CRISTINA KRAUTZ[1] • EDUARDO HERNÁNDEZ-MIRANDA[1,2,3] • RODRIGO VEAS[1,2] • VALERIA ANABALÓN[3] • RENATO QUIÑONES[2,3,4]

Resumen. Los organismos planctónicos son componentes fundamentales de las tramas tróficas de los ecosistemas marinos. En Chile, el fito y zooplancton son incluidos en Programas de Vigilancia Ambiental y Líneas de Base, considerando solo su diversidad y abundancia. En los últimos años, dado el incremento del uso de agua de mar por procesos industriales en las zonas costeras, se ha hecho evidente la necesidad de complementar estos estudios con estimadores directos de impacto. Entre estos indicadores, se ha propuesto utilizar el estado vital (como un proxy de letalidad) de los organismos planctónicos, poniendo énfasis en estadios tempranos de especies de importancia pesquera. En este capítulo se presentan resultados del estado vital del plancton, utilizando la técnica de tinción con rojo neutro para zooplancton y de observación microscópica para fitoplancton. El estudio se realizó fuera del área de influencia directa y al interior de una Central Termoeléctrica, emplazada en la zona costera de bahía Coronel. Para el zooplancton, se analizan los resultados en un contexto de meso escala espacial con información obtenida entre la plataforma continental del río Itata y el golfo de Arauco, evaluando la variabilidad temporal y la importancia de considerar las características ambientales particulares de diferentes zonas costeras. A

---

[1] Laboratorio de Investigación en Ecosistemas Acuáticos (LInEA), Facultad de Ciencias Naturales & Oceanográficas, Universidad de Concepción, Chile. Autor de correspondencia: eduhernandez@udec.cl

[2] Programa de Investigación Marina de Excelencia (PIMEX), Facultad de Ciencias Naturales & Oceanográficas, Universidad de Concepción, Chile.

[3] Centro Interdisciplinario para la Investigación Acuícola (INCAR), Casilla 160-C, Universidad de Concepción, Concepción, Chile.

[4] Departamento de Oceanografía, Facultad de Ciencias Naturales & Oceanográficas, Universidad de Concepción, Chile.

partir de los resultados, se discute: (i) las ventajas y dificultades de la implementación del estado vital del plancton como un indicador ecológico; (ii) la importancia de generar información local para seleccionar especies o grupos de ellas representativas de cada zona, cuya sensibilidad a los procesos de alguna actividad antropogénica de interés permitan utilizarlas como centinelas; (iii) la relevancia de incluir esta información en programas de monitoreo tradicionales, considerando un número adecuado de réplicas espaciales y temporales, focalizando el esfuerzo en períodos relevantes, como por ejemplo, períodos de desove; (iv) la incorporación de estos indicadores como insumo para ser utilizado en modelos de estimación de pérdida de adulto equivalente de especies objetivo.

Palabras Claves. Plancton, estrés, tinción vital, mortalidad, bio-indicadores, impacto ambiental.

Summary. Plankton is a crucial component of pelagic food webs in marine ecosystems. In Chile, phytoplankton and zooplankton are included in environmental monitoring programs and baseline studies, but only in terms of diversity and abundance. The increasing presence in coastal zones of industrial activities that use seawater as part of their operation has generated the need to complement these studies with direct impact indicators. Among them, the assessment of plankton vital status (as a proxy of lethality) has been proposed as an option, especially focusing on early stages of commercial species. In this chapter, results on the vital status of plankton are presented, which were obtained using the neutral red staining technique for zooplankton and microscopic observation for phytoplankton. The study was conducted in Coronel bay and the sampling included stations out of the area of direct influence of a thermoelectric plant and within the industrial facility. The zooplankton results are analyzed on a mesoscale context with information obtained between the Itata river continental shelf and the gulf of Arauco, with emphasis on temporal variability and on the importance of taking into account particular environmental features of the different coastal areas. Based on the results, the following topics are discussed: (i) the advantages and difficulties to implement plankton vital status as an ecological indicator; (ii) the importance of generating local information for the selection of species or groups of species representatives of each zone whose sensibility to anthropogenic environmental impacts make them suitable as sentinel species; (iii) the relevance of incorporating plankton vital status information in monitoring programs, considering an adequate number of spatial and temporal replicates and focusing the sampling effort in critical periods like the spawning season; (iv) the inclusion of plankton vital status indicators in models to estimate the adult-equivalent loss of a target species.

Keywords. Plankton, stress, vital stain, mortality, bio-indicators, environmental assessment.

INTRODUCCIÓN

Los organismos del plancton son componentes fundamentales de las tramas tróficas marinas costeras. Este grupo está constituido por una enorme diversidad de especies, con un amplio rango de tamaños corporales, cuya motilidad limitada les impide contrarrestar la advección generada por las corrientes marinas. Entre los componentes del plancton es posible identificar a organismos autótrofos y heterótrofos, que son clasificados en términos generales como fito y zooplancton. En Chile, tanto el fito como el zooplancton son parte de las Líneas de Base (LB) y posteriores Programas de Vigilancia Ambiental (PVA). En los últimos años, dado el incremento del uso de agua de mar por procesos industriales en las zonas costeras, es que, además de la caracterización de su diversidad, se está solicitando ejecutar estudios sobre el estado vital de sus organismos (como un proxy de letalidad), con mayor énfasis en los estadios tempranos de especies de importancia pesquera. El desarrollo de diseños de muestreos adaptativos, con una adecuada replicación espacial y temporal, que consideren con mayor detalle los períodos claves en la dinámica reproductiva de especies objetivo, puede mejorar significativamente la información obtenida. Así, diseños adaptativos de muestreo de campo, en conjunto con antecedentes del estado vital de los organismos, permitirían llenar parte del vacío de información para la evaluación de hipótesis *ad hoc* de causaefecto de algún proceso productivo que pudiese generar impactos significativos en ecosistemas marinos costeros.

1. Rol y composición del fito y zooplancton en los ecosistemas marinos costeros

En la base de la trama trófica del océano se encuentra el fitoplancton. Estos organismos son responsables de la fijación del CO_2 disuelto en el agua de mar y de su transformación en carbono orgánico, el cual queda transitoriamente disponible para todo el resto de la comunidad pelágica, para finalmente ser exportado hacia el océano profundo (Lutz *et al.*, 2007; Passow & Carlson, 2012). La energía necesaria para el proceso de fijación y transformación del carbono proviene del sol y se captura a través de las moléculas de clorofila, almacenadas en los cloroplastos de cada célula fitoplanctónica. Por tal razón, la concentración de clorofila es utilizada usualmente como un indicador de la biomasa disponible de los productores primarios, mientras que sus productos de degradación, los feopigmentos, son utilizados como un indicador del estado de senescencia y degradación de sus células. Ambos indicadores presentan una alta variabilidad temporal y también importantes diferencias espaciales. El fitoplancton está compuesto por una amplia variedad de taxa, desde cianobacterias hasta eucariontes, cuyos tamaños varían considerablemente (< 1 a $> 100\,\mu$m), distribuyéndose principalmente en la zona superficial del océano (zona fótica). La productividad primaria del océano no solo es importante como sustento de las tramas tróficas marinas, y por consiguiente de las especies que constituyen pesquerías, sino también como factor modulador de los ciclos biogeoquímicos globales y del clima del planeta (Chassot *et al.*, 2010; Chávez *et al.*, 2011).

El zooplancton, por su parte, es un grupo constituido por una gran diversidad de organismos, invertebrados y vertebrados, con distintas estrategias de vida. Una fracción de este grupo, denominada meroplancton, está compuesta por organismos que pasan solo una etapa de su desarrollo en la columna de agua, y que posteriormente, cambian de hábitat o desarrollan habilidades para contrarrestar a las corrientes. La otra fracción, el holoplancton, está compuesta por aquellos organismos que permanecen durante toda su vida en el plancton. Dentro del meroplancton se encuentran especies cuyas fases más tempranas de desarrollo (*e.g.*, huevos y larvas), luego de desarrollarse en la columna de agua, se asientan y/o reclutan en sustratos bentónicos (*e.g.*, crustáceos y moluscos) o bien, adquieren una mayor independencia respecto a las corrientes, incorporándose al necton (*e.g.*, peces). Los organismos meroplanctónicos presentan una alta variabilidad temporal y diferencias espaciales en sus abundancias, pues están sujetos a cambios asociados a los periodos reproductivos o de desove de los adultos y de las condiciones ambientales, como, por ejemplo, las corrientes marinas, la estacionalidad de los procesos oceanográficos o la disponibilidad y calidad del alimento (*e.g.*, Castro *et al.*, 2000; Hernández-Miranda *et al.*, 2003; Yannicelli *et al.*, 2006; Hernández-Miranda *et al.*, 2009; Krautz *et al.*, 2012). Entre los organismos que componen el holoplancton, los copépodos representan uno de los grupos más abundantes y diversos (*e.g.*, Escribano *et al.*, 2007; Hidalgo *et al.*, 2012). Este grupo juega un rol fundamental en los flujos de nutrientes entre los distintos componentes del ecosistema pelágico, canalizando un porcentaje importante del carbono aportado por los productores primarios hacia los niveles tróficos superiores, representados principalmente por peces e invertebrados (muchos de ellos de importancia pesquera), que además interaccionan, con los componentes del anillo microbiano (Pomeroy *et al.*, 2007). Su sensibilidad a las condiciones ambientales locales ha permitido su uso como bio-indicadores de calidad de agua, como es el caso del copépodo *Acartia tonsa* en ambientes eutroficados (Bianchi *et al.*, 2003) o del copépodo meiobentónico harpacticoideo *Tisbe longicornis*, usualmente utilizado en bioensayos de toxicidad (*e.g.*, Larrain *et al.*, 1998; Rudolph *et al.*, 2009; Rudolph *et al.*, 2010; Rudolph *et al.*, 2011).

2. Organismos planctónicos y evaluación ambiental en Chile

La abundancia y composición del fito y zooplancton, son variables ecológicas incorporadas en las exigencias de la autoridad ambiental de Chile para los PVA y LB de proyectos industriales o procesos productivos que se ejecutan en la zona costera y que ingresan para ser revisadas y calificadas en el Sistema de Evaluación de Impacto Ambiental (SEIA).

En la actualidad, los PVA son establecidos por la autoridad con competencia ambiental teniendo a la vista todos los antecedentes provistos por los Estudios o Declaraciones de Impacto Ambiental presentados por los titulares de los Proyectos durante el proceso de evaluación (LB, incluidas Adendas). Así, cada proyecto aprobado debe realizar un PVA que considere, a lo menos los siguientes elementos: (i) estudio de la diversidad del fito y zooplancton, poniendo énfasis en la abundancia de huevos y larvas de peces, especialmente aquellos de importancia económica; (ii) diferencias espaciales de esta diversidad, considerando un número mínimo de áreas cercanas a la fuente potencial de impacto y un sitio denominado ampliamente como control; (iii) un número de repeticiones de este diseño muestreal en el tiempo, lo cual en la mayoría de los casos, involucra una campaña en verano y una en invierno (Dirección de Intereses Marítimos, Chile, 2015). Si bien al titular del Proyecto se le indica realizar los monitoreos en su PVA manteniendo el formato y los detalles técnicos considerados en la LB realizada previamente, en la práctica estos pueden sufrir importantes modificaciones, principalmente en lo relativo a la replicación y sitios donde las muestras son obtenidas. Dada la alta heterogeneidad espacial (*i.e.*, distribución en parches) y variabilidad temporal del plancton en la zona costera, una baja replicación (en tiempo y espacio) resulta insuficiente tanto para la elaboración de conclusiones robustas como para identificar los efectos directos de alguna actividad antropogénica, sobre todo en organismos con una marcada estacionalidad reproductiva (*i.e.*, períodos de desove de peces) y de sus abundancias, la cual determina por ejemplo, altas abundancias de sus estadios tempranos (*i.e.*, huevos y larvas) en el ambiente solo en ciertos períodos de cada año.

A la fecha, no existen para el SEIA diseños muestreales y metodologías de análisis estadísticos para realizar los estudios obligatorios y que consideren en conjunto los distintos grupos componentes del plancton. Por otra parte, la ausencia de series de tiempo costeras ecológicas y/o ambientales continuas, la escasa cobertura espacial de cada muestreo y la gran variabilidad en el desempeño cualitativo de los ejecutores de cada monitoreo, dificultan que los datos obtenidos en una zona particular de la costa de Chile sean comparables con los obtenidos en otras zonas. Estas dificultades se suman a las inherentes particularidades de monitorear distintas zonas biogeográficas, condiciones oceanográficas, escalas espaciales o estratos de profundidad en la columna de agua, entre otras. Los diseños actuales de monitoreos PVA exigidos a los titulares de actividades productivas asociadas al borde costero, basados en la descripción de la composición específica del fito y zooplancton, pese a ser una información muy necesaria, sobre todo como parte de la construcción de series de tiempo ecológicas, limitan las posibilidades de responder a las preguntas que tanto los organismos públicos como las comunidades aledañas a los proyectos tienen sobre los mismos; transformándose así más en un requisito a cumplir que en una herramienta real de fiscalización o alerta temprana de posibles impactos ambientales de origen antropogénico en la zona marina costera.

Como una experiencia novedosa, los organismos públicos solicitaron a una empresa de generación eléctrica ubicada en las costas de bahía Coronel (Complejo Santa María de la empresa Colbún, bahía Coronel) hacer un seguimiento del porcentaje de organismos del zooplancton y fitoplancton que muere por el paso a través del condensador; esto en el contexto de la instalación de un nuevo sistema de filtros de exclusión de organismos en la zona de captación de agua de mar. Pese a que el tamaño de la abertura de esos filtros (abertura de 4 mm) no fue diseñado para limitar el ingreso de los organismos del plancton, sino que de la megafauna (Hernández-Miranda *et al.*, 2020) los resultados permitieron obtener una primera estimación del efecto del paso de los organismos planctónicos por el Complejo termoeléctrico y conocer su variabilidad temporal durante un período de 2 años. Dado que actualmente existe un creciente interés en la obtención de este tipo de información asociada a la instalación de proyectos industriales que requieren agua de mar para consumo humano, condensadores o desalación, es que resulta relevante discutir sus ventajas y limitaciones para su correcta implementación.

En el presente capítulo, se presentan los resultados de la evaluación del estado vital del plancton en la zona costera de la región del Bío Bío, utilizando la técnica de tinción con rojo neutro para el zooplancton, y de observación microscópica para el fitoplancton. El estudio se realizó fuera del área de influencia directa de una Central Termoeléctrica (Complejo), emplazado en la zona costera de bahía Coronel, y al interior de esta, considerando un período de monitoreo de dos años. Los resultados obtenidos a esta escala local para el zooplancton se compararon con los obtenidos por Krautz *et al.* (2017), que considera la zona costera de las regiones del Bío Bío y Ñuble, entre la desembocadura del río Itata y el golfo de Arauco (36° a 37°S). El objetivo fue dilucidar los efectos de la diversidad de ambientes de la zona costera en el estado vital del zooplancton, y su utilidad para la elección adecuada de sitios de referencia. Posteriormente se discute: (i) las ventajas y dificultades asociadas a la implementación del estado vital del plancton como un indicador ecológico de los efectos potenciales de procesos productivos que utilizan el agua de mar; (ii) la importancia de generar información orientada a seleccionar especies o grupos de ellas que sean representativas de cada zona, cuya sensibilidad a los procesos de interés (actividad antropogénica) permitan utilizarlas como especies centinela; (iii) la relevancia de considerar la implementación de estos monitoreos con un número suficiente de réplicas espaciales y una adecuada temporalidad. Esto último vinculado a la posibilidad de focalizar muestreos en períodos relevantes para la dinámica reproductiva de ciertas especies (*e.g.*, períodos de desove de sardina, anchoveta, etc.) como forma de abordar la alta variabilidad temporal inherente a los estudios planctónicos y contribuir así a enriquecer la información obtenida de los monitoreos de mayor escala temporal.

OBJETIVOS

Los objetivos de este capítulo son: (i) analizar las ventajas y dificultades asociadas a la determinación del estado vital del fitoplancton y zooplancton, como nuevos indicadores ecológicos que permitan estudiar los potenciales efectos de actividades antropogénicas en el plancton costero; (ii) a partir de los resultados, proponer el uso del estado vital del plancton como una herramienta complementaria a los monitoreos estándar que actualmente se realizan en las zonas costeras de Chile.

PREGUNTAS RELEVANTES

¿Es factible y útil incorporar indicadores del estado vital de los organismos del plancton en los monitoreos regulares asociados al SEIA? ¿Qué variabilidad presentan estas determinaciones a distintas escalas espaciales y temporales? ¿Es posible utilizar esta información para realizar proyecciones del efecto de alguna actividad antropogénica sobre la especie/población de un organismo de interés o del ecosistema?

DESARROLLO

1. Estado vital de los organismos planctónicos

1.1. Aspectos teóricos de relevancia

El estado vital (*i.e.*, porcentaje de individuos vivos y muertos; *sensu* Elliot & Tang, 2009) es una herramienta sencilla que permite hacer un seguimiento de la respuesta de las especies y/o comunidad planctónica, frente a uno o más estresores de origen natural o antropogénico. Los resultados de cada una de estas determinaciones, por sí solas, representan una fotografía o un evento puntual en el que se estima qué porcentaje de los organismos observados por especie o en total, están vivos o muertos al momento del muestreo. Esta estimación constituye un dato instantáneo del efecto *in situ* de un conjunto de variables externas/estresores sobre la sobrevivencia de un determinado grupo objetivo, que, con una replicación espacial y temporal adecuada, puede permitir categorizar a las especies/taxa presentes en el área de acuerdo a la letalidad producida por dichos factores.

El estudio que aquí se presenta, fue diseñado frente a los requerimientos de la autoridad ambiental respecto a la respuesta de los organismos del plancton de bahía Coronel al arrastre y paso por el sistema de enfriamiento del Complejo. Para ello se implementó la metodología de determinación del estado vital de los organismos del plancton que ingresaban al Complejo, informada como porcentaje de individuos (o células) vivos en cada evento de muestreo. La temporalidad de estos eventos alcanzó un período de 2 años y consideró 30 muestreos. Este estudio se enmarcó en el denominado "Plan de Monitoreo Ingreso de Biomasa Marina al Sistema de Enfriamiento del Complejo Santa María de Coronel". En Hernández *et al.* (2016) se entregan mayores detalles metodológicos y resultados en extenso de este estudio.

1.2. Estado vital de organismos del plancton en el interior de un circuito abierto de una central termoeléctrica

Uno de los impactos ambientales reconocidos durante el funcionamiento de centrales generadoras de energía y plantas desaladoras, que utilizan agua costera para el enfriamiento de vapor en sus condensadores o sus procesos industriales, es la mortalidad que se produce en fracciones variables de los organismos del plancton que han sido arrastrados por sus tuberías, proceso denominado como *entrainment* (Hanson *et al.*, 1977; Allonier *et al.*, 1999; Choi *et al.*, 2002; Bamber & Seaby, 2004; Jiang *et al.*, 2008; Kartasheva *et al.*, 2008). Una vez que los organismos ingresan desde el ambiente costero hacia una central a través de sus tuberías, son sometidos a estrés de tipo mecánico (*e.g.*, abrasión y aumento de la presión dentro de las tuberías) y físico-químicos (*e.g.*, cambios en la temperatura, el pH, el oxígeno disuelto y la adición de compuestos oxidantes clorados anti incrustantes) (Hanson *et al.*, 1977; Langford, 1990; Choi *et al.*, 2002; Bamber & Seaby, 2004; Jiang *et al.*, 2008; Nieder, 2010; Cárcamo *et al.*, 2011). Todas estas fuentes de estrés interactúan sinérgicamente con las variables bióticas (*e.g.*, disponibilidad de alimento) y la variabilidad natural de las condiciones físico-químicas del ambiente costero aledaño; pudiendo generarse efectos deletéreos en el plancton presente en las zonas de influencia directa. En este estudio, el efecto sinérgico de las variables abióticas (*e.g.*, temperatura, concentración de biocidas y sustancias anti incrustantes) y otras fuentes de estrés (*e.g.*, arrastre, cambios en turbulencia, etc.) desde el ambiente costero al interior de la planta, fueron consideradas como una "caja negra" y el resultado de la interacción de los organismos con estas condiciones, se cuantificó como el porcentaje de individuos (zooplancton) o células (fitoplancton) vivos y muertas (*i.e.*, estado vital) al momento del muestreo. De particular interés, desde el punto de vista pesquero, resulta conocer el efecto potencial del paso por estos sistemas de enfriamiento de estadios tempranos de especies de importancia económica, como peces (*e.g.*, sardina común, anchoveta, merluza, entre otros) y crustáceos (principalmente jaibas), por lo que todos los organismos fueron identificados y categorizados individualmente como vivos/muertos a nivel de especie, además de ser categorizados como grupos mayores de holo y meroplancton (resultados que aquí se presentan). Adicionalmente, se realizó la determinación del porcentaje de células vivas y muertas por especie/taxa y para los principales grupos funcionales del fitoplancton (resultados que aquí se presentan), en conjunto con la determinación de la concentración de clorofila-*a* y feopigmentos, en los mismos sitios de estudio.

La hipótesis propuesta para este estudio planteó que el tránsito de organismos del fito y zooplancton a través de esta "caja negra", incrementa el porcentaje de individuos/células muertos, en relación a los organismos residentes en el ambiente costero aledaño, no sometido a estas fuentes de estrés.

2. Consideraciones metodológicas

2.1. Muestreo, identificación taxonómica y análisis del porcentaje de individuos vivos y muertos en el zooplancton

Para cuantificar las abundancias y el porcentaje de individuos vivos y muertos en el zooplancton, se recolectaron muestras de organismos, simultáneamente, en la zona costera de bahía Coronel (fuera del área de influencia directa) y al interior del Complejo Termoeléctrico durante el período comprendido entre octubre de 2013 y de septiembre de 2015. Entre octubre de 2013 y junio de 2014, los muestreos se realizaron quincenalmente, mientras que con posterioridad a esta última fecha los muestreos se realizaron cada tres meses. El muestreo de zooplancton en la bahía consideró para cada evento, 3 arrastres verticales (réplicas) con una red cónica (50 cm ancho y 300 μm trama), desde una profundidad máxima de 15 metros en 3 sitios que se ubicaron en forma perpendicular a la salida del ducto de descarga de agua de mar del Complejo Termoeléctrico y fuera del área de influencia directa de la pluma térmica. Se obtuvieron, en total, 9 muestras en la zona Zona Costera Adyacente (ZCA) y el volumen filtrado se calculó utilizando los datos del arrastre, considerando la profundidad máxima que alcanzó la red y sus dimensiones. Según este cálculo el volumen filtrado en cada lance vertical fue de aproximadamente 1700 L. Las muestras obtenidas al interior del Complejo (n = 3) se obtuvieron al mismo tiempo que en la ZCA. En el interior del Complejo se filtraron, en primera instancia, 100 L de agua mar a través de los dispositivos de toma de muestra que utilizaba usualmente la empresa (llaves de bajo flujo) para la obtención de muestras de agua. Cabe señalar que esta era la única forma posible de obtener muestras directamente del sistema de flujo previo a que esta agua, ya utilizada en el proceso de enfriamiento, llegue nuevamente al mar. Posteriormente se perfeccionaron estos dispositivos, disminuyendo el tiempo de muestreo e incrementando el volumen de filtración hasta 600 L. Las muestras de plancton se obtuvieron a través de la filtración de agua de mar a través de tamices de 300 μm de trama. El volumen máximo se ajustó considerando el compromiso entre el tiempo de filtrado, la manipulación de los organismos previa a la tinción, y la abundancia de zooplancton en las muestras. Las muestras destinadas a tinción vital de ambas zonas fueron dispuestas en frascos de 1 L, a los que se adicionó solución de rojo neutro al 1%, incubándolas de acuerdo una versión modificada del protocolo de Elliott & Tang (2009) (ver detalles en Hernández *et al.*, 2016; Krautz *et al.*, 2017).

La técnica de tinción vital que utiliza el colorante rojo neutro tiñe solo células vivas, ingresando activamente a los lisosomas y gránulos de los macrófagos en animales y a vacuolas en el caso de las células vegetales **(Figura 1)**. La técnica, de uso común en cultivo celular e histología, fue exitosamente utilizada por Elliott y Tang (2009) para identificar organismos vivos y muertos en el zooplancton recolectados en terreno. Esta información es utilizada como insumo para modelos numéricos que estiman la mortalidad natural y es particularmente aplicada en muestras que contienen copépodos, dado que la tinción es más eficiente en término de resultados y menor tiempo de incubación (Tang *et al.*, 2006; Elliott & Tang, 2009; Steinberg *et al.*, 2010; Yáñez *et al.*, 2012; Tang & Elliott, 2013). Durante la estandarización previa de la técnica, se determinaron los tiempos de incubación óptimos, de manera de asegurar la incorporación del colorante en grupos menos susceptibles de teñir, como es el caso de organismos gelatinosos (*e.g.*, medusas y sifonóforos) y larvas de crustáceos (ver protocolos en Hernández *et al.*, 2016 y Krautz *et al.*, 2017). Debido a que la tinción con rojo neutro es función del pH, previo al inicio de los muestreos fue necesario validar su eficiencia en ambientes expuestos a cloración que se utilizan para el control de organismos incrustantes (biofouling); de manera de asegurar que su concentración no fuese impedimento para una correcta tinción de los organismos. Los resultados de abundancia del zooplancton fueron expresados como individuos por metro cúbico (ind. m^{-3}), mientras que el estado vital (vivo o muerto) se obtuvo como porcentaje de organismos vivos (%) por muestra.

Figura 1

Algunos ejemplos de la determinación del estado vital en especies de zooplancton costero de las regiones del Bío Bío y Ñuble teñidas con tinción de rojo neutro: v= vivo, m= muerto. a) *Oithona* sp., b y c) zoea de *Petrolisthes* sp., d) y e) huevo de *Engraulis ringens*, f) zoea de *Emerita analoga*, g) huevo de *Normanichthys crockeri*, h y i) larvas cypris (cirrípedo). La barra representa 500 μm. El protocolo consideró la incubación de los organismos en tinción de rojo neutro por un período de 6 horas. Ver detalles de la metodología en Krautz *et al.* (2017).

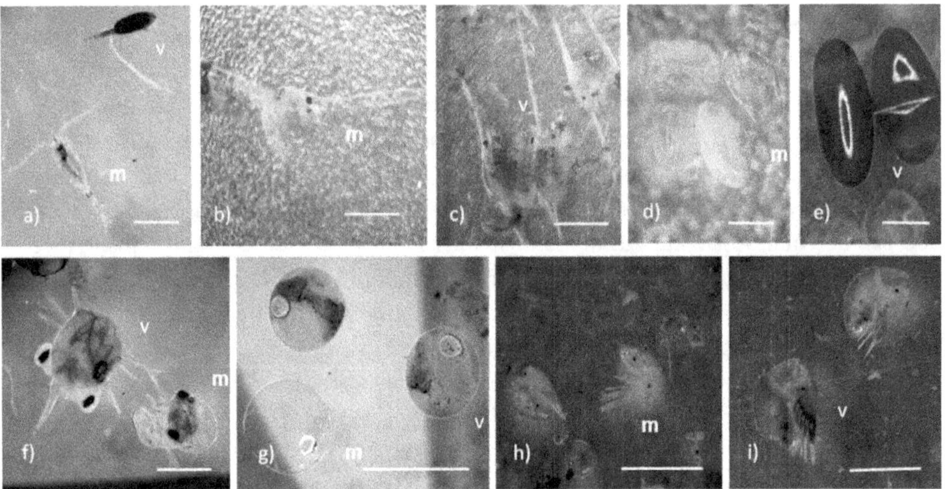

2.2. *Muestreo, identificación taxonómica y análisis del porcentaje de células vivas y muertas en el fitoplancton*

Para cuantificar las abundancias y el porcentaje de células vivas y muertas del fitoplancton, se obtuvo una muestra de agua de mar en superficie (1 m) y una en el fondo (15 m) en tres sitios de la zona costera de bahía Coronel (ZCA, n = 6) y dos en el interior del Complejo. En cada sitio las muestras de superficie se obtuvieron mediante un balde y las de fondo utilizando una botella Niskin de 10 litros. Para cada muestra se filtraron 30 L en superficie, 20 L en fondo y 20 L en el interior del Complejo, utilizando un tamiz de 25 μm de trama. Estas muestras concentradas se dispusieron en un volumen final de 250 mL de agua de mar pre-filtrada y preservadas con 5 mL de lugol ácido al 2% (Parsons *et al.*, 1984).

En el laboratorio, las muestras de fitoplancton fueron analizadas para obtener la composición taxonómica y abundancias siguiendo el método Utermöhl (Villafañe & Reid, 1995), y Microscopía de Contraste de Interferencia Diferencial (DIC) utilizando un microscopio Nikon eclipse Ti-U con resolución de 1000x. Para cada muestra se cuantificaron células vivas y muertas para cada taxa. El criterio utilizado para definir las células muertas por grupo taxonómico fue el siguiente: (1) en el caso de las diatomeas se consideró una célula muerta cuando el frústulo no poseía cloroplastos, (2) en el caso de los ciliados y dinoflagelados se consideró un individuo muerto cuando las lóricas y tecas se encontraron vacías, sin el cuerpo del organismo, (3) para las cianobacterias se consideraron como muerta aquellas células con la membrana celular sin laminillas fotosintetizadoras. Los resultados de abundancia fueron expresados como células por litro (cel. L⁻¹) y las razones de células vivas/muertas como porcentaje (%) de vivas. En la identificación se utilizaron diversas guías y claves taxonómicas (*e.g.*, Rivera, 1968; Parra *et al.*, 1981; Parra *et al.*, 1983; Pereira & Parra, 1984; Tomas, 1997). El fitoplancton fue, además, categorizado en 5 grupos funcionales: cianobacterias, diatomeas, dinoflagelados, ciliados y flagelados.

2.3. Determinación de concentración de clorofila-a y feopigmentos

En este trabajo la clorofila-*a* se utiliza como un proxy de la biomasa fitoplanctónica viva, y los feopigmentos, de la biomasa fitoplanctónica muerta. Para la determinación de ambos pigmentos se recolectaron muestras de agua de mar en similares sitios que para el fitoplancton. Las muestras obtenidas en cada sitio (en triplicado) se dispusieron en bidones limpios de 2 L y se almacenaron en la oscuridad en cajas térmicas hasta su llegada al laboratorio (tiempo de espera no mayor a 2 h). En el laboratorio se filtró un volumen de 0,5-1 L, utilizando membranas de fibra de vidrio Whatman GF/F (0,7 μm), previamente mufladas a 450°C por 5 horas. Cada muestra fue rotulada, dispuesta en un sobre de aluminio, y almacenada posteriormente a -20°C. La determinación de las concentraciones de clorofila-*a* y de feopigmentos se realizó a través del método de fluorescencia descrito por Holm-Hansen & Riemann (1978). Las lecturas fueron convertidas a mg m⁻³ de clorofila-*a* y de feopigmentos.

2.4. Presentación de la información y análisis estadísticos

Si bien la información de porcentajes de vivos y muertos fue obtenida originalmente para cada especie/taxa, los resultados aquí presentados son agrupados como holo y meroplancton para el zooplancton y de acuerdo a los 5 grupos funcionales descritos en la metodología para el fitoplancton. En el caso del zooplancton, el porcentaje de organismos vivos en un grupo determinado (*e.g.*, especie, holoplancton, meroplancton) fue considerado para los análisis posteriores solo cuando dicho número de individuos alcanzó un mínimo de 10 en una muestra. En caso contrario (n < 10 individuos), esta muestra no se incorporó en el cálculo de porcentaje para dicho grupo, ni en los análisis estadísticos. Este criterio determinó que no todas las muestras entregaran el porcentaje de vivos/muertos para algún grupo o categoría, siendo el número muestreal variable para cada uno de los análisis estadísticos desarrollados.

Diferencias estadísticas entre el Complejo y la zona marina costera adyacente (ZCA) para las variables: a) abundancias medias totales de los grupos funcionales fitoplanctónicos, b) porcentajes de organismos vivos de los grupos funcionales del fitoplancton, zooplancton total, holoplancton y meroplancton y, c) concentraciones de clorofila-*a* y feopigmentos, fueron evaluados mediante análisis de varianza permutacional univariada de PERMANOVA (Anderson *et al.*, 2008). Análisis permutacionales a posteriori, pairwise, se utilizaron para evaluar diferencias significativas entre niveles para cada factor (Anderson *et al.*, 2008).

3. Resultados

3.1. Abundancia total de organismos del zooplancton

La abundancia total de organismos del zooplancton en los sitios costeros de bahía Coronel fue altamente variable entre eventos de muestreo y fluctuó entre 27,2 y 2796 ind*m⁻³, con valores mínimos en el verano e invierno del año 2014. La abundancia total de organismos en el Complejo Termoeléctrico, también fue altamente variable entre eventos de muestreo y fluctuó entre 2,5 a 1724 ind*m⁻³, con valores mínimos en el invierno y otoño del año 2014, respectivamente **(Figura 2)**.

El grupo con mayor representación, tanto en la ZCA de bahía Coronel, como en el Complejo, correspondió al holoplancton (75% promedio en todo el período de estudio) y estuvo compuesto principalmente por copépodos. Porcentualmente, considerando todos los eventos de muestreo, los copépodos representaron entre un 39 y un 99,5% del total de los organismos en la ZCA y entre un 12 y 100% en el Complejo, siendo *Acartia* sp. el taxon más abundante. Respecto al meroplancton, las mayores abundancias, fueron observadas en los meses de alta actividad reproductiva de especies costeras, y estuvieron compuestas, entre otras, por huevos y larvas de especies de importancia pesquera, tales

Figura 2

Abundancia promedio del zooplancton total (individuos*m⁻³ ± EE) en la zona costera de bahía Coronel y Complejo Termoeléctrico durante todo el período de estudio (octubre 2013 - septiembre 2015).

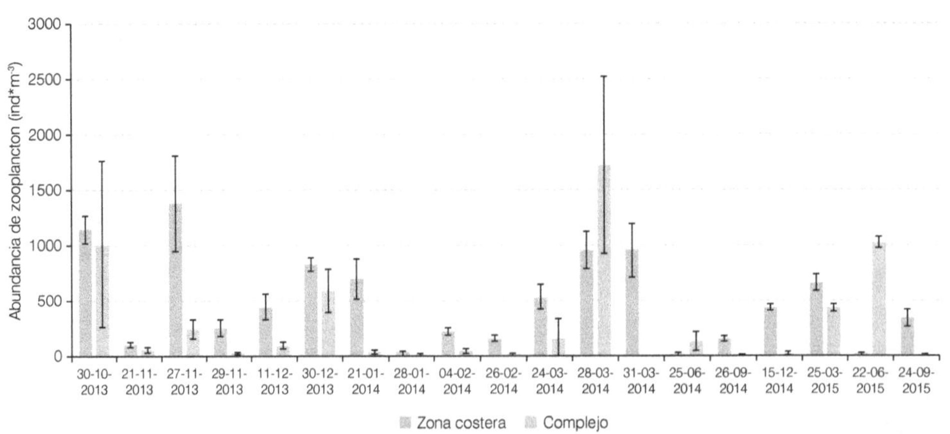

como: *Engraulis ringens* (anchoveta), *Strangomera bentincki* (sardina común), *Normanichthys crockeri* (mote), *Stromateus stellatus* (pampanito) y *Merluccius gayi* (merluza común, pescada). Entre los crustáceos, el taxon más abundante, correspondió a larvas zoea de la jaiba *Cancer* sp.

3.2. *Porcentaje de individuos vivos del zooplancton*

Durante el estudio en el Complejo Termoeléctrico y la ZCA, el número de individuos identificados y categorizados como vivos y muertos utilizando tinción vital del holoplancton fue de 42.781 y de 6.914 en el caso de meroplancton. La **Figura 3** muestra los porcentajes promedio de individuos vivos (promedio ± EE), estimados a través de tinción vital a lo largo de todo el período de estudio, para los tres sitios localizados en la ZCA de Bahía Coronel (82,9 ± 2,2%) y en el Complejo (58,6 ± 2,9%).

El análisis PERMANOVA detectó diferencias significativas para el porcentaje de individuos vivos entre el Complejo y la ZCA (pseudo-$F_{(3,383)}$, p(perm)=0,001). El análisis pair-wise entregó valores de p(perm)<0,001 al comparar el porcentaje de individuos vivos entre el Complejo y los tres sitios de la ZCA (sitios: ZCA norte, ZCA centro, ZCA sur). Entre los tres sitios de la ZCA no hubo diferencias significativas (pair-wise: p(perm)=0,888, p(perm)=0,513 y p(perm)=0,596) **(Figura 3)**.

Figura 3

Porcentaje promedio de organismos vivos (% ± EE) durante todo el período de estudio 2013-2015 (n = 30 muestreos) en el Complejo Termoeléctrico y en los tres sitios de muestreo (Norte, Centro y Sur) de la zona costera adyacente de bahía Coronel.

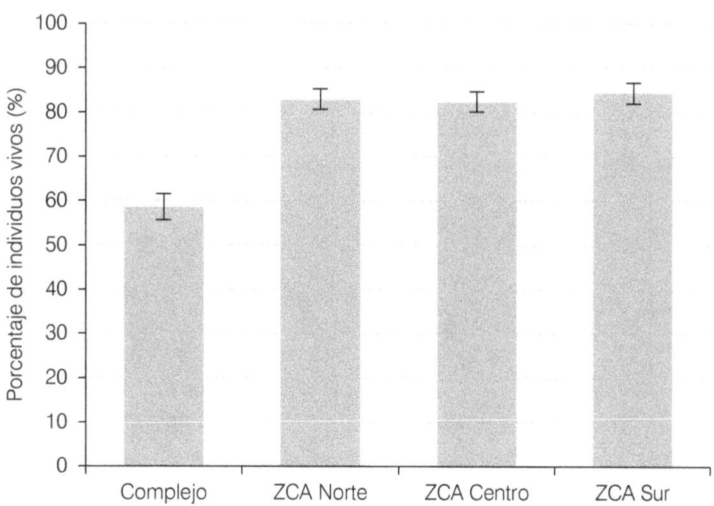

Tanto para el holoplancton como para el meroplancton el porcentaje promedio de individuos vivos fue significativamente mayor en la ZCA (Holoplancton: pseudo-$F_{(1,117)}$, p(perm)=0,001; Meroplancton: Pseudo-$F_{(1,83)}$, p(perm)=0,007;) (**Figura 4**). En la ZCA, ambos grupos presentaron porcentajes de individuos vivos (promedio ± EE) por sobre el 80% (83,0 ± 0,1% y 82,1 ± 0,3%, respectivamente); mientras que en el Complejo el valor promedio fue de 56,5 ± 0,2% y 69,7 ± 0,5%, respectivamente.

Se observó una alta variabilidad en el porcentaje total de individuos vivos por especie o estadio, esto probablemente relacionado a las características intrínsecas de cada grupo taxonómico y de su respuesta particular a los estresores. La **Figura 5** describe esta variabilidad agrupando las taxa de acuerdo al porcentaje de individuos vivos luego de la exposición a los factores de estrés múltiple (*i.e.*, "caja negra") durante todo el período de estudio. Se observa que no todos responden de la misma manera. Hubo taxa que presentaron un 0% de individuos vivos (8 y 6 taxa en el Complejo y ZCA, respectivamente) y otros grupos que presentaron un 100% de individuos vivos (16 y 5 taxa en el Complejo y ZCA, respectivamente). Los restantes taxa se distribuyen entre ambos extremos, tanto en la ZCA como en el Complejo. Se estimó que un 78% de los taxa analizados en la ZCA y un 67% de en el Complejo, presentaron un porcentaje por sobre el 50% de individuos vivos.

Figura 4

Porcentaje promedio (% ± EE, n = 30 muestreos) de individuos vivos por grupo zooplanctónico (holo y meroplancton), en la zona marina costera de bahía Coronel (ZCA) y Complejo Termoeléctrico, considerando todo el período de estudio.

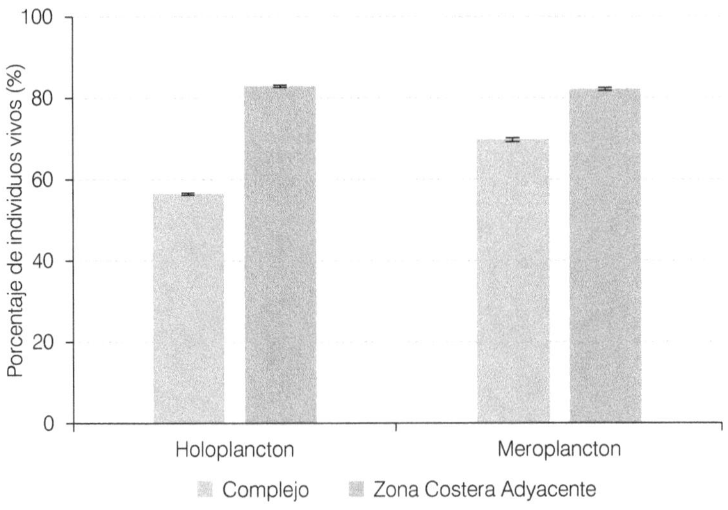

Figura 5

Número de *taxa* del zooplancton distribuidas de acuerdo a la proporción (%) de individuos vivos para cada una de ellas, determinadas utilizando tinción vital de rojo neutro, durante todo el período de muestreo (n = 30 muestreos) en el interior del Complejo Termoeléctrico y ZCA. Cada barra corresponde al número de taxa que registró ese rango de porcentajes de individuos vivos. Por ejemplo, la barra azul (=100) significa que 5 taxa presentaron un 100% de individuos vivos durante todo el período de estudio en la ZCA.

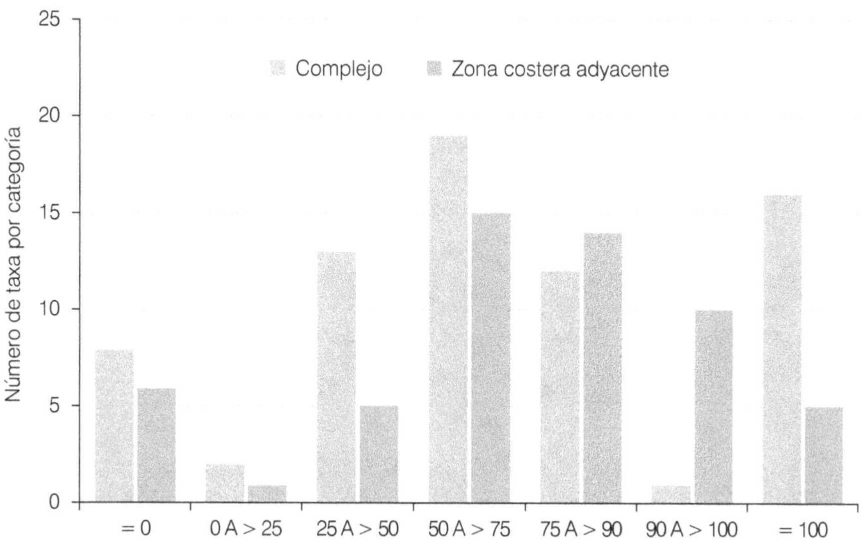

3.3. Abundancia y porcentaje de células vivas por grupo funcional del fitoplancton

Para todo el período de estudio, el fitoplancton de la ZCA de bahía Coronel estuvo dominado por diatomeas, cuya abundancia fue al menos dos órdenes de magnitud más alta que el segundo grupo funcional más abundante, los dinoflagelados (**Figura 6**). Los análisis PERMANOVA realizados para cada grupo funcional no detectaron diferencias significativas en las abundancias totales promedio entre el Complejo y ambos estratos superficial y profundo de la ZCA (pseudo-$F_{(2,181)}$, p(perm)=0,499 para cianobacterias, p(perm)=0,197 para diatomeas, p(perm)=0,635 para flagelados, p(perm)=0,489 para dinoflagelados y p(perm)=0,111 para ciliados) (**Figura 6**).

Para las cianobacterias (pseudo-$F_{(2,38)}$, p(perm)=0,028), diatomeas (pseudo-$F_{(2,181)}$, p(perm)=0,001), flagelados (pseudo-$F_{(2,30)}$, p(perm)=0,045) y ciliados (pseudo-$F_{(2,109)}$, p(perm)=0,005) el análisis PERMANOVA detectó diferencias significativas para el porcentaje de células vivas entre el Complejo y la ZCA. Para las diatomeas el análisis pair-wise entregó diferencias significativas entre las tres comparaciones (p(perm)<0,002).

Figura 6

Abundancia promedio del total de células (logaritmo del número de cél.* m⁻³ ± EE) en el fitoplancton de bahía Coronel (ZCA, 156 muestras) y Complejo Termoeléctrico (52 muestras) durante todo el período de estudio (26 muestreos).

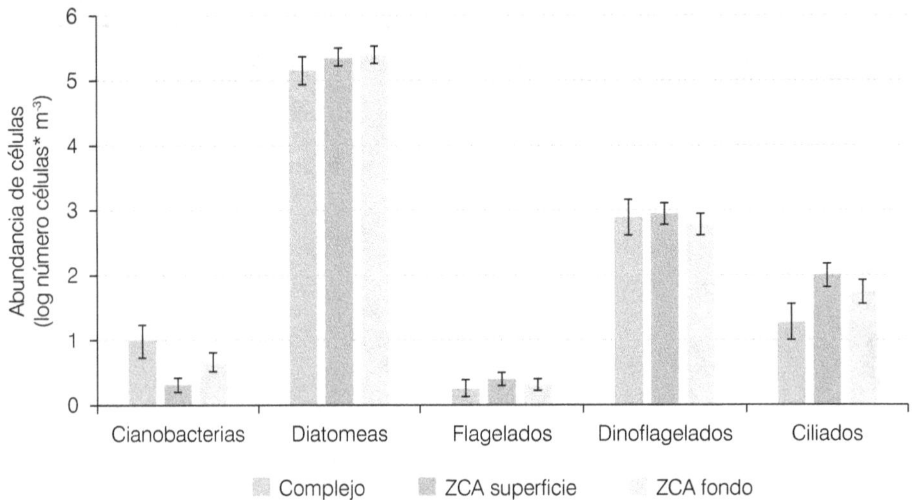

En las cianobacterias y los flagelados, las diferencias se encontraron entre el Complejo y la superficie de la ZCA (p(perm)=0,04 y p(perm)=0,037, respectivamente). Los ciliados, presentaron diferencias significativas entre el Complejo y ambos estratos de la ZCA (p(perm)=0,002 y p(perm)=0,027). En el caso de los dinoflagelados no hubo diferencias significativas entre el Complejo y ambos estratos de la ZCA (pseudo-$F_{(2,153)}$, p(perm)=0,092) **(Figura 7)**.

Comparativamente los flagelados fueron el grupo que presentó la mayor diferencia en el porcentaje de células vivas al comparar el Complejo con la ZCA de bahía Coronel, alcanzando casi un 50% de diferencia con respecto a la superficie. El segundo grupo con una mayor diferencia fue el de las cianobacterias, con una disminución en el porcentaje de células vivas en torno a un 30% respecto a la superficie; mientras que los dinoflagelados presentaron las menores diferencias, cercanas a un 10% **(Figura 7)**.

3.4. Estimaciones para la concentración de clorofila-a y feopigmentos

La concentración de clorofila-*a* mostró valores promedio de 4,8 ± 0,4 y 4,3 ± 0,4 mg*m⁻³ (promedio ± EE) en la ZCA en superficie y fondo, respectivamente; mientras que, en el Complejo, la concentración promedio alcanzó los 2,5 ± 0,5 mg*m⁻³ **(Figura 8)**. La concentración de feopigmentos alcanzó un valor promedio de 1,5 ± 0,3 mg*m⁻³ en la ZCA en superficie y de 2,1 ± 0,3 mg*m⁻³ en el fondo; mientras que, en el Complejo, la concentración fue de 1,9 ± 0,3 mg*m⁻³. Para la clorofila-*a* el análisis

Figura 7

Porcentaje promedio de células vivas (% ± EE) en los principales grupos funcionales del fitoplancton de la ZCA de bahía Coronel y el Complejo Termoeléctrico durante todo el período de estudio.

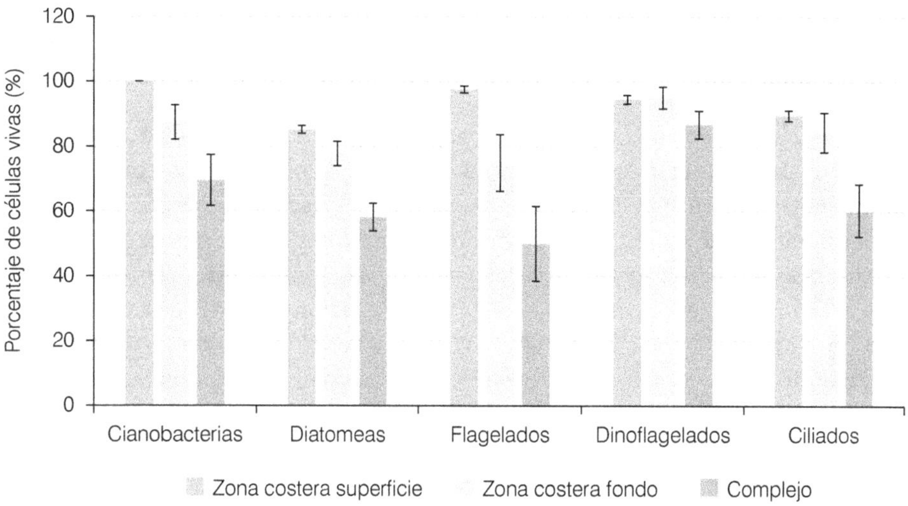

Figura 8

Concentración promedio de clorofila-*a* y feopigmentos (mg m^{-3} ± EE) estimada para cada zona de estudio (n = 3, por muestreo), durante todo el período de estudio. (S): ZCA superficial, (F): ZCA profundo.

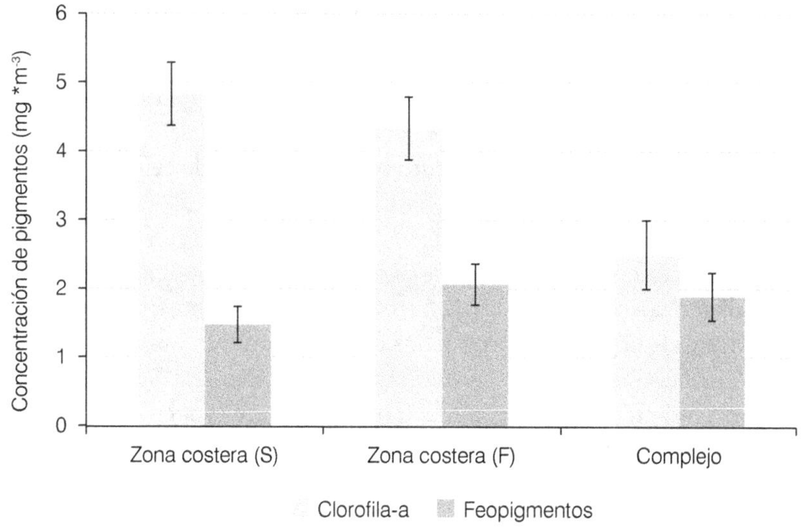

305

PERMANOVA detectó diferencias significativas entre el Complejo y la ZCA (pseudo-$F_{(2,174)}$, p(perm)=0,038). El análisis pair-wise entregó diferencias significativas entre el Complejo y ambos estratos de la ZCA (p(perm) =0,021 y p(perm)=0,029). Para los feopigmentos, el análisis PERMANOVA no detectó diferencias significativas entre el Complejo y la ZCA (pseudo-$F_{(2,174)}$, p (perm)=0,146) **(Figura 8)**.

4. Discusión

La creciente demanda de agua de mar como insumo por actividades industriales y productivas que se emplazan en la zona costera (*e.g.*, plantas de energía, desaladoras, acuicultura intensiva, consumo humano, entre otras) ha generado la necesidad de considerar la implementación de nuevos indicadores ecológicos que permitan la identificación de potenciales efectos deletéreos en las comunidades planctónicas y así fortalecer su monitoreo. Recientemente, la determinación de la respuesta aguda *in situ* de los organismos del plancton al estrés producido por su paso a través de un proceso industrial, utilizando tinción vital, ha sido sugerida como una herramienta de rutina para complementar la información proveniente de los monitoreos regulares de abundancia y diversidad solicitados en los PVA y elaboración de LB en Chile. Estas técnicas presentan ventajas de simplicidad, rapidez y factibilidad para ser llevadas a cabo en una alta frecuencia temporal. Sin embargo, su uso requiere considerar características fundamentales de la dinámica intrínseca del plancton, como son su distribución en parches de abundancia (*patchiness*), alta variabilidad temporal, alta diversidad y estrecha relación con las condiciones ambientales particulares de cada zona de estudio (*e.g.*, presencia de agua dulce, áreas de desove y acumulación, disponibilidad de alimento o depredadores).

4.1. Determinación del estado vital del plancton en su paso por condensadores de plantas termoeléctricas y su entorno cercano

Durante el desarrollo del presente estudio, se determinó el estado vital del fito y zooplancton que ingresa al sistema de condensadores del Complejo Termoeléctrico y su ZCA. Respecto del fitoplancton, la estimación del porcentaje de células vivas y muertas determinó que el grupo funcional que presentó la mayor disminución respecto de la ZCA fue el de los flagelados, con un 48% de diferencia y, el que presentó la menor diferencia fue el de los dinoflagelados, con un 8% de disminución. Las diatomeas, grupo funcional dominante, dieron cuenta de un 23% de disminución. Este grupo, sin embargo, presentó 4 órdenes de magnitud mayor que los de los flagelados y 2 órdenes de magnitud mayor que el de los dinoflagelados. Es decir, en términos cuantitativos, las diatomeas fue el grupo funcional que presentó la mayor disminución. La estimación del porcentaje de células vivas y muertas se complementa en este estudio con la información de concentración de clorofila-*a* y feopigmentos. Respecto a la clorofila-*a* esta presentó una disminución respecto de la ZCA de casi un 50%. La disminución local de la biomasa de fitoplancton y la producción primaria es una consecuencia del paso del agua de mar por el sistema de enfriamiento de vapor de distintos tipos de plantas generadoras de energía y ha sido ampliamente documentada por numerosos estudios (*e.g.*, Choi *et al.*, 2002; Poornima *et al.*, 2006; Kang *et al.*, 2012). Pese a que los efectos deletéreos en el fitoplancton pueden usualmente tener un carácter local, los cambios en la composición de especies y la potencial selección de taxa formadores de blooms, hacen necesario y recomendable mantener y mejorar los monitoreos del fitoplancton y considerar las diferencias en la susceptibilidad de los distintos grupos funcionales y sus variaciones temporales naturales. El porcentaje total de células vivas, su variabilidad composicional y las concentraciones de clorofila-*a* y feopigmentos aquí reportados, concuerdan con estudios realizados de sobrevivencia del fitoplancton en centrales generadoras de energía en diversas zonas del planeta y que utilizan las aguas desde el ambiente para sus procesos de enfriamiento de vapor (Videau *et al.*, 1979; Allonier *et al.*, 1999; Choi *et al.*, 2002; Poornima *et al.*, 2006; Chuang *et al.*, 2009; Kang *et al.*, 2012; Muhammad-Adlan *et al.*, 2012).

En relación al zooplancton, los resultados obtenidos en la ZCA de bahía Coronel, estuvieron en el rango de los valores observados para la zona costera entre la plataforma continental del río Itata y Llico en el golfo de Arauco (Krautz *et al.*, 2017) y, de los estudios realizados en aguas superficiales frente a la bahía de Concepción por Yáñez *et al.* (2012) y en el estuario del río Valdivia por Gieseke *et al.* (2017). Los valores obtenidos al interior del Complejo, para el holoplancton (dominado por copépodos) están en el rango de lo observado para este mismo grupo en sistemas de enfriamiento de vapor de centrales termoeléctricas a carbón, como las reportadas por Choi *et al.* (2012), en la zona costera oeste de Korea. Respecto a este grupo, Choi *et al.* (2012) observan, a partir de experimentos, que el estresor que más incrementa el porcentaje de organismos muertos es el hipoclorito de sodio, en comparación con los cambios de presión y temperatura por el paso por el condensador. Al igual que en Hernández *et al.* (2016) y Krautz *et al.* (2017), en el estudio de Choi *et al.* (2012) los copépodos calanoideos como *Acartia* sp., constituyeron el grupo más frecuente y abundante del zooplancton, por lo que tuvieron un peso mayor en la estimación de los porcentajes de organismos vivos del total de las muestras. Además, Choi *et al.* (2012) observaron una importante variabilidad estacional en el porcentaje de individuos muertos, con valores máximos en el rango de 19-37% para estos copépodos.

A nivel local, un estudio realizado en el marco de la LB marina del proyecto "Ampliación de Central Bocamina (segunda unidad)", presentado por ENDESA (2014), utilizando tinción rojo neutro, mostró resultados similares a los observados en el presente estudio al interior del Complejo, donde los porcentajes de organismos muertos fluctuaron entre 20-40%, para el holoplancton y meroplancton, respectivamente, presentando una dominancia el grupo de los copépodos. En un área seleccionada fuera de bahía Coronel, el estudio presentado por ENDESA (2014), presentó un porcentaje promedio de individuos muertos de un 23,4% y 24,2% para el mero y holoplancton, respectivamente y un 43,2% para el ictioplancton. En el interior de bahía Coronel, estos autores definieron un área de muestreo situada frente a la Central Bocamina (BC Norte) y un área más alejada, más al sur, cercana a la ciudad de Lota (BC Sur). El sitio BC Norte en promedio registró 23,4%

de individuos muertos para el holoplancton, 32% para el meroplancton y 53,2% para el ictioplancton; mientras que en el sitio BC Sur, el porcentaje de individuos muertos fue de 18% para el holoplancton, 16,2% para el meroplancton y 33,4% para el ictioplancton. No se menciona en este estudio el número total de individuos que fueron categorizados como vivos/muertos en cada zona de muestreo, ni el criterio de corte para realizar el cálculo de porcentaje (*e.g.*, 10 individuos como mínimo) en cada grupo o muestra. Este detalle es importante para evitar sesgos por bajos números de individuos en los cálculos, además del volumen filtrado y el número de muestras.

4.2. *Estimación del estado vital del zooplancton en la zona costera de las regiones de Ñuble y Bío Bío*

A la fecha, existe una escasa disponibilidad de datos en la costa chilena respecto al estado vital de los organismos del plancton, sus diferencias espaciales y su variabilidad temporal. Con el objetivo de avanzar en este tipo de información, se realizó un estudio en cuatro áreas de la zona costera de las regiones del Bío Bío y Ñuble (Krautz *et al.*, 2017) **(Figura 9)**. En dicho estudio, se realizó una estimación del porcentaje de individuos muertos en el zooplancton costero utilizando tinción vital. Estas mediciones se realizaron frente a la desembocadura del río Itata, en bahía Coliumo y frente a Llico, en el golfo de Arauco, durante los años 2015 a 2016, considerando una escala temporal estacional de muestreo. En bahía Coronel, se realizaron muestreos mensuales desde enero a noviembre del año 2015. Durante todo el estudio se categorizaron individualmente como vivos o muertos un total de 158.220 individuos para el holoplancton y 17.591 individuos para el meroplancton, lo que permitió hacer estimaciones robustas para cada zona y grupo de organismos. En la **Figura 9** se representan los valores promedio del porcentaje de individuos muertos para cada localidad y estación del año en las cuatro zonas conside-radas en el estudio. Los resultados del estudio entregaron diferencias significativas en el porcentaje de vivos/muertos en el zooplancton de la zona costera entre las cuatro áreas de muestreo y, una relación local y regional con variables ambientales como la salinidad, oxígeno disuelto y temperatura del mar (Krautz *et al.*, 2017).

En toda la zona de estudio, los taxa más abundantes del holoplancton fueron los copépodos *Acartia* sp., *Paracalanus* sp. y *Calanoides* sp., más el grupo Cladocera; mientras que, entre los meroplancteres, fueron las larvas de Polychaeta y los huevos de anchoveta (*Engraulis ringens*). El porcentaje de organismos muertos pertenecientes a los taxa más abundantes (*Acartia* sp. y *Paracalanus* sp.), presentaron una correlación positiva y sig-nificativa con la temperatura máxima observada en terreno, lo que se asoció a las altas temperaturas de la columna de agua durante el evento El Niño 2015-2016 y que coin-cidieron con el muestreo otoñal (Krautz *et al.*, 2017). El incremento en el porcentaje de organismos muertos producto de este evento no se observó con la misma intensidad en todas las localidades, ni en todos los grupos del zooplancton. Por ejemplo, el porcentaje de individuos muertos en el meroplancton alcanzó los valores más altos en bahía Coliumo durante el invierno (presencia de agua dulce con baja salinidad), mientras que los valores

Figura 9

Porcentaje promedio de individuos muertos (% ± EE) en el zooplancton de la zona costera de las regiones del Bío Bío y Ñuble para las cuatro estaciones del año. Se señalan las cuatro áreas consideradas en el estudio y los resultados para el zooplancton total, holoplancton y meroplancton, utilizando la técnica de tinción vital con rojo neutro. Barras azules: Zooplancton total, Barras grises: Holoplancton, Barras naranjas: Meroplancton. Modificado de Krautz *et al.* (2017).

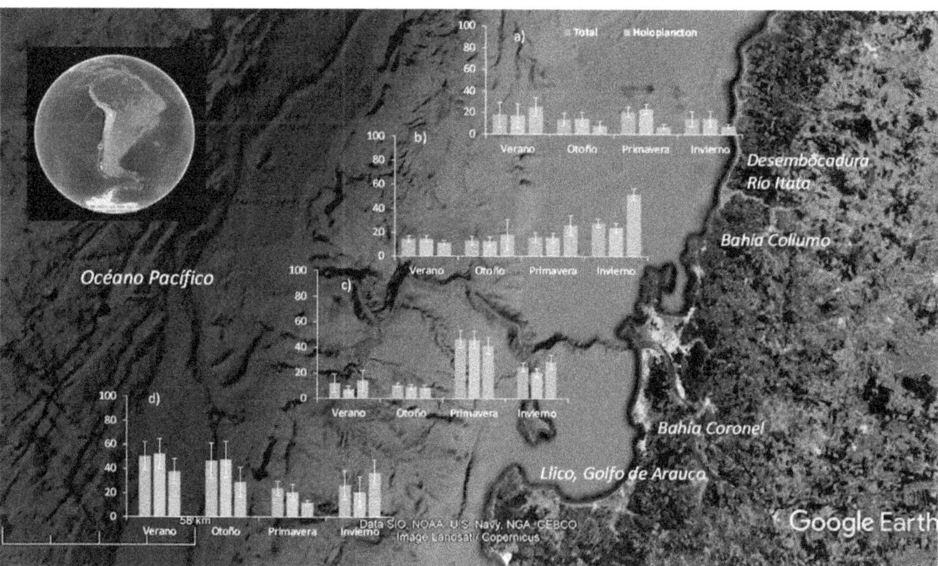

más bajos se observaron en el área adyacente de la desembocadura del río Itata. Respecto del holoplancton, el porcentaje más alto de organismos muertos se observó hacia el sur del área de estudio (bahías de Coronel y Llico). Tanto las características ambientales de cada sitio, como la composición específica y sensibilidad de cada taxa/individuo o pulso de desove (batch, en caso de los huevos de peces), son algunas de las potenciales causas de estas diferencias.

4.3. Determinación del estado vital del plancton y su vinculación con planes de monitoreo

Tanto los resultados del estudio de escala local, realizado en la zona costera de bahía Coronel y en el interior del Complejo Termoeléctrico, como el que se realizó a lo largo de la costa de las regiones del Ñuble y Bío Bío (*i.e.*, meso escala), indican que el estrés inducido a los organismos del plancton producto de factores de tipo antropogénico (*e.g.*, generación termoeléctrica) como naturales (*e.g.*, incrementos de la temperatura por eventos El Niño o variaciones en la salinidad en la columna de agua por ingreso de agua dulce) tiene efectos que se manifestarían incrementando el porcentaje de células (fitoplancton) e individuos (zooplancton) muertos. Esta respuesta aguda (*i.e.*, letalidad) presenta, además, diferencias entre grupos funcionales, taxonómicos, por especies, y probablemente en estrecha relación a la particularidad oceanográfica de cada zona de muestreo. Es decir, los factores ambientales locales forman parte de las condiciones de base para una correcta determinación de los efectos agudos del paso o interacción de organismos del plancton con un proceso industrial, por lo tanto, deben identificarse y estandarizarse, considerando en cada caso una adecuada elección de los sitios de referencia (*i.e.*, fuera de las áreas de influencia directa, pero con condiciones ambientales de base similares). Un buen registro de información ambiental local (*e.g.*, imágenes satelitales, registros continuos de temperatura del mar, u otros que permitan una comprensión completa del área de estudio), junto a una buena replicación espacial y temporalidad basada en criterios biológicos, son esenciales para una correcta implementación del estado vital como una herramienta complementaria de los monitoreos ambientales tradicionales del plancton.

El porcentaje de organismos vivos y muertos (*i.e.*, estado vital), puede ser una herramienta de alerta temprana que permite abordar los denominados "efectos primarios" en los organismos receptores de estrés fisiológico, asociado, por ejemplo, a procesos productivos que consideran captación de agua de mar con devolución al medio. Los "efectos primarios" son definidos a partir del modelo genérico utilizado por la EPA US en la formulación de la norma 316b y la Agencia Ambiental del Reino Unido (Environmental Agency, UK, 2010), como una combinación de factores que determinan la susceptibilidad de los individuos, la que está determinada por su nivel de exposición a los estresores, su nivel de sensibilidad a ese nivel de exposición, o ambos factores en su conjunto (Moreno *et al.*, 2017b). Como se menciona previamente, la combinación de estresores múltiples en este estudio (Complejo Termoeléctrico), fue abordado conceptualmente como el paso de individuos a través de una "caja negra", a partir del cual los organismos sobreviven o mueren (*i.e.*, letalidad o efecto agudo). Esta información permite identificar una respuesta de cada especie o del conjunto de ellas a los factores causantes de estrés agudo en un momento específico, pero no constituye una proyección respecto a la viabilidad posterior de los individuos una vez que re-ingresan a la zona costera. Sin embargo, esta información puede ser utilizada como un complemento en monitoreos/estudios de mayor envergadura, destinados a cuantificar potenciales efectos a nivel poblacional o comunitario (efectos de tercer y cuarto orden, ver Moreno *et al.*, 2017a, b), a través de especies o grupos de organismos centinelas (bio-indicadoras). Para esto último es fundamental considerar una escala temporal de muestreo más frecuente que la típicamente solicitada en los PVA (*e.g.*, verano e invierno), y la posibilidad de contar con ventanas de tiempo para muestreos intensivos que permitan poner atención en los períodos donde las especies centinelas o de mayor interés presentan su mayor actividad reproductiva (*e.g.*, períodos de desove) o abundancias. Esta aproximación permitiría, por ejemplo, aportar con información relevante para la metodología de cálculo de pérdida de individuos adultos, dirigida a especies que constituyen recursos pesqueros (*i.e.*, modelos de pérdida de adulto equivalente), como es de interés en la actualidad por parte de autoridades y de comunidades aledañas a los procesos productivos bajo cuestión (ver detalles del método de cálculo de pérdida de adulto equivalente en Moreno *et al.*, 2017b).

CONCLUSIONES Y RECOMENDACIONES

i) Los resultados de este estudio sugieren que es viable, importante y necesario incorporar indicadores del estado vital de los organismos del plancton, como complemento a las determinaciones clásicas de abundancia y diversidad que se solicitan en los PVA y LB de rutina. El seguimiento de este tipo de información puede contribuir a identificar las especies más sensibles y representativas de cada zona (bio-indicadoras), permitiendo una caracterización más precisa de los posibles efectos de una actividad antropogénica específica sobre un área costera en particular.

ii) La implementación de técnicas que permitan evaluar respuestas agudas *in situ* (*e.g.*, estado vital) en organismos planctónicos de la zona costera, requiere de una caracterización ambiental local previa (*e.g.*, imágenes satelitales, registros continuos de temperatura del mar, u otros que permitan una comprensión completa del área de estudio). En su conjunto permitirían evaluar de mejor manera los riesgos sobre el ecosistema marino, pudiendo generar información de alerta temprana sobre sus potenciales efectos.

iii) El desarrollo de muestreos adaptativos, que vinculen los monitoreos clásicos con el análisis de estado vital del plancton, durante, por ejemplo, períodos de desove de especies de interés, pueden mejorar significativamente la interpretación de la información de base local y de su variabilidad temporal. Diseños de muestreo adaptativos, por lo demás, permitirán llenar el vacío de información cuantitativa para evaluar estadísticamente hipótesis *adhoc* de causa-efecto.

iv) A lo largo de Chile, existen las capacidades técnicas en numerosos grupos de investigación para implementar estas metodologías y contribuir con propuestas innovadoras a la evaluación ambiental de impactos de origen antropogénicos. La incorporación de metodologías complementarias a los PVA actuales permitiría responder, con evidencia empírica, a preguntas acerca de los efectos de las intervenciones humanas sobre el ambiente marino costero y contribuir a mitigar los riesgos potenciales del desarrollo de estas sobre el ecosistema acuático en general.

AGRADECIMIENTOS

El estudio de eficiencia de exclusión de organismos de la Central Termoeléctrica fue financiado por Colbún S.A., en el marco del denominado "Plan de Monitoreo Ingreso de Biomasa Marina al Sistema de Enfriamiento del Complejo Santa María de Coronel". Los otros muestreos y análisis presentados en este capítulo fueron financiados por Celulosa Arauco y Constitución S.A. mediante el Programa de Investigación Marina de Excelencia de la Facultad de Ciencias Naturales y Oceanográficas de la Universidad de Concepción, y por el Centro Interdisciplinario para la Investigación Acuícola (INCAR: FONDAP-ANID 15110027). Se agradecen muy sinceramente las correcciones y sugerencias de los árbitros y del editor.

REFERENCIAS

Allonier, A. S., Khalanski, M., Camel, V., & Bermond, A. (1999). Characterization of chlorination by-products in cooling effluents of coastal nuclear power stations. *Marine Pollution Bulletin*, *38*(12), 1232-1241.

Anderson, M., Gorley, R., & Clarke, K. P. (2008). *PERMANOVA for PRIMER: guide to software and statistical methods. PRIMER-E, Plymouth, UK.*

Bamber, R. N., & Seaby, R. M. (2004). The effects of power station entrainment passage on three species of marine planktonic crustacean, *Acartia tonsa* (Copepoda), *Crangon crangon* (Decapoda) and *Homarus gammarus* (Decapoda). *Marine Environmental Research*, *57*(4), 281-294.

Bianchi, F., Acri, F., Aubry, F. B., Berton, A., Boldrin, A., Camatti, E., Cassin D. & Comaschi, A. (2003). Can plankton communities be considered as bio-indicators of water quality in the Lagoon of Venice? *Marine Pollution Bulletin*, *46*(8), 964-971.

Cárcamo, P., Cortés, M., Ortega, L., Squeo, F. A., & Gaymer, C. F. (2011). Crónica de un conflicto anunciado: tres centrales termoeléctricas a carbón en un hotspot de biodiversidad de importancia mundial. *Revista Chilena de Historia Natural*, *84*(2), 171-180.

Castro, L. R., Salinas, G. R., & Hernández, E. H. (2000). Environmental influences on winter spawning of the anchoveta *Engraulis ringens* off central Chile. *Marine Ecology Progress Series*, *197*, 247-258.

Chassot, E., Bonhommeau, S., Dulvy, N. K., Mélin, F., Watson, R., Gascuel, D., & Le Pape, O. (2010). Global marine primary production constrains fisheries catches. *Ecology Letters*, *13*(4), 495-505.

Chavez, F. P, Messié, M., & Pennington, J.P. (2011). Marine primary production in relation to climate variability and change. *Annual Review of Marine Science*, *3*(1), 227-260.

Choi, D. H., Park, J. S., Hwang, C. Y., Huh, S. H., & Cho, B. C. (2002). Effects of thermal effluents from a power station on bacteria and heterotrophic nanoflagellates in coastal waters. *Marine Ecology Progress Series*, *229*, 1-10.

Choi, K. H., Kim, Y. O., Lee, J. B., Wang, S. Y., Lee, M. W., Lee, P. G., Ahn, D. S., Hong, J. S., & Soh, H. Y. (2012). Thermal impacts of a coal power plant on the plankton in an open coastal water environment. *Journal of Marine Science and Technology*, *20*(2), 187-194.

Chuang, Y. L., Yang, H. H., & Lin, H. J. (2009). Effects of a thermal discharge from a nuclear power plant on phytoplankton and periphyton in subtropical coastal waters. *Journal of Sea Research*, *61*(4), 197-205.

Dirección de Intereses Maritimos, Chile (2015). Directrices para la evaluación ambiental de proyectos industriales de desalación en jurisdicción de la Autoridad Marítima. Armada de Chile. 18 pp.

Elliott, D. T., & Tang, K. W. (2009). Simple staining method for differentiating live and dead marine zooplankton in field samples. *Limnology and Oceanography: Methods, 7*(8), 585-594.

ENDESA (2014) Línea de base marina, Bahía Coronel, Región del Bío Bío. Anexo B, Capítulo 10: Experimentos de tinción vital. Costasur, Bravo & Mackenney consultores asociados, 62 pp. Recuperado de https://seia.sea.gob.cl/expediente/expedientesEvaluacion.php?modo=ficha&id_expediente=2128930310

Escribano, R., Hidalgo, P., González, H. E., Giesecke, R., Riquelme-Bugueño, R., & Manríquez, K. (2007). Interannual and seasonal variability of metazooplankton in the central/south upwelling region off Chile. *Progress in Oceanography, 75*(3), 470-485.

Giesecke, R., Vallejos, T., Sánchez, M., & Teiguiel, K. (2017). Plankton dynamics and zooplankton carcasses in a mid-latitude estuary and their contributions to the local particulate organic carbon pool. *Continental Shelf Research, 132*, 58-68.

Hanson, C. H., White, J. R., & Hiram, W (1977). Entrapment and impingement of fishes by power plant cooling-water intakes: an overview. *Marine Fishes Review, 39*(10), 7-17.

Hernández-Miranda, E., Palma, A. T., & Ojeda, F. P. (2003). Larval fish assemblages in nearshore coastal waters off central Chile: temporal and spatial patterns. *Estuarine, Coastal and Shelf Science, 56*(5-6), 1075-1092.

Hernández-Miranda, E., Veas, R., Labra, F., Araneda, A., Carrasco, F. D., Salamanca, M., Rojas, J.M. & Quiñones, R. (2009). Biodiversidad del ecosistema costero adyacente a la desembocadura del Río Itata. *En: Parra O, JC Castilla, H Romero, RA Quiñones & A Camaño (eds). La cuenca hidrográfica del Río Itata: Aportes científicos para su gestión sustentable*, 143-159. Concepción, Chile: Ediciones Universidad de Concepción.

Hernández, E., Quiñones, R.A., Krautz, M.C., Veas, R., & Bocaz, P. (2016). Plan de monitoreo ambiental ingreso de biomasa marina al sistema de enfriamiento Complejo Santa María de Coronel (unidad 1): sobrevivencia de fito y zooplancton. Informe final, 112 págs.

Hernández-Miranda, E., Veas, R., Krautz, M.C., Hidalgo, N., San Martín, F., & Quiñones, R. (2021). Bio-Indicadores de contaminación marina costera y filtros de exclusión de organismos en sistemas de captación de agua de mar. En: *Programas de monitoreo del medio marino costero: Diseños experimentales, muestreos, métodos de análisis y estadística asociada*. Castilla, J.C., Fariña J.M., & Camaño, A. (Eds). Ediciones Universidad Católica. Santiago, Chile. Pp. 269-288.

Hidalgo, P., Escribano, R., Fuentes, M., Jorquera, E., & Vergara, O. (2012). How coastal upwelling influences spatial patterns of size-structured diversity of copepods off central-southern Chile (summer 2009). *Progress in Oceanography, 92*, 134-145.

Holm-Hansen, O., & Riemann, B. (1978). Chlorophyll a determination: improvements in methodology. *Oikos, 30*(3), 438-447.

Jiang, Z., Zeng, J., Chen, Q., Huang, Y., Xu, X., Liao, Y., Shou, L & Liu, J. (2008). Tolerance of copepods to short-term thermal stress caused by coastal power stations. *Journal of Thermal Biology, 33*(7), 419-423.

Kang, Y. S., Lim, J. H., Jeong, Y. T., & Jeon, I. S. (2012). Fluctuation rates of phytoplankton assemblages by passage through power plant cooling system. *Korean J Environ Bio, 30*(3), 173-184.

Kartasheva, N. V., Fomin, D. V., Popov, A. V., Kuchkina, M. A., & Minin, D. V. (2008). Impact assessment of nuclear and thermal power plants on zooplankton in cooling ponds. *Moscow University Biological Sciences Bulletin, 63*(3), 118-122.

Krautz, M. C., Castro, L. R., González, M., Vera, J. C., & González, H. E. (2012). Concentration of ascorbic acid and innate immune effectors in *Engraulis ringens* and *Strangomera bentincki* during their main spawning period (2007-2008) in the Humboldt current system off Chile. *Marine Biology, 159*(2), 303-317.

Krautz, M. C., Hernández-Miranda, E., Veas, R., Bocaz, P., Riquelme, P., & Quiñones, R. A. (2017). An estimate of the percentage of non-predatory dead variability in coastal zooplankton of the southern Humboldt Current System. *Marine Environmental Research, 132*, 103-116.

Langford, T. (1990). *Ecological Effects of Thermal Discharges*. London, UK: Springer Science & Business Media.

Larraín, A., Soto, E., Silva, J., & Bay-Schmith, E. (1998). Sensitivity of the meiofaunal copepod *Tisbe longicornis* to $K_2Cr_2O_7$ under varying temperature regimes. *Bulletin of Environmental Contamination and Toxicology, 61*(3), 391-396.

Lutz, M. J., Caldeira, K., Dunbar, R. B., & Behrenfeld, M. J. (2007). Seasonal rhythms of net primary production and particulate organic carbon flux to depth describe the efficiency of biological pump in the global ocean. *Journal of Geophysical Research: Oceans, 112*(C10).

Moreno, J., Holaschutz, D., Hoga, T., Englert, T., Buenett, J., Mackenney, P. & Valdenegro, A. (2017a) Implementación de la metodológica de estimación del impacto por succión de recursos hidrobiológicos para proyectos sometidos al SEIA. Aspectos de diseño ingenieril industrial y biológico asociados a la captación de agua en procesos industriales. Proyecto FIPA N° 2016- 53. Informe final FIPA 2016 – 53 – A. Subsecretaría de Pesca, 78 págs. Recuperado de http://www.subpesca.cl/fipa/613/w3-article-96194.html

Moreno, J., Holaschutz, D., Hoga, T., Englert, T., Buenett, J., Mackenney, P. & Valdenegro, A (2017b). Implementación de la metodológica de estimación del impacto por succión de recursos hidrobiológicos para proyectos sometidos al SEIA. Guía para la estimación del impacto por succión y el proceso de valorización de la pérdida del ejemplar adulto equivalente. Proyecto FIPA N° 2016- 53. Informe final FIPA 2016 – 53 – C, 77 pags. Recuperado de http://www.subpesca.cl/fipa/613/w3-article-96194.html

Muhammad Adlan, A. H., Wan Maznah, W. O., Khairun, Y., Chuah, C. C., Shahril, M. H., & Mohd Noh, A. (2012). Tropical marine phytoplankton assemblages and water quality characteristics associated with thermal discharge from a coastal power station. *Journal of Natural Sciences Research, 2*(10), 88-99.

Nieder, W. C. (2010). The relationship between cooling water capacity utilization, electric generating capacity utilization, and impingement and entrainment at New York State steam electric generating facilities. *New York State Department of Environmental Conservation Technical Document. Albany, NY.*

Parra, O. O., Ugarte, E., & Dellarossa, V. (1981). Periodicidad estacional y asociaciones en el fitoplancton de tres cuerpos lénticos en la región de Concepción, Chile. *Gayana Botánica 36*(1), 1-35.

Parra, O., González, M., & Dellarossa, V. (1983). *Manual taxonómico del fitoplancton de aguas continentales con especial referencia al fitoplancton de Chile: Chlorophyceae. Parte II: Zygnematales.* Universidad de Concepción.

Parsons, T. R., Maita, Y., & Lalli, C. M. (1984). A *Manual of Chemical and Biological Methods for Seawater Analysis.* Pergamon Press, Oxford, 173 pp.

Passow, U., & Carlson, C. A. (2012). The biological pump in a high CO_2 world. *Marine Ecology Progress Series, 470,* 249-271.

Pereira, I. A., & Parra, O. O. (1984). Algas filamentosas dulceacuícolas de Chile I. Algas bentónicas de Concepción. *Gayana botanica 41(3-4),* 141-200.

Pomeroy, L. R., Williams, P. J., Azam, F., & Hobbie, J. E. (2007). The microbial loop. *Oceanography, 20(2),* 28-33.

Poornima, E. H., Rajadurai, M., Rao, V. N. R., Narasimhan, S. V., & Venugopalan, V. P. (2006). Use of coastal waters as condenser coolant in electric power plants: Impact on phytoplankton and primary productivity. *Journal of Thermal Biology, 31(7),* 556-564.

Rivera, P. (1968). Sinopsis de las diatomeas de la Bahía de Concepción, Chile. *Gayana Botanica 18(1),* 1-112.

Rudolph, A., Medina, P., Urrutia, C., & Ahumada, R. (2009). Ecotoxicological sediment evaluations in marine aquaculture areas of Chile. *Environmental Monitoring and Assessment, 155(1-4),* 419-429.

Rudolph, A., Medina, P., Novoa, V., Ahumada, R. & Cortés, I. (2010). Calidad ecotoxicológica de sedimentos en sectores del mar interior de Chiloé, campaña CIMAR 12 Fiordos. *Ciencia y Tecnología del Mar, 33(1),* 17-29.

Rudolph, A., Medina, P., Ahumada, R., & Novoa, V. (2011). Calidad ecotoxicológica de los sedimentos en fiordos del sur de Chile. *Revista de Biología Marina y Oceanografía, 46(1),* 79-84.

Steinberg, M. K., Robbins, S. H., Riley, S. C., Lemieux, E. J., & Drake, L. A. (2010). *Development of a Method to Determine the Number of Viable Organisms> or-50 micrometers (Nominally Zooplankton) in Ships' Ballast Water: A Combination of Two Vital, Fluorescent Stains.* Naval Research Laboratory Washington DC, USA. 12 pp.

Tang, K. W., Freund, C. S., & Schweitzer, C. L. (2006). Occurrence of copepod carcasses in the lower Chesapeake Bay and their decomposition by ambient microbes. *Estuarine, Coastal and Shelf Science, 68(3-4),* 499-508.

Tang, K. W., & Elliott, D. T. (2013). Copepod carcasses: Occurrence, fate and ecological importance. En Seuront L (ed.). *Copepods: Diversity, Habitat and Behavior,* 255-278. UK: Nova Science Publishers, Inc.

Tomas, C. R. (1997). *Identifying Marine Phytoplankton.* Academic Press. *New York.* 858 pp.

Environmental Agency, UK, (2010). Cooling water options for the new generation of nuclear power stations in the UK. *Environment Agency, Evidence Directorate SC070015/SR3, Bristol, UK.*

Videau, C., Khalanski, M., & Penot, M. (1979). Preliminary results concerning effects of chlorine on monospecific marine phytoplankton. *Journal of Experimental Marine Biology and Ecology, 36(2),* 111-123.

Villafañe, V. E., & Reid, F. M. H. (1995). Métodos de microscopía para la cuantificación del fitoplancton. *Manual de Métodos Ficológicos,* 169-185.

Yannicelli, B., Castro, L. R., Schneider, W., & Sobarzo, M. (2006). Crustacean larvae distribution in the coastal upwelling zone off central Chile. *Marine Ecology Progress Series, 319*, 175-189.

Yáñez, S., Hidalgo, P., & Escribano, R. (2012). Mortalidad natural de *Paracalanus indicus* (Copepoda: Calanoida) en áreas de surgencia asociada a la zona de mínimo de oxígeno en el Sistema de Corrientes Humboldt: implicancias en el transporte pasivo del flujo de carbono. *Revista de Biología Marina y Oceanografía, 47*(2), 295-310.

www.ingramcontent.com/pod-product-compliance
Lightning Source LLC
Chambersburg PA
CBHW080732120726
48001CB00010B/3209